Hugo Eckener

Im Zeppelin über Länder und Meere

Hugo Eckener

Im Zeppelin über Länder und Meere

Erlebnisse und Erinnerungen

morisel

www.morisel.de
mail@morisel.de

ISBN: 978-3-943915-01-3

Bearbeitete und aktualisierte Fassung der Originalausgabe von 1949 mit einem Vorwort von Dr. Uwe Eckener

Die Deutsche Nationalbibliothek verzeichnet diese Publikation in der Deutschen Nationalbibliografie; detaillierte bibliografische Daten sind im Internet über http://dnb.de abrufbar.

Bildnachweis:

Umschlag vorne:
Originaltitel des Bildes: Der »Graf Zeppelin« über Gibraltar! Der »Graf Zeppelin« passiert auf seinem Flug nach Amerika die Meeresenge von Gibraltar. Bundesarchiv Bild 102-06675
Seite 4: Radierung von Alex Eckener, 1924, abgedruckt mit freundlicher Zustimmung des Alex-Eckener-Archivs Wolter
Alle übrigen Fotos: Archiv der Luftschiffbau Zeppelin GmbH Friedrichshafen

Umschlaggestaltung: Christin Albert
Satz: Arnold Bruns
Druck: Interpress, Budapest

Inhalt

Hugo Eckener. Radierung von Alex Eckener, 1924.

Vorwort zur Neuauflage

Im Oktober 2008 gab es im Hudson-Theater in New York ein Fest zum achtzigsten Jahrestag der ersten Atlantiküberquerung des Luftschiffs *Graf Zeppelin*. Das Schiff war damals in einen tropischen Gewittersturm geraten, beschädigt worden und mit zwei Tagen Verspätung glücklich in Amerika gelandet. Dieses Fest, zu dem Politiker, Künstler, Geschäftsleute und natürlich viele Journalisten gekommen waren, führte mir vor Augen, wie tief und auf welche Weise die glorreichen zwölf Jahre der Zeppeline im kollektiven Gedächtnis der Menschen verankert sind.

Der spezielle Nimbus der Zeppeline war offenbar vielschichtig. Er überstieg die Tatsache, daß hier ein neues, interkontinentales Verkehrsmittel geschaffen worden war. Er hatte ebenso eine politische Komponente, das Luftschiff erschien den Menschen in dieser vom Nationalismus bedrohten Zeit als Symbol für die Verbindung zwischen den Völkern. Dazu kam eine ästhetische, emotionale Wirkung des Luftschiffs, und die Begeisterung der Menschen für die weltweiten Fahrten, die sie als wagemutige Pioniertaten wahrgenommen haben.

Diese Besonderheiten der Zeppelin-Ära spiegeln in gewisser Weise Eigenschaften, die ich an meinem Großvater Hugo Eckener erlebt habe.

Im Grunde seines Herzens war mein Großvater ein Seefahrer, und das war wohl eine seiner stärksten Triebfedern. Er wollte fahren, wo vor ihm noch niemand gefahren war, er wollte Gegenden erkunden, die noch keiner kannte. Es fällt auf, daß er in diesem Buch die packenden, manchmal abenteuerlichen Fahrten mit besonderem Enthusiasmus beschrieben hat.

Zum Anderen war er ein gelernter Volkswirtschaftler und Journalist. Er sah die immense wirtschaftliche Bedeutung, die ein weltweiter Luftverkehr haben könnte. Und so entschloß er sich, dafür Pionierarbeit leisten und gleichzeitig ein förderndes Interesse der Medien zu entfachen.

Es gab aber noch eine dritte Triebfeder, und die war von Hugo Eckeners politischem Gespür geprägt: Als er 1924 das Luftschiff ZR III in die USA überführt hatte, wurde es von Grace Coolidge, der Tochter des damaligen Präsidenten, auf den Namen *Los Angeles* getauft. Sie interpretierte diesen Namen im Sinn von *Friedensengel* und sagte in ihrer Taufrede: »*Let this ship be a symbol of our hope and desire of peace, peace between its builders and its users and all others in the world.*«

Dieser Leitsatz entsprach Hugo Eckeners Auffassung vom politischen Sinn der damaligen Zeppelinmission.

Es freut mich, daß *Im Zeppelin über Länder und Meere* wieder neu aufgelegt worden ist. Es beschreibt ein Stück Geschichte am Beispiel der kurzen, aber spannenden Zeppelin-Episode. Und es läßt den Mann zu Wort kommen, der in Flensburg, wo er aufgewachsen ist, recht treffend mit dem Slogan *Hugo, Weltbürger und Querkopf* beschrieben wird.

Uwe Eckener
April 2012

Einführung

In diesem Buch meiner Erinnerungen will ich nur von Zeppelinfahrten erzählen und von Ereignissen und Erlebnissen, die damit verknüpft waren. Ich beschränke mich dabei auf die Zeit, in der wir einen eigentlichen Zeppelinverkehr hatten oder anstrebten und die man wohl die kurze Zeppelinepisode in der langen Geschichte der Luftfahrt nennen könnte. Das wären etwa die zwölf Jahre von 1924 bis 1936. Das Buch soll also keine Autobiographie sein, wie zu lesen war. Man hat mir aber nahegelegt, auch etwas aus meinem persönlichen Leben vor jenen zwölf Jahren mitzuteilen. Ich habe zunächst gezaudert, es zu tun, denn ich habe nichts Bemerkenswertes zu berichten, wenigstens nichts, was nicht schon in meiner kleinen Denkschrift zum hundertsten Geburtstag des Grafen Zeppelin, den wir 1938 in Friedrichshafen feierten, zu lesen wäre. Vielleicht aber mag in der Tat, wie man mir sagte, ein gewisses Interesse an der Person des Autors des vorliegenden Buches wach werden, wenn das, was er darin zu sagen hat, von Bedeutung nicht allein für die Geschichte der Luftfahrt, sondern auch allgemein für die Geschichte des deutschen Volkes in einer kritischen Zeit voller Spannung ist. Möge denn vor den eigentlichen Text des Buches ein kurzgefaßter Bericht über mich selbst gesetzt werden!

Ich wurde am 10. August 1868 in Flensburg, an der nördlichen Grenze des nachmaligen Deutschen Reiches, geboren. Mein Vater war aus Bremen dorthin gekommen, kurz nach der Einverleibung Schleswigs in Preußen, und brachte so den wohl etwas weiteren bremischen Gesichtskreis sowie eine spezifisch bremische Industrie in Gestalt einer Tabakfabrik mit sich. Meine Mutter entstammte als geborene Flensburgerin einem dänischen Familienkreise und kam von mütterlicher Seite aus einer Schifferfamilie der dänischen Insel Bornholm. Diese Ursprungswurzeln mögen bestimmend für meine geistige Haltung, die immer stark ins Weltbürgerliche ging, gewesen sein. Flensburg war damals ein lebhafter Hafenplatz von knapp dreißigtausend Einwohnern, aber aus dänischer Zeit traditionsgebunden an überseeischen Verkehr, der mit Westindien, Island und Grönland Verbindungen hatte. Seine Bevölkerung war deshalb regsam und unternehmungslustig und nicht allzu unbehaglich von jenem philiströsen und spießbürgerlichen Geiste besessen, der gern in Städten solcher Größe zu herrschen pflegt. Seeluft macht frei. Auch landschaftliche Reize trugen dazu bei, das Leben in der Stadt recht angenehm zu machen. Flensburg liegt an einer schön gewundenen Förde, die von wundervollen Buchenwäldern eingerahmt war. Für die Jugend war das ein idealer Tummelplatz für ein ungebundenes Leben und Treiben in den Wäldern, auf dem Wasser und am Hafen, wo die großen Segelschiffe aus aller Welt einliefen. Es war damals die Zeit der ausklingenden Segelschiffsromantik, welche die Phantasie der Jugend stark gefangennahm. Vielleicht ist mein etwas starker Trieb in eine unbestimmte Ferne und Weite in dieser Atmosphäre geweckt worden.

Ich besuchte zunächst die sehr gute »Bürgerschule« und dann das Gymnasium, das ich im Jahre 1888 mit dem Reifezeugnis verließ. Leider muß ich gestehen, daß ich ein recht mittelmäßiger Schüler war. Von Hause aus war ich wohl wiß- und lernbegierig, aber das Segeln auf der Förde und das Streifen in den Wäldern hatten größere Reize für mich als das Hocken hinter den Schulaufgaben. Natürlich erwarb ich mir dadurch wenig Sympathien bei meinen Lehrern, die mich mit gewissem Recht als ein schwarzes Schaf in ihrem Stall ansehen mußten, zumal ich meine Kameraden zur Teilnahme an meinen Segelfahrten verführte, die öfters etwas abenteuerlich ausliefen und die Eltern in Unruhe versetzten. Und ebenso natürlich war es, daß ich die Meinung der Lehrer über mich als ungerecht und unfreundlich empfand, was dann meine Schulverdrossenheit wiederum verstärkte.

So ist die Erinnerung an meine Schulzeit für mich keine besonders erfreuliche, und ich habe mich später öfters gefragt, ob dafür mehr die Art des Schulbetriebes oder meine eigene Art die Schuld trug. Denn ich war, wie schon gesagt, keineswegs geistig träge, ging vielmehr mit zwei oder drei gleichgesinnten Freunden, worunter sich der später bekannt gewordene »Heimatdichter« Ottomar Enking befand, sehr rege allerlei geistigen Interessen nach, die vornehmlich auf dem Gebiet der Weltliteratur lagen. Wir lasen und besprachen emsig, was uns von ihren Schätzen in der reichen Reclam-Bibliothek zur Verfügung stand. Und ich bin noch heute glücklich darüber, daß ich damals die erste nähere und für meine geistige Entwicklung entscheidende Bekanntschaft mit jenen Geistesheroen machte, die mir dann im Laufe des Lebens eine Quelle des Trostes und der Erhebung in düsteren Stunden dieses etwas fragwürdigen Erdenglücks sein sollten. Aber mein Interesse richtete sich nicht nur auf die Höchstleistungen der Dichtkunst, sondern es war bezeichnend für meine etwas vage und unbefriedigend suchende Art, daß vornehmlich auch die Philosophie meine Wißbegierde reizte. So erinnere ich mich, heute darüber lächelnd, daß ich eines Tages als junger Sekundaner oder Primaner in unsere recht gute Gymnasiumbibliothek hinaufstieg, um von dem Bibliothekar (es war unser mir sonst gewogener Mathematiklehrer) Kants »Kritik der reinen Vernunft« zu erbitten. Der Herr schaute mich recht erstaunt an und meinte: »Werden Sie das auch verstehen?« Und ich muß zugeben, daß ich später erkannte, wie sehr ich damals Wesentliches mißverstanden habe. Aber es ist ja eine bekannte Erfahrung, daß junge, unruhige Menschen, die im Schulbetrieb mit dem elementaren Wissensstoff gefüttert werden, gern auch zu den letzten Fragen und Problemen der Erkenntnis emporsteigen möchten, daß sie gern wissen möchten, »was die Welt im Innersten zusammenhält«. Bei mir und meinen Freunden war dieser Trieb besonders stark angesichts der pedantisch-grammatikalischen Behandlungsweise, die damals noch recht allgemein die griechischen und römischen Klassiker auf den Gymnasien erfuhren, eine Behandlungsweise, die der damalige Leiter der Schule in ausgesprochenem Maße betätigte und die einem selbst einen Horaz oder eine griechische Tragödie ungenießbar machte. Man konnte deshalb unsere sozusagen führerlosen Klettertouren auf den schroffen Höhen der Geisteswelt wohl begreifen. Dennoch empfand ich es als einen berechtigten Vorwurf, und es verdarb mir die gute Laune am »Befreiungstage«, als mir der Schulrat bei der Mitteilung, daß ich das Abiturientenexamen bestanden härte, sehr boshaft sagte: »Es gibt nichts Unleidlicheres als einen Menschen, der den Geist beherrschen will, ehe er die Form meistern gelernt hat.« Ich habe mir diesen Abschiedsgruß des intelligenten Schulrats mit einigem Verdruß sehr genau gemerkt.

Aber das hielt mich nicht ab, zunächst einmal auf dem Wege, den ich die letzten drei, vier Jahre gegangen war, auf der Universität weiterzuwandeln. Ich ging hier auf die reine Philosophie los. Ich hörte Kollegs metaphysischer und erkenntnistheoretischer Art, belegte Ethik, Ästhetik und solches mehr. So trieb ich es drei, vier Semester lang, ohne mir eine bestimmte Vorstellung davon zu bilden, was ich im praktischen Leben einmal damit anfangen wollte. Dann aber, nachdem ich mir die Hörner des wilden Schweifens in philosophischen Grenzgebieten allmählich abgestoßen hatte, wurde mir die Richtigkeit der praktischen Lebensweisheit bewußt, die Goethe seinen Mephistopheles in so unvergleichlicher Weise aussprechen läßt: »Ein Kerl, der spekuliert, ist wie ein Tier, auf dürrer Weide von einem bösen Geist im Kreis herumgeführt, und ringsherum liegt schöne grüne Weide.« Und so ging ich nach Leipzig zum bekannten Philosophen Wundt, der dort sein Institut für experimentelle Psychologie hatte, in dem psychologische Fragen und geistige Reaktionen auf Reize aller Art in einer experimentellen Methode untersucht wurden. Ich hoffte, von Wundt als Schüler und Mitarbeiter in sein Institut aufgenommen zu werden und ein Problem zur eigenen Bearbeitung zugeteilt zu erhalten. Wirklich nahm Wundt mich auf und wies mir dann später eine Arbeit zu, die ich durchführte und für die »Dissertation« zur Erlangung des Doktortitels verwandte und die in einer philosophischen Fachzeitschrift veröffentlicht wurde. Es handelte sich um das psychologische Phänomen der sogenannten »Aufmerksamkeitsschwankung« bei minimalen Sinnesreizungen. Es war damals Mode, nach dem Vorgänge Wundts an den Universitäten solche Institute für experimentelle Psychologie einzurichten, und es wurden öfters von auswärtigen Psychologen an

Wundt Gesuche gerichtet, ihnen einen von seinen Schülern zur Einrichtung eines Institutes zu empfehlen. So wandte sich auch die philosophische Fakultät der Universität in Toronto in Kanada mit einer solchen Bitte an Wundt, und dieser fragte mich, ob ich bereit sei, diese Aufgabe zu übernehmen. Ich schwankte. Einerseits reizte mich der Gedanke, diese etwas romantisch anmutende Mission in einem überseeischen Lande anzutreten. Ich hatte ja von jeher einen starken abenteuerlichen Drang in die Ferne in mir. Andererseits aber spürte ich eine Abneigung, mich sozusagen mit Haut und Haaren der Experimentalpsychologie zu verkaufen. Das Gebiet war mir doch allzu eng begrenzt. Denn meiner innersten Natur nach hatte ich auch jetzt doch nur, wie ich fühlte, Interesse für Fragen sozusagen philosophischer Art und allgemeinerer Tragweite, nur daß mein Interesse eine mehr praktische Richtung eingeschlagen hatte.

Damals, Ende der achtziger und Anfangs der neunziger Jahre, waren die Erörterungen und der Druck sozialer Probleme auf einem Höhepunkt angelangt. Die Lehren und die politischen Forderungen, die Karl Marx in seinem Buch über das Kapital niedergelegt hatte, fanden eine schnell zunehmende Anhängerschaft; die sozialdemokratische Partei in Deutschland wuchs in einem erstaunlichen Tempo. Bücher wie Bebels »Die Frau« oder Bellamys »Rückblick aus dem Jahre Zweitausend« und ähnliche utopische Schriften, die eine Umgestaltung der ganzen sozialen Struktur predigten, fanden und beeindruckten Millionen von Lesern. Auch ich war ganz in den Bann dieser Probleme geraten und hatte mich von den metaphysischen zu den praktischen ethischen und sozialpolitischen Fragen gewandt und Geschichte und Volkswirtschaftslehre zu treiben begonnen. Ich trug mich ernsthaft mit dem Gedanken, mich publizistisch auf diesem Gebiete zu betätigen, und hatte neben Philosophie besonders auch Volkswirtschaftslehre als Prüfungsfach für das mündliche Doktorexamen gewählt.

So schwankte ich, wie gesagt, ob ich mich entschließen sollte, gegebenenfalls nach Kanada zu gehen. Da entschied ein unvorhergesehenes Ereignis mit einem Schlage die ganze Frage: ich wurde wider Erwarten und entgegen der bestimmten Meinung eines mir befreundeten Arztes (ich hatte ein arthritisches Leiden im rechten Kniegelenk) zum Militärdienst eingezogen. Aus war es nun mit der mir jetzt natürlich besonders reizvoll erscheinenden Reise über das weite Meer, und ich hatte zunächst einmal auf dem engen Kasernenhof Gewehrgriffe zu üben und mit schmerzendem Knie (das sich bei dieser Gewaltkur nach wenig Wochen besserte) Stechschritt zu machen. Aber vielleicht war das ein Glück für mich. Jedenfalls entschied das über mein ferneres Leben.

Die allgemeine Dienstpflicht ist wohl mit Recht als eine erste »demokratische« Institution bezeichnet worden, die sich in unserem deutschen Vaterlande verwirklichte. Alle Staatsbürger sind einander gleich im straffen Dienst für das Land, allerdings mit dem einen Vorbehalt, daß gegenüber der Masse der »Mannschaft« die Ausnahmeschicht der »Herren«, der Offiziere, steht oder stand und daß dann diese bevorzugte Klasse mit ihren sozialen Anschauungen stark die bürgerliche Welt beeinflußte. Jedenfalls war damals, vor mehr als fünfzig Jahren, die militärische Dienstzeit eine vortreffliche Gelegenheit, in engere Fühlung mit der Masse des Volkes zu kommen, um zu sehen, wieviel Intelligenz und Tüchtigkeit in dieser Masse steckt, aber um auch andererseits zu sehen, wie groß die Verschiedenheit der Menschen in bezug auf Intelligenz, Charakter und guten Willen ist und wie töricht gewisse schon damals gepredigte Lehren waren, die eine Gleichheit der Rechte in bezug auf die materielle Lage forderten. Die sozialen Probleme, die sich daraus ergaben, mußten einem nachdenklichen Menschen während der Dienstzeit besonders deutlich werden. Für mich hatte die Dienstzeit jedenfalls die Wirkung, daß ich mein Interesse fast völlig sozialpolitischen und ethischen Fragen zuwandte und den Gedanken an eine Betätigung auf dem Gebiete der Experimentalpsychologie beiseitelegte.

Ich blieb nach Ableistung meiner Dienstzeit und zweier sich anschließenden Reserveübungen in Flensburg, las viel über die mich beschäftigenden Fragen und war nebenher publizistisch tätig, wobei ich, was ich als Kuriosum bemerken möchte, mich auch in Theaterkritik versuchte, was mir selbst bei meinen literarischen Neigungen Vergnügen machte, wohl aber nicht immer den von mir oft recht scharf kritisierten Autoren. Ich machte außerdem zahlreiche größere Segelfahrten über die Ostsee und erwarb mir dabei eine gewisse Navigationspraxis und eine Wetterkundigkeit, die mir einmal später auf einem ganz anderen Gebiet nützlich werden sollte.

Nachdem ich im Jahre 1897 mich verehelicht hatte, siedelte ich nach einer längeren Auslandsreise in den Orient nach München über, mit der Absicht, mich dort zu habilitieren, wenn ich – was ich bestimmt hoffte –etwas zu sagen hätte, was mich selbst befriedigte. Ich vertauschte den Wohnsitz in München aber bald aus Gesundheitsrücksichten, und um in Ruhe mein Buch zu schreiben, mit dem in Friedrichshafen, wo ich ein kleines Landhaus erwarb – und hiermit lief ich ahnungslos in das Geschick hinein, das für mich wohl in den Sternen geschrieben stand.

Um Tages- und Parteipolitik hatte ich mich von jeher wenig gekümmert, weil mir die Unduldsamkeit und persönliche Interessenpolitik der meisten Politiker sehr mißfiel. Aber als ich jetzt einmal gleichsam Inventur über meine politischen Überzeugungen machte, sah ich, daß ich mich recht weit nach links entwickelt hatte. Ich hätte wohl sozialdemokratisch gewählt, wenn damals eine Wahl meine Stimmabgabe verlangt hätte; aber ich war durchaus nicht marxistisch gesinnt. Im Gegenteil war ich, ganz abgesehen von der zersetzenden Haßtendenz in den

Schriften von Karl Marx, der Überzeugung, daß seine im »Kapital« in einem oft seltsam verschnörkelten Stil in einem scheinwissenschaftlichen Gewande vorgetragenen Deduktionen ganz unhaltbar seien, daß seine Lehre von einer sozusagen aus der Mechanik des kapitalistischen Wirtschaftssystems zwangsläufig erfolgenden fortschreitenden Verelendung der Massen mit einem schließlich sich wie von selbst ergebenden Schlußakt der »Expropriation der Expropriateure« nichts weniger als überzeugend und wissenschaftlich begründet sei. Das Buch, an dem ich arbeitete, sollte demgegenüber beweisen, daß aus der reinen Mechanik des kapitalistischen Systems sich ein prozentual immer größer werdender Anteil der Arbeit am Ergebnis der Produktion ergeben müsse, daß im übrigen auch andere Faktoren diesen Anteil stark beeinflußten. Ohne daß ich hier näher auf meine diesbezüglichen Gedanken eingehen kann, möchte ich dazu nur soviel sagen, daß sie sich aus meiner Definition vom Wesen des »Kapitalismus« ergaben, unter dem ja fast jeder Politiker etwas anderes versteht.

Kapitalismus war nach dieser meiner Definition diejenige Wirtschaftsform, in der »die Erweiterung und die Gestaltung des Produktionsapparates sich wesentlich und in erster Linie aus den erzielten Gewinnen ergibt, ohne Rücksicht auf die gegebene und aus natürlicher Volksvermehrung anwachsende Zahl der Arbeitskräfte«. Natürlich muß eine solche Praxis der Investierung von Mitteln zu Spannungen und Störungen im Produktionsprozeß führen, und das zeigte sich denn auch in den sogenannten »periodischen Krisen«, die alle acht oder zehn Jahre oder noch häufiger in der Zeit der ungehemmten kapitalistischen Wirtschaft eintreten. Über die Ursache dieser regelmäßig wiederkehrenden periodischen Krisen war viel gedacht und geschrieben worden, und die vorherrschende Meinung ging dahin, daß sie durch die in der Hochkonjunktur vor sich gehende, zuletzt prohibitiv wirkende Verteuerung des Kredits verursacht werde. Man fragte nicht, weshalb denn diese Verteuerung stattfinde und ob sie nicht bereits ein Zeichen, eine Folge, nicht die Ursache der beginnenden Krise sei. Ich habe damals aus Anlaß einer gerade einsetzenden Krise ein Kapitel aus meinem noch unfertigen Buch unter dem Titel »Kapital- oder Arbeitermangel? Eine neue Antwort auf eine alte Frage« als Broschüre veröffentlicht und darin ausgeführt, daß mit der in der Hochkonjunktur in immer schnellerem Tempo, in geometrischem Maße sich steigernden Produktion und Gründungstätigkeit die Einstellung neuer Arbeitskräfte nicht Schritt halten könne und daß ganz automatisch über die anfängliche Einschaltung der sogenannten »Reservearmee« und über Verlängerung der Arbeitszeit und über »Doppelschichten« man schließlich zu einem Punkt kommen müsse, wo für die neugeschaffenen Anlagen keine ausreichenden Arbeitskräfte zu haben seien – zu der »Krise«, da der notwendige Kreislauf des Betriebskapitals dann stocken müsse.

Hier muß ich jetzt etwas widerstrebend eine kleine Anekdote erzählen, die mir, wie ich fürchte, als Eitelkeit ausgelegt werden könnte, die ich aber nicht unterdrücken kann, weil darin eine mich noch heute oder gerade heute treffende Ironie steckt: Kurz nach Veröffentlichung der genannten Broschüre fand in Frankfurt eine Tagung deutscher wissenschaftlicher Volkswirtschaftler statt, und auf dieser schwang der damals sehr angesehene Freiburger Professor der Nationalökonomie, Herr Schulze-Gävernitz, als er das Rednerpult bestieg, in seiner Rechten eine Schrift, und sagte: »Hier habe ich eine ganz originelle Broschüre, betitelt ›Kapital- oder Arbeitermangel?‹. Von dem Verfasser dieser Arbeit werden wir noch zu hören bekommen. Sein Name ist Hugo Eckener.« Herr Schulze-Gävernitz erwies sich als guter Prophet, aber es kam anders, als er es gemeint hatte, denn inzwischen war ich mit dem Grafen Zeppelin zusammengekommen und man hörte von mir als Luftschiffer und nicht als Nationalökonomen. Vielleicht war das auch so gut. Aber ich muß gestehen und habe es schon mehrfach gegenüber Interviewern zum Ausdruck gebracht: Als so etwa im Jahre 1935, nach Durchführung einer großen Reihe von erfolgreichen Fahrten, dennoch bei mir gewisse Zweifel hervortraten und die Frage aufkam, ob dem Zeppelinschiff mehr als ein vorübergehendes episodäres Leben und Wirken beschieden sein werde, da kam mir öfters der Gedanke, ob ich nicht vielleicht auf dem Gebiet, das Herr Schulze-Gävernitz bei seiner Prophezeiung im Auge hatte, etwas Nützliches und Dauerhafteres geleistet haben würde. Das Urteil hierüber muß ich andern überlassen.

Aber wie war ich denn in den Bann des Grafen Zeppelin und seiner Ideen gekommen? Ich, ein »Philosoph« und Volkswirtschaftler, und nichts weniger als Aeronaut und Techniker? Ich habe darüber mit Interesse und zu meiner eigenen Belehrung allerlei gelesen, was mehr oder weniger unrichtig war und mich teils amüsierte, teils auch wohl ärgerte, und möchte deshalb die Geschichte selbst erzählen: Im September des Jahres 1900 fragte die Redaktion der »Frankfurter Zeitung«, der ich bisweilen kleine Artikel gesandt hatte, bei mir an, ob ich nicht dem Blatte »über weitere Versuchsfahrten des Grafen Zeppelin berichten« wolle, die dem Vernehmen nach bevorstehen sollten. Die Zeitung habe zu der Versuchsfahrt, die im Juli ausgeführt wurde, einen eigenen Berichterstatter aus Frankfurt entsandt, halte es aber »nicht für der Mühe wert, einen solchen auch jetzt wieder an den Bodensee zu schicken«. Ich war zur Zeit des Juliversuchs nicht in Friedrichshafen gewesen, sondern hatte eine Ferienreise über die Ostsee in einer Segelyacht gemacht, weil mich die Versuche des Grafen Zeppelin damals noch recht wenig interessierten. Was ich dann aber in den Zeitungen über die erste Versuchsfahrt im Juli 1900 gelesen hatte, hatte mich überzeugt, daß es ein ebenso bedeutsames wie schwieriges Problem war, das da über dem Spiegel des Bodensees zur Lösung gebracht werden sollte. So nahm ich den Auftrag der »Frankfurter Zeitung« an.

Ich berichtete dann in der Tat über den Aufstieg, der im Oktober vor sich ging, aber ich berichtete in einem etwas kühlen und kritischen Tone. Es ist nicht richtig, wenn später von mir behauptet wurde, daß ich anfangs ein »Gegner« des Grafen Zeppelin gewesen sei und dann »aus einem Saulus ein Paulus« geworden sei. Ich führte vielmehr nur aus, daß das schwere Schiff mit seinem Metallgerüst sich in der Tat in die Luft erhoben habe und, da es eine gewisse Geschwindigkeit erzielt, natürlich auch steuern lassen könne, daß aber die Geschwindigkeit von sechs bis sieben Sekundenmetern, die es erreichte, viel zu gering sei, um es gegen einen auch nur mäßigen Wind zu behaupten und vorwärts zubringen. Diese Beobachtung, die freilich von dem Grafen Zeppelin angefochten wurde, war ohne Zweifel richtig, denn mit den zwei Motoren von je sechzehn PS, über die das Schiff verfügte, war eine höhere Geschwindigkeit nicht zu erreichen. So war denn auch die Fachwelt nicht überzeugt.

Der Graf mußte seine »Gesellschaft zur Förderung der Luftfahrt« auflösen, und es sah aus, als ob die ganze Sache damit erledigt sei. Aber man unterschätzte die Zähigkeit des alten Herrn. Er war keineswegs entmutigt, sondern brachte es fertig, ein neues Schiff größtenteils aus eigenen Mitteln zu erbauen, das Motoren von je fünfundachtzig Pferdestärken hatte und im Spätherbst des Jahres 1905 seinen ersten und einzigen Flug unternahm. Er wurde zur Katastrophe: Ein während des anfänglich anscheinend günstig verlaufenden Fluges aufkommender frischer Westwind trieb des Schiff hilflos in den Allgäu hinauf, wo es ca. dreißig Kilometer von seinem Aufstiegsort entfernt in der Nähe von Wangen strandete. Jetzt schien das Schicksal des Zeppelinschiffes wirklich und endgültig besiegelt zu sein. Alle Welt lachte und spottete, und die Fachleute, die immer auf die Unmöglichkeit der Landung eines Luftschiffes mit einem starren, zerbrechlichen Gerippe hingewiesen hatten, schienen angesichts des Wracks, das auf dem Felde lag, völlig recht behalten zu haben. Der Graf Zeppelin selbst erklärte, gebrochen und entmutigt, daß er kein Luftschiff mehr bauen werde.

Ich selbst hatte mir den Hergang genau angesehen und war im Auto schnell auf das Strandungsfeld hinaufgefahren, wo ich den alten Grafen ruhig und gefaßt an dem stark beschädigten Gerippe stehen und Anordnungen zum Abwracken geben sah. Ich berichtete über meine Beobachtungen in der »Frankfurter Zeitung« und betonte dabei, daß die Steuerfähigkeit mir durchaus unzureichend erschienen sei, namentlich in der Vertikalebene, da das Schiff fortgesetzt in starker Schräglage gefahren sei, ohne anscheinend auf ebenen Kiel gebracht werden zu können. Und nun ereignete sich das Folgende: Ein paar Wochen später, als ich im Garten beschäftigt war, kam aufgeregt unser Hausmädchen zu mir und berichtete, daß der Graf Zeppelin vor dem Tore stehe und angeklingelt habe. Ich ordnete an, den Grafen einzulassen und in das Wohnzimmer zu führen, wohin ich sofort kommen würde. Ich zog meinen Arbeitskittel aus, machte mich für einen so prominenten Besucher etwas präsentabler und ging in das Zimmer. Hier fand ich den alten Herrn in korrektestem Besuchsanzug mit Zylinderhut und gelben Handschuhen, den vornehmen und höflichen Herrn, den er nie verleugnete. Ich war gespannt, was ihn zu mir geführt haben mochte. Er zog eine Nummer der »Frankfurter Zeitung« aus der Rocktasche, zeigte auf einen mit Dr. E. unterschriebenen Artikel und fragte mich, ob ich denselben geschrieben hätte. Ich bejahte das, worauf er sagte, daß er dann mir zunächst seinen Dank ausspreche für den freundlichen Ton, in dem ich über ihn persönlich geschrieben härte, daß er dann aber weiter gern mit mir über einige unrichtige Vorstellungen sprechen möchte, die in meinen Ausführungen enthalten seien. Und nun erläuterte er mir in längeren Auseinandersetzungen, daß der einzige Fehler des sonst durchaus gelungenen Schiffes der sei, daß es keine Stabilisierungsflächen am Heck, keine »empennage« gehabt habe, wie z. B. jeder Pfeil sie haben müsse, um nicht quer, sondern in Pfeilrichtung durch die Luft zu fliegen. Er sei entschlossen, weiterzuarbeiten, aber das nächste Schiff würde Stabilisierungsflächen bekommen müssen, um das Schiff auf einem stabilen Kurs zu halten. Mich überzeugten seine Darlegungen. Und als er mich dann sehr freundlich aufforderte, ihn zu besuchen, wenn immer ich mich bezüglich irgendwelcher Fragen unterrichten wollte, da nahm ich die Einladung gern an, wenn auch damals noch vielleicht mehr menschliches Interesse an der Persönlichkeit des Grafen als sachliches an seinen Konstruktionsideen bei mir sich regte.

Als ich einige Tage später von ihm zum Abendessen eingeladen wurde, da ging ich hin mit einem leisen und nicht ganz behaglichen Vorgefühl, daß der Besuch vielleicht zu einer Bindung führen könne, die in starkem Maße mein ferneres Leben und Streben beeinflussen würde. Es zeigte sich, daß dieses in noch stärkerer Weise erfolgte, als ich vermeint hatte. Die Schilderung seiner Lage, die mir der Graf gab, enthüllte mir nur allzu deutlich die bestimmte, fast feindselige Ablehnung seiner Ideen durch alle staatlichen Ämter und Instanzen, die für eine Förderung solcher und ähnlicher Projekte in Betracht kamen. Besonders schroff in seiner Ablehnung zeigte sich das in dieser Frage natürlich in erster Linie zuständige Preußische Luftschifferbataillon, das seine eigne Konstruktion, ein sogenanntes halbstarres Luftschiff, entwickelte. Und die technischen, wissenschaftlichen und industriellen Kreise und Personen, die die Bestrebungen des Grafen bisher für interessant und fördernswert gehalten und unterstützt hatten, waren durch das katastrophale Ende im Allgäu abgeschreckt und wollten nichts mehr mit der Sache zu tun haben. Es war klar, daß nur eine stetige und unverdrossen fortgesetzte Unterrichtung und Propaganda vielleicht das Interesse wieder wecken könnte und daß die sympathische, Respekt und Bewunderung heischende Person des Grafen wohl ein wesentlicher Faktor bei dieser Propaganda sein müßte, denn ein unbeirrbares

Streben ruft immer »die Hilfe der Götter herbei«. Ich sagte dem Grafen, daß ich namentlich angesichts der großen Fortschritte auf dem Gebiete des Motorenbaues an die Durchführbarkeit seines Gedankens glaube und an meinem bescheidenen Teil versuchen wollte, publizistisch für seine Sache zu wirken. Er nahm das dankbar, wenn auch mit einiger Skepsis, auf. Ich persönlich war etwas optimistischer, da ich von Berufs wegen die große Beeinflußbarkeit der öffentlichen Meinung kannte; aber ich war mir doch bewußt, daß ich fortan wenig Zeit für meinen bisherigen Gedankenkreis haben würde, daß ich mich wenigstens zunächst einmal voll für die Zeppelinsache einzusetzen haben würde. Und das wechselvolle Schicksal der Zeppeline in den nächsten drei Jahren führte dann dazu, daß ich nicht allein mit der Feder, sondern schließlich mit dem Steuerrad in der Hand die Lebens- und Leistungsfähigkeit des Starrluftschiffes zu beweisen genötigt wurde. So war aus dem Philosophen und Nationalökonomen ein Luftschiffer geworden, aber doch einer, so bilde ich mir wenigstens ein, der seine moralisch-politischen Ideale mit den rein technischen zu verbinden sich bemühte und vermochte.

Über die ersten Jahre meines Arbeitens für die Zeppelinsache, über dieses Auf und Ab in Erfolgen und Mißerfolgen, heute himmelhoch jauchzend, morgen zu Tode betrübt, darüber möchte ich hier nicht Näheres ausführen, da das am rechten Platz bereits in meiner Gedenkschrift zum hundertsten Geburtstage des Grafen Zeppelin geschehen ist. Ich sehe hier davon ab, da ich an jenen Vorgängen weniger als aktiver Mitspieler denn als staunender Zuschauer beteiligt war. Es waren Erlebnisse des deutschen Volkes, nicht meine eigenen. Aber sie waren so gewaltig und aufrührend, daß man sie ohne Übertreibung als ein Stück großer Geschichte des deutschen Volkes bezeichnen kann. Die Begeisterung, ja der Begeisterungstaumel für den alten Grafen und sein Luftschiff war erstaunlich. Wahre Völkerwanderungen ergossen sich zum Bodensee hin, um das Luftschiff und seinen Schöpfer zu sehen, wenn ein Aufstieg angekündigt war. Ungezählte Vereine, ganze Universitäten mit allen Professoren und Studenten erschienen mit fliegenden Fahnen vor dem Haus, wo der alte Herr wohnte, um ihm ihre Huldigung darzubringen. Der württembergische Landtag und mehrere Hundert Reichstagsabgeordnete kamen, um eine kurze Fahrt im Zeppelin über den See zu machen.

Selbst der Kaiser, vorher wenig günstig gestimmt, mußte sich bequemen, der allgemeinen Volksstimmung Rechnung zu tragen und die Werft besuchen, wobei er dann das seltsame Wort vom »größten Deutschen des Jahrhunderts« sprach. Den sichtbarsten Ausdruck fand dann bekanntlich diese Stimmung in der Volksspende von mehr als sechs Millionen Mark, die spontan in wenig Tagen zusammenkam, als im Juli 1908 der Graf sein Luftschiff bei Echterdingen in einem Gewittersturm verlor. Es war wie ein Wunder. Ich begrüßte den Grafen, als er am Morgen nach der Katastrophe anscheinend etwas kleinlaut nach Friedrichshafen zurückkam und von der Menge am Bahnhof schweigend mit abgenommenen Hüten begrüßt wurde, mit den Worten: »Ich gratuliere, Exzellenz!« Er schaute mich verdutzt an; als ich ihm dann aber sagte, daß bereits während der Nacht mehrere Hunderttausend Mark als Spende für einen Neubau eingegangen seien, lächelte er in der verschmitzten Weise, die ihm eigen war, und sagte: »Ja, und mir hat bei meiner Abreise aus Stuttgart der Fabrikant Frankh in Ludwigsburg 50 000 Mark für das neue Schiff gespendet! Wir werden also weitermachen!«

Ja, es war wie ein Wunder. Die Katastrophe, die nach menschlichem Ermessen wirklich das Ende des Zeppelintraums hätte bedeuten sollen, stellte das Werk Zeppelins in finanzieller Beziehung auf so feste Beine, wie es sie nie zuvor gehabt hatte. Wie war das möglich?

Eine echte Volksbegeisterung ist etwas ebenso Großes und Schönes, wie sie im Leben eines Volkes etwas Seltenes ist. Das friedlich-ruhige Dahinleben eines Volkes in seinen täglichen Arbeiten und Sorgen mag als ein sehr erfreulicher Zustand gepriesen werden und ist es ohne Zweifel auch, aber er ist doch verknüpft mit viel Verdrossenheit und Mißmut, mit viel Nörgeln und Unzufriedenheit. Eine aufflammende Begeisterung gibt der Volksseele die Fest- und Feierstunden, die sie braucht, läßt sie in bewußter Lebenskraft und -freude über sich hinauswachsen. Das dumpfe, monotone Alltagsdasein der Masse wird durch Spannungen und Ideen lebendig. So mußte man sich auch über den Zeppelintaumel – nennen wir ihn so! – freuen und denen beipflichten, die mit Befriedigung sagten: »Endlich ist einmal das Volk in einer Idee einig!«

Aber von solchen begeisterten Ideen und Stimmungen werden die Völker immer nur dann fortgerissen, wenn die Zustände unhaltbar und unerträglich geworden sind. Die Lehre des Christentums, die Wiedertäuferbewegung, die Große Französische Revolution ergriffen die Massen, als das Leben und die sozialen Zustände nach neuen Formen schrieen. So war auch die Lage in Deutschland, als die im Vergleich damit natürlich unbedeutende, aber doch sehr intensive und bemerkenswerte Zeppelinbegeisterung im Jahre 1906 in Erscheinung trat. Die sehr ernste Marokkokrise wurde zwar durch die Konferenz von Algeciras beigelegt, aber die politische Spannung blieb bestehen, und das deutsche Volk fühlte sich sehr unbehaglich und in seinen gerechten Ansprüchen, ja in seiner Existenz bedroht. Da wurde ihm das Zeppelinschiff, das ja eine spezifisch deutsche, von den Fachtechnikern auch des Auslandes bespöttelte Erfindung war, zu einer Art Symbol der nationalen Einheit und der deutschen Leistungsfähigkeit, die ein moralisches Recht auf einen »Platz in der Sonne« zu begründen schien. Der ungeheure Eindruck, den das gewaltige Schiff in seinem majestätischen Fluge auf den Beschauer ausübte, trug natürlich auch dazu bei, Stolz und Begeisterung zu wecken. Dazu kam, daß auch die innerpolitischen Verhältnisse eine starke

Kritik erfuhren. Die impulsiven, sprunghaften und öfters unbesonnenen Einfälle und Willkürlichkeiten des Kaisers gingen dem deutschen Volk in diesen Tagen der außenpolitischen Hochspannung auf die Nerven. Ein offener Konflikt mit dem Kanzler von Bülow und dem Reichstag stand vor dem Ausbrechen. Demgegenüber erschien die zielbewußte, ruhige und feste Persönlichkeit des alten Luftschiffkonstrukteurs, des ehemaligen Kavalleriegenerals, als das Ideal eines verehrungswürdigen Führers. Man konnte oft genug hören, daß die ablehnende Haltung des Kaisers und seiner Fachleute gegenüber den Plänen und Ideen des Grafen Zeppelin aus reiner Opposition zu einer betonten Parteinahme für den Grafen führte. Und es begannen die Huldigungsfahrten nach Friedrichshafen etwa in dem gleichen Stile wie etwa ein Dutzend Jahre vorher die Fahrten nach Friedrichsruh zum alten Kanzler. So konnte ich schon damals erleben, was ich zwanzig Jahre später beim Aufleben einer neuen Zeppelinbegeisterung feststellen mußte, daß, etwa im Gegensatz zu der anfangs durchaus technischen und sportlichen Stellungnahme der Amerikaner zum Erfolg des Zeppelinschiffes, das deutsche Volk in starkem Maße mit politischen und nationalen Gefühlen auf die Leistungen dieses Schiffes reagierte. Es war darin etwas von den nervösen Reaktionen eines Inferioritätskomplexes.

Mochte es nun damit sein, wie es wollte, fest stand die sehr bedeutsame Tatsache, daß das Volk dem Grafen Zeppelin eine Spende von mehr als sechs Millionen Mark dargebracht hatte, aus der er zunächst eine Werfthalle und ein neues Luftschiff baute. Wie aber weiterkommen? Das Interesse der Luftschiffertruppe war noch nicht so stark, daß man von seiten der Werft auf viele Bestellungen von dieser Stelle rechnen durfte. Das Unglück von Echterdingen hatte ja auch in der Tat die Zurückhaltung der amtlichen Kreise nur rechtfertigen und verstärken können. In dieser Situation hatte der energische Geschäftsführer der »Luftschiffbau Zeppelin G.m.b.H.«, den der Graf in der Person des Herrn Colsman gefunden hatte, die glänzende Idee, die allgemeine Begeisterung zur Gründung einer »Deutschen Luftschiffahrts-Aktien-Gesellschaft«, kurz Delag genannt, auszunützen. Diese Gesellschaft sollte die Aufgabe haben, Luftschiffe zu bestellen und in Betrieb zu nehmen und damit die Eignung derselben im praktischen Dienst zu erweisen. Letzteres schien angesichts der vielen Katastrophen, von denen die Schiffe betroffen worden waren, in der Tat sehr notwendig zu sein.

Es ist fast verwunderlich, daß diese Gründung gelang, ja daß sie recht leicht erfolgte, mit einem Kapital von drei Millionen Mark. Die Bürgermeister der meisten Großstädte waren so begierig, in den Aufsichtsrat der Delag hineinzukommen, daß dieser schließlich mehr als zwanzig Mitglieder hatte, und jeder Bürgermeister bemühte sich, für seine Stadt den Bau einer Luftschiffhalle zu erreichen. Denn es galt als ausgemacht, daß sehr schnell ein Zeppelinverkehr zwischen den Großstädten

Luftschiff LZ 17 »Sachsen« in Potsdam, mit Hugo Eckener im Vordergrund und Ferdinand Graf von Zeppelin (mit der weißen Mütze) in der Führergondel. Aufnahme 1913/1914.

kommen würde. Frankfurt, Köln, Düsseldorf, Baden-Baden, München, Leipzig, Dresden und Hamburg waren die ersten Bewerber um einen Luftschiffhafen. Sie kamen alle allmählich zum Zug, aber sie hatten inzwischen manche Enttäuschung zu erleben, denn es zeigte sich, daß die Schwierigkeiten doch größer waren, als sie erwartet hatten. Und ich mußte mir leider selbst gestehen, daß ich durch meine Propaganda, die ich vier Jahre lang betrieben hatte, ein gut Teil Schuld an dem Optimismus der Herren Bürgermeister trug. Aber »alle Schuld rächt sich auf Erden«, und so geschah es, daß ich alsbald persönlich mich dafür einsetzen mußte, den schwierigen Beweis für die Tauglichkeit der Zeppeline zu erbringen. Das kostete mich viele schlaflose Nächte und qualvolle Stunden, bis es gelungen war.

Gleich das erste Delag-Schiff, die »Deutschland«, strandete auf einer der ersten Fahrten, die es von Düsseldorf aus unternahm, im Teutoburger Walde. Es erwies sich als zu langsam, um sich gegen einen aufkommenden frischen Westwind zu behaupten, zumal es eine Motorenpanne erlitt. Ein Ersatzschiff wurde in Dienst gestellt; aber wer sollte es führen, nachdem der Führer der »Deutschland« wegen seines Pechs als nicht geeignet entlassen war? Herr Colsman fragte mich, ob ich es riskieren wollte. Natürlich mußte ich ja sagen, denn ich hatte doch immer die Verwendbarkeit des Zeppelinschiffes behauptet. So wurde ich »Fahnenleiter« und Luftschiffkapitän bei der Delag.

Es waren hauptsächlich drei Aufgaben, die zu lösen waren. Erstens mußte die Schwierigkeit und Gefahr behoben werden, die dem Luftschiff drohte, wenn es bei seitlichem Wind aus der Halle oder in die Halle gebracht werden sollte. Zweitens mußten tüchtige Steuerleute namentlich für die Landung des empfindlichen Schiffes ausgebildet werden. Drittens mußte ein guter Wetterdienst ausgebildet werden, mit der Fähigkeit, die Wetterlage richtig zu beurteilen. Ich bilde mir ein, daß es uns gelang, alle drei Aufgaben zu lösen; aber ich vergesse nie die Gewissensnöte, die ich durchzukosten hatte, wenn ich in kritischer Lage zu entscheiden hatte, ob man noch wagen dürfe, das Schiff bei stärkerem Querwind aus der Halle zu bringen, oder ob man eine Fahrt bei drohendem Wettersturz auszuführen sich entschließen dürfe, während die Fahrgäste um das Schiff sich versammelten und mit Ungeduld auf die Aufforderung zum Einsteigen warteten. Eine Absage mußte zu Spöttereien führen und der Sache schaden, ein leichtfertiger Entschluß zum Ausfahren konnte das Schilf in Gefahr bringen. Wie oft habe ich in solcher Lage mein Geschick verwünscht, das mich zum Luftschiffführer gemacht hatte!

Einmal, gleich zu Anfang meiner Tätigkeit als Luftschiffführer, habe ich mich mit Rücksicht auf eine besonders große Zuschauermenge und auf eine vollbesetzte Kabine mit einflußreichen, für uns wichtigen Fahrgästen dazu verführen lassen, eine Ausfahrt aus der Halle bei ungünstiger Windrichtung zu riskieren. Ich bezahlte meine Charakterschwäche mit einer so starken Beschädigung des Schiffes, daß eine Reparatur einem Neubau gleichgekommen wäre, und war seitdem gegen solche Anwandlungen gefeit.

Nach und nach lernten wir die Schwierigkeiten meistern durch zweckentsprechende Anlagen und durch eine gewisse Praxis, die wir bekamen. Und so führten wir mit den vier Schiffen »Schwaben«, »Viktoria Luise«, »Hansa« und »Sachsen«, die wir nacheinander in Dienst stellten, in den Jahren 1910 bis 1914 mehr als zweitausend Fahrten durch, auf denen wir Zehntausende von Passagieren beförderten. Aber es war nichts weniger als ein »Luftverkehr«, den wir betrieben. Es waren Rundfahrten von etwa zweistündiger Dauer, auf denen die Fahrgäste mit Begeisterung die Reize einer Luftfahrt genossen, die Verwirklichung des Menschentraumes von einer Beherrschung der Luft. Dennoch erfüllte die Delag die ihr gestellte Hauptaufgabe, nämlich einen Stamm von geschulten Führern und Steuerleuten auszubilden und vor allen Dingen eine Vertrautheit mit dem Element zu gewinnen, in dem das Luftfahrzeug sich zu bewegen hat, in dem Ozean der Luft mit allen seinen Tücken.

Die Delag wurde so die Hohe Schule für die Luftschiffahrt, und die Militärbehörden kommandierten dann auch bald Gruppen, die meistens aus einem Offizier und drei bis vier Unteroffizieren bestanden, zur Teilnahme an unseren Fahrten ab. Besonders wertvoll war es, daß die Kaiserliche Marine sich zu diesen Kommandierungen verstand, denn wir waren der Meinung, daß gerade über dem Meere der Zeppelin als Aufklärungsschiff viel bessere Dienste würde leisten können als Kreuzer und dergleichen Wasserfahrzeuge. Es mußte das natürlich als eine ganz besondere Ehre und Auszeichnung bei den damals herrschenden Anschauungen der Militärkreise angesehen werden, und mir persönlich als dem Leiter des Delag-Betriebes wurde manche Anerkennung durch die amtlichen Stellen zuteil. Der Himmel regnete Orden auf meine Brust. Ich nahm das in großer Gelassenheit hin, denn ich hatte eine ausgezeichnete Mahagoni-Zigarrenkiste, in der ich die Orden und Medaillen aufbewahren konnte; aber ich bekam doch fast einen Schreck, als mir einmal in zwei Tagen drei Orden verliehen wurden, zwei an einem Tage vom Großherzog von Weimar und vom Herzog von Koburg-Gotha, die an einer Fahrt teilgenommen hatten. Es war sicherlich recht erfreulich. Aber eine echte Freude und Genugtuung empfand ich doch erst darüber, daß die Marine sich im Jahre 1914 entschloß, eine »Marine-Luftschiff-Abteilung« zu gründen, in der Absicht, das Zeppelinschiff als Luftkreuzer zu verwenden. So meldete ich mich bei Ausbruch des Krieges beim Reichsmarineamt als »kriegsfreiwilliger Luftschiffführer«, in der Hoffnung, als Kommandant eines Marineluftschiffes verwendet zu werden.

In der Tat nahm das Marineamt mein Dienstanerbieten an und verpflichtete mich als »Instrukteur« zur Ausbildung von Marineluftschiffführern. Als solcher hatte ich theoretischen Unterricht zu erteilen und auf Schulungsfahrten eine praktische

Ausbildung vorzunehmen. Dann und wann wurden diese Ausbildungsfahrten in den Frontdienst einbezogen, indem ein Abschnitt der Nordsee dem Schulschiff als Aufklärungsgebiet zugeteilt wurde. Ich stand dem außerordentlich tüchtigen und energischen »Führer der Marineluftschiffe«, dem Kapitän Strassen, freundschaftlich nahe und konnte ihn vielfach beraten in seinem Bestreben, die Marineluftschiffe größer und damit leistungsfähiger zu machen. Strassen hatte nicht die Angst vor zu großen Schiffen, die in dem Luftschifferbataillon des Heeres den Bau leistungsfähigerer Zeppeline verhindert hatte. Er hatte klar erkannt, daß man die Größenangst überwinden müsse, um zu wirklich wertvollen Kriegsleistungen der Luftschiffe zu kommen. Wäre ein Mann wie Strassen zwei oder drei Jahre früher auf seinen Posten gelangt, so hätten wir bei Kriegsausbruch Marineluftschiffe gehabt, die Außerordentliches hätten leisten können. Als im Jahre 1917 das Ziel Strassers erreicht war, da war inzwischen die Abwehr vom Boden und von den vervollkommneten Flugzeugen aus so stark entwickelt worden, daß sich nicht mehr viel mit den Luftschiffen ausrichten ließ.

Gleichwohl taten auch so die Zeppeline in den ersten zwei oder drei Jahren des Krieges sehr wertvolle Dienste. Von den für ihre Führung sehr geeigneten, ausgesuchten Seeoffizieren glänzend geführt, hielten sie die ganze Nordsee ununterbrochen in Aufklärungskontrolle und entlasteten damit die Kreuzergeschwader in starkem Maße. In der Schlacht am Skagerrak konnten sie, anfangs durch unsichtiges Wetter behindert, in der Stunde einer vitalen Entscheidung eine Meldung an den Flottenchef übermitteln, die sehr wahrscheinlich schwere Verluste der deutschen Marine verhindert hat. Sie meldeten das Nahen eines starken feindlichen Geschwaders. Die Luftangriffe auf London in den ersten Kriegsjahren hätten eine kaum zu überschätzende Wirkung haben können, wenn sie mit größeren Schiffen in Sicherheit aus größerer Höhe hätten durchgeführt werden können. So waren es nur Nadelstiche, empfindliche zwar, aber doch nur Nadelstiche. Es war eine Tragödie der verpaßten Gelegenheit!

Beim Ausbruch der Matrosenrevolte kehrte ich im November 1918 nach Hause zurück. Ich hatte ein interessantes Kapitel des Krieges aus nächster Nähe kennengelernt und dabei die Entwicklung des Luftschiffes zu einem wertvollen Verkehrsinstrument schrittweise verfolgen können. Jetzt war das Transozeanschiff da! Aber die Friedensbedingungen verboten uns zunächst seinen Bau und seine Verwendung. Wie würde es weitergehen? War der Zeppelingedanke getötet gerade in dem Augenblick, als er durchführbar geworden war? Die Aufgabe, die jetzt vor mir lag, war der Versuch, die Hemmungen zu überwinden. Wie das geschah, davon soll auf den nachfolgenden Seiten erzählt werden.

Die Fahrt des ZR III (Los Angeles)

Das Luftschiff des Grafen Zeppelin hat eine so dramatische und wechselreiche Geschichte wie wohl keine andere technische Erfindung in unserm erfindungsreichen Zeitalter. Daß es im Anfang mit großen technischen Schwierigkeiten und mit Ablehnung von seiten der Fachleute zu kämpfen hatte, ist zwar nichts Besonderes. Dieses Schicksal teilt es mit fast allen bedeutsameren Erfindungen. Bemerkenswert und ein wenig tragisch ist es aber, daß in dem gleichen Moment, in dem das Zeppelinschiff sich als eine technische Möglichkeit erwies, der entscheidende Faktor, der es zum Siege führte, nämlich der moderne Benzinmotor, zugleich auch seinen praktischen Wert in Frage stellte. Und diese Frage ist noch heute nicht definitiv beantwortet, sondern wird immer wieder von neuem aufgeworfen.

Dieses Zeppelinproblem ist insofern besonders interessant, als es in einer klaren und beispielhaften Weise die Entwicklung und den Fortschritt des umfassenden, ganz allgemeinen Problems der Eroberung des Luftraumes durch den Menschen überhaupt beleuchtet. Der jahrtausendealte Wunsch, sich in die Luft erheben und darin den Vögeln gleich sich bewegen zu können, war ja am Ende des achtzehnten Jahrhunderts durch die Montgolfièren, die gasgetragenen Ballone, plötzlich in einer unerwarteten Weise erfüllt worden: man konnte »fliegen«. Aber man mußte sich mit dem Winde treiben lassen und konnte sich seinen Weg nicht wählen. Man arbeitete ein Jahrhundert daran, ein »lenkbares« Luftschiff zu konstruieren, aber die geeignete Triebkraft fehlte. Diese kam erst zu Anfang dieses Jahrhunderts mit dem leichten Benzinmotor, und nun war das »lenkbare Luftschiff« da. Aber es war zugleich auch die Möglichkeit da, Flugzeuge zu konstruieren, und die Erfindertätigkeit warf sich in ungleich stärkerem Maße auf das Flugzeug als auf den Lenkballon, zumal die Militärkreise jenes bevorzugten. Es kam zu einem Wettbewerb zwischen »leichter als die Luft« und »schwerer als die Luft«. Es ist noch heute von Interesse, darauf hinzuweisen, daß in diesem Wettbewerb das Luftschiff vorerst siegte, denn in den Jahren 1908 bis 1914 machten »Zeppeline« schon regelmäßige Passagierfahrten durch ganz Deutschland, während die Flugzeuge dazu noch nicht imstande waren. Zeppelin hatte sich erst mal durchgesetzt. Nun kam aber der erste Weltkrieg mit seiner erstaunlichen Entwicklung des Flugzeuges, und das Luftschiff schien seine Rolle ausgespielt zu haben – schien eine ephemere Erscheinung in dem alten Kampf um die Eroberung der Luft durch den Menschen gewesen zu sein.

Die Verteidiger des Luftschiffes gaben sich indessen nicht geschlagen. Sie wiesen darauf hin, daß als Verkehrsmittel über große Strecken, vor allen Dingen über die Meere, vorerst wenigstens nur das Luftschiff in Betracht käme, und es galt den Beweis zu erbringen, daß das Luftschiff für solche Aufgaben geeignet sei. So kam es zu den ausgedehnten Fahrten der Luftschiffe Graf Zeppelin« und »Hindenburg«, und das Ergebnis war wieder, daß das Luftschiff sich als das leistungsfähigere Luftfahrzeug erwies. Ein zweites Mal hatte es seine Existenzberechtigung erwiesen.

Der zweite Weltkrieg kam und mit ihm wieder eine erstaunliche Leistungssteigerung des Flugzeuges: jetzt kann auch das Flugzeug die Meere mit Fracht und Passagieren überqueren. Ist das Luftschiff nun endgültig aus dem Felde geschlagen? Oder kann es sich wenigstens auf *ganz großen* Strecken behaupten? Diese Frage wird ernsthaft studiert, und man kann noch nicht mit Bestimmtheit sagen, in welchem Sinne sie entschieden werden wird.

Die folgenden Ausführungen beschränken sich auf einen Bericht über die Fahrten zwischen den beiden Weltkriegen, und zwar aus zwei Gründen: Erstens vermag die Schilderung dieser bekannten, weltumspannenden Pionierfahrten vielleicht einen Beitrag zur Beantwortung der Frage leisten, ob das Luftschiff geeignet ist, auch heute noch eine Rolle im Luftverkehr zu spielen, und zweitens war die Vorbereitung und Durchführung dieser Fahrten mit so viel menschlich und politisch interessanten Erlebnissen in einer bedeutsamen Zeit höchster politischer Spannungen verknüpft, daß sie von dauerndem historischem Wert wenigstens für uns Deutsche sein dürften.

Das Starrluftschiff, der »Zeppelin«, war im ersten Weltkrieg nicht ohne einen gewissen militärischen Wert, und zwar sowohl als Aufklärungsmittel als auch als Angriffswaffe. Das mag verwunderlich erscheinen, wenn man die relativ geringe Leistungsfähigkeit der Zeppeline bedenkt, die damals, besonders zu Beginn des Krieges, zur Verfügung standen. Sie hatten anfangs nur einen Kubikinhalt von rund 20 000 Kubikmeter, eine Steighöhe von höchstens 2000 Meter und eine Geschwindigkeit von 75 bis 80 Kilometer in der Stunde. Aber sie fanden so gut wie keine Gegenwehr. Die Flugzeuge steckten noch sozusagen in den Kinderschuhen, und eine wirksame und gut organisierte Bodenabwehr war nicht vorhanden. Das änderte sich schnell. Die Abwehr wurde wirksamer. Aber die Luftschiffe wurden auch verbessert: man baute Schiffe von 32000, 36000, 55 000 Kubikmetern mit einer Steighöhe, die allmählich auf 5000 Meter Höhe ging, und mit einer Geschwindigkeit, die auf 115 bis 120 Kilometer wuchs und damit eine Verwendung der Schiffe bei stärkeren Winden ermöglichte. Es war ein Wettrennen zwischen Waffe und Abwehr, das bis zum Ende des Krieges andauerte. Aber schon im Jahre 1916, als das Phosphorbrandgeschoß zur Anwendung kam und gleichzeitig

Luftschiff LZ 126 »Los Angeles« ZR III über dem Werftlandeplatz nach einer Probefahrt, 1924. Unter dem Schiff befinden sich Haltemannschaften und eine Menge Schaulustige.

die Steigfähigkeit der Flugzeuge erheblich vergrößert wurde, gab die deutsche Armee die Verwendung der Luftschiffe auf, und nur die deutsche Marine setzte sie weiter an, und zwar für gelegentliche Bombenangriffe, besonders auf London, und für Aufklärungsfahrten über der Nordsee. Was in dieser letzteren Beziehung bis zum Ende des Krieges, als die Größe der Schiffe auf 70 000 Kubikmeter und ihre Steighöhe auf 7000 Meter gebracht war, von den Zeppelinen geleistet werden konnte und geleistet wurde, war militärisch von so hohem Wert, daß in den Friedensverhandlungen sehr große Zeppeline noch als gefährliche und wirksame Kampfmittel bezeichnet wurden. Es wurde deshalb im sogenannten Londoner Protokoll Deutschland der Bau von Zeppelinen mit mehr als 30 000 Kubikmeter Inhalt untersagt.

So war die Situation im Jahre 1920, als zwischen dem »Luftschiffbau Zeppelin G.m.b.H.« und der amerikanischen Militärkommission in Berlin Besprechungen eingeleitet wurden über die Frage, ob der »Luftschiffbau Zeppelin« ein Luftschiff für das amerikanische Navy Department bauen könne. Es waren nämlich bei Kriegsende vier Zeppeline neuester Bauart beschlagnahmt und dann später unter die alliierten Mächte verteilt worden. Diese Luftschiffe lagerten, an Flaschenzügen aufgehängt, in einer Marineluftschiffstation unter Aufsicht und Wartung ihrer Marinebesatzungen. Als dann aber die beschlagnahmte, bei Scapa Flow ankernde deutsche Flotte von ihren Besatzungen versenkt wurde, ließ diese Tat die Luftschiffbesatzungen nicht ruhen; sie ließen die vier Luftschiffe herunterfallen und zerstörten sie damit. Die Alliierten ordneten an, daß hierfür eine Entschädigung an die betreffenden Mächte zu leisten sei und daß z. B. Amerika 3,2 Millionen Goldmark zu beanspruchen habe. Hier setzte die Verhandlung des »Luftschiffbau Zeppelin« mit der amerikanischen Regierung ein: Wir machten den Vorschlag, die Entschädigung nicht in Geld, sondern in einem Ersatzluftschiff zu leisten. Wir leiteten diesen Vorschlag nicht über die zuständige deutsche Behörde, das Reichsschatzministerium, sondern direkt an die amerikanische Militärkommission. Wir sollten später sehen, wie gut wir damit taten.

Die amerikanische Militärkommission zeigte sofort Interesse für unseren Vorschlag, und längere Verhandlungen mit dem Navy Department führten im Jahre 1921 zu dem Ergebnis, daß Amerika sich bereit zeigte, ein neugebautes Ersatzluftschiff an Stelle der ihm zustehenden 3,2 Millionen Reichsmark anzunehmen, unter der Bedingung, daß dieses Luftschiff in einem guten Zustande in Amerika abgeliefert werde. Die Überführungsfahrt sollte damit den Beweis für die Lufttüchtigkeit des Schiffes erbringen. Der »Luftschiffbau Zeppelin« war mit dieser Bedingung einverstanden, aber die Angelegenheit war damit noch nicht entschieden. Denn wir mußten uns sagen und konnten leicht darlegen, daß das Schiff, welches den Atlantischen Ozean überqueren sollte, eine Größe von wenigstens 70 000 Kubikmetern, also die Größe der zuletzt gebauten Marineluftschiffe, haben müsse, und die Bestimmungen des Londoner Protokolls verboten uns, Schiffe von mehr als 30 000 Kubikmetern Inhalt zu bauen. Außerdem konnten wir dartun, daß ein solches Schiff nicht für 3,2 Millionen Mark gebaut werden könnte, sondern wenigstens 3,6 Millionen kosten würde. Das Navy Department mußte sich also dafür einsetzen, daß die fragliche Bestimmung des Londoner Protokolls in diesem Falle außer Kraft gesetzt wurde und daß es den Kostenmehrbetrag von rund 100 000 Dollar aus eigenen Mitteln aufbringen werde.

So geschah es in der Tat, und dem formellen Vertragsabschluß, der natürlich der Genehmigung der Reichsregierung bedurfte, stand nunmehr anscheinend nichts mehr im Wege. Aber es ging nicht so leicht: Das Reichsschatzministerium verweigerte seine Zustimmung zu einem solchen Vertrag mit der Begründung, daß es nun erst einmal die Amerika geschuldeten 3,2 Millionen Mark an den »Luftschiffbau Zeppelin« für den Bau des Schiffes herzugeben haben werde, und dann, wenn das Luftschiff vielleicht nicht oder nicht »in einem guten Zustande« hinüberkommen sollte, noch einmal die gleiche Summe an die amerikanische Regierung zahlen müsse.

Das klang sehr korrekt und verantwortungsbewußt, aber es war im Grunde eine große Torheit. Denn es ließ vollkommen eine Einsicht und ein Gefühl dafür vermissen, was die glückliche Überführung des Schiffes für Deutschland als eine Prestigeleistung und zur Anbahnung besserer Beziehungen zum amerikanischen Volk bedeuten konnte und mußte. Das war schon ein kleines Risiko wert! Aber Phantasielosigkeit ist in der Politik ebenso vom Übel wie Mangel an Logik. So kam es dazu, daß ich mich in meiner Eigenschaft als Aufsichtsratsvorsitzender des »Luftschiffbau Zeppelin« mit dem ganzen Besitz des Zeppelinkonzerns dafür verbürgen mußte, daß im Falle des Mißlingens der Überführung die deutsche Regierung von uns schadlos gehalten werden würde. Ich verstand mich zu dieser harten Bedingung aus zwei Gründen. Erstens war ich davon überzeugt, daß wir bei sehr vorsichtiger Führung das Schiff, obgleich es mit seinen 70 000 Kubikmetern eigentlich für eine Fahrt über den Nordatlantik kaum groß genug war, sicher würden hinüberbringen können, und zweitens sagte ich mir, daß ohne eine solche entscheidende Probe, für die sich jetzt eine einmalige Gelegenheit bot, das Schicksal des »Luftschiffbau Zeppelin« ohnehin besiegelt sein werde. Denn was ohne den eigentlichen Luftschiffbau an Betätigungsmöglichkeit für den »L. Z.« übriggeblieben wäre, war damals nicht der Rede wert. So setzte ich alles auf eine Karte und verpfändete den Besitz des Konzerns an das Reich. Die Verträge zwischen dem Reich, der amerikanischen Regierung und dem »Luftschiffbau Zeppelin« wurden an *einem* Tage gleichzeitig unterzeichnet. Es war der Tag, an dem der Reichsminister Rathenau ermordet wurde, der seinerseits einsichtig genug den Abschluß dieser Verträge befürwortet hatte.

Der Bau des Schiffes begann im gleichen Jahre. Es wurde ein Schiff von 72 000 Kubikmetern Inhalt mit fünf Maybachmotoren von je 350 PS. Ein kleiner Stab von drei amerikanischen Navy-Ingenieuren kam nach Friedrichshafen, um den Bau zu überwachen und Einzelheiten mit den Ingenieuren des »Luftschiffbau Zeppelin« zu besprechen. Es kam zu einer erfreulich harmonischen Zusammenarbeit. Ende September 1924 war das Schiff fertiggestellt und machte eine erste kürzere Probefahrt über dem Bodensee, wobei erfreulicherweise, wie ich sagen darf, eine sehr heftige Böenfront zu durchfahren war, um so das Schiff gleich einer stärkeren Belastungsprobe zu unterziehen. Nach einer weiteren, ausgedehnteren Probefahrt, die auch zu keinerlei Beanstandung führte, wurde dann der Start für die Ozeanüberquerung auf den 12. Oktober festgesetzt. Das war ein bemerkenswertes Datum: Am 12. Oktober 1492 war Kolumbus von Spanien aus auf seiner Entdeckungsfahrt in Amerika gelandet, und am 12. Oktober 1924 sollte jetzt das Luftschiff zur ersten Fahrt nach Amerika starten! Die Übereinstimmung aller Ziffern in diesen beiden Daten war so seltsam, jedenfalls nach Meinung des spanischen Gesandten in Berlin, daß er eine Art göttliche Fügung darin sah und daraus einen moralischen Anspruch der spanischen Regierung ableitete, auf dieser Fahrt sich durch einen höheren Beamten, eben den spanischen Gesandten in Berlin, vertreten zu sehen. Eine regelrechte diplomatische Aktion zur Durchsetzung dieses Anspruchs wurde in Szene gesetzt, aber das Ergebnis war schließlich, daß der Gesandte, sehr verstimmt und in seinen Rechten vermeintlich gekränkt, zurückbleiben mußte. Denn wir bestanden in Übereinstimmung mit der amerikanischen Kommission, die an der Fahrt teilnahm, darauf, daß kein überflüssiger »Ballast« mitgenommen werden dürfe.

Ich sah der Fahrt, wie ich schon sagte, mit voller Zuversicht entgegen. Das schloß jedoch nicht aus, daß ich mit sehr großem Ernst und ein wenig mit dem Gefühl eines Hasardeurs die Fahrt antrat. Denn es war klar, daß von dem Gelingen nicht allein das Leben der Mitfahrer, sondern das Schicksal der Zeppelinsache abhing. Ein Scheitern würde, wie die Sachlage war, das Ende der Werft in Friedrichshafen und damit der einzigen Stelle bedeutet haben, wo Tradition und Glaube an das Starrluftschiff lebendig war. Ein Scheitern würde die Länder, in denen man, wie in England und Amerika, mit einigen Zweifeln an einen Nachbau der Zeppeline herangegangen war, sicherlich von weiteren Versuchen abgeschreckt haben.

Aber die Nichtausnutzung der jetzt gebotenen Gelegenheit, die Leistungsfähigkeit der Starrluftschiffe zu erweisen, würde nach meiner Ansicht ebenso das Sterben der Zeppelinidee bedeutet haben. Dann wer sollte sie wieder aufnehmen, wenn ihre jetzigen Vertreter und der ganze mühsam aufgebaute Apparat verschwunden wären? So mußte man das »Hasardspiel« wagen! Denn ein Hasardspiel blieb es immer, auch wenn die Überzeugung und Zuversicht noch so gut war:

Glück braucht man immer, wenn auch nicht in dem Sinne, daß besonders günstige Verhältnisse *helfen* sollen, so doch in dem Sinne, daß nicht besonders ungünstige Verhältnisse eintreten. Und wann ist man davor sicher? Ich mußte mir sagen: Man weiß zwar, daß der Zeppelin sich heftigen Böenfronten gewachsen gezeigt hat – wie ist es aber mit solchen Böenfronten über dem Nordatlantik? Man weiß zwar, daß Böenfronten über Land besonders turbulent sind wegen der Überhitzung der Luft über dem Lande, aber dafür sind die horizontalen Sturmbewegungen viel größer über dem Meere und könnten vielleicht auch zu einer Verstärkung der Turbulenz in den Böen führen. Sicherlich war in unserer Erfahrung in dieser Beziehung noch eine Lücke vorhanden, die erst durch praktische Erfahrungen auszufüllen war. Vor allem aber hatte ich mir zu sagen, daß das Schiff keinen Überschuß an Tragkraft hatte und daß wir mit dem Betriebsstoff, der für rund 80 Stunden für alle Motoren reichte, sparsam wirtschaften mußten. Wenn sehr ungünstige Windverhältnisse über dem schon normalerweise von frischen Westwinden beherrschten Nordatlantik auftreten sollten, so war Gefahr vorhanden, daß wir mit unserm Benzin zu kurz kommen könnten. Diese Erwägung führte mich am vorgesehenen Abfahrtstage zu einer Entscheidung, die einiges Aufsehen und bei der Besatzung eine gewisse Beunruhigung hervorrief: Das Schiff lag am frühen Morgen des 12. Oktober in der Halle zur Abfahrt bereit. Besatzung und Kommission waren an Bord, Benzin und Wasserballast waren in der Menge eingenommen, die wir bei den herrschenden atmosphärischen Verhältnissen glaubten tragen zu können und die wir auch als genügend erachteten. Die Haltemannschaft hatte die Seile in der Hand, um das Schiff hinauszuführen, und die Zuschauermenge wartete gespannt auf das Zeichen zur Ausfahrt. Aber es kam nicht! Der die Ausfahrt leitende Ingenieur kam zur Führergondel und meldete, daß das Schiff nicht mehr »schwimme«, sondern schwer geworden sei. Ich ließ hundert Kilogramm Ballastwasser abwerfen, aber das Schiff blieb schwer und wurde dauernd schwerer, so daß die weitere Abgabe von Ballast erforderlich schien. Der Grund hierfür war der, daß plötzlich Nebel mit wärmerer Luft einzuströmen begann, während es bisher klar und kühl gewesen war. Wärmere Luft ist weniger tragfähig als kältere. Weiteres Ballastwasser zu opfern, erschien nicht ratsam, denn wir hatten uns auf die erforderliche Mindestmenge von vornherein beschränkt. Also mußte Benzin geopfert werden! Da es sich um schätzungsweise 400-500 Kilogramm handelte und weil die Luft immer wärmer wurde, setzte ich kurz entschlossen die Fahrt auf den nächsten Morgen ab.

Das reizte die wartende Menge zum Spott, und man konnte Stimmen hören, daß wir »wohl die Courage verloren hätten«. Die Zeitungsberichterstatter eilten, die Neuigkeit ihren Blättern mitzuteilen, und die ganze Öffentlichkeit, die mit großer Spannung auf die Kunde vom Aufstieg gewartet hatte und mit einer aus

Vertrauen auf uns und aus Verlangen nach einer Sensation geborenen Bestimmtheit auf die programmäßige Abwicklung des Unternehmens gerechnet hatte, war sichtbar enttäuscht. Ich hatte natürlich eine solche Reaktion der öffentlichen Meinung erwartet und lange gezögert, bis ich den Mut fand, das Wort »Fahrt ist abgesetzt!« auszusprechen. Wenige Entschlüsse sind mir in meinem Leben schwerer geworden. Aber noch heute freue ich mich, daß ich damals den Mut fand.

Am nächsten Morgen waren wir wieder zur Stelle, aber eine Stunde früher, um einem etwaigen warmen Morgennebel zuvorzukommen. Und diesmal glückte es uns, mit der ganzen Belastung hochzukommen.

Die Fahrt ließ sich wunderbar schön an. In zweihundert Meter Höhe waren wir durch eine Wolkendecke durchgestoßen und schwebten jetzt über einem in der aufgehenden Sonne schimmernden Ozean von weiß leuchtenden Höhennebeln, aus denen sich im Süden die Kette der schweizerischen Alpen erhob. Wir waren glücklich, daß der »große Tag«, auf den wir lange gehofft hatten, angebrochen war. Der Zeppelin sollte jetzt zeigen, was er konnte! Über dem Nebelmeer ging es bis Basel. Dann klarte es auf, und Frankreich lag vor uns in hellem Sonnenschein.

Nach sorgsamer Prüfung der Wetterkarte hatten wir uns entschlossen, einen etwas südlicheren Weg als die normale Dampfschiffroute zu wählen. Denn der nördliche Teil des Nordatlantik lag unter dem Einfluß von Tiefdruckgebieten, die sehr kräftige Westwinde bis zu einer Linie Neufundland-Südengland verursacht hatten. Es wäre eine Torheit, dagegen anzurennen. So steuerten wir einen Kurs, der etwa über Südfrankreich, Kap Finisterre auf die Azoren gehen sollte, um dann die weitere Wetterentwicklung abzuwarten. Der Weg war zwar rund 350 Seemeilen länger als die Seeschiffroute, aber die Fahrzeit voraussichtlich kürzer. Luftschiffnavigation wird immer eine »meteorologische« sein müssen, wenn sie ihre besten Ergebnisse zeitigen will. Die modernen Flugzeuge werden auf Grund ihrer großen Geschwindigkeit meist auf kürzestem Wege, ohne Rücksicht auf die Winde, durchstoßen.

Frankreich lag wie ein Garten unter uns. Wir sahen mit einer Art genießerischer Freude auf die steinigen Hügel herab, wo der Burgunderwein wächst, und kamen dann später in die Gegenden, wo auf ebenen Feldern der Bordeauxwein in der milden Seeluft gedeiht. Wie verschieden, so stellten wir fest, der Boden und der Geschmack! An der Mündung der Gironde kamen wir kurz nach Mittag an die Seeküste, die in schäumender Brandung wie ein leuchtender, scharfer Trennungsstrich zwischen Land und Meer sich nach links und rechts in unendliche Fernen erstreckte. Mit Gefühlen einer hochgespannten Erwartung, vielleicht eines inneren Jubels, überflogen wir sie. Denn vor uns lag jetzt das unermeßliche Feld, auf dem wir unsere ersten Erfahrungen sammeln sollten, um die Frage zu entscheiden, ob eine sichere Navigation auf ihm mit Luftschiffen möglich ist. Unser Traum und unsere Hoffnung standen vor ihrer Erfüllung.

Jetzt lag dieses Feld in relativer Ruhe unter uns. Nur eine hochgehende lange Dünung aus westlicher Richtung zeigte an, daß in größerer Ferne stürmische Winde getobt hatten oder noch tobten.

Wir zogen in ruhiger, schöner Fahrt unsern Weg auf Kap Ortegal, die Nordwestecke Spaniens, zu. Die Sonne neigte sich allmählich dem Untergange zu, und es wurde immer dunkler und geheimnisvoller auf den weiten Gewässern, von denen aus mancher Fischer oder Schiffer verwundert zu dem über sie hinwegziehenden wandernden Stern hinaufschauen mochte. Gegen Mitternacht erreichten wir den Leuchtturm von Kap Ortegal. Fern aus Südwesten blitzte das gewaltige Feuer von Kap Finisterre, das schon tausenden und aber tausenden Seeleuten als Führer und Erlöser erschienen war, wenn sie in nächtlichen Biskayastürmen sich der gefährlichen Nordwestküste Spaniens genähert hatten. Für uns war es jetzt der letzte Gruß Europas und der feste Ausgangspunkt für die Reise über das weglose Meer, über das wir auf einen 4000 Meilen entfernten Zielpunkt hin zu steuern hatten. Werden wir diesen Punkt sicher finden?

Wir hatten uns mit den damals zur Verfügung stehenden Mitteln eine eigene Navigationsmethode geschaffen. Für eine gute und sichere Navigation in dem Luftmeer kommt es natürlich darauf an, die »Stromversetzungen«, um einen Ausdruck der Seenavigation zu gebrauchen, genau zu ermitteln und danach den zu steuernden Kompaßkurs zu bestimmen. Diese Stromversetzungen überschreiten natürlich die bei der Seeschiffahrt möglichen in dem Maße, wie die Windgeschwindigkeit die Geschwindigkeit der Meeresströmungen übertrifft, d. h. um ein Vielfaches. Wie sind diese Windströmungen nach Richtung und Stärke zu ermitteln? Sie wechseln dauernd in kurzen Zeit- oder Raumabständen. Wir hatten damals eine azetylengefüllte »Rauchbombe« zur Verfügung, die vom Schiff abgeworfen wurde und beim Aufschlagen auf das Wasser Rauch und Feuer entwickelte. Es war dann leicht durch Peilung festzustellen, in welcher Richtung und in welchem Winkel das Schiff abtrieb. Aber um die Geschwindigkeit des Schiffes über der Meeresfläche zu bestimmen, mußte man nicht allein den Abtriftwinkel kennen, sondern auch die Richtung und Stärke des Windes, und es ist klar, daß Winde ganz verschiedener Stärke und Richtung den gleichen Abtriftwinkel ergeben können. So war es erforderlich, eine »Windbestimmung« in der Weise zu machen, daß man die Abtrift auf zwei verschiedenen Steuerkursen feststellte, woraus sich dann durch eine einfache graphische Zeichnung die Windrichtung und Stärke ergab. Damit ließ sich dann in graphischer Weise nicht allein der gewünschte Steuerkurs, sondern auch die Fahrtgeschwindigkeit über Grund bestimmen.

Wir hatten diese einfache Methode in der Theorie längst festgelegt; aber wir sollten jetzt erproben, wie sie sich in der Praxis auswirkte. Wir sollten erproben, ob die Abtriftpeilungen genau und zuverlässig genug waren, um damit ein gewünschtes Ziel sicher zu erreichen. Es ist überflüssig, auf Einzelheiten einzugehen, und es mag genügen, festzustellen, daß unsere Methode sich als zuverlässig genug erwies, um über Meeresstrecken von mehreren tausend Meilen das Schiff sicher und in vorberechneter Zeit zum Zielpunkt zu bringen. Ich erinnere mich z. B., daß wir einmal von Madeira aus direkt, ohne die Kapverdischen Inseln zu berühren, nach Recife fuhren und nach 25stündiger Fahrt einem Passagier auf die Frage, wo wir seien, zur Antwort geben konnten: »In einer halben Stunde werden Sie anderthalb Strich Backbord die Insel Fernando de Noronha erkennen können.« In zwanzig Minuten stieg in der Tat der Gipfel der Insel an der angegebenen Stelle am Horizont auf.

Jetzt ist die Navigationsweise mit Peilbomben überholt, teils durch wundervolle Zielfernrohre, die Abtrift und Geschwindigkeit ohne weiteres ablesbar machen, teils durch ein sehr entwickeltes System von Radiopeilungen und -meldungen, das dem Piloten seine Position mitteilt. Aber damals hatten wir uns noch mit unserer umständlichen Methode zu begnügen und uns in ihr zu üben, und so zogen wir über dem dunklen Meer dahin in dem aus Stolz und Erwartung gemischten Gefühl, eine Pionierarbeit in der Navigation von Luftfahrzeugen über dem Ozean zu leisten. Das Wetter war gut. Leichte wechselnde Winde schoben uns bald ein wenig, bald beeinträchtigten sie ein wenig unsere Fahrt, aber sie waren im allgemeinen so schwach, daß wir unsern Benzinvorrat schonen konnten, indem wir die Motoren stark abdrosselten.

Kurz nach Mittag des nächsten Tages kam im Süden die Insel San Miguel der Azorengruppe in Sicht. Wir waren nun etwa 32 Stunden unterwegs und hatten fast die Hälfte der Strecke Friedrichshafen-New York durchlaufen, wenn es auf geradem Kurse weitergehen konnte. 3400 Kilometer waren durchmessen, 380 Kilometer lagen noch vor uns. Unser Benzinvorrat reichte noch für 50 Stunden mit allen Motoren. So waren wir in sehr gehobener Stimmung und gaben uns mit vollem Herzen dem Genuß der Herrlichkeiten hin, die sich unter uns breiteten. Eine tief fegende Wolkendecke lag über dem größten Teil des Meeres, aber über sie erhob sich in wundervoller Pracht der gewaltige, 2300 Meter hohe Pico der Insel gleichen Namens, an dessen Flanken wir entlangglitten. Seltsames Schauspiel, mitten im Meere diese scheinbar in der Luft schwebende phantastische Berginsel! Allmählich verschwand sie in der Ferne, und das Meer unter uns wurde wieder sichtbar. Aber was wir jetzt sahen, war weniger erfreulich: Offenbar war ein westlicher Wind durchgekommen, der so kräftig war, daß er schaumgekrönte Wellen vor sich hertrieb. Er nahm zu, und eine Windmessung stellte fest, daß es ein Südwestwind mit etwa 10 Metern Geschwindigkeit war. Als die Sonne unterging, war er auf 14 Meter angewachsen. Das bedeutete, daß fast die Hälfte unserer Eigengeschwindigkeit vom Gegenwind aufgefressen wurde. Wir fuhren nur mit 53 Kilometern in der Stunde über Grund und würden mehr als 70 Stunden benötigen, um bei dieser Fahrt bis nach New York zu kommen! Es war natürlich nicht anzunehmen, daß dieser Gegenwind bis an die amerikanische Küste durchstehen würde, aber er konnte noch anwachsen, und so war es immerhin ein wenig beunruhigend.

Nun hatte die amerikanische Navy zwei Kreuzer ausgeschickt, die uns eventuell Hilfe zu leisten bestimmt waren; der eine lag auf etwa 40 Grad nördlicher Breite, etwa 250 Seemeilen südlich von Halifax, der zweite auf etwa 45 Grad nördlicher Breite, etwa 150 Seemeilen südöstlich von Neufundlands Küste. Mit diesen Schiffen suchten wir Verbindung aufzunehmen, um von ihnen Windmessungen zu erhalten. Nach langen vergeblichen Bemühungen gelang es etwa um Mitternacht, als wir gerade festgestellt hatten, daß wir mit *nur* etwa 40 Kilometern Geschwindigkeit vorwärtskamen. Das südliche Schiff meldete einen frischen Westwind, das nördliche einen leichten Südostwind. So konnten wir schließen, daß ein Tiefdruckgebiet südlich von Neufundland lag. Ich beschloß, es im Norden zu umfahren, und ging auf nordwestlichen Kurs, in der Richtung auf Kap Race, die Südspitze Neufundlands. Der starke Südwest kam so quer ein und hinderte uns nicht wesentlich. Und allmählich wurde er flauer. Gegen Mittag wurde es völlig still, ein Zeichen, daß wir uns dem Zentrum des Tiefs näherten, und nach einer weiteren Stunde begann ein sehr leichter östlicher Wind unsere Fahrt zu beschleunigen. Wir waren jetzt etwa auf dem 44. Grad nördlicher Breite, südöstlich von Kap Race, fünf Breitengrade nördlicher als der Punkt, wo wir nach Nordwesten abgebogen waren. Nun ging es auf rein westlichem Kurse weiter in der Richtung auf Boston. Das Schiff machte etwa 125 Kilometer Fahrt in der Stunde. Gegen 4 Uhr liefen wir in dichten Nebel hinein, der auf dem Wasser auflag; die kalte nordöstliche Windströmung trat auf die warmen Wasser des Golfstromes, über dem wir dahinsegelten. Wir gingen über den Nebel in die klare Luft hinauf, aber er stieg höher und höher, so daß wir schließlich bis auf 1500 Meter Höhe kamen, um über ihm zu bleiben. Es war ganz herrlich, über den Wolken hinzufahren; aber schließlich wurde es doch etwas unbehaglich, weil wir nicht genau feststellen konnten, wohin das Schiff abtrieb. So machte ich etwas, was ich heute nicht mehr tun würde und was auch, dank der jetzt organisierten Peilorganisation, heute nicht mehr nötig wäre: ich ging hinunter, um zu versuchen, einen Blick auf die Meeresoberfläche zu gewinnen. Ich war mir des Risikos dieser Abwärtsbewegung voll bewußt, denn irgendwo vor uns mußten die vielleicht von Wolken verhüllten Berge von Neuschottland liegen. Aber ich war gerade wegen der starken Nebel- und Wolkenbildung sicher, daß wir uns südlich von Neuschottland über dem

Golfstrome befinden mußten. Als wir unserm Barometer nach bis auf 150 Meter Höhe heruntergekommen waren, ohne den Meeresspiegel zu sehen, stoppte ich die Abwärtsbewegung ab; denn vielleicht war ja die Barometerangabe nicht richtig, da wir in ein Tief hineingesteuert waren. Als zwei Jahre später das von Nungesser westwärts gesteuerte französische Flugzeug südlich von Neufundland verschwand; war es für mich völlig klar, daß es bei seinem Versuch, unter den Nebel zu kommen, noch im Nebel auf den Meeresspiegel aufgeschlagen war, eben infolge des irreführenden Barometerstandes. Es war etwas unbehaglich, weil die Temperatur fast bis auf den Nullpunkt herunterging. Aber nach etwa zwei Stunden klarte es allmählich auf, und gegen 10 Uhr sahen wir in der Ferne im Norden die Lichter der Stadt Halifax zu uns herüberleuchten. Damit war die Fahrt in ihrem navigatorischen Teil so gut wie vollendet. Denn was noch vor uns lag, die etwa 900 Kilometer bis New York, war bei dem schönen, klaren Wetter, in das wir nun hineingekommen waren, eine Spielerei. In der frühen Morgenstunde kamen wir über Boston. Die Stadt lag noch in tiefem Schlafe, aber sie wurde wach. Sirenen und Dampfpfeifen heulten uns nach, als wir schon weit draußen waren; aber sie gaben uns eine Ahnung davon, was unser in New York wartete.

Bei Tagesanbruch lagen wir vor Sandy Hook. 77 Stunden nach unserer Abfahrt aus Friedrichshafen. Die Bai und die niederen Gestade waren von einem leichten Morgennebel verhüllt, aber die phantastischen Gestalten der Wolkenkratzer ragten aus ihm heraus und glänzten in der aufgehenden Sonne. Das imposante, in allen Sprachen besungene Bild, das diese überwältigend großartige Metropole des Wagemutes und Unternehmungsgeistes dem einfahrenden Fremden bietet, zeigte sich uns in doppelter Kraft und Schönheit, ein Märchen, in das wir aus dem dunklen, einsamen Meere plötzlich hineingeraten waren. Uns stockte der Atem. Im Anschauen dieser, wie eine zauberhafte Fata Morgana wirkenden, fast unwirklichen Erscheinung warteten wir ein wenig, um dem Nebel Zeit zu lassen, sich zu lockern. Dann fuhren wir langsam die Bay hinauf. Fährdampfer fuhren unter uns weg. Unser Anblick, als wir plötzlich in dem Nebel erkennbar wurden, weckte offenbar Staunen, und eine tolle Begeisterung brach unter den Arbeiterscharen aus, die zu ihrer Tagesarbeit fuhren. Und dann begannen alle Schiffe, die auf dem Wege lagen, zu heulen und zu tuten. Die New Yorker, die uns noch nicht sehen konnten, wurden durch dieses sich nähernde Getöse jäh aus dem Schlafe gerissen. Und als wir dann allmählich an die »Batterie« kamen, heulte und dröhnte und hupte es den Hudson und den East River hinauf und von allen Fabriken ringsum in einer schier unvorstellbaren Weise. Die Menschen strömten auf die Straßen und Plätze und Brücken, und sie winkten und verstärkten den Chor der Sirenen und Dampfpfeifen mit aller Kraft ihrer Lungen. Die große Weltstadt hatte ihre große Sensation, nach der sie ja immer ausschaut.

Wir machten den New Yorkern die Freude, recht lange über der Stadt zu kreuzen, indem wir langsam in Spiralen zu einer Höhe von etwa 3200 Metern aufstiegen. Wir waren durch Zeitungsmeldungen darauf vorbereitet gewesen, daß unser Empfang recht lebhaft sein würde. Was wir aber nun wirklich erlebten, überbot weit unsere in solchen Dingen recht schwache deutsche Phantasie.

Wir steuerten nun nach dem nahen Landeplatz von Lakehurst hinüber, wo wir etwa um 9 Uhr ankamen. Eine ungeheure Menschenmenge, die in Tausenden von Autos und 30 Extrazügen von New York gekommen war, erwartete uns hier. Die Begrüßung war überwältigend stürmisch und begeistert. Wie in einem Triumphzuge wurde das Schiff in die Halle gebracht und hier festgemacht. Der Ansturm der Zeitungsberichterstatter und Photographen auf uns ging nun los und brachte uns, die wir in dieser Beziehung recht harmlose Leute waren, eine Stunde schwerer Bedrängnis und Verlegenheit, bis wir von freundlichen Offizieren der Navy in die für uns bestimmten Quartiere in Sicherheit gebracht wurden. Ich für meine Person lehnte es zunächst ab, mich den Photographen zu stellen. Ich wurde aber bald davon überzeugt, daß man sich stellen müsse, und habe es dann bald gelernt, mit Gelassenheit in die Kamera zu blicken. Allerdings habe ich es nie gelernt, die »Publicity«, die in den Vereinigten Staaten so sehr geschätzt wird, zu suchen, sondern bin ihr, wenn möglich, immer aus dem Wege gegangen. Ich bin mir noch immer nicht darüber klar geworden, ob das Bescheidenheit oder übergroßer Stolz war.

Die Fahrt über den Ozean hatte uns wertvolle Erfahrungen gebracht. Wir hatten gesehen, wie man mit Vorteil gewisse Wetterlagen ausnutzen und eine schnellere und sichere Reise durchführen kann. Das Bild der Wetterkarte, die wir nach unserer Ankunft in Lakehurst vorgelegt bekamen, ließ klar erkennen, daß wir bei Beibehaltung unseres rein westlichen Kurses von den Azoren nach New York wenigstens zehn Stunden mehr zur Reise gebraucht hätten als bei der von uns durchgeführten Umsegelung des südlich von Neufundland liegenden Tiefs. Das war eine wichtige Erkenntnis für Fahrten über weite Meere! Ferner aber hatten wir gesehen, daß die Turbulenz der Atmosphäre in der Böenfront der einbrechenden Kaltluftmasse, in die wir hineingefahren waren, unserem Schiff nicht irgendwie gefährlich geworden war. Das war eine noch wichtigere Erfahrung, die wir dann in späteren Fahrten bestätigt fanden. So waren wir in navigatorischer Beziehung von unserer Fahrt höchst befriedigt, und wir teilten die Begeisterung, die man in Amerika der Leistung des Schiffes entgegenbrachte.

Aber wir konnten nicht sogleich ermessen, was unsere Fahrt in anderer, nämlich in moralisch-politischer Beziehung bedeuten sollte. Das wurde uns erst allmählich klar. Die Situation war diese: Ein großer Teil des amerikanischen Volkes hatte die innere feindliche Einstellung gegen Deutschland überwunden, hatte sozusagen die

Kriegspsychose abgelegt und wünschte die Anbahnung freundlicher Beziehungen zum deutschen Volk. Dazu gehörten vor allen Dingen weiter blickende Kreise der Politiker und der Geschäftsleute sowie natürlich die Amerikaner deutscher Abstammung, die vielleicht 20-25 Prozent des amerikanischen Volkes ausmachten. Aber demgegenüber stand ein großer Teil des Volkes, der noch nicht den Krieg und die Wunden, die er schlug, vergessen hatte und in seiner Ablehnung oder gar in ausgesprochener Feindschaft gegen Deutschland verharrte. Ich hatte natürlich den Wunsch, wenn möglich, zu einer versöhnlichen Haltung beizutragen, nicht allein im Interesse Deutschlands, sondern im Sinne einer Anbahnung freundlicherer Beziehungen und harmonischer Zusammenarbeit unter den Völkern überhaupt, die mir im wohlverstandenen eigenen Interesse der Völker selbst begründet und deshalb möglich erschien.

Vielleicht ist die Menschheit noch nicht reif für solche Erwägungen, und ich frage mich gerade heute wieder mit Zweifeln und Sorgen, ob die reine Machtpolitik der Staaten je zu ändern sein wird, obgleich die internationale Verknüpfung der Völker infolge der erstaunlichen Entwicklung der Verkehrstechnik immer enger und stärker wird.

Aber es war klar, daß ich angesichts der widerstrebenden Elemente sehr vorsichtig bei etwaigen Annäherungsversuchen vorzugehen hatte. Natürlich war die Fahrt des Schiffes selbst, die technische Verkehrsleistung, das Faktum, das in erster Linie für sich selbst zu sprechen hatte. Fortschrittliche technische Leistungen werden, vom amerikanischen Volk immer mit Verständnis, ja mit Begeisterung begrüßt. Sie appellieren sozusagen an das Herz des amerikanischen Volkes. Sie können deshalb auch dazu dienen, als Ausgangspunkt für eine Entwicklung allgemeiner freundlicher Beziehungen benutzt zu werden, wenn solches den Politikern zweckmäßig und erwünscht erscheint. Nun hatte uns der stürmische Empfang in New York und auf dem Flugfeld in Lakehurst in überwältigender Weise gezeigt, wie groß der Eindruck war, den die sportliche Leistung auf das amerikanische Volk gemacht hatte, und wie naheliegend und bequem es war, diesen Eindruck für eine Besserung der menschlichen und auch der politischen Beziehungen zu benutzen, wenn man das wollte. Und man schien es zu wollen! Jedenfalls wurde mir gleich nach der Landung ein Begrüßungstelegramm vom Präsidenten Coolidge gebracht, worin nach einer Beglückwünschung der Schiffsbesatzung zu ihrer »kühnen und geschickten« Tat der Genugtuung darüber Ausdruck verliehen war, daß »die Fahrt zu einer Zeit durchgeführt sei, wo wieder ›freundliche Beziehungen‹ zwischen beiden Völkern herrschen«. Ich weiß nicht, wie stark, vielleicht der sehr deutschfreundliche Ton des Telegrammes durch innenpolitische Erwägungen bestimmt sein mochte, denn die Präsidentenwahl stand vor der Tür und die deutschen Stimmen mochten vielleicht nicht ohne Bedeutung sein, zumal im mittleren Westen die neue Partei La Folettes auf viele deutsche Wähler große Anziehungskraft auszuüben schien. Aber ich faßte jedenfalls den etwas verwegenen Beschluß, die Situation auszunutzen und auf das Telegramm des Präsidenten mit einer kleinen Verdrehung zu antworten, die eine Art Appell an das amerikanische Volk in sich schloß. Ich dankte dem Präsidenten im Namen der Besatzung für seine freundlichen Begrüßungsworte und sagte dann: »Ich hoffe, daß dieser ersten Pionierfahrt bald weitere folgen werden, um die Freundschaft zu festigen (cement), auf die Sie so freundlich in Ihrem Telegramm hinweisen.« Es war mir eigentlich überraschend, daß diese, ich kann wohl sagen Fälschung glatt durchging und dann auch sicherlich eine starke Beeinflussung des Denkens und Fühlens weiter, in ihrem Denken nicht sonderlich selbständiger Kreise hervorrufen mußte. Mir kam nur die Auslassung einer bedeutenderen New Yorker Zeitung zu Gesicht, die sich etwas spöttisch über mich als »Anwalt der Freundschaft« äußerte. Aber die allgemeine Stimmung war in der Tat reif für einen Umschwung in der Haltung zum deutschen Volk. Das sollte ich gleich am nächsten Tage in Washington sehen: Der Staatssekretär des Navy Departments, Wilbur, in dessen Ressort die Angelegenheit fiel, hatte zu einem Mittagessen eingeladen, an dem viele Mitglieder der Regierung, der Navy und Array teilnahmen, und hielt dabei eine sehr warme Rede, in der er sagte: »Ich habe dem Luftschiff, das unter der Bezeichnung ZR III gebaut wurde, den Namen ›Los Angeles‹ gegeben, weil es als ‚Friedensengel` zu uns gekommen ist.« So war es klar, daß man wenigstens in der Navy und damit gewiß auch in maßgebenden Kreisen der Regierung eine freundschaftliche oder wenigstens freundliche Einstellung des amerikanischen Volkes gegen das deutsche begünstigte, und wir haben dann auch in den nächsten Jahren in wirklich freundschaftlicher Zusammenarbeit mit den Offizieren der Navy die weitere Entwicklung eines transatlantischen Zeppelinverkehrs durchführen können. Das mußte aber mein Ziel sein, soweit es sich auf meine eigentliche Aufgabe bezog. Denn um einen transatlantischen Verkehr zu betreiben, braucht man Landungsplätze und sachverständiges Personal auf beiden Seiten des Ozeans.

Vor dem Mittagessen waren ich und meine Offiziere, Flemming, Lehmann und von Schiller, in das Weiße Haus befohlen worden, wo der Präsident Coolidge uns persönlich zu begrüßen wünschte. Herr Coolidge, als ein Mann von wenig Worten bekannt, bekundete noch einmal seine Freude über das gute Gelingen der Fahrt und bat uns dann, sich mit ihm zusammen im Garten photographieren zu lassen. Das geschah in dreifacher oder vierfacher Ausführung, denn jedesmal, wenn der Präsident nach erfolgter Aufnahme sich zurückzuziehen Miene machte, bannte ein kategorisches »Bitte, noch einmal!« ihn auf die Stelle. So gingen eine Anzahl von Aufnahmen dieser freundlichen Begrüßungsszene in die Presse und in die große Öffentlichkeit.

Als ein erstes Zeichen des weithin verbreiteten Wunsches, sozusagen »das Kriegsbeil zu begraben«, kam uns dann schon am nächsten Tage eine Einladung des »Rotary Klubs« vom Lakehurst benachbarten Lakewood, an der Wochensitzung des Klubs teilzunehmen. Auf dieser Sitzung, zu der auch Marineoffiziere von Lakehurst geladen waren, wurden ein paar Ansprachen gehalten, die in sehr schmeichelhaften und warmherzigen Worten die Ankunft des Luftschiffes feierten und mir Gelegenheit gaben, zum ersten Male vor einem größeren Kreise den Wunsch des deutschen Volkes nach einer völligen Versöhnung mit Amerika zum Ausdruck zu bringen. Gewiß, wenn man die Ideale und den hohen moralischen Standpunkt der Rotarybewegung bedenkt, eine nicht ganz bedeutungslose und mit großem Beifall aufgenommene Bekundung, aber doch von nicht sehr wetttragender Wirkung!

In New York plante man aber unterdessen eine Veranstaltung, die große Durchschlagskraft haben konnte, wenn sie glücklich auslief. Es hatte nämlich die Direktion des Capitoltheaters nach wenigen unterwegs und weiteren bei der Ankunft und Landung des Luftschiffes gemachten Aufnahmen einen Film hergestellt, zu dessen Erstvorführung die Besatzung des Schiffes eingeladen war. Bei unserem Eintritt fanden wir das Haus, das, glaube ich, 6000-7000 Personen faßt, gedrängt voll, und wir wurden von der sich erhebenden Menge mit stürmischem Beifall begrüßt. Dann rollte der Film ab, sehr geschickt und wirkungsvoll zusammengestellt und von dem in einem atemversetzenden Tempo gespielten Walkürenritt Wagners musikalisch begleitet. Das Publikum geriet in Ekstase und jubelte, klatschte und winkte zu uns hinauf, die wir, allen sichtbar, auf dem Balkon Platz genommen hatten. Ich fühlte, daß ich etwas sagen müßte. Ich erhob die Hand, um Ruhe zu erbitten, und improvisierte dann diese Sätze, die mir Wort für Wort im Gedächtnis haften geblieben sind: »Meine Damen und Herren! Tiefbewegt danke ich Ihnen für den warmen und ehrenvollen Empfang, den Sie uns bereitet haben. Ich möchte bei dieser Gelegenheit auch allen danken, die uns bei der Landung in Lakehurst so überaus freundlich begrüßt haben. Ich möchte Ihnen nun offen gestehen, daß ich einen freundlichen Empfang auch erwartet hatte, denn wir bringen Ihnen in der Tat ein tüchtiges und schönes Schiff. Aber ich fühle doch, daß die Herzlichkeit Ihres Empfanges über die Bekundung einer Anerkennung hinausgeht, die Sie einer sportlichen Leistung zollen. Es waren ja das amerikanische und das deutsche Volk immer durch Gefühle der Hochachtung und Freundschaft miteinander verbunden, und wir Deutsche waren stolz auf die Freundschaft mit der großen amerikanischen Nation. Leider ist diese Freundschaft durch die Ereignisse der letzten Jahre und durch ein gewisses Narkotikum eingeschläfert worden; aber wenn mich mein Gefühl nicht trügt, so beginnt sie wieder zu erwachen, und es würde die

Luftschiff LZ 126 »Los Angeles« ZR III über New York, 1924.

glücklichste Stunde unseres Lebens sein, wenn wir durch unsere Fahrt dazu beigetragen haben sollten. Ich danke Ihnen.«

Was sich jetzt ereignete, gehört zu den persönlichen Erinnerungen, die mir unauslöschlich in die Seele gebrannt sind. Es sind ja nicht immer gerade besonders bedeutsame Vorkommnisse, die man nie vergißt, oft sogar anscheinend triviale, wenigstens für andere Personen. Aber sie sind sehr bedeutungsvoll für das Innenleben des Betreffenden und berühren eine Seite seines Seelenspiels, die sehr empfindlich ist oder die vielleicht sogar als Grundton seiner inneren Harmonie klingt. Man ist sich dessen oft gar nicht bewußt. So hatte ich mir immer eingebildet, ein recht wenig ausgebildetes nationales Empfinden zu haben. Ich fühlte »kosmopolitisch«, vielleicht in einer Art, wie Goethe es uns vorlebte. Natürlich kann das nicht bedeuten, daß ich mich nicht als Deutscher, fühlte. Denn wer kann das übersehen, was die Heimat und das eigene Volk einem gegeben hat; wer kann aus der Gefühls- und Gedankenwelt heraus, die die heimischen Dichter und die heimische Musik in einem geschaffen haben1 Aber mein deutsches Fühlen hatte keine Spur von Chauvinismus oder Überheblichkeit. Ich dachte und lebte etwa in der Weise, wie Goethe es empfiehlt, wenn er sagt: »Die echte Wahrheitsliebe zeigt sich darin, daß man überall das Gute zu finden und zu schätzen weiß.« So war ich immer ein wenig skeptisch, wenn ich das Deutschtum ungebührlich stark von meinen Landsleuten hervorheben und betonen sah.

Aber nun ereignete sich im Capitoltheater das Folgende: Auf meine oben angegebenen Worte sprang die Zuschauermenge wie elektrisiert auf und jubelte mir unter stürmischem Beifallklatschen und Winken begeistert zu, und das große, treffliche Orchester erhob sich wie ein Mann und spielte im Stehen die deutsche Nationalhymne. Ein Teil der Zuschauer, wohl Deutsche, sang mit. Mir wurde fast schwarz vor den Augen, und ich kann noch heute nicht an die Szene denken, ohne daß mir die Tränen in die Augen kommen. Ich fühlte, wie deutsch ich war, und fühlte, daß die Nationalhymne mich und mein Volk wieder anerkannte. Wie im Traume kam ich aus dem Theater, wie im Traume wurde ich von einer dichtgedrängten Menschenmenge, die unten im Vestibül wartete, umringt und über deren Köpfe hinweg in ein Auto getragen. Ich war tief erschüttert.

Die Presse nahm natürlich gebührend Notiz von dem Vorgang im Capitoltheater, und fette »headlines« schrieen in das Land hinaus: »Deutsche Nationalhymne zum ersten Male im Capitol gespielt.« Natürlich gab es Widerspruch, und ich erinnere mich, wie auf der »editorial page« einer großen New Yorker Zeitung unter der Überschritt »a serious mistake« die »übertriebene« Huldigung gerügt wurde. Aber des war wohl nur eine kleine Verbeugung vor den Opponenten und beeinträchtigte wenig oder gar nicht die eindrucksvolle Wucht, mit der die »headlines« auf der ersten Seite auf das Land wirkten.

Ein recht sonderbares und bezeichnendes kleines Abenteuer war diesem Ereignis im Capitoltheater vorausgegangen. Ich hatte dem Mayor von New York, Hylan, am Morgen einen Besuch gemacht, damit einer Einladung Folge leistend. Der Mayor verlieh mir nach einer sehr freundlichen Ansprache das »freedom of city« der Stadt New York und beorderte einen Herrn, den Judge Oberwager, mir und meiner Besatzung die Sehenswürdigkeiten New Yorks zu zeigen. »Ja, was wollen wir nun sehen?« sagte Mr. Oberwager, als wir das Rathaus verließen. »Halt, ich habe es!« fuhr er dann nach einigem Nachdenken fort. Auf meine Frage, was es denn sei, sagte er nur: »Sie werden sehen. Es ist das Beste, was wir machen können.« Ich überließ es ihm vertrauensvoll, und wir fuhren in einigen Autos eine lange Strecke durch die Stadt, bis wir vor einem großen Bauwerk ausstiegen. Es war, wie ich dann hörte, das »Yankee Stadion«, wo gerade das jährliche Fußballspiel zwischen Army und Navy vor sich ging. Ich meinte nun, daß Herr Oberwager uns dieses sehr populäre Spiel zeigen wollte; aber sein Gedanke war, wie ich bald sehen sollte, ein anderer. Er führte uns einen dunklen Gang unter den Sitzreihen hindurch, und plötzlich standen wir in der Arena, wo eben ein hitziges Spiel sich unter leidenschaftlicher Anteilnahme des nach Zehntausenden zählenden Publikums austobte. Er führte uns vor den vorderen Sitzreihen entlang, und ich begann mich sehr unbehaglich und verlegen zu fühlen, da wir offenbar dem unten sitzenden Publikum die Sicht auf das Spiel versperrten. Es wurden denn auch zornige Zwischenrufe laut, und es sah mir so aus, als ob ein großer Skandal sich entwickeln würde. Aber da schrie plötzlich eine laute Stimme: »Oh, das ist Dr. Eckener!« Und nun kam statt des Skandals eine stürmische Ovation des ganzen Publikums und der Spieler selbst, die sich vor uns aufreihten. Ich muß dennoch gestehen, daß mir dieser Rundgang um die ganze Arena herum sehr peinlich war, denn es sah wie eine bewußte, eitle Herausforderung zu einer Ovation aus. Aber Herr Oberwagen tröstete mich und meinte: »Kein Mensch wird etwas darin finden. Alle sind vielmehr dankbar, daß Sie sich gezeigt haben. Ich kenne meine New Yorker. Ich habe meinen Finger an ihrem Puls!« Er überließ es mir, über die Verschiedenheit des Denkens und Fühlens in Deutschland und Amerika nachzudenken, und ich möchte dazu ein kleines Vorkommnis beibringen, das mir sehr bemerkenswert erschien und auf mich wie eine Offenbarung wirkte: Ich saß ein paar Tage später im alten Waldorf Astoria am Frühstückstisch hinter meiner Zeitung. Ich mußte dabei zu meinem Mißvergnügen bemerken, daß ein Herr vom Nachbartisch sehr angelegentlich zu mir herüberschaute. Plötzlich kam dieser Herr an meinen Tisch und sagte: »Entschuldigen Herr Dr. Eckener, daß ich Sie anrede, obgleich ich Sie nicht kenne; aber Sie haben eine so großartige Tat geleistet, daß ich *ein Recht habe,* Sie anzureden und Ihre Hand zu schütteln.« Damit streckte er mir die Hand entgegen, und ich schüttelte sie.

Jeder Amerikaner wird das vielleicht verstehen. Ich, als Deutscher, konnte es zuerst nicht begreifen. »*Er* hat ein Recht dazu, weil *ich* etwas tat, was er als groß ansieht? Ja, ja, ich weiß: Jeder Amerikaner hat auch das *Recht*, seinem Präsidenten im Weißen Haus die Hand zu schütteln, aber dennoch ...«, so sann ich bei mir über dieses Problem nach. Später habe ich dann voll begriffen, daß es nicht allein das Bewußtsein voller bürgerlicher Gleichberechtigung, sondern auch das Vertrauen, an allen Segnungen kulturellen oder technischen Fortschritts empfangend beteiligt zu sein, ist, das ein Recht oder beinahe eine Pflicht begründet, einem irgendwie ausgezeichneten Manne die Hand zu schütteln. In der Alten Welt fehlen diese Voraussetzungen, und so tritt Scheu oder Neid an Stelle der freundlichen Annäherung. Vielleicht kann man auch eine kleine Warnung vor Überheblichkeit in der amerikanischen Gepflogenheit finden: »Du bist zwar Präsident, aber wir sind Staatsbürger gleichen Rechtes, und das mußt du durch Handschütteln anerkennen.« Wer weiß?

Es war selbstverständlich, daß die Vorgänge in New York überall im Lande den Wunsch hervorriefen, sich auch aktiv an der Feier des Ereignisses der Ozeanüberquerung zu beteiligen. Weshalb soll auch New York immer die bevorzugte Stadt sein! So regnete es Einladungen aus Städten, von Philadelphia bis San Francisko. Wir mußten uns beschränken und beschlossen, bis zum mittleren Westen zu gehen. Die Besatzung mußte zu Hause bleiben, weil das Schiff in Lakehurst in allen Teilen zu übergeben war; aber die Herren Lehmann und von Schiller fuhren mit mir. Wir sagten zu, nach Cleveland, Akron, Detroit, Chicago und Milwaukee zu kommen, und es wurde eine Reihe von Begrüßungsfeiern, auf denen in immer deutlicherer und stärkerer Weise eine deutschfreundliche Stimmung zum Ausdruck kam und die manche amüsanten Vorkommnisse brachte.

In Cleveland veranstaltete der City Klub ein großes Bankett, und der Mayor sprach sehr herzliche Worte über die notwendige und sich anbahnende Versöhnung der beiden Völker. Sie wurden mit großem Beifall aufgenommen. Als ich aber mit ein paar Bekannten kurz vor dem offiziellen Schluß das Haus verließ, trat mir auf der Straße ein Mann entgegen, erhob drohend die geballte Faust gegen mich und schrie: »Ich habe im Kriege meinen Bruder und meinen Schwager verloren. Ihr Deutsche habt Hunderttausende auf dem Gewissen. Wir werden euch immer hassen!« Sicherlich eine törichte Stimme; aber ich sah, daß viel Ablehnung zu überwinden sein mußte, ehe wir zu einem freundlichen Verhältnis gelangen könnten. Das amerikanische Volk hatte bisher nicht Krieg und Kriegsdienst, außer im Bürgerkriege, kennengelernt und schob uns natürlich alle Schuld zu.

In Akron ereignete sich allerlei, was dann später zu einer engen Verbindung mit der Goodyear Tire and Rubber Company und mit ihrem weitblickenden und energischen Präsidenten Litchfield, der mein Freund wurde, führte, aber darüber werde ich später zu berichten haben.

In Detroit besuchten wir den alten Henry Ford, der mit regem Interesse und einer lebendigen Phantasie über die Entwicklungsmöglichkeit der Luftschiffahrt sprach. Von der Persönlichkeit dieses Mannes, der in einer ganz milden und fast verklärten Art sich äußerte, gewann ich einen höchst sympathischen Eindruck, der sehr viel anders war als das Bild, das ich mir von diesem willensstarken Schöpfer und Beherrscher eines riesigen Industriewerkes gemacht hatte. Das warme Herz dieses Mannes leuchtete überall in Worten und im Benehmen hervor. Ein großer Wirtschaftsführer und ein großer Mensch! Wir besuchten dann sein Werk, in dem der Betriebsführer, Mr. Mayo, uns herumführte. Wir verfolgten am Laufenden Band die fortschreitende Zusammensetzung eines Autos, das am Ende des Bandes im Hofe fahrfertig landen soll. Die Schnelligkeit dieser Zusammensetzung und die Geschicklichkeit und Sicherheit, mit der der Arbeiter, an dem das entstehende Auto gerade vorbeilief, seine Handgriffe und Zusatzleistung auszuführen hatte, verblüfften mich.

Ich war mir klar darüber, daß diese Arbeit eine sehr anstrengende sein müsse, die unausgesetzte Anspannung und Aufmerksamkeit erforderte, um in einer bestimmten kurzen Zeit die an jeder »Station« erforderliche Leistung mit Sicherheit zu vollbringen. Und so fragte ich, ob das immer glatt und fehlerlos bis zum Ende vor sich ginge. »Gewiß«, sagte mir einer der Herren, »das Tempo ist so angesetzt, daß die geübten Arbeiter in der ihnen zur Verfügung stehenden Zeit gut fertig werden. Nur einmal hatten wir Pech. Da war vor kurzer Zeit der Prinz von Wales hier und verfolgte das schnelle Entstehen eines Autos, das ihm als Geschenk gegeben werden sollte. Als der Wagen das Band verließ und der Prinz sich hineinsetzte, um loszufahren, wollte der Wagen nicht anspringen. Es war sehr peinlich. Aber es ist ja immer so, wenn man eine Vorführung vor prominenten Leuten macht.« Der Herr fügte dann lächelnd hinzu: »Wir hatten das Tempo ein klein wenig beschleunigt, um einen Rekord für diesen Wagen aufzustellen, und das war ein Fehler. Denn die Arbeiter sind genau an eine bestimmte Zeit gewöhnt.« Wir müssen die Verantwortung für diese nette Geschichte dem Herrn, der sie uns erzählte, überlassen.

Mr. Mayo sagte uns, daß das Werk gegenwärtig 12 000 Wagen jeden Tag herausbringe. Und er bemerkte dazu mit einem spitzbübischen Lächeln, daß er bald 15 000 Wagen täglich herauszubringen hoffe, genau soviel, wie Swift in Chicago täglich Schweine schlachte. Mich amüsierte dieser sehr witzige Ehrgeiz, und ich sagte zu Herrn Lehmann: »Mr. Mayo will also sozusagen jedes Schwein in seinem eigenen Auto zu seinem eigenen Begräbnis fahren lassen. Das ist der Gipfel der Humanität!« Zwei Tage später besichtigte ich die Swift-Werke in Chicago und erzählte dabei dem jungen Swift von dem sonderbaren Ehrgeiz des Herrn Mayo. »Oh, wir wissen das!« sagte Herr Swift fröhlich. »Aber an dem Tage, wo Mr. Mayo es auf 15 000 Autos am Tage bringt, werden wir es auf 18 000 Schweine bringen.« Als ich dann sah, wie die Schweine am laufenden Band so allmählich vom lebenden, »fahrbereiten« Zustand in ihre Bestandteile aufgelöst wurden, mußte ich bekennen: »Herr Mayo hat recht! Dieses hier ist ja auch ein Laufendes Band, gerade wie das bei Ford, nur daß es in umgekehrter Richtung, nämlich vom Ganzen zu den Einzelteilen läuft.«

Am Abend hatten wir eine Einladung zu einem Essen, an dem u. a. auch der Mayor von Detroit teilnahm. Er hielt eine Begrüßungsansprache, die auf den gleichen freundlichen Ton gestimmt war, wie wir ihn in New York, Akron und Cleveland gehört hatten, nur wurde er etwas bestimmter politisch. Er sagte: »Es lag eine Barre von Eis zwischen dem amerikanischen und dem deutschen Volk, die Sie mit Ihrem Schiff durchbrochen haben.«

Wir kamen am nächsten Tage nach Chicago. Hier war es neben anderen Veranstaltungen vor allem eine Einladung des Börsenvorstandes, der wir nachzukommen gedachten. Bei der ungeheuren Bedeutung, die die Produktenbörse von Chicago für das Wirtschaftsleben nicht nur der Vereinigten Staaten, sondern der ganzen Welt hat, war das Wort, das die Mitglieder dieser Börse zu uns sprachen, ein sehr gewichtiges. Wir waren eingeladen zu einem Frühstück, das in einem großen Saale vor Beginn der Börse stattfand. Als wir in das Haus eintraten, wurden wir von einem Vorstandsmitglied empfangen, der uns zum Saale geleitete. Unterwegs sagte er mit einer Miene, die große Genugtuung und Freude ausdrückte: »Dieses Frühstück ist das großartigste, das wir je geliebt haben. Es ist ein Rekord! Es haben sich 1123 Mitglieder zur Teilnahme angemeldet. Nur einer hat Sie übertroffen. Das war Lloyd George, der vor einigen Wochen hier war. Damals waren es 1126 Teilnehmer!« Wir waren hoch befriedigt, natürlich, von einem Manne wie Lloyd George nur mit drei Punkten geschlagen zu sein. Statistik hat ihre Bedeutung, wenn sie auch nur quantitativ und nicht qualitativ messen kann. In Demokratien muß man sich daran gewöhnen.

Der Empfang, den uns die Versammlung bereitete, war äußerst herzlich und stürmisch, als wir an der Toastmastertafel Platz nahmen. Das Essen wurde schnell beendet, und dann kam eine Rede des Vorsitzenden, die die Fahrt in warmen Worten pries und der Freude darüber Ausdruck verlieh, daß durch sie der Weg zu einer gesellschaftlichen Zusammenarbeit mit Deutschland geebnet worden sei. In meiner kurzen Antwort betonte ich, daß das Luftschiff meines Erachtens bald berufen sein würde, die Verkehrsmöglichkeiten erheblich zu verbessern und zugleich zu einer Verständigung unter den Völkern beizutragen. Wie sehr diese Aussicht die Versammlung erfreute, konnte ich aus dem mir gespendeten

Beifall und aus einer kleinen Erfahrung erkennen, die ich und meine rechte Hand gleich darauf zu machen hatten. Der Toastmaster fragte mich nämlich am Schluß der Veranstaltung, ob ich mich der amerikanischen Sitte des Handschüttelns zu unterziehen geneigt wäre. Ich sagte natürlich zu. Und so wurden alle Anwesenden, die mir die Hand zu schütteln den Wunsch hätten, aufgefordert, zu diesem Zwecke an der Toastmastertafel vorbei zu passieren. Ich bat einen Freund, zu zählen, wie viele Male ich das Handschütteln auszuüben hätte. Er sagte mir, als es vorbei war: »Ungefähr siebenhundert.« Eine erste interessante Erfahrung! Anfangs ging es leicht, und ich erwiderte den Händedruck mit Wärme. Dann aber wurde mir die Hand lahm, gefühllos und begann zu schmerzen. Allmählich, so um die zweihundert herum, ging es wieder leichter und ganz mechanisch. Und als es mir schließlich Spaß zu machen anfing, da war es leider vorbei. Die Zeremonie dauerte natürlich recht lange, und viele hatten sich zu entfernen, weil inzwischen – die Börsenstunde angefangen hatte. Das war die Rettung für meine rechte Hand, glaube ich.

In Chicago blieben wir vier Tage und lernten das stürmische Leben dieser tatkräftigen Stadt ein wenig kennen. Inzwischen gingen wir für einen Tag nach Milwaukee, wohin uns einige deutsche Klubs recht dringlich eingeladen hatten. Wir entschieden uns für eine Veranstaltung, die den Mayor der Stadt an der Spitze hatte; denn ich hielt es für gut, das Deutsche an einer sportlichen und allgemein interessierenden Leistung nicht zu stark zu betonen. Aber der Verlauf war stark deutschbetont, wie es in Milwaukee nicht anders sein konnte. In seiner Rede, die für die völlige Versöhnung mit Deutschland plädierte, gebrauchte der Mayor die Wendung: »Wir werden nicht ruhen, bis diejenigen, die uns in den Krieg mit Deutschland hineingehetzt haben, am Galgen hängen.« Ich war ein wenig betroffen und war nicht verwundert, diese Wendung in den Zeitungen übergangen zu finden. Denn so konnte man damals doch nur im halbdeutschen Milwaukee sprechen. Aber es war einen Tag vor der Präsidentenwahl, aus der Coolidge mit großer Mehrheit als Sieger hervorging. Starke Töne der Deutschfreundlichkeit waren da im »deutschen« Milwaukee sehr angebracht.

Wir kehrten nach New York zurück, um hier zum Schluß einer Veranstaltung beizuwohnen, die von deutschen Vereinen ausging und an der der Mayor Hylan teilzunehmen versprochen hatte. Es wurden die uns nunmehr sehr vertrauten Reden und Ansprachen gehalten, und ich konnte in einer Erwiderung nun auf Grund der im Lande gewonnenen Eindrücke offen sagen: »Das amerikanische Volk hatte sich während des Krieges in eine Haßpsychose hineinhetzen lassen, von der es schwer wieder loskommen konnte, innerlich und vor allen Dingen auch nach außen hin. Denn man gibt ungern zu, daß die solange als Verbrecher bezeichneten Leute doch auch sozusagen Menschen seien. Da gab die Fahrt des

ZR III dem sportbegeisterten amerikanischen Volk den gewünschten Anlaß, die Hand zur Versöhnung auszustrecken und nicht nur die Sportleistung, sondern auch das deutsche Volk selbst mit Achtung und freundschaftlichem Sinn wieder zu begrüßen und anzuerkennen.« »So ist es! Das ist genau der Point!« rief in einer Antwort ein sehr bekannter amerikanischer Finanzmann. Und so war es wirklich, wie ich aus einem kleinen Vorkommnis schließen konnte, das mir einer der anwesenden deutschen Kaufleute, ein Importeur, erzählte: Er sei am Tage nach der Ankunft des Luftschiffes auf der Straße von einem amerikanischen Geschäftsfreund angehalten worden, der ihn gefragt habe, weshalb er denn in den letzten Jahren gar nichts von ihm gesehen habe, nachdem sie doch früher einen so lebhaften Geschäftsverkehr miteinander gepflogen hätten. Ob er ihn nicht wieder besuchen wolle. Tatsächlich, so sagte dieser Kaufmann, sei es so gewesen, daß der amerikanische Geschäftsfreund ihn immer abgewiesen habe, wenn er ihn besuchen wollte. Nun wurde die Verbindung wieder aufgenommen und eingeleitet mit einer begeisterten Auslassung über die Fahrt des ZR III.

So stand die Sache, und ich muß deshalb mit einem Gefühl der Beschämung eine kleine Erzählung anknüpfen, die ich aber doch gewissen Kreisen meiner deutschen Landsleute nicht vorenthalten möchte, zum Nachdenken darüber: Ich nahm an einem der letzten Tage vor meiner Abreise aus den Staaten an einem Essen teil, zu dem die Hamburg-Amerika-Linie einen größeren Kreis von bekannten Deutschamerikanern eingeladen hatte. Während dieses Essens nahm u. a. auch der deutsche Konsul in New York das Wort und führte aus, daß er über die Fahrt des ZR III keineswegs so erfreut sei wie die große Mehrheit der Deutschen in Amerika. Denn er käme über die Tatsache nicht hinweg, daß ein »wertvolles deutsches geistiges Eigentum damit an die Amerikaner ausgeliefert worden sei«.

Nun zeugte diese Auffassung sicherlich von einer recht beschränkten politischen Einsicht. Denn welches »geistige Eigentum« wäre zu kostbar gewesen, um nicht als Preis für die schnellere Versöhnung der beiden Völker hingegeben werden zu können! Als Preis für die Schaffung besserer internationaler Beziehungen überhaupt! Und dann möchte ich ferner bemerken, daß im Grunde eine recht wenig stolze und zuversichtliche Haltung aus einer solchen Einstellung sprach. Denn wir im Luftschiffbau waren uns bewußt, daß wir nicht allein für die Durchführung unserer Pläne einen Stützpunkt und Beihilfe auf der anderen Seite des Atlantischen Ozeans benötigten, sondern daß wir auch jederzeit in einem Wettbewerb mit einem amerikanischen Luftschiffbau uns zu behaupten imstande sein würden, und daß dieser Wettbewerb der Sache im ganzen nur würde nützen können. In der Tat haben wir später manches von unseren amerikanischen Wettbewerbern gelernt. Und so etwas wie dieser sonderbare Konsul nannte sich offizieller Vertreter deutscher Interessen im Auslande!

Ein Gegenstück dazu: Ich besuchte einige Jahre später die Wright-Gesellschaft in Patterson. Bei diesem Besuch wurde mir mit großer Bereitwilligkeit und mit offenbarem Stolz die Entwicklung eines neuen Motors gezeigt. Dabei kam auch eine Neuerung von größerer Bedeutung vor meine Augen, die mir der führende Ingenieur ruhig zeigte. Ein hinzukommender Direktor meinte: »Das sollte Dr. Eckener eigentlich nicht sehen.« Auf meine Bemerkung, daß wir fast genau das gleiche bei einem neuen Motor unserer Maybach-Gesellschaft konstruiert hätten, meinte er: »Und wenn Sie es auch nicht hätten! Ehe Sie dieses hätten nachmachen können, wären wir schon viel weiter gewesen, so daß es veraltet wäre!« Mir gefiel diese von Selbstbewußtsein und Stolz getragene Zuversicht ganz außerordentlich. Die Affen werden in der Tat nie die Welt erobern.

Um Mitte November fuhr ich mit einem Schnelldampfer nach Deutschland zurück, voll Freude und Befriedigung und Stolz darüber, was die Fahrt des ZR III zur Besserung der Beziehungen zwischen den beiden Völkern hatte beitragen können. Ich war neugierig, zu erfahren, wie diese Fahrt auf das deutsche Volk gewirkt hatte. Darüber werde ich im nächsten Kapitel zu berichten haben.

Um die Fortsetzung des Werks

»Alles in der Welt läßt sich ertragen, nur nicht eine Reihe von guten Tagen.« So sagt eine zum geflügelten Wort gewordene Volksweisheit, und mit der Volksweisheit soll man nicht spaßen. Ich war deshalb sehr damit einverstanden, daß ich am Tage nach der im vorigen Kapitel erzählten Schlußfeier nach Deutschland zurückzukehren hatte, bevor ich noch die Unbekömmlichkeit der unaufhörlichen Begrüßungsfeiern an mir gespürt hatte und noch annehmen durfte, leiblich und seelisch keinen größeren Schaden genommen zu haben. Sonst bin ich freilich durchaus nicht immer davon überzeugt, daß alles, was die sogenannte Volksweisheit in Sprichworten und sprichwortähnlichen Sätzen geprägt hat, immer ganz richtig und zutreffend sei. Wenn der treffliche Sancho Pansa, der brave Schildknappe des ebenso närrischen wie scharfsinnigen Ritters »von der traurigen Gestalt«, in seinen ergötzlichen Gesprächen mit seinem Herrn und Meister zum Schluß immer eine Salve von Sprichworten als der Weisheit letzter Schluß auf ihn abfeuert, so lächeln wir wohl skeptisch mit dem klugen Don Quixote, der sich von dieser Weisheit nicht überzeugen lassen will. Was würden in der Tat wohl Galeerensträflinge oder moderne Fabrik- oder Arbeitslagersklaven dazu sagen, wenn man ihnen zur Beruhigung mit dem Sprichwort kommen wollte: »Arbeit macht das Leben süß«? Oder welches Augurenlächeln würde man auf dem Gesicht von Philosophen oder modernen Parteipolitikern spielen sehen, wenn man ihnen sagte: »Des Volkes Stimme ist Gottes Stimme«? Ebenso fürchte ich, daß heute gar viele Menschen auf Erden, denen man mit einer Warnung vor einer »Reihe von guten Tagen« käme, ganz ruhig erwidern würden: »Nur her mit diesen guten Tagen! Wir haben keine Angst vor ihnen!«

Dennoch gefiel es mir diesmal, an die Richtigkeit des Spruchs von der Reihe der guten Tage zu glauben, denn ich hatte ein Interesse daran. Ich war ein wenig die feierlichen Ansprachen und die Bankette satt und sehnte mich nach Ruhe und Alleinsein. Ich freute mich, als mich eines Tages eine Gruppe von vier motorisierten Polizeimännern fürsorglich in die Mitte nahm und mich in einem rasenden Tempo durch den Knäuel des New Yorker Straßenverkehrs schnell und sicher vom Hotel zum Hafen durchpreschte, wo der Schnelldampfer »Columbus« zur Abfahrt nach Bremen bereit lag. So einer Eskortierung dürfen die sich erfreuen, die das »freedom of city« haben. Es sparte mir wenigstens eine halbe Stunde.

Recht zufrieden saß ich jetzt in meiner Schiffskabine, in dem angenehmen Gefühl, wenigstens sechs bis sieben Tage nicht im Scheinwerferlicht oder vor photographischen Kameras stehen zu müssen. Was dann allerdings in Deutschland meiner wartete, daran mochte ich noch nicht denken. Ich hatte wenig darüber gelesen oder gehört, wie die deutsche Öffentlichkeit sich zu der Ozeanüberquerung und zu dem Empfang des ZR III in Amerika gestellt hatte; aber das wenige genügte, um mir ein gewisses Unbehagen zu bereiten. Denn meine natürliche Scheu vor dem Rampenlicht war noch nicht geschwunden, vielleicht sogar verstärkt worden. Das ist Veranlagungs- und Geschmacksache. Aber ich will mit einigem Bedauern feststellen, daß man sich schließlich an alles gewöhnt. Pascal soll in asketischer Stimmung ja schließlich sogar an seinen ständigen Schmerzen Vergnügen gefunden haben, wie gewisse urchristliche Fanatiker und indische Sektierer.

Aber ich freute mich nun erst mal des Aufenthalts an Bord. Die Schiffe des Norddeutschen Lloyd und der Hamburg-Amerika-Linie waren weltberühmt wegen ihrer Behaglichkeit und ihrer guten Küche, und eine Reise über den freien Ozean mit seinen leuchtenden Schönheiten und seinen elementaren Kraftentfaltungen, mit den wechselvollen meteorologischen Erscheinungen in einer unbegrenzten Weite war für mich immer ein großer Genuß, aus ästhetischen und aus beruflich-wissenschaftlichen Gesichtspunkten heraus. Und ich konnte mich um so mehr dieser Fahrt freuen, als wir ein für die Jahreszeit sehr schönes Wetter hatten, das an sich auch schon eine wertvolle Erfahrung bedeutete: Selbst im November kann der Nordatlantik sehr manierlich sein.

Aber das Alleinsein! Es gibt wunderbare Winkel auf einem großen Ozeandampfer, wo man still und geschützt sitzen kann, um ein Buch zu lesen und in Beschaulichkeit dem Spiel der Wolken und Wellen und auch wohl der Möwen zuzusehen. Einen solchen Platz hatte ich gefunden, und ich freute mich. Aber: »Es kann der Frömmste nicht in Frieden leben, wenn es dem bösen Nachbarn nicht gefällt.« Der Erste Offizier eines großen Passagierdampfers hat die Aufgabe, sich um das Wohlbehagen der Fahrgäste zu kümmern, und Herr Ziegenbein, der spätere tüchtige Kapitän des Schnelldampfers »Bremen«, nahm seine Pflicht sehr ernst. Er nahm sich wohlwollend meiner an. Er entdeckte mich auf meinem stillen Plätzchen oben auf dem Bootsdeck und war offenbar der Meinung: »Es ist nicht gut, wenn der Mensch allein ist.« Wir waren also sehr verschiedener Ansicht, und ich muß leider eingestehen, daß er der Sieger blieb. Er lud mich mit großer Liebenswürdigkeit, die nichts von einer dahintersteckenden Bosheit ahnen ließ, ein, mit ihm die Maschinenanlagen des Schiffes anzusehen. Ich ging mit. Wir kletterten die Reihe der Treppen bis auf den Boden des Schiffes hinunter, und ich bewunderte pflichtschuldigst und mit Interesse den gewaltigen Apparat, der so einen Ozeanriesen durch die Fluten treibt. Luftschiffmotoren sind in der Tat ein

Spielzeug dagegen, wie ich mit einiger Befriedigung bei mir feststellte. Aber ich konnte mit einiger Verwunderung auch feststellen, daß eine ungewöhnlich große Zahl von Ingenieuren in diesen heiligen Räumen der Technik sich betätigte, und mit fast allen halte ich ein paar Worte zu sprechen. Alle Wachen schienen zugleich Dienst zu haben.

Am nächsten Tage zeigte mir der freundliche Herr Ziegenbein die Räume und Kücheneinrichtungen der gewiß sehr schönen Zweiten Klasse, die mich in der Tat sehr interessierte. Aber auch hier mußte ich die Feststellung machen, daß merkwürdig viele Passagiere und Personal sich trotz des schönen Wetters in den Räumen aufhielten. Ich lächelte bei mir und dachte: »Also das ist des Pudels Kern! Nicht du sollst die Zweite Kajüte, sondern die Zweite Kajüte soll dich sehen! Nun meinetwegen! Es ist wirklich Freundlichkeit des Offiziers, aber sie hat sich in dem Objekt vergriffen!« Und der Kapitän, Herrn Johnsen, der ein enger Landsmann von mir war, beging den gleichen Irrtum. Herr Johnsen hatte die Gewohnheit, bei gutem Wetter Prominente aller Art, die sich unter seinen Passagieren befanden, vor dem Mittagessen abwechselnd zu einem Cocktail in seine Kabine zu laden. Der Kapitän eines modernen großen Schnelldampfers ist nun eine ganz besondere Art Persönlichkeit, eine Art souveräner Herrscher mit hohen Pflichten und großen Verantwortlichkeiten vor seiner Reederei und vor dem Lande, dessen Flagge sein Schiff führt. So fühlen selbst Männer, die auf Land eine große Rolle spielen, sich ein wenig geschmeichelt, von diesem Souverän zu einem kleinen Frühschoppen in dessen Privatgemächer geladen zu werden. Und wenn der Kapitän ein intelligenter Mann mit allerlei Interessen ist, so hört er viel und kann viel erzählen. Mein Freund und Landsmann lud auch mich gleich am ersten Tag zu dem Cocktail ein. Ich folgte gern und fand ein halbes Dutzend sympathischer Männer als Gäste bei ihm. Am nächsten und am übernächsten Tage wurde ich wieder eingeladen und sah andere Gäste. Am vierten Tage streikte ich. Nicht, daß ich etwas gegen Cocktails gehabt hätte oder gegen die kleinen appetitreizenden Gabelbissen, im Gegenteil! Aber ich hatte etwas dagegen, selbst als eine Art Cocktail serviert zu werden, wie es hier der Fall war.

Nun wurde mir mit einem Male ganz klar bewußt, daß meine Lebenslage geändert sei, daß ich sehr wahrscheinlich auch in Deutschland aus dem glücklichen Stande der Anonymität in den der sozusagen »Gezeichneten« hinübergewechselt sei. Wie sorglos und behaglich lebt es sich doch in der Anonymität! Man ist selbst in der größten Menge und gerade in ihr für sich allein. Niemand kümmert sich um einen. Man kann mal schlecht rasiert sein oder seinen Schlips schief umgebunden haben, niemand bemerkt es. Man kann bei irgendwelchen zudringlichen Sammlungen fünfzig Pfennig oder auch gar nichts geben, niemand rümpft die Nase darüber. Man braucht nicht immer besorgt zu sein, etwa wie ein Prinz oder

Luftschiff LZ 127 »Graf Zeppelin«. Aushallen des Schiffes aus der Werfthalle. Das Heck des Schiffes ragt schon aus der Halle heraus, die von Schaulustigen umlagert ist. Aufnahme um 1930.

ein hoher Herr, daß man nichts Dummes oder Ungehöriges tut, denn man wird nicht beobachtet. Man verschwindet eben in der Menge der andern, wie etwa der Herr in Gesellschaft in seinem vorgeschriebenen schwarzen Frack unter den andern verschwindet und gern verschwindet, ganz im Gegensatz zu der Dame, die durch eine eigenartige schöne Toilette auffallen will. Sicherlich möchte jeder tüchtige Mann das Bewußtsein haben können, daß er sich über den Durchschnitt erhebe (und ich fürchte, daß nur allzu viele mit diesem Bewußtsein herumlaufen); aber wenn er wirklich tüchtig ist, kommt es ihm auf seine innere Gewißheit an und nicht auf die äußere Anerkennung, die von einer leeren Eitelkeit so sehr geschätzt wird. Wie richtig sagt doch Bismarck: »Jeder Mann hat so viel Wert, als nach Abzug seiner Eitelkeit von seinem Wert übrig bleibt. Die Eitelkeit ist wie eine hypothekarische Belastung auf den Wert eines Menschen.« So sehen wir, daß wahrhaft große Menschen oft deshalb so groß dastehen, weil sie frei von Eitelkeit waren, die man sonst hätte abziehen müssen, und daß andererseits oft tüchtige Könner deshalb klein und gar lächerlich erscheinen, weil sie zu eitel sind.

Ohne daß mir nun Gedanken über Fragen der vorstehenden Art in den Sinn gekommen wären, hatte ich eine gefühlsmäßige Abneigung gegen das Aufgeben meiner »Anonymität« und sah mit unbehaglichem Gefühl einem drohenden Angriff auf meine Person entgegen. Was tun? Ich sah, daß ich mit »philosophischer Gelassenheit« den Dingen ihren Lauf würde lassen müssen; aber ich beschloß, nach Möglichkeit auszuweichen. Die Nötigung dazu kam schnell: Als wir am siebenten Tage unserer Fahrt gegen Mittag in die Wesermündung einfuhren und ich auf der Brücke das Passieren des Weserfeuerschiffes beobachtete, kam Kapitän Johnsen zu mir, in seiner Rechten mit spitzbübischem Lächeln ein Telegramm schwingend. Er sagte: »Es tut mir leid, Herr Doktor, aber ich muß Sie jetzt doch allmählich davon in Kenntnis setzen, daß uns ein Schiff mit etwa 120-150 Leuten entgegenkommt, die Sie bei der Einfahrt hier an Bord begrüßen wollen.« Ich muß ein wenig erfreutes Gesicht gemacht haben, denn Johnsen setzte dann hinzu: »Es wird so schlimm nicht werden, denn die Leute werden sich gleich hier an Bord zerstreuen und eine Erfrischung zu sich nehmen wollen. Ich kenne das.« In der Tat sahen wir bald darauf einen kleinen, über die Toppen beflaggten Dampfer uns entgegenkommen. Ich verließ die Brücke und begab mich auf meinen stillen Platz auf dem Bootsdeck, um den Dampfer anlegen zu sehen. Beim Leuchtfeuer Roter Sand machte er an unserer Steuerbordseite fest, und eine offenbar sehr fröhliche und gutgelaunte Menge ergoß sich durch die geöffnete Luke in unser Schiff. Wohl eine halbe Stunde lang blieb ich unentdeckt, da aber stand plötzlich ein Herr Stimming, der Generaldirektor des Norddeutschen Lloyd, vor mir und rief: »Endlich habe ich Sie erwischt! Da hilft nichts, Sie müssen nun mit, denn nun gehören Sie uns!« Damit faßte er mich unter den Arm und zog mit mir ab. Das war eine glatte Vergewaltigung und Freiheitsberaubung, die vor meinem gekränkten Selbstgefühl eine historische Parallele höchstens in dem legendären »Raub der Sabinerinnen« hatte; aber eingedenk der Weisheit des Sprichworts »Der Klügere gibt nach«, machte ich Herrn Stimming zu dem Dummeren von uns beiden, indem ich willig mitging, um mich unten im Promenadendeck den herbeigeströmten Völkerscharen präsentieren zu lassen. Damit hatte ich nicht nur für diesmal, sondern grundsätzlich für immer kapituliert. Die Menge schreit immer nach jemandem, vor dem sie ihrerseits sozusagen kapitulieren will, indem sie ihn »verehrt«, aber leider ist sie etwas wankelmütig und abwechslungsbedürftig.

Es waren allerlei Leute da: Vertreter Berliner Ministerien, Vertreter der Württemberger Regierung, Vertreter der Senate von Bremen, Hamburg und Lübeck, der Oberbürgermeister von Flensburg, meiner Geburtsstadt, und der Bürgermeister von Friedrichshafen, meinem Wohnort, und Leute mehr von Bedeutung und der Legitimation, »dabeisein« zu müssen oder zu dürfen; ferner natürlich Vertreter der Presse; daneben aber viele Leute, die auf Grund ihrer »nahen Freundschaft« mit mir eingeladen waren. Ich hatte mir nie träumen lassen, so viele enge Freunde zu besitzen; aber wenn das Eingeständnis einer Freundschaft mit mir vielleicht ein Opfer bedeutete, so wurde man dafür entschädigt durch die berühmte Gastfreundschaft, die der Lloyd bei solchen Gelegenheiten gewährt. Die ist schon ein kleines Opfer wert Und so war es eine recht harmonische und animierte Stimmung, in die ich vor der Bar und im Gesellschaftsraum hineingeriet. Da ich als ein Mann »von de Waterkant« mit Alkohol nicht auf Kriegsfuß stand, konnte ich der diesbezüglichen Beanspruchung gut standhalten, und das war notwendig, denn im Gegensatz zu den Vereinigten Staaten, wo die »Trockenheit« wenigstens öffentlich herrschte, mußte man bei den mir nun bevorstehenden Empfängen in Deutschland meist ein paar Glas mehr trinken, als vielleicht bekömmlich war. Die Erinnerung hieran ist eine der nicht am wenigsten lebendigen aus den ersten Jahren, die dem Empfang auf dem »Columbus« folgten.

Am Abend fand dann im großen Speisesaal des Schiffes ein festliches Bankett statt, nachdem die Passagiere in Bremerhaven ausgestiegen waren. Das war der Höhe- und Kernpunkt der feierlich aufgezogenen Empfangsveranstaltung, und ich war gespannt, aus welcher Tonart die dabei zu erwartenden Ansprachen klingen würden. Die zu der Feier eingeladenen Vertreter der Auslandspresse waren natürlich auch besonders interessiert gerade an dieser Frage, denn das Problem der allgemeinen Befriedung der Welt und der innerlichen Aussöhnung des deutschen Volkes mit seiner Niederlage und seiner Bereitwilligkeit, sich mit gewissen Konsequenzen dieser Niederlage im realpolitischen Denken abzufinden – dieses Problem war für die Auslandspresse das durchaus im Vordergrund stehende. Die gehaltenen Tischreden unterschieden sich nun von den in Amerika gesprochenen nur wenig, insofern, als einesteils die technische und verkehrspolitische Bedeutung der Fahrt und andererseits der moralisch-politische Erfolg derselben für eine Wiederannäherung der beiden Völker aneinander stark hervorgehoben wurde. Aber während in Amerika der Akzent vornehmlich auf die verkehrspolitische oder auf die sportliche Leistung gelegt und die moralische Wirkung als ein erfreulicher Nebenerfolg verzeichnet wurde, stand auf dem Columbus-Bankett die moralische Bedeutung durchaus im Vordergrund. Das war völlig verständlich und in der Tat vom deutschen Standpunkt aus das richtige. Denn das deutsche Volk mußte unter dem Gefühl einer gewissen Verfemung leiden, die der Krieg und die Niederlage über dasselbe gebracht hatten und die durch eine skrupellose Propaganda der Feindpresse zu einer unerhörten Schärfe gesteigert worden war. Jetzt hatte diese Überquerung des Ozeans durch den Zeppelin zum ersten Male wieder eine offene und rückhaltlose Anerkennung deutscher Tüchtigkeit eingebracht! Das verwundete Selbstgefühl mußte sich daran wieder erheben. Leider aber klang dabei hier und da der Ton der Befriedigung und des nationalen Stolzes auf diese Leistung nach meinem Geschmack etwas zu stark durch, in dem Sinne etwa: So etwas können nur wir Deutsche machen! Das ist nicht geschickt, denn es verstimmt die andern. Aber ich habe das im Verlaufe der kommenden Begrüßungsfeiern oft sehr stark erfahren und fühlen müssen und habe mir meine Gedanken darüber gemacht. Das deutsche Volk leidet eben an gewissen Inferioritätskomplexen, die dazu führen, daß ein ruhiges Selbstgefühl und ein Gleichmaß der Stimmung sich nicht entwickeln können. Entweder unterschätzt es sich kleinlaut und bedrückt und gibt allzu bereitwillig die Überlegenheit der andern zu und gibt sogar sein Volkstum preis, oder es bramarbasiert mit der deutschen Überlegenheit und stößt die andern durch Überheblichkeit vor den Kopf. Man weiß im Auslande nicht, woran man mit den Deutschen ist, und ist deshalb zurückhaltend und oft sogar mißtrauisch. Die unerfreulichen Erfahrungen, die man mit einzelnen gehabt hat, werden leicht verallgemeinert. Ich möchte annehmen, daß es auf die Rechnung unserer in den letzten Jahrhunderten so wechselvollen Geschichte zu setzen ist, wenn ein gesundes und in sich gefestigtes Nationalbewußtsein sich bisher nicht entwickeln konnte, wenn Goethe zu dem bösen Ausspruch kommen konnte: »Die Deutschen sind als Einzelpersonen meist respektabel, als Volk immer miserabel.« Man sollte das Ausland nicht soviel kritisieren, sondern das Gute freudig anerkennen, wo es sich findet, und das vermeintlich Verkehrte stillschweigend übersehen. Denn, um wieder ein Wort Goethes zu zitieren: »Duldsamkeit ist der einzige Weg zu einem mit allen Kräften und Anlagen tätigen Frieden.« Das gilt insbesondere auch für die innere Politik.

Es folgte am nächsten Tage ein Empfang und Frühstück im Bremer Rathaus, und ich fuhr dann mit dem Professor Hergesell, dem alten Freund und meteorologischen Berater des Grafen Zeppelin, in dessen Auto nach Berlin, wo ich mit Anbruch der Dunkelheit eintraf. Trotz der späten Stunde warteten einige Pressevertreter in meiner Wohnung auf mich und ferner ein paar Nachrichten, die mir in erschreckender Weise zeigten, wie sehr ich jetzt »vogelfrei«, wie ich es nannte, geworden sei. Erstens war da eine Einladung, ich möchte noch am gleichen Abend in die Wohnung des Herrn Hjalmar Schacht kommen, wo eine Gesellschaft von demokratischen Politikern beisammen sei. Zweitens, ich möchte am nächsten Abend in Gesellschaft des Herrn Flettner in das Ufa-Lichtspieltheater kommen, wo ein Film über das sogenannte Flettner-Ruder gezeigt würde. Drittens, ich möchte auf der Hut sein, da ein rabiater Jüngling (den ich bereits in Friedrichshafen kennengelernt hätte) mir auflauere, um mich für den Verrat deutschen geistigen Eigentums an Amerika zu bestrafen. Was das letztere angeht, so war in der Tat in Friedrichshafen am Tage unserer Abfahrt mit dem ZR III ein überspannter junger Mann festgenommen worden, der mit einem Gewehr in der Hand am Eingang zum Luftschiffbau auf mich gelauert hatte. Ich lernte ihn später persönlich kennen als einen idealistischen kranken Patrioten, der mich in Berlin nicht hätte »bestrafen«, sondern im Gegenteil mir hätte danken wollen.

Ich ging nicht zu Herrn Schacht, vielmehr ging ich nach des Tages Mühen gleich ins Bett. Am nächsten Morgen besuchte mich aber der frühere Minister Dernburg und sagte mir, was man dort von mir gewollt habe: Ob ich nicht bei Gelegenheit von Vorträgen oder Reden, die ich ohne Zweifel würde halten müssen, erzählen könnte, daß die Amerikaner nur dann ihre freundlichere Einstellung zum deutschen Volk beizubehalten gedächten, wenn wir uns zu einer »demokratischen« Politik bekennen würden. Ich sagte Herrn Dernburg, daß ich das nicht könne, weil kein Amerikaner mir das gesagt habe. Wir brachen das Gespräch ergebnislos ab, was mich freilich wenig bekümmerte. Aber was mich stark beunruhigte, das war ein dunkles Gefühl, daß man versuchen würde, mich in Parteipolitik hineinzuziehen. Und so kam es in der Tat, wie man sehen wird.

Am Tage darauf war ein großes Bankett, zu dem der Reichspräsident Ebert geladen hatte. »Unheil, du bist im Zuge, nimm, welchen Lauf du willst«, dachte ich mit Shakespeares Marc Anton, nur daß ich es nicht provoziert hatte, wie er es tat. Der Scherl-Verlag, der sich kräftig für die Zeppelinsache einzusetzen beschlossen hatte, stellte mir eindringlich vor, daß ich, und zwar nicht zuletzt aus innerpolitischen Gründen, eine Reihe von Vorträgen über die Amerikafahrt halten müßte. Er dachte an solche Vorträge in allen größeren Städten. Nach längerem Zaudern und Verhandeln willigte ich schließlich ein, in sechs Städten zu sprechen, und zwar in Berlin, Dresden, München, Stuttgart, Frankfurt und Köln. Und so geschah es, wobei der Verlag die Organisationsarbeit übernahm. In Berlin mußten zwei Abende angesetzt werden, einer in der geräumigen »Skala« und ein zweiter in dem noch geräumigeren großen Schauspielhaus. Ich denke noch heute mit einer Mischung von Mißbehagen und Genugtuung an diese Tage, wo ich im hellen Rampenlicht zu erscheinen und schätzungsweise 30 000-35 000 aufmunterungsbedürftigen Menschen von dem Empfang in Amerika zu erzählen hatte, zurück. So etwas will gelernt sein. Der Eindruck und die Aufnahme waren überall die gleichen: Wenn ich an die Stelle kam, wo ich von den Vorgängen im New Yorker Capitoltheater und dem Abspielen der deutschen Nationalhymne berichtete, entstand jedesmal ein stürmischer Beifall, und die Versammlung erhob sich zumeist von den Sitzen. So wurde eindeutig klar, worin das deutsche Volk den Wert und die Bedeutung der Ozeanüberquerung erblickte, und ich war, als Vertreter zunächst der Zeppelinsache, nicht völlig und ganz mit dieser Einstellung einverstanden, so sehr ich sie auch als berechtigt anerkennen mußte und selbst früher anerkannt hatte.

Demgegenüber verhielten sich die deutschen Regierungsstellen vergleichsweise recht kühl, mit Ausnahme vielleicht des Reichspräsidenten Ebert. Mich wunderte das, vor allem beim Auswärtigen Amt und beim Minister Stresemann, der beim oben erwähnten Staatsbankett sich auffallend und betont kühl mir gegenüber verhalten hatte. Ich wollte sicherlich keine Schmeicheleien hören; aber Herr Stresemann trug etwas wie eine verletzende Geringschätzung mir gegenüber zur Schau, was mir doch auch nicht behagte. Weshalb? Weshalb beschied er mich nicht einmal zu sich, um mich über meine amerikanischen Eindrücke zu befragen, nachdem ich doch mit so vielen prominenten Amerikanern, angefangen vom Präsidenten Coolidge bis zu den Männern der Chicagoer Börse, mich unterhalten hatte? Ein halbes Jahr später feierten wir in Friedrichshafen das Fest der 25. Wiederkehr des Tages des ersten Zeppelinaufstieges. Angesichts des soeben erfochtenen Sieges der Zeppelinidee machten wir ein wirkliches Fest aus dem Gedenktage und luden dazu auch Vertreter des für uns zuständigen Verkehrsministeriums ein. Ich schwankte, ob es angebracht sei, auch den Außenminister, Herrn Stresemann, einzuladen, und ich beschloß, ihn persönlich vorher zu befragen. Sicherlich härte sich für ihn eine günstige Gelegenheit geboten, in Anknüpfung an den Empfang des ZR III in Amerika einige politische Ausführungen von allgemeinerer Bedeutung zu machen. Ich wurde von Herrn Stresemann wieder mit einer betonten Zurückhaltung empfangen, und er begann sofort von der zweifelhaften »Opportunität« unserer geplanten Zeppelinfeier, über die er nicht befragt sei, mit solcher Unfreundlichkeit zu sprechen, daß ich ihn sehr erstaunt ansehen mußte. Als er dann offensichtlich mißgelaunt äußerte, daß er es ablehnen müsse, zu dieser Feier zu kommen, wurde ich so ärgerlich, daß ich ihm brüsk sagte: »Herr Minister, ich habe Sie ja auch gar nicht eingeladen.« Damit war die Audienz natürlich zu Ende.

Ich war befremdet. Meinem beschränkten Untertanenverstand wollte es durchaus nicht einleuchten, wie eine Jubiläumsfeier des Zeppelinwerkes »unopportun«

Luftschiff LZ 127 »Graf Zeppelin« über dem Hamburger Hafen.

sein sollte, nachdem es in Amerika als ein eminentes Friedensunternehmen anerkannt worden war. Ich sprach darüber mit einem mir befreundeten hohen Beamten des Auswärtigen Amtes, der später unter der nazistischen Regierung einen schmählichen Tod erleiden sollte. Er lachte und sagte: »Ja, bei unserem Minister stehen Sie freilich nicht in Gunst. Er hat sich darüber geärgert, daß eine Berliner Zeitung seinerzeit schrieb, daß der Zeppelin uns in Amerika mehr genützt habe, als zehn Botschafter das vermocht hätten.« Sollte das wirklich richtig sein?

Also eine Eifersucht war im Spiele und verhinderte den Außenminister, die Unterstützung anzunehmen und auszunutzen, die ihm das eindrucksvoll wirkende Luftschiff gebracht hatte? Das wäre wirklich nicht gerade groß gedacht, aber das Verhalten des Ministers sprach für die wahrscheinliche Richtigkeit dieser Annahme. Und das wirkte dann natürlich auch auf andere Regierungsstellen ein und erschwerte unser Arbeiten. Die Zurückhaltung und Verstimmung des Herrn Außenministers als solchen, ob sie wirklich da war oder nicht, machte mir aber wenig Sorge. Ich wollte ja keine Außenpolitik treiben. Worauf es mir wirklich ankam, das war die Anerkennung der fahrtechnischen Leistung und der gelungenen Erprobung des Luftschiffes als eines zuverlässigen und brauchbaren Verkehrsinstruments. Es ging mir um die weitere Entwicklung des Zeppelinschiffes und seine Verwendung als Transportmittel über den Ozean. Dazu brauchte ich aber staatliche Unterstützung, und die konnte ich nur zu erhalten hoffen, wenn die für unsere Luftfahrtpolitik verantwortlichen Minister und Instanzen aller Art dafür zu haben waren.

Es war deshalb enttäuschend und schmerzhaft für mich, als ich feststellen mußte, daß auch diese Stellen eine starke Zurückhaltung und Skepsis zeigten. Der Grund dafür lag darin, daß die in Betracht kommenden Stellen ein starkes Interesse nur für das Flugzeug zeigten, nicht aber für das Luftschiff. Das Flugzeug war Gegenstand der liebevollsten Fürsorge bei den Regierungen in aller Welt, und selbst im Lande der Zeppeline wurde der Zeppelintyp trotz allem, was er geleistet hatte, demgegenüber noch immer als eine verfehlte Idee wenigstens in den Kreisen der Luftfahrtsachverständigen angesehen. Dagegen hatte der Graf Zeppelin von Anfang an zu kämpfen gehabt, und darin war, wie ich jetzt sah, kaum eine Änderung eingetreten. Nun mochte man ja recht haben, wenn man sagte, daß das Flugzeug sehr bald auch so weit sein werde, daß man mit ihm die Ozeane überfliegen könne, und ich habe selbst nie daran gezweifelt; aber der Fehler dieser Einstellung lag darin, daß man aus ihr heraus zugunsten des vermeintlich Besseren, das einmal kommen sollte, das Gute ablehnte, das schon da war. Wieviel Nutzen konnte man in der Zwischenzeit aus diesem Guten ziehen! Ich stehe nicht an, zu behaupten, daß wir zehn Jahre früher und ebenso viele Jahre länger des Erfolges, den uns die Zeppeline erbrachten, uns hätten erfreuen können, wenn man schon gleich nach der Amerikafahrt die Konsequenzen aus dem Experiment dieser Fahrt gezogen hätte. Wir warteten damit aber bis zum Jahre 1934, wo der Bau des »Hindenburg« beschlossen und mit Staatsmitteln gefördert wurde.

Als es klar wurde, daß mit einer großzügigen Förderung von seiten des Reiches vorerst wenigstens nicht zu rechnen sein werde, wurde mir der Gedanke nahegelegt, die Begeisterung des deutschen Volkes für den Zeppelin auszunutzen und eine ähnliche »Volksspende« anzuregen, wie sie in der sogenannten Echterdingen-Spende im Jahre 1908 dem Grafen Zeppelin dargebracht worden war. Ich war mir bewußt, daß das ein etwas zweifelhaftes Unternehmen sein würde, denn die Spende im Jahre 1908 war ganz spontan erfolgt, als der alte Graf nach dem durch einen Gewittersturm verursachten Verlust seines Luftschiffes hilflos und gebrochen dastand und wie eine tragische Gestalt an das Empfinden des Volkes, dem er Liebe und Respekt eingeflößt hatte, appellierte. Hier war kein solcher tragischer Zwischenfall, und ein Volk begeistert sich nicht gern zum zweiten Male für ein und dieselbe Sache. Aber es blieb mir nichts anderes übrig, als den Versuch zu machen, im Vertrauen auf die Begeisterung, die der Erfolg, nicht das Mißgeschick hervorgerufen hatte. So wurde eine Geschäftsstelle organisiert, die eine Werbung für eine sogenannte »Zeppelin-Eckener-Spende«, wie man sie zu benennen für nötig hielt, durchführen sollte.

Die Werbung erfolgte vornehmlich in Vorträgen, die ich und einige meiner Mitarbeiter, wie die Kapitäne Flemming, von Schiller, Wittemann und Prüß, über die Amerikafahrt und ihre fahrtechnischen Konsequenzen hielten. Es wurde eine mühselige Aufgabe. Ich selbst hielt in den Jahren 1925 und 1926 etwa hundert Vorträge und darf bekennen, daß ich am Schluß derselben ziemlich am Ende meiner Kräfte war, seelisch und körperlich. Es war vielleicht die mühevollste Arbeit meines Lebens. Aber es wurde ein Erfolg und weckte wieder so etwas wie eine opferbereite Zeppelinbegeisterung, die durch die ganze Nation ging, und zwar, zu meiner Überraschung, auch in die österreichischen Länder. Es traten verschiedene österreichische Städte – zuerst Graz, der dann die anderen Hauptstädte der Länder folgten – mit der Bitte an mich heran, bei ihnen einen Vortrag zu halten: Sie möchten sich auch an der Spende für einen neuen Zeppelin beteiligen. Es sprach aus den Schreiben das Gefühl und das Bekenntnis der engen Verbundenheit mit dem deutschen Volk, dem sie durch eine solche Kundgebung einen klaren Ausdruck zu geben wünschten. Das war sehr verständlich angesichts der Hilflosigkeit des kleinen Trümmerrestes der habsburgischen Monarchie, der nach einem äußeren Halt verlangte. Aber ich war dann doch sehr überrascht, auf meiner Vortragsreise durch die sechs Hauptstädte von Klagenfurt bis Salzburg ein so starkes Verlangen nach einer engeren Vereinigung mit Deutschland zu finden, wie ich es nicht erwartet hatte! Bezeichnend dafür war die Rede, mit der mich der

Bezirkspräsident von Graz bei meiner Einfahrt in die Stadt auf der Murbrücke begrüßte. Er kredenzte mir einen Becher Wein, »Steierische Sonne«, wie er es nannte, und sagte dann u. a.: »Wenn Sie, Herr Dr. Eckener, hierhergekommen sind, um für Österreichs Anschluß an Deutschland zu sprechen, so möchte ich Ihnen sagen, daß das ganz unnötig ist. Sie würden offene Türen einrennen, denn wir sind hier alle hundertprozentig für den Anschluß!« Ich hatte nun keineswegs die Absicht gehabt, über diese politische Frage ein Wort zu sagen, aber ich unterließ es jetzt um so mehr, als ich es für unopportun hielt, als »Ausländer« mich in diese innenpolitische Angelegenheit zu mischen, die ja anscheinend für die Österreicher schon entschieden war. Ich habe aber in späterer Zeit öfters an diese meine Erlebnisse denken müssen, wenn ich von der »Vergewaltigung des österreichischen Volkes« durch Hitler reden hörte. Auch noch im Jahre 1938 und auch in das inzwischen entstandene Hitler-Deutschland ging die große Masse des Volkes ohne Zweifel gern hinein, denn solche elementaren Gefühle und grundsätzlichen politischen Überzeugungen haben eine tiefe Wurzel. Freilich durfte man nur ein paar Jahre nach meiner Begrüßung auf der Murbrücke von »Anschluß« nicht offen sprechen. Als ich da auf dem Flugplatz von Aspern bei Wien landete, um eine Rundfahrt von hier aus über das südliche Österreich zu machen, wurde das Schiff feierlich und mit warmen Worten von einem Minister als ein Sendbote aus dem »befreundeten Nachbarvolk« begrüßt; aber mir wurde vertraulich und leise von einem Beauftragten eben dieses Ministers zugeflüstert, ich möge um Gottes willen in einer etwaigen Antwort auf die Begrüßungsworte nicht das Wort »Anschluß« erwähnen. »Nanu«, sagte ich, »weht hier auf einmal ein anderer Wind?« »Das gerade nicht«, entgegnete der Herr, »aber Mussolini hört das Wort nicht gern.« Also der Duce war von dem Gedanken einer unmittelbaren Tuchfühlung mit dem Deutschen Reich auf dem Brennerpaß und bei Toblach wenig entzückt. Das hinderte ihn dann aber wieder ein paar Jahre später nicht, einen engeren Freundschaftsbund mit Deutschland zu schließen, wofür Hitler, der Schöpfer des »Einen Reiches und Einen Volkes«, das urdeutsche Südtirol an Mussolini preisgab. Die schönste idealistische Politik macht realpolitische Kompromisse, wenn es ihr geboten erscheint, und findet dafür dann andere idealistische Schlagworte, die ebenso leicht eingehen.

Es zeigte sich nun aber sehr bald, daß selbst die angestrengteste Vortragstätigkeit, wie sie von mir und meinen Mitarbeitern geleistet wurde, nicht ausreichen würde, die erforderlichen Geldmittel für ein neues Luftschiff zusammenzubringen, auch wenn das österreichische Volk mit einbezogen wurde. Der benötigte Betrag betrug etwa 4 Millionen Reichsmark, und zwar für ein Luftschiff von einer Größe, die eben noch für einen sicheren Verkehr über den Atlantischen Ozean mit einer unzureichenden Nutzlast langte. Den Gedanken an ein wirklich leistungsfähiges

Schiff, wie die spätere »Hindenburg«, mußte ich von vornherein aufgeben. Es war demgemäß eine zwingende Notwendigkeit, abgesehen von den Vorträgen, noch auf andere Weise Mittel für die »Zeppelin-Eckener-Spende« zu bekommen. Die Jugend war, wie immer in solchen Fällen, ganz besonders begeistert. So ergab sich, wie von selbst, der aus Lehrerkreisen angeregte Gedanke, Sammlungen in den Schulen zu veranstalten. Er fand offenbar allgemeinen Anklang. Aber der preußische Kultusminister Becker verbot plötzlich die Durchführung der Sammlungen, die sicherlich zum mindesten einen wesentlichen Teil der erforderlichen Mittel erbracht haben würden. Ähnliche Ideen, wie z. B. die einer Lotterieveranstaltung, auf die schon der alte Graf Zeppelin gekommen war, fanden auch nicht die behördliche Genehmigung. So mußte ich versuchen, das Interesse einflußreicher Parteiführer zu wecken, um so vielleicht die Einsetzung eines Postens in den außerordentlichen Etat zu erreichen. Ich wurde eine Zeitlang ein häufiger Besucher der Wandelhalle im Reichstage, wo ich mit Abgeordneten der verschiedenen Parteien sprechen zu können hoffte. Ich erhielt ausweichende Antworten oder vage Zusagen, wenn nicht gar unwirsche Abweisungen.

Bald wurde ich, wie ich merken mußte, als eine lästige Erscheinung angesehen, der man gern aus dem Wege ging. Da ich von Natur ein wenig empfindlich bin, verdroß mich das natürlich auf das höchste, und ich mußte mich zwingen, im Interesse meiner Sache den zudringlichen Bettler zu spielen.

Der Reichstagspräsident Löbe erwies mir die Freundlichkeit, mich zweimal zu den parlamentarischen Abenden in seiner Dienstwohnung einzuladen, um mir Gelegenheit zu geben, zwanglos mit den Abgeordneten zu sprechen. Ich fürchtete, daß ich kaum eine willkommene Attraktion für seine Gäste war, aber auch ich fühlte mich nicht gerade sehr behaglich. Löbe war bekanntlich Sozialdemokrat, und ich mußte überhaupt die Erfahrung machen, daß die linksstehenden Parteipolitiker für meine Sache größeres Wohlwollen zeigten als die rechtsstehenden. Weshalb? Ich führte oben schon aus, daß Fachleute und für unsere Luftfahrt verantwortliche Instanzen für das Luftschiff wenig Interesse zeigten, dafür aber um so stärker das Flugzeug förderten. Geschah das nur, weil man schon zu jener Zeit das Flugzeug als das überlegene Transportmittel über die Ozeane erkannte, während doch tatsächlich nur das Luftschiff damals ein solches schon vorhandenes Transportmittel war? Schwerlich! Der Hauptgrund lag darin, daß das Flugzeug einen großen militärischen Wert hatte, während das Luftschiff schon am Ende des ersten Weltkrieges seine militärische Rolle ausgespielt hatte. Natürlich wußten das die linksstehenden Politiker ebenso gut wie die rechtsstehenden, und sie bewilligten auch die nach ihrer Meinung nötigen Kredite für eine defensive Luftaufrüstung in Gestalt von Flugzeugen. Wenn sie aber auch für das Luftschiff relativ mehr übrig hatten, so kam darin ihre allgemeine Weltanschauung zum

Ausdruck: Sie glaubten an die Notwendigkeit und Möglichkeit friedlicher Annäherung der Nationen untereinander, wozu das Luftschiff, wie seine Amerikafahrt gezeigt hatte, einen wertvollen Beitrag leisten könnte, während die »realpolitisch« eingestellten Rechtskreise eine solche Anschauung als utopisch verlachten und nur an die Macht glaubten. So hatte die Luftfahrtpolitik der letzteren wohl schon damals einen Hintergedanken, der über das rein Definitive hinausging, und für das Luftschiff konnte dabei nicht viel herauskommen. Erst einige Jahre später, als der »Graf Zeppelin« eine glänzende Reihe von Erfolgen sowohl in verkehrstechnischer als auch in politischer Beziehung errungen hatte, wurde die Einstellung zum Luftschiff ganz allgemein eine freundlichere.

Immerhin gelang es, allmählich für den Bau eines neuen Luftschiffes gegen 2,5 Millionen Mark durch die Zeppelin-Eckener-Spende zusammenzubringen, und der Bau konnte in Angriff genommen werden. Zur Vollendung gab das Reich dann schließlich doch eine Beihilfe von etwas über einer Million Mark.

In meiner Erinnerung erscheint mir diese Zeit als eine der am wenigsten erfreulichen meines Lebens. Die Sammel- und Vortragsarbeit war ermüdend und oft demütigend und peinvoll, sie war auch wegen der damit verbundenen geselligen Veranstaltungen und »festlichen« Sitzungen mit Ausschüssen und mit Leuten, die sich um die Spende verdient gemacht hatten, in gesundheitlicher Beziehung recht angreifend. Und in der schlechten Laune, die sich dann am Morgen nach einem besonders festlichen Abend einstellte, sagte ich mir wohl: »Muß Zeppelin-Begeisterung wirklich immer mit so viel Katzenjammer verknüpft sein? Die Skeptiker haben ja recht!« Und ich hatte Lust, die ganze Sache aufzugeben. Aber es war auch viel Schönes und Erhebendes dabei. Schön war es, daß der Zeppelingedanke offenbar in den breitesten Volkskreisen wieder lebendig geworden war, und zwar in der Auffassung, die der alte Graf Zeppelin ursprünglich vertreten hatte: Das Luftschiff sollte einem friedlichen Verkehr und der Anbahnung einer Verständigung unter den Völkern dienen. Daneben sollte es nach den Ideen seines Schöpfers für die wissenschaftliche Forschung über unzugänglichen Gebieten eingesetzt werden. Dieser Gedanke fand dadurch Nahrung, daß gerade in jenen Tagen der große Polarforscher Frithjof Nansen mit der Anregung an mich herantrat, das neue Schiff für eine Expedition in die Arktis zu verwenden. Diese kam dann in der Tat ein paar Jahre später, 1931, zur Ausführung, und zwar mit einem ausgezeichneten Erfolg, worüber in einem späteren Kapitel zu berichten sein wird.

Das im Entstehen begriffene Schiff sollte diesen Aufgaben Rechnung tragen. Es sollte das erste Luftfahrzeug werden, das mit Post, Fracht und Passagieren einen transatlantischen Verkehr zu übernehmen geeignet wäre. Es sollte ein Luftschiff werden, mit dem man nicht nur fliegen oder fahren, sondern *reisen* konnte. Zu diesem Zweck erhielt es einen Rauminhalt von 105 000 Kubikmetern an Stelle der

Hugo Eckener besucht den damaligen Präsidentschaftskandidaten Herbert Hoover im Oktober 1928 in Washington.

70 000 cbm, die der ZR III gefaßt hatte, bei einer Länge von 235 Metern und einem größten Durchmesser von 30,5 Metern. Es erhielt 5 Motoren von je 530 PS größter Leistung, die eine Geschwindigkeit von 128-130 Kilometern erbringen sollten. Unter der Spitze wurde eine lange Gondel angebracht, die den Führer- und Navigationsraum, die Funkkabine und eine richtige Küche und dahinter einen großen Aufenthalts- und Speiseraum sowie zehn Kabinen mit je zwei Betten enthielt. Es war das vorerst nur eine recht bescheidene Anlage für einen Passagierverkehr, aber das Geld reichte nicht für einen größeren Bau. Es war das Minimum an Schiffsgröße für einen sicheren Verkehr über den Atlantischen Ozean. Erst acht Jahre später konnte man an den Bau eines wirtschaftlich und fahrtechnisch mehr befriedigenden Schiffes herangehen, des »Hindenburg«, der fast die doppelte Größe hatte. Vielleicht hatte diese erzwungene Beschränkung auch ihr Gutes. Denn wir mußten uns eingestehen, daß wir zwar überzeugt waren, mit den Zeppelinen in jeder Art von Wetter uns behaupten zu können, daß uns aber doch noch die Erfahrungen darüber fehlten, wie es über dem Ozean in der Luft aussah. So wurde der »Graf Zeppelin« das Lehrschiff, das Pionierarbeit zu leisten hatte, nicht allein für das Luftschiff, sondern für alle Luftfahrt über dem Ozean. Insbesondere galt dieses auch für die Navigation, die noch in den Kinderschuhen steckte.

Anfang Juli war das Schiff im wesentlichen fertiggestellt, und es wurde von der Tochter des alten Grafen, der Gräfin v. Brandenstein-Zeppelin, am 8. Juli, dem Geburtstage des Grafen, auf den Namen »Graf Zeppelin« getauft. Ich hatte diesen Namen gewählt, um die endgültige Entscheidung über Wert und Bedeutung des Konstrukteurs und seiner Luftschiffkonzeption mit der Bewährung dieses schicksalhaften Schiffes zu verknüpfen. Es mußte Sieg und Ruhm oder endgültige Niederlage und Aufgeben einer Fehlkonstruktion bringen. Die kleinen Probefahrten, die dann bald vorgenommen wurden, befriedigten in jeder Beziehung. Die Nutztragkraft des Schiffes ging noch etwas über die vorgesehene Größe hinaus, die Wendigkeit desselben war gut, und die Geschwindigkeit von etwa 130 Kilometern bei voller Motorenleistung entsprach den Erwartungen, irgendwelche Schwächen des Schiffskörpers traten nicht zutage. So sahen wir mit Zuversicht dem Tag entgegen, da der »Graf Zeppelin« seine erste Reise über den Ozean antreten sollte. Der 12. Oktober, der »Kolumbustag« der Entdeckung Amerikas, war hierfür wieder in Aussicht genommen.

Die ersten Fahrten des »Graf Zeppelin«

Der »Graf Zeppelin« war gleichsam ein Unternehmen, an dem Millionen Deutsche mit kleinen und kleinsten Anteilen beteiligt waren. Es sollte sich zeigen, daß dieses Unternehmen seinen Aktionären außerordentlich gute Dividenden zahlte. Die Dividenden wurden ausgezahlt in Gestalt von unerhörten Spannungen und dramatischen Geschehnissen, in Gestalt von Freude und Genugtuung über glänzende Fahrten des Luftschiffes, in Gestalt von moralisch-politischen Erfolgen, die es in aller Welt für Deutschland einbringen konnte. So war jeder, der einen Groschen zum Bau des »Graf Zeppelin« hergegeben hatte, zufrieden mit dem Schiff und – mit sich selbst. Aber die kleinen Aktionäre sind auch immer geneigt, ihr Anrecht an dem Unternehmen energisch zu betonen, und so konnte es nicht ausbleiben, daß gleich bei Beginn der Probefahrten aus vielen deutschen Städten bei der Schiffsleitung die Bitte einlief, eine Fahrt über diese Städte gehen zu lassen, um den vielen Spendern »ihr Schiff« zu zeigen. Es hätte Dutzende von Luftschiffen bedurft, um alle Wünsche zu befriedigen. Das ging natürlich nicht; immerhin aber beschloß ich, die übliche 36stündige Dauerfahrt zur Erprobung der Motoren über eine ganze Anzahl von großen Städten zu leiten. Diese Dauerfahrt war auf den 18. September 1928 festgesetzt. Wir stiegen an diesem Tage um acht Uhr morgens auf und nahmen nach einer kurzen Schleife über dem Bodensee den Kurs auf Nürnberg. Ich wollte dann weiter über Leipzig und Dresden nach Berlin fahren und von hier aus über Hamburg auf die Nordsee gehen, wo wir die Nacht über kreuzen wollten, um dann über Düsseldorf, Köln und Frankfurt nach Hause zurückzufliegen. Diese Route wurde bekanntgegeben und weckte natürlich in den genannten Städten freudige Erwartung. Aber es kam anders.

Als wir noch zwischen Ulm und Nürnberg waren, meldeten die an Bord empfangenen Wetterberichte, daß über Leipzig und Berlin eine sehr niedrige Wolkendecke mit Regen läge, so daß das Schiff dort nicht zu sehen sein würde. Ich entschloß mich daher, die Fahrt andersherum laufen zu lassen. Demgemäß bogen wir nach Westen ab, um über Frankfurt und Mainz an den Rhein zu kommen und dann das Rheintal abwärts auf die Nordsee zu steuern. Damit traf ich eine Entscheidung, die eine jener Aufregungen verursachen sollte, ohne die eine Zeppelinreise nun einmal nicht denkbar zu sein schien. Die Fahrt gestaltete sich zunächst zu einem Triumphflug auf der ganzen volkreichen Strecke. Überall schien man auf uns gewartet zu haben. Wo wir hinkamen, stockte eine Weile das ganze tägliche Leben. Die Arbeiter strömten aus den Fabriken, die Straßenbahnen und Omnibusse hielten still, bis wir vorüber waren. Die großen Städte glichen wimmelnden Ameisenhaufen, und die kleineren schienen ihre Einwohnerschaft vervielfacht zu haben. Die ganze Einwohnerschaft stand winkend auf den Straßen und Plätzen, Fahnen erschienen im Nu auf vielen Häusern, und sogar Böllerschüsse brachte man geschwind aus alten Kanonenrohren heraus, die sonst wohl bei Schützenfesten und ähnlichen Veranstaltungen abgefeuert wurden. Je weiter wir kamen, um so lebhafter wurde das Treiben, da man offenbar unsere Ankunft vorausgemeldet hatte. Köln und Düsseldorf prangten in vollem Flaggenschmuck, und die Menschen standen zu Tausenden auf den Rheinbrücken. Etwas Ähnliches hatte sich ereignet, als im Jahre 1908 der LZ IV durch das mittlere Rheintal seine Fahrt gemacht hatte, die dann bei Echterdingen ein so jähes Ende fand und die Zeppelinspende hervorrief. Ja, der Zeppelintaumel war wieder da, und zwar in verstärktem Maße !

Wir kamen gegen Abend an die holländische Grenze, und ich beschloß, bei Hoek van Holland auf die Nordsee zu gehen, um während der Nacht über ihr zu kreuzen und dann beim Morgengrauen Bremen zu überfliegen. Ich ließ den Passagieren, unter denen sich eine Reihe von Regierungsvertretern und Journalisten befand, mitteilen, daß der Kurs von Nymwegen über Amsterdam auf das Meer und dann in der Richtung auf Harwich an die englische Küste gehen sollte. Diesen Weg schlug ich in der Tat zunächst ein. Bald darauf aber änderte ich meinen Plan und beschloß, den Kurs auf Vlissingen abzusetzen, um bei dem stark unsichtigen Wetter einen klaren Abgangspunkt von der Küste an dem sehr starken Vlissinger Leuchtfeuer zu gewinnen, von dem wir dann auf Harwich absetzen konnten. Und nun geschah etwas sehr Ergötzliches, das bei aller Komik mir doch recht bedeutungsvoll erschien: In der Führergondel tauchte plötzlich ein sehr aufgeregter Herr auf, der als Vertreter einer Berliner Behörde an der Fahrt teilnahm. Er bekundete mit gewichtiger Miene, daß er gegen den eingeschlagenen Kurs auf das schärfste Einspruch erheben müsse. Er habe sich den bekanntgegebenen Kurs auf der Karte angesehen und zu seinem Schrecken und seiner Entrüstung festgestellt, daß er über Doorn, dem Wohnsitz des deutschen Kaisers, führe. Er müsse gegen diese offenbar »monarchistische Demonstration« Protest einlegen. Nun war von uns gar nicht beachtet worden, daß der inzwischen ja aufgegebene Kurs in der Tat etwa über Doorn gegangen wäre. Wir hatten einfach den Kurs von Nymwegen auf Amsterdam abgesetzt und wollten ihn, da es inzwischen Abend geworden war, geradlinig verfolgen, ohne, etwa aus parteipolitischen Gründen, nach links oder rechts davon abzuweichen, wie es die navigatorische Übung war. Jeder verbohrte Parteifanatismus ist mir immer ein Greuel gewesen, denn er denkt in erster

Linie an sich selbst und durchaus nicht an das Gemeinwohl, wie er behauptet. Es kommt nichts Gutes dabei heraus. Ich war deshalb unangenehm berührt von dem aufgeregten Gebaren des gesinnungstüchtigen Herrn. Denn was konnte es wirklich schaden, wenn der alte Mann in Doorn, der, unschädlich und harmlos, in seiner Verbannung Holz sägte und Rechtfertigungsschriften verfaßte, zufällig den Anblick des deutschen Luftschiffes genoß? Er mag eitel und unüberlegt gewesen sein, aber sein Herz schlug doch deutsch, und er war in Trauer und Sorge um das deutsche Volk. Weshalb ihm den Trost mißgönnen, zu sehen, daß Deutschland sich wieder zu regen begann? Ja, ich war ärgerlich. Ich sagte deshalb dem Herrn nichts von unserer Kursänderung, die uns mindestens fünfzehn Kilometer südlich an Doorn vorbeiführen mußte, und sagte trocken: »Ich weiß nicht, ob wir über Doorn kommen; aber was wäre das denn schließlich für ein Unglück? Wir halten aus navigatorischen Gründen unseren Kurs bei.« Ich hielt die Sache damit für erledigt. Aber sie war es nicht. Denn in den Morgenblättern erschien eine Notiz, derzufolge das Schiff den Weg über Doorn genommen habe und vom Kaiserpaar lebhaft durch Winken begrüßt worden sei. Woher diese Notiz kam, ob von einem Journalisten an Bord oder von einem phantasievollen Berichterstatter etwa in Nymwegen, der den Kurs des Schiffes von unten beobachtet hatte, ist mir nicht bekannt geworden. Aber sie wurde in Berlin gelesen und rief hier offenbar großes Mißvergnügen hervor. Denn als wir uns am nächsten Mittag Berlin näherten, lief in unserer Funkstelle eine Depesche von einer Berliner Behörde ein, »ich möge melden, aus welchen Gründen ich über Doorn geflogen sei«. Das schien also in der Tat eine Frage von hoher politischer Bedeutung zu sein! Ich antwortete einfach nüchtern und gelassen, daß das Schiff gar nicht über Doorn gekommen sei; aber innerlich war ich recht vergnügt über die Anfrage. Denn sie zeigte mir, daß das Zeppelinschiff doch auch von behördlicher Seite nunmehr als ein politischer Faktor gewertet wurde, allerdings wohl mehr in innenpolitischer als in außenpolitischer Beziehung.

Dem Volk, war offenbar der von den Zeitungen gemeldete Besuch in Doorn völlig gleichgültig, denn in Hamburg, Kiel, Berlin und in den anderen Großstädten, die wir im Laufe des Tages noch besuchten, war die Freude und Begeisterung ebenso groß wie am vorhergehenden Tage. Man hatte wieder einen Zeppelin und glaubte an ihn als ein technisches Meisterwerk und erhoffte von ihm Wunderleistungen als eines Sendboten des deutschen Volkes für Friede und Völkerversöhnung. Und so war die allgemeine Erwartung und Spannung riesengroß, als am 10. Oktober der »Graf Zeppelin« startbereit lag, um seine Fahrt nach Amerika anzutreten.

Das Schiff hatte sich auf der großen Probefahrt in allen Stücken bewährt, es hatte Betriebsmittel für 100 Stunden an Bord und außerdem zwanzig Passagiere und Zeitungsberichterstatter. Was das Schiff zeigen sollte, war – man darf das ohne Übertreibung sagen – von epochaler Bedeutung: es sollte beweisen, daß man jetzt Passagiere sicher und mit der Behaglichkeit und Bequemlichkeit, die der moderne verwöhnte Reisende verlangt, auf dem Luftwege schnell über den Atlantischen Ozean bringen könne. Das war bisher ein Wunschtraum gewesen, den andere Luftfahrzeuge noch nicht hatten erfüllen können und, wie man damals glaubte, sobald nicht würden erfüllen können. Wir aber waren sicher, daß wir es konnten, und wir hofften überdies, daß unsere Fahrt den moralisch-politischen Erfolg, den uns die Ozeanüberquerung des ZR III eingetragen hatte, verstärken und vervollkommnen würde. Ich ließ mir nicht träumen, daß wir unterwegs auf das ernsteste gefährdet werden würden und daß es einige Stunden für uns geben sollte, in denen ich um das Schicksal des Schiffes schwere Sorgen haben mußte.

Meine Sorgen begannen schon, als ich am Tage vor dem angesetzten Abfahrtstermin die Wetterkarte betrachtete. Das Wetter schien so ungünstig wie irgend möglich zu sein. Über dem Atlantischen Ozean folgte eine schwere Depression der andern, mit Weststürmen von Windstärke neun bis zehn. Dampfer wurden in großer Zahl in Seenot gemeldet, und die großen Ozeanrenner hatten Verspätungen von vierundzwanzig Stunden auf der Fahrt nach New York. Eine Fahrt auf dem Dampferwege mußte unter diesen Umständen fast wie ein Wahnsinn erscheinen, denn man hätte sechzig und mehr Stunden gebraucht, um gegen einen Wind von durchschnittlich zwanzig bis fünfundzwanzig Metern in Fahrhöhe auch nur bis zu den Azoren, also über weniger als die halbe Wegstrecke, zu gelangen. Ich dachte an eine weit nach Süden ausgreifende Fahrt über Gibraltar, Madeira und die Bermuden, aber ich konnte mich mit dieser außerordentlich langen Route von etwa sechstausend Seemeilen Länge nicht befreunden. Denn die Schnelligkeit eines Luftverkehrs ist sein wesentlicher Vorzug, und wie sollte man die Schnelligkeit ausgerechnet auf dem längsten Wege zu zeigen suchen? Auf der andern Seite lockte als Ausweg eine Fahrt auf der kürzesten, der ganz nördlichen Route, über Nordschottland und nahe an die Südküste Islands vorbei. Diese Route würde ich heute wählen, aber damals machten die noch recht primitiven Navigationsmethoden sie zu einem Wagnis. Vor dem geistigen Auge tauchte das beunruhigende Bild auf, wie das Schiff in Nebel und tiefhängenden Wolken in dieser spätherbstlichen Jahreszeit seinen verschleierten Weg vorbei an den hohen Felsengsten Schottlands und Islands tappte, ohne die Möglichkeit, eine genaue Position zu bestimmen. Nein, die zwanzig Fahrgäste, die als »Versuchskaninchen« gutgläubig und vertrauensvoll mit auf diese erste Passagierfahrt über den Ozean gingen, durfte man diesem Wagnis nicht aussetzen! Das hieße zu viel auf den ersten Wurf setzen! So schwankte ich mißmutig und unentschlossen zwischen Scylla und Charybdis einer wenig begeisternden langen Süd- und einer unter Umständen recht gefährlichen Nordfahrt.

In diesem Dilemma setzte ich kurz entschlossen die auf den zehnten Oktober angesetzte Ausfahrt ab und verschob sie auf den elften, in der schwachen Hoffnung, daß die Wetterlage sich bessern würde, und in dem Entschluß, den Südweg zu fahren, wenn dieses nicht der Fall sein würde. Denn länger zu zögern, würde eine Diskreditierung des Luftschiffes bedeuten. Natürlich wirkte diese Verschiebung um einen Tag schon recht ungünstig auf die Stimmung der Tausende von Leuten, die hergekommen waren, um die Abfahrt zu sehen, und für die die Gasthöfe und sonstigen Beherbergungsmöglichkeiten Friedrichhafens längst nicht ausreichten. Man hörte von manchen: »Ja, da sieht man ja, was es mit der Sicherheit und Pünktlichkeit des Luftschiffverkehrs auf sich hat!« Und sie zogen zum Teil grollend und schimpfend ab. Ein weiser Mann kümmert sich nicht viel um die Meinung der urteilsschwachen Menge, aber ein noch weiserer Mann ist sich darüber klar, daß diese Meinung heute recht viel Bedeutung hat. Die Demagogen wissen sie gut auszunutzen und zu beeinflussen, bis sie durch sie in den Sattel gesetzt sind. Und es hatten ja in der Tat die Groschen der Menge den Bau des »Graf Zeppelin« zu einem guten Teil ermöglicht!

So bedurfte es für mich einiger Überwindung, die Fahrt abzusetzen. Aber ich hatte Glück: Am 10. Oktober kam über Friedrichshafen ein scheußliches Unwetter mit Regen und Sturm. Jeder sah nun ein, daß das Schiff in der Tat bei solchem Wetter nicht abfliegen könne und zollte mir sogar die Anerkennung, daß ich ein trefflicher Meteorologe sei und das üble Wetter richtig vorausgesehen habe. Denn es ist eine alte Erfahrung, daß das größere Publikum zumeist die lokalen Wetterverhältnisse am Abflugsort, die mich gar nicht kümmerten, auf die ganze lange Reisestrecke, die man zu durchfahren hat, überträgt.

Aber wir hätten bei dem Wetter, auch wenn wir gewollt hätten, gar nicht abfahren können, weil der starke Wind quer zur Halle stand und ein Herausbringen des Schiffes verbot. Die Frage war jetzt: Wird es am nächsten Morgen noch ebenso sein? Den ganzen Tag über blieb es schlecht, und als ich abends ins Bett ging, heulte es um mein Schlafzimmer und der Regen klatschte gegen die Scheiben. Wohl nie habe ich eine so unruhige Nacht verbracht. Ich mußte unausgesetzt auf das Rauschen des Windes in den Pappeln und auf das Prasseln des Regens gegen die Fenster horchen. Jede Stunde stand ich auf, um hinauszuschauen und mich wieder ins Bett zu legen mit Verwünschungen darüber, daß mich der Herr in seinem Zorn zum Luftschiffführer gemacht hatte. Endlich gegen Morgen um fünf Uhr begann es ruhiger zu werden. An Schlaf war leider nicht mehr zu denken. Ich kleidete mich an und konnte, als ich in den Garten trat, zu meiner Freude feststellen, daß es fast still und trocken geworden war.

Auf dem Luftschiffplatz herrschte, als ich um sechs Uhr dorthin kam, bereits geschäftiges Treiben. Gepäck und Post wurden angefahren, um im Schiff verstaut zu werden, und das Schiff selbst wurde fahrklar gemacht. Die Motoren donnerten in der Resonanz der gewaltigen Halle ihren dröhnenden Probegesang vor sachverständigen Ohren, und die Gaszellen erhielten eine letzte Nachfüllung, bis sie vollprall standen. Mich aber interessierte jetzt in erster Linie die eine Frage: Wie sehen die neuesten Wettermeldungen aus? Müssen wir wirklich den langen Weg um Gibraltar gehen? In einer Besprechung mit den Kapitänen Flemming und Schiller kamen wir schnell zu dem Beschluß, diesen Weg zu wählen, der uns zeitlich kürzer als der über die Azoren zu sein schien. Innerlich machte ich mir aber noch den leisen Vorbehalt, es von der Gestaltung der Wetterlage abhängig zu machen, ob wir nicht etwa bei Lyon im Rhonetal doch auf die Biskaya hinübersteuern könnten. Es zeigte sich zur gegebenen Zeit indessen, daß wir den Weg durch das Mittelmeer zu nehmen hätten.

Nun spielte sich alles andere still und schnell ab. Um halb acht Uhr waren die Passagiere mit ihrem Gepäck an Bord. Unter ihnen befanden sich vier Vertreter des Luftfahrtministeriums, zehn zahlende Passagiere und sechs Vertreter großer Zeitungen. Zu den letzteren zählten zwei Vertreter der amerikanischen Hearst-Presse, Herr von Wiegand und Lady Hay, die später fast alle großen Fahrten mitmachen und leidenschaftliche Freunde und Förderer des Zeppelinschiffes werden sollten.

Punkt acht Uhr waren wir in der Luft, und die Motoren sprangen an. Die schöne Landschaft begann unter uns wie ein Wandelpanorama vorüberzuziehen, und die Passagiere, auf bequemen Stühlen vor den großen Fenstern sitzend, machten mit Verwunderung und Begeisterung die Entdeckung, wie behaglich und genußreich das Reisen in einem Zeppelin ist. Das war ja mit ein Hauptzweck der Fahrt, diese Erfahrung dem Publikum zu vermitteln: im Luftschiff *fliegt* man nicht, *fährt* man nicht, sondern *reist* man in der schönen Art, die man mit dem Worte Reisen verbindet.

In schneller Fahrt ging es den Rhein abwärts, an Burgen und mittelalterlichen Städtchen vorüber, am Südhang des Schwarzwaldes entlang nach Basel, das wir nach knapp anderthalbstündiger Fahrt niedrig überflogen. Eine erwartungsvolle Menge stand hier auf Brücken und Plätzen und winkte uns mit froher Anteilnahme glückliche Fahrt zu. Weiter ging es in das Tal der Saône hinüber. Zu unserer Rechten sahen wir in die Weinberge hinein, wo gerade der berühmte Burgunder von fleißigen Winzern gelesen wurde. Zur Linken türmte sich die schneebedeckte Kette der Alpen, in der die gigantischen Massive des Mont Blanc und des Mont Peloux faszinierend die Augen auf sich zogen. Historische Städtchen, wie Avignon, und Ruinen altrömischer Bauten folgten und fesselten Geist und Auge in gleichem

Maße. So kamen wir kurz nach Mittag auf das Mittelländische Meer hinaus, und unvergleichliche Reize neuer Art nahmen die Sinne gefangen. Es war, als ob wir sanft in die Unendlichkeit eines ringsum verdämmernden Blau hineinglitten. Himmel und Meer gehen unmerklich ineinander über. Man fährt, wie losgelöst von harter, rauher Materie, in einer Welt von Duft und weichem Licht. Die Passagiere sitzen wie im Traum vor hübsch gedeckten Kaffeetischchen und genießen die guten Friedrichshafener Torten zugleich mit dem zauberhaften Meerespanorama in einer Stimmung wunschlosen Wohlbehagens. Ja, Luftschiffreisen sind herrlich! »Meeresstille und glückliche Fahrt« war das Zeichen, unter dem diese Fahr, über das Mittelmeer und noch der nächste ganze Tag über dem Atlantik stand.

Es wurde allmählich Nacht. Schwarz und geheimnisvoll liegt die steile Felsenküste Spaniens nahe zu unserer Rechten. Wie eine Fanfare wirkte dann das strahlende Lichtermeer Barcelonas, das mit seiner schreienden Lichtreklame zu uns hinaufflammte. Wir gingen in einem Bogen niedrig über Stadt und Hafen hinweg und warfen Post ab, die fleißige Journalisten und Postkarten schreibende Passagiere inzwischen fertiggemacht hatten. Valencia sahen wir in der Ferne schwach am Horizont heraufleuchten, Cap de Palos umfuhren wir um Mitternacht und dann das Cap de Gata, die Südostecke Spaniens, von wo es in westlicher Richtung nach Gibraltar zuging. Eine Stunde später sichteten wir die hell brennenden Feuer von Ceuta und Gibraltar vor uns, und im bereits dämmernden Morgen durchfuhren wir die Straße auf den Atlantischen Ozean hinaus. Das Feld, auf dem wir unsere Leistungsfähigkeit erweisen wollen, liegt wieder unter uns! Die Erinnerung an die wechselreiche überführungsfahrt des ZR III vor genau vier Jahren steigt lebendig in uns auf. Welche Überraschungen werden wir vielleicht diesmal auf den Weiten des tückischen, unberechenbaren Nordatlantik erleben?

Die Fahrt über den Ozean ließ sich so wundervoll an, daß in uns die frohesten Erwartungen auf eine glatte und schnelle Reise auf unserer südlichen Route aufkamen. Während wir fast auf dem ganzen Wege von Friedrichshafen bis zur Mittelmeerküste und dann über dem Mittelmeer selbst mit westlichen Gegenwinden von bisweilen erheblicher Stärke uns abzufinden hatten, wurde es jetzt um so günstiger, je weiter wir auf See hinauskamen. Schon eine Stunde hinter Gibraltar wurde die Meeresoberfläche von einem leichten Nordnordost gekräuselt, der die Küste von Portugal herunterkam, dem wohlbekannten portugiesischen »Norder«. Bald drehte der Wind mehr und mehr auf Osten, und drei Stunden hinter Gibraltar wurden wir von einem frischen Nordost geschoben, der uns eine Fahrt von 75 bis 80 Seemeilen über das Wasser verlieh. Ein wolkenloser Himmel spannte sich. Ringsum über dem in strahlendem Blau glänzenden Meere, und die hier und da auf den Wogen aufgesetzten weißen Schaumköpfe erregten um so mehr unser Entzücken, als sie mit uns liefen. Wir waren wirklich aus dem Bereich der stürmischen Westwinde heraus. Ich setzte den Kurs auf Madeira ab, in der Hoffnung, auf dieser recht weit südlich führenden Route dauernd im Bereich der östlichen Luftströmung zu bleiben und so durch eine sehr schnelle Fahrt die Länge des Weges zum mindesten auszugleichen. Schon um ein Uhr Ortszeit kamen vor uns die Berge Madeiras aus dem blauen Dunst heraus, und bald lag im Sonnenglanz unter uns das wunderbare paradiesische Eiland mit seinen grünen Weinbergen, seinen weißen Villen und seinen grotesken Felsenzacken und Schluchten. Wir überquerten den Hafen von Funchal, in dem, wie in einem aufgestörten Ameisenhaufen, die Menschen wild gestikulierend und schreiend zusammenliefen, um den Wundervogel über ihnen anzustaunen. Daß dieses Märchenfahrzeug, von dem sie in den Zeitungen gelesen hatten, völlig überraschend gerade zu ihnen kommen sollte! Im Laufe der Jahre sollten sie es freilich dann noch öfters sehen, als der »Graf Zeppelin« regelmäßige Fahrten nach Südamerika ausführte. Wir warfen Post ab, denn die Zeitungsberichterstatter und Passagiere hatten unterwegs eifrig geschrieben.

Es ging noch acht bis zehn Stunden in gleicher günstiger Fahrt weiter, und am späten Abend standen wir etwa 250 Seemeilen südlich der Azoreninsel Terceira. Wir nahmen Verbindung mit der Funkstation der Inselgruppe auf, um Wetternachrichten einzuholen. Was wir da aber vernahmen, war nicht gerade sehr erfreulich: Eine Böenfront, ein südlicher Ausläufer einer schweren atlantischen Depression, nähere sich der Insel, und es sei mit schlechtem Wetter zu rechnen. Eine Stunde später brach dann die Station den Verkehr mit uns ab wegen eines heftigen Gewitters. In der Tat konnten wir fern im Norden am Nachthimmel starkes Wetterleuchten beobachten, das sich immer mehr verstärkte. Gegen Mitternacht flammte der ganze Himmel im Norden von fast unaufhörlichen Blitzen. Es war ein grandioses Schauspiel, aber zugleich ein etwas unbehagliches: Offenbar reichte ein Einbruch kalter Herbstluftmassen weit nach Süden, und wir mußten damit rechnen, auch selbst davon erreicht zu werden. Unsere lokalen Beobachtungen deuteten in die gleiche Richtung: Der östliche Wind, dessen günstiger Förderung wir uns bisher erfreut hatten, flaute ab und drehte nach Süden. Vor uns lag also offenbar eine Störung, ohne Zweifel ein Böenausläufer des nördlichen Sturmtiefs, und es war anzunehmen, daß er in der warmen, feuchten Luft, die über diesem südlichen Meere lag, erhebliche Turbulenz und Böentätigkeit erzeugen würde. Ich muß gestehen, daß in mir ein Gefühl nicht gerade von Besorgnis, aber von großer Spannung aufkam, was die nächsten Stunden uns bringen würden. Denn ich war zwar fest überzeugt, daß das Schiff in seiner Struktur auch sehr schwerem Wetter gewachsen sein würde und auch Böen über dem Meere nicht von der gleichen Bösartigkeit seien wie über überhitztem Land; aber es war das alles doch nur Theorie und bedurfte der Bestätigung in praktischer Erfahrung, die uns noch fehlte. Wir liefen noch ein bis zwei Stunden in ruhigem Wetter weiter. Das Unwetter im Norden blieb allmählich hinter uns, aber die Luft war schwül, und der Südwind nahm an Stärke mehr und mehr zu. Es war sehr unbehaglich, denn es mußte etwas kommen, wenn nicht alle meteorologischen Anzeichen hier trügerisch waren. Und in der Tat: Gegen sechs Uhr in der Frühe zeigte sich vor uns eine blauschwarze Wolkenwand von sehr häßlichem Aussehen. Sie kam aus Nordwesten mit großer Schnelligkeit heran, und wir näherten uns ihr mit der vollen Geschwindigkeit unseres mit etwa 75 Seemeilen dahinstürmenden »Graf Zeppelin«. Es wurde klar, daß uns eine Generalprobe auf die Festigkeit des Schiffsgerippes bevorstand, und ich rief unseren erfahrensten Höhensteuermann, Herrn Samt, herbei, um ihn zu bitten, das Höhensteuer an Stelle des weniger geübten Mannes zu übernehmen, der gerade daran stand. Aber ehe noch der Steuermannswechsel durchgeführt werden konnte, steckte das Schiff seine Nase nach unten weg, um sie gleich darauf wieder jäh aufwärts zu heben, so daß das Schiff eine Schräglage von mehr als 15 Grad bekam. Diese Schräglage, bei der wir auf dem Fußboden zu rutschen begannen, wurde vor, einem entsetzlichen Getöse begleitet. Das Kaffeegeschirr auf den gedeckten Frühstückstischen sauste klirrend herunter, und in der Küche polterten Töpfe, Pfannen und Schüsseln rasselnd und klappernd vom Herd und aus den Schränken auf den Boden und gegen die Tür. In dem Lärm, in den noch häufig der Donner hineinkrachte, war nicht zu unterscheiden, ob vielleicht auch Gerippebrüche eingetreten waren. Stumm und fragend blickten wir einander an, was vielleicht jetzt noch kommen könne. Es kam weiter nichts. Wir hatten zwar noch zwei oder drei Böenwolken zu durchqueren, in denen das Schiff kräftig tanzte und arbeitete, aber wir hatten es fest in der Hand, und es setzte seine Fahrt bald ruhig fort mit der verminderten Geschwindigkeit, die die auf halbe Kraft gestellten Motoren ihm gaben. Ich war sehr befriedigt. Wir hatten hier über dem warmen Wasser eine Bö meistern können, die wohl etwa das Turbulenteste bedeutete, was über dem Nordatlantik sich entwickeln konnte, und ich sah den Hauptgrund für das ungewöhnlich starke Aufbäumen des Schiffes darin, daß der ungeübte Höhensteuermann nicht rechtzeitig Gegenruder gelegt hatte, als die Nase des Schiffes sich wieder aufzurichten begann. So hatte er die Aufwärtsbewegung der Nase verstärkt.

Wir hatten uns jetzt nur noch mit dem wolkenbruchartigen Regen abzufinden, der mit dem Aufbäumen des Schiffes einsetzte und unvermindert noch etwa eine Stunde lang anhielt. Er durchtränkte das Schiff so gründlich, daß er schließlich durch die Decke in die Kabine lief und wir in der Führergondel mit den Füßen im Wasser standen und uns der Schuhe und Strümpfe entledigten. Aber das war nur eine kleine vorübergehende Unbehaglichkeit, die wir ruhig hinnahmen, denn der »Graf Zeppelin« konnte selbst mit verminderter Fahrt die etwa 6-8 Tonnen betragende Regenbelastung bequem tragen. Er schleppt bei voller Fahrt etwa 12 Tonnen Überlast durch. So schien alles gut überstanden zu sein, als der Fahrmeister Grötzinger, der seine Augen überall hatte, zu mir in die Führergondel kam und meldete, daß die untere Tuchbespannung der linken Stabilisierungsfläche abgeplatzt sei und daß die Fetzen des Stoffes sich zwischen Ruder und Fläche einzuklemmen drohten. Das war eine äußerst ernste Meldung! Würde die gefährdete obere Bespannung standhalten, und würde das Schiff noch steuerfähig bleiben, wenn auch diese nachgab? Ich überlegte mir den Ernst der Situation und kam zu dem sehr schweren Entschluß, einen Funkspruch an das amerikanische Marineamt zu senden und um Entsendung eines kleinen schnellen Bootes (vielleicht eines Zerstörers) in unsere Gegend zu bitten. Ich mußte solches mit Rücksicht namentlich auf unsere Passagiere ohne Prestigebedenken tun. Es würde zwar wenigstens drei Tage dauern, bis das Boot bei uns sein konnte, denn wir befanden uns ziemlich genau in der Mitte des Ozeans zwischen der spanischen und der nordamerikanischen Küste, etwa 1800 Seemeilen von jeder entfernt, aber es bestand keine unmittelbare Gefahr. Wir hätten im Notfall das steuerunfähige Schiff ohne große Schwierigkeit in der Luft wenigstens schwebend erhalten können. Es wurde nun eine Gruppe von schwindelfreien Leuten in die Stabilisierungsfläche geschickt, um den Schaden genau zu untersuchen und seine Behebung oder wenigstens seine Eindämmung zu versuchen. Wir fuhren unterdessen mit ganz langsamer Fahrt, um die beschädigte Fläche zu schonen, weiter auf unser Ziel zu.

Zunächst einmal ging ich zu den Passagieren, um zu sehen, wie sie den Schrekken überstanden hatten, und um sie über die Sachlage zu unterrichten. Es zeigte sich, daß sie teilweise recht bedrückt und ängstlich waren, teilweise aber guter und zuversichtlicher Stimmung. Zu den letzteren gehörte insbesondere die tapfere kleine Lady Hay, die Berichterstatterin für die Hearst-Presse. Sie begrüßte mich mit fröhlichem Lachen und meinte, indem sie auf die Scherben auf dem Fußboden deutete: »Das war ja eine überraschende und kostspielige Laune des guten Grafen! Na, im Notfall werden wir uns ohne Tassen und Teller behelfen können.« Ich hörte dann später, daß sie in dem Augenblick, als das Geschirr von den Tischen polterte, schnell gefaßt ihrem Freund und Kollegen, Herrn von Wiegand, zugerufen hatte: »Karl, laufen Sie doch schnell in meine Kabine, daß meine Schreibmaschine nicht auf den Boden fällt!« Solche Ruhe, und gerade bei einer Dame, kann das Aufkommen einer Panikstimmung in einem größeren Kreise verhindern.

Mrs. Drummond Hay war eine ebensowohl körperlich wie in ihrer geistigen Art und Haltung reizende Persönlichkeit von sehr jugendlichem Aussehen. Sie war die Witwe eines höheren englischen Beamten im auswärtigen Dienst, der besonders in Ägypten und Nordafrika tätig gewesen war. Sie hatte dort die Bekanntschaft des bekannten Journalisten Karl von Wiegand gemacht, der sie, glaube ich, nach dem Tode ihres Mannes überredete, sich journalistisch zu versuchen. In der Tat wurde sie eine ganz ausgezeichnete Berichterstatterin und blieb immer dabei die »Lady«, die von allen Mitreisenden mit höchstem Respekt behandelt wurde. Jetzt teilte sie sich mit Herrn von Wiegand die Berichterstattung für die Hearst-Presse. Sie liebte den »Graf Zeppelin« schwärmerisch und hatte eine »Seele« in dem Schiff entdeckt. Die Propaganda, die sie und ihr Partner für den Zeppelin in Amerika und in England machten, war außerordentlich geschickt und wirkungsvoll. Ich schulde beiden allergrößten Dank. Auf der gegenwärtigen Fahrt schrieb sie nun eine prachtvolle »Story« über die Männer, die hinten auf der Stabilisierungsfläche an der waghalsigen Reparatur derselben arbeiteten. Ich legte den Passagieren die Lage klar, ohne den Ernst derselben zu verschweigen, aber doch so, daß sie sich beruhigten und gelassen die weitere Entwickelung abwarteten. »Wenn es ganz schlecht geht, werden wir sicher von einem Torpedoboot aufgenommen werden; aber ich hoffe, daß wir den Schaden begrenzen können. Eine Reparaturgruppe ist schon fleißig an der Arbeit.«

Diese Gruppe hatte nun in der Tat festgestellt, daß zum Glück etwa das vordere Viertel oder Drittel der unteren Flossenbekleidung intakt geblieben war und die obere Bekleidung noch ziemlich gut schützte. Es galt, die flatternden Stoffetzen zunächst zu entfernen, damit sie nicht die Ruderlegung hinderten, und dann den stehengebliebenen Rest der Bekleidung so zu befestigen, daß er standhielt. Das war nicht ganz leicht und ungefährlich, denn die Leute hatten in dem starken Luftstrom von etwa 20-25 Metersekunden zu arbeiten, den die Eigenbewegung des Schiffes verursachte. Es war nicht möglich, diese Eigenbewegung stärker herabzusetzen, weil der sintflutartige Regen das Schiff außerordentlich belastete. Sobald wir es taten, sackte das Schiff nach unten durch und mußte wieder durch erhöhte Geschwindigkeit nach oben gebracht werden. Es wurde so ein recht unbehagliches Spiel in zunehmender und abnehmender Fahrtgeschwindigkeit, wobei die Leute nur in den Zeiten der reduzierten Geschwindigkeit arbeiten konnten. So wechselten wir beständig die Fahrthöhe zwischen etwa 500 und 100 Metern über der unter uns weißschäumenden Meeresoberfläche. Aber es wurde allmählich geschafft. In etwa eineinhalb Stunden war das Notwendigste geschehen, und wir konnten mit 40-45 Seemeilen weiterlaufen, ohne die Stabilisierungsfläche ungebührlich zu beanspruchen. In weiteren drei bis vier Stunden wurde dann das Werk weiter so gut durchgeführt, daß man mit einiger Zuversicht auf die Haltbarkeit der Arbeit rechnen konnte, wenn das Wetter nicht wieder bösartig werden sollte.

Die Männer, welche sich freiwillig zu der Kletterei in dem heftig auf und ab schwankenden, vom sturmartigen Fahrtwind durchbrausten Gerippe der Stabilisierungsfläche erboten hatten, verdienten das höchste Lob. Es waren hauptsächlich die Steuerleute Eckener, Ladwig und Samt sowie unser »Zellenpfleger« Knorr, den man immer gewandt wie ein Eichhörnchen im Gerippe herumklettern sah, um die Gaszellen zu kontrollieren. Ich muß gestehen, daß ich etwas väterlichen Stolz darüber empfand, daß mein Sohn einer von diesen Freiwilligen und nicht der letzte war. Deshalb war ich betroffen und empfand es als wenig taktvoll, als bei einer anerkennenden und etwas besorgten Besprechung dieser Flickarbeit unter den Passagieren einer derselben verächtlich bemerkte: »Na, was ist das schon! Das gleiche muß jeder Leichtmatrose auf großen Seglern beim Segelreffen im Sturm tun!« Nun, es war hier doch wohl etwas mehr, und die amerikanische Presse hat eine große »Story« daraus gemacht. Aber der fragliche Passagier war selbst ein alter Flieger und sah mit Geringschätzung auf das konkurrierende Luftschiff herab; in welchem Maße dieses der Fall war, wurde, ihm selbst unbewußt, aus seiner abfälligen Bemerkung ersichtlich. Wie wenige Leute können doch objektiv und gerecht urteilen, wenn ihr beschränkter Berufsstolz und ihr Selbstgefühl dabei ins Spiel kommen! Kann überhaupt jemand es? Ich muß sagen, daß ich dem betreffenden Herrn seine verächtliche Äußerung nie vergessen konnte und daß ich es mit einiger Skepsis aufnahm, wenn er später im behördlichen Verkehr mit mir eine freundlichere Einstellung zum Luftschiff bekundete.

Wir fuhren nun in immer besser werdendem Wetter mit verminderter Geschwindigkeit stetig weiter, und ich glaubte es verantworten zu können, an das amerikanische Marineamt eine zweite Depesche zu senden, worin ich meldete, daß eine Hilfeleistung unnötig geworden sei. Ganz ruhig war ich freilich nicht, denn die eingehenden Wettermeldungen zeigten, daß eine tiefe Depression über dem nördlicheren Atlantikgebiet der andern folgte. Wie leicht konnte also wieder ein Böenausläufer in unsere südliche Route hineinschlagen! Wie würden wir dann mit dem jetzt havarierten Schiff damit fertig werden? Mußte denn ausgerechnet auf unserer ersten Fahrt mit dem neuen »Passagierschiff«, die einen überzeugenden Beweis von der Verwendbarkeit desselben im Verkehr über den Ozean erbringen sollte, dieser Ozean seine herbstlichen Tücken mit einer so ungewöhnlichen Bosheit zeigen! Ich fühlte mich sehr beunruhigt, wenn ich auch den Passagieren gegenüber eine gelassene Ruhe zur Schau trug.

Die Nacht hindurch und den größten Teil des nächsten Tages kamen wir relativ gut vorwärts. Gegen Abend aber, als wir uns der Inselgruppe der Bermuden näherten, frischte der Westwind stärker auf, und es wurde aus dem Aussehen des Himmels ersichtlich, daß wieder eine bedrohliche Wetterentwicklung vor sich ging. Vor uns lag offenbar eine größere Störung, die sicherlich heftige Böen mit sich bringen würde. Was tun? Noch weiter südlich auf Florida zu ausweichen? Ich konnte mich dazu nicht entschließen, denn das würde einen Umweg von weiteren zehn oder zwölf Stunden bedeuten und die Leistungsfähigkeit des Zeppelins in einem wenig überzeugenden Licht zeigen. Also mit dem kranken Schiff durch die

Böenwand durchstoßen? Ich ließ den Fahringenieur rufen und fragte ihn, ob nach seiner Meinung die Flossenbespannung der Beanspruchung in einem heftigen Auf und Ab in der Bö gewachsen sei. Er war skeptisch. Der Beschluß, den ich jetzt faßte, war der schwerste und kritischste auf der ganzen Fahrt: Ich beschloß, durch die Bö durchzustoßen. Gegen Mitternacht waren wir mitten darin. Das Schiff tanzte und bockte heftig und schwer, und ein ungemein starker Regen, der mehr und mehr mit Hagel durchsetzt wurde, peitschte und knallte gegen die Wände und Fenster der Kabine. Aber die Flossenbespannung war trefflich gesichert! Sie hielt stand, bis auf einen kleinen Riß, den wir später bei Tagesanbruch entdeckten. Der Kampf mit den wild tobenden Elementen währte etwa eine Stunde, dann waren wir in beruhigter Atmosphäre, wenn auch noch in einer stürmischen Luftbewegung von zwölf bis fünfzehn Metern in der Sekunde. Die Temperatur in der Böenzone war von 23 Grad auf acht Grad gefallen. Für jeden, der solche meteorologischen Daten zu deuten versteht, mag das ein Maßstab sein für die ungeheure Turbulenz, die in einem so kontrastreich gemischten Luftkörper herrschen mußte. Doch nun waren wir siegreich hindurch. Was noch bis zum Cap Hatteras kam, konnte wiederum unter der überschritt »Meeresstille und glückliche Fahrt« verbucht werden. Um etwa 10 Uhr, am 15. Oktober, überflogen wir die Küste am Eingang der Chesapeake Bay und steuerten über sie hinweg auf Washington zu.

In Amerika hatte man unsere Fahrt von Anfang an mit großer Spannung verfolgt. Jeder Amerikaner ist sehr interessiert an technischen Fortschritten und an Leistungen, die »progress and civilisation« fördern. Die erste Passagierfahrt über den Atlantischen Ozean war in seinen Augen eine solche Leistung, und zwar eine von größter Bedeutung. Unsere drei Funker wußten davon zu erzählen, wie lebendig das Interesse in den Staaten war. Unaufhörlich strömten die Funksprüche ein, die Fragen an die Schiffsleitung, Grüße und Glückwünsche an Passagiere, Begeisterungsausbrüche von irgendwelchen Vereinen und oft recht törichte, aber gutgemeinte Sympathieäußerungen eines Mister Smith oder Miller überbrachten. Unsere Funkstation hatte keine Minute Ruhe und war während der ganzen Fahrt überbelastet, zumal sie auch von den Pressevertretern an Bord natürlich ungeheuer stark in Anspruch genommen wurde und da, zu in erster Linie den Wetterdienst zu erledigen hatte. Das Interesse in Amerika steigerte sich natürlich zu einer ungeheuren Spannung und Aufregung, als dort die Meldung von unserer Havarie und von dem Telegramm an die Marineleitung bekannt wurde. Wir konnten uns aus dem Bombardement mit Funksprüchen so ziemlich ein Bild davon machen, in welchem Grade die öffentliche Meinung sich mit uns und dem Schiff beschäftigte. Wie wir später nach der Landung erfuhren, waren die tollsten Gerüchte in Umlauf gekommen, die die Gemüter unwidersprochen viele Stunden lang beherrschen konnten, weil wir während der Dauer der Reparatur und noch einige Zeit nachher wegen der Verminderung unserer Fahrtgeschwindigkeit nicht funken konnten. Unser Generator zur Erzeugung des Stroms wurde nämlich von einer Luftschraube betätigt, die durch den Fahrtwind in Betrieb gesetzt wurde. Es konnte nun natürlich nicht ausbleiben, daß die glückliche Überwindung der Gefahr die ungeheure Spannung in ein Gefühl großer Erleichterung und Befreiung löste, welches die Begeisterung auf einen Gipfelpunkt brachte. Die Leistung des »kranken« Schiffes wurde um so höher bewertet, als man fast schon mit einer Katastrophe gerechnet hatte. So diente unser Mißgeschick zum Guten.

Wir konnten die geradezu ekstatische Begeisterung, die unser Erscheinen auslöste, sinnenfällig bemerken, als wir in niedriger Fahrt über Washington und weiter über Baltimore, Philadelphia und New York flogen. Denn ich hielt es für gut, das schon halb verloren geglaubte Schiff hier zu zeigen, bevor wir in Lakehurst landeten. »Lange sehnlichst und mit Sorge erwartet und dafür mit um so größerer Freude begrüßt«, das schien uns aus dem lauten Jubel überall entgegenzuschallen, der von unten zu uns emporstieg. Alle Sirenen heulen, das Pfeifen, Hupen, Schreien braust wie ein Orkan. Tausende von Menschen winken und schwenken Fähnchen, um so mehr, je weiter wir kommen. Aber alles nur ein Vorspiel für New York. Hier steht der Verkehr auf den Straßen still. Das Dröhnen und Brausen, das vom Hafen und aus der Stadt zu uns hinaufdrängt, ist unbeschreiblich. Ein Zeitungsmann an Bord beschrieb es mit folgenden Worten: »New York ist außer Rand und Band.

Der Verkehr steht still. Die Menschen auf den Straßen gehen nicht weiter, Straßenbahnen halten, die Omnibusse rücken nicht von der Stelle. Im Central Park, auf dem Battery Place, auf den Brücken steht Kopf an Kopf die Menge, aus allen Fabriken, Häusern, Läden, von allen Arbeitsplätzen strömt es ins Freie, alle Betriebe müssen verwaist sein. Die flachen Dächer der Wolkenkratzer sind schwarz von Menschen. Alles schreit, singt, pfeift, heult und dröhnt. Die Dampferpfeifen beginnen mit diesem Höllenkonzert, die Eisenbahnen fallen ein, die Fabriksirenen machen sofort mit, die Autos in den Straßen wollen nicht fehlen. Fünfzig Flugzeuge umtoben uns. Das Auge kann nicht alle Bilder fassen, das Gehirn nicht alle Eindrücke in sich aufnehmen. New York erstickt in einem Freudentaumel.«

Ich war wie benommen, still glücklich über den deutschen Erfolg und doch fast ein wenig betreten und beschämt durch die nie erträumte Herzlichkeit und elementare Gewalt eines solchen Willkommgrußes dieser Millionenstadt, die ja triumphale Heldenempfänge zu einer besonderen Spezialität ihrer Lebensäußerungen gemacht hat. In der Kabine herrschte eine ganze Weile völlige Stille. Jeder war ergriffen.

Es war schon völlige Nacht geworden, als wir in dem etwa 100 Kilometer südlich von New York gelegenen Lakehurst landeten. Es waren noch etwa

20 000 – 30 000 Menschen da, die geduldig auf die Landung gewartet hatten, und der Empfang war stürmisch und enthusiastisch. Aber es war doch wohl nichts im Vergleich mit dem, was wir erlebt haben würden, wenn wir am Tage vorher, an einem Sonntag, angekommen wären. Man hatte uns an diesem Tage erwartet, und was sich da in Lakehurst abspielte, entnehmen wir dem Bericht eines Augenzeugen, Wilhelm Schulze, der ihn für die Ullstein-Presse schrieb:

»Schon um fünf Uhr morgens setzte der Strom der Autos von New York, Philadelphia, Baltimore, Washington und den kleineren Orten der Umgebung ein. Um zehn Uhr morgens wurde die Menge bereits auf fünfzigtausend Personen geschätzt, und von da an trafen jede Minute mindestens dreihundert neue Autos mit vier Personen, später die großen Omnibusse mit je fünfzig Personen ein. Um zwölf Uhr war es nicht mehr möglich, per Wagen bis zum Rande des Flugfeldes durchzukommen. Wer noch auf das Flugfeld wollte, mußte sich auf einem nahe gelegenen Flugplatz ein Flugzeug mieten. Um zwei Uhr wurde die Anweisung nach dem etwa zehn Meilen vor Lakehurst gelegenen Lakewood telefoniert, keine Autos nach Lakehurst mehr durchzulassen. Alle Straßen im weiten Bogen ringsum waren derartig verstopft, wie auch alte New Yorker es noch nie erlebt hatten. Zweihundertundfünfzigtausend Menschen sind trotzdem noch auf den Platz gekommen – und nach mehr oder minder langem Warten enttäuscht umgekehrt. Der Rückmarsch begann mit einsetzender Dunkelheit, aber noch lange nach Mitternacht waren noch mindestens zwei- bis dreitausend Autos auf dem Platz, die einfach nicht weg konnten ... Als die Besucherschar, die wie eine Heuschreckenplage über Lakehurst gekommen war, sich verzogen hatte, konnte man übersehen, in welchen Umständen man zurückgeblieben war: Weit und breit glich das ca. sechs Quadratkilometer große Flugfeld einer Schneelandschaft. Butterbrotpapiere, Pappkartons, Konservendosen und leere Selterflaschen bildeten eine neue Oberschicht, durch die man knöcheltief waten mußte, um an die Autos heranzukommen. Die schnell aufgerichteten Verkaufsbuden waren meistens niedergetrampelt worden. Wo noch eine stand, konnte man sicher sein, daß sie nichts, aber auch reinweg nichts mehr zu verkaufen hatte. Man hätte hundert Dollar für eine Brotkruste bieten können: die Leute hätten mit gleichgültiger Miene nein sagen müssen. Und dazu die Straßen noch auf Stunden hinaus verstopft; keine Möglichkeit, ein Auto durchzubringen, um neue Nahrung heranzuholen.«

Wir wußten von diesen Vorgängen nichts, sonst hätten wir uns glücklich schätzen müssen, erst am Montag gekommen zu sein. Denn die an diesem Tage anwesenden 20 000 – 30 000 Besucher machten schon Schwierigkeiten genug. Wie wäre es da erst mit 200 000 – 250 000 geworden! Die lauten Willkommrufe und das Heil- und Hochrufen aus den 30 000 Kehlen beim Herabschweben waren wie das Brausen eines Orkans, und der trotz starker Absperrung widerstandslose Ansturm der Massen umgab das Schiff, sobald es am Boden lag, weit herum im Kreise wie mit einem wildbewegten Meer. Wir waren im Nu eingekesselt und konnten das Schiff und uns selbst nicht bewegen. Zum Glück war es fast windstill, und das Schiff lag völlig ruhig, sonst hätte es in dieser dichtgepreßten Menge, in der sich Tausende von Frauen und Kindern befanden, zu ernsten Unfällen führen müssen. Die Begeisterung hatte das sonst so disziplinierte amerikanische Publikum schier aus Rand und Band gebracht. Trotz der Größe und Feierlichkeit des Augenblicks, in welchem das Pionierschiff nach wechselreicher Fahrt mit seinem Puffer amerikanischen Boden berührte, mußte ich mit Lächeln in dieses aufgeregte Treiben hinunterschauen.

Die prominenten Passagiere und ich selbst sollten alsbald zur Luftschiffhalle kommen, wo eine Schar von angeblich 250 Pressevertretern uns zu interviewen wünschte. Ich war bereit, denn ich wußte, daß man in Amerika (und heutzutage wohl überall) nicht um ein solches Interview herumkommt. Aber wie die 300 bis 400 Meter nach der Halle durch diese Menge gelangen? Doch der amerikanische Bobby ist ein Mann von Autorität und weiß sich durchzusetzen: Je zwei Polizisten nahmen einen der zu interviewenden Herren in ihre Mitte, faßten ihn an den Oberarmen und brachten ihn langsam und sicher durch. Es war fast rührend, zu sehen, mit welcher Behutsamkeit und welchem Stolz sie ihre Schutzbefohlenen führten; aber es mag etwa so ausgesehen haben, als ob sie einen Verhafteten arretierten. Und wirklich fühlte sich der Herr Minister Grzesinski, der die Fahrt mitgemacht hatte, in seiner Würde tief verletzt und beklagte sich bei den ihn interviewenden Zeitungsleuten nachher bitter darüber, wie er beim Aussteigen aus dem Luftschiff gestoßen und gedrängt und dann sogar »von Polizisten angefaßt« worden sei. Ich wurde Zeuge dieses amüsanten Interviews und hörte folgendes: Herr Grzesinski schimpfte in recht massiven Ausdrücken. Der damalige deutsche Botschaftsrat in Washington, Herr Otto Kiep, der den Minister bei der Landung begrüßt hatte, übersetzte die ministerielle Schimpfkanonade und milderte sie in diplomatischer Weise so stark, daß so ungefähr das Gegenteil dabei von dem herauskam, was Herr Grzesinski wirklich gesagt hatte. Der Minister fragte etwas mißtrauisch Herrn Kiep: »Übersetzen Sie auch wörtlich, was ich sage, Herr Kiep?« Dieser antwortete gelassen: »So wörtlich, wie es nur möglich ist, Herr Minister.« Es waren ein paar Journalisten dabei, die Deutsch verstanden, und diese amüsierten sich königlich über diese wirklich geniale Art der Übersetzung. Aber Herr Grzesinski hatte trotzdem keine »gute Presse«, und das war ein recht bedauerlicher Mißton in den sonst außerordentlich freundlichen Zeitungsberichten. Ja, wir Deutschen!

Diese amüsante Episode munterte mich ein wenig auf, im übrigen hatte ich aber kein großes Vergnügen an der recht anstrengenden und langen Ausfragerei; ich war zu abgespannt. Ich hatte die letzten drei Nächte so gut wie gar nicht geschlafen und war jetzt, wo die Spannung vorüber war, matt und müde. Ich sehnte mich danach, wieder einmal in einem guten Bett ordentlich auszuschlafen. Der liebenswürdige Platzkommandant, Kapitän Jackson, stellte mir ein solches in seinem Hause zur Verfügung, und nach einem netten Abendessen bei ihm lag ich um zehn Uhr in tiefem Schlaf. Das war notwendig, denn ich fürchtete, daß die nächsten Tage in New York auch nicht so ganz leicht sein würden.

Und so kam es in der Tat. Die Erinnerung an diese Tage sitzt noch heute, wo die Einzelheiten verwischt sind, in mir als ein unklares, aber überwältigend mächtiges Gefühl von einem sinnbetörenden Erlebnis, von einem elementaren Gefühlsausbruch einer ungeheuren Volksmenge, der mich förmlich erschütterte. So etwas kann man meines Erachtens nur in Amerika und hier vielleicht nur in New York erleben. Ich möchte hier etwas konkreter eine Betrachtung wiederholen, die ich schon in einem früheren Kapitel aussprach. Der Amerikaner ist selbstbewußt und »demokratisch«. Alle Menschen haben von Natur die gleichen Rechte, und der Präsident der Vereinigten Staaten muß (oder mußte wenigstens bis vor kurzem) jedem Bürger, der es wünschte, im Weißen Haus die Hand schütteln. Aber der Amerikaner glaubt auch an »Fortschritt und Zivilisation« und will diese im Allgemeininteresse fördern, und er weiß, daß ihre Förderung auf der Leistung hervorragender Männer beruht. So ist er stets bereit, solchen Männern seine Verehrung und seinen Dank zum Ausdruck zu bringen. Das geschieht u. a. in der Form von triumphalen Empfängen und Einholungen in eine Stadt, wie es ja schon im alten Rom der Brauch war, und die Stadt New York hat diese Einholungen zu einer ganz besonderen, eindrucksvollen Übung entwickelt. Das Begrüßungsschiff, die »Macom«, bringt gewöhnlich den oder die zu feiernden Gäste an die »Batterie«, von wo aus sie dann auf dem Broadway, der New Yorker »via triumphalis«, zum Rathaus geleitet werden. Was dann auf diesem Wege an Hoch- und Heilrufen und begeistertem Begrüßungsgeschrei geleistet wird, wirkt und dröhnt um so gewaltiger, als sich der Weg wie durch eine tiefe Schlucht zwischen den zwanzig und mehr Stockwerke hohen Häusern rechts und links hinzieht, die den Lärm zusammenhalten und wie große Resonanzböden verdoppeln. Ein dabei in unglaublichen Mengen aus den hohen Häusern niedergehender »Wolkenbruch« von Konfetti, Papierschlangen, Blumen und Kränzen trägt das seine dazu bei, um auch für das Auge ein überaus buntes Bild zu gestalten und das Ganze zu einer so sinnverwirrenden Veranstaltung zu machen, wie sie kaum auf einer anderen via triumphalis möglich wäre.

Am Nachmittage nach unserer Landung bestieg eine Schar von etwa 150 Menschen den Extrazug, der uns von Lakehurst nach Hoboken bringen sollte. Dazu zählten die Mitglieder der Schiffsbesatzung, soweit sie nicht wegen der Reparaturarbeiten am Schiff in Lakehurst bleiben mußten, die Offiziere der

Marinestation Lakehurst unter Führung von Admiral Moffet, einige zurückgebliebene Passagiere und etwa 20 Presseleute. In Hoboken stiegen wir auf die »Macom«, wo wir an Bord von dem Polizeipräsidenten New Yorks, Mr. Grover Whalen, begrüßt wurden, der für Empfangsfeierlichkeiten die unübertroffene Autorität war. Im ohrenbetäubenden Lärm der Sirenen und Dampferpfeifen ging es über den Hudson durch den Hafen an den Schiffen entlang, die zum großen Teil über die Toppen geflaggt hatten und von deren Besatzungen wir mit Winken und lauten Rufen begrüßt wurden. Auf der »Batterie«, wo wir ausstiegen, fanden wir ein Ehrenbataillon in Marschkolonne aufgestellt, und ohne Verzug begann der Marsch durch den Broadway. Das Militär marschierte voran in Doppelreihen, die fast die ganze Breite der Straße in Anspruch nahmen und in einem Abstand von etwa 15-20 Metern aufeinander folgten. Es machte fast den Eindruck wie ein Parademarsch in Bataillonskolonne. Dahinter kam die lange Reihe der Autos, in denen die Ehrengäste und ihre Begleiter Platz genommen hatten. Berittene Schutzleute flankierten die Reihe der Autos, und die dichte Mauer der Zuschauer, die die Fußwege besetzt hielten, umschloß das Ganze so fest, daß der geringste Verkehr auf dem Broadway unmöglich war. Wo dieser Wagenzug hinkam, erhob sich ein Tosen der Begeisterung. Es klang wie das Brausen eines Niagarafalls. Und aus den Fenstern bis hinauf zum zwanzigsten Stockwerk ergoß sich ein Schneegestöber von Konfetti und flatterten die Papierschlangen so dicht, daß man oft nicht die Häuser zu beiden Seiten sehen konnte. War das Konfetti verbraucht, so mußte alles dienen, was flattern konnte: Zeitungsschnitzel, Briefumschläge und -bögen, Ticketstreifen und sogar zerfetzte Telefonbücher. Der New Yorker liebt, wie gesagt, solche Orgien der Begeisterungskundgebung und hat Spaß an Ausbrüchen eines schier hemmungslosen Freudentaumels um seiner selbst willen, wie wohl überall die Masse; aber es steckte doch offenbar viel echte und ehrliche Begeisterung in diesem wilden Treiben. New York hatte einen großen Tag, aber wir hatten ein gewaltiges und nachhaltiges Erlebnis, das keiner vergaß.

Vor dem Rathaus erwartete uns eine vieltausendköpfige Menge, die unsere Ankunft stürmisch begrüßte. Wir wurden die breite Freitreppe hinaufgeleitet und oben von den leitenden Herren der Stadtverwaltung empfangen und in den großen Festsaal geführt, in dem ein zahlreiches geladenes Publikum Platz genommen hatte. Der Bürgermeister Mac Kee, der den auf einer Reise abwesenden Maire Jonny Walker vertreten mußte, hielt eine sehr deutschlandfreundliche Ansprache; es sang dann die Primadonna der Metropolitanoper mit herrlicher Stimme die amerikanische Nationalhymne, und darauf folgte das von allen gesungene Deutschlandlied, zum ersten Male in diesen Räumen seit vielen, vielen Jahren, wobei alle anwesenden Militärs die Hand an die Mütze legten. Es steckte in dieser einfachen, wirkungsvollen Geste etwas wie eine feierliche Rehabilitierung Deutschlands in der City Hall der größten amerikanischen Stadt.

Wir mußten uns dann noch von der hohen Freitreppe aus der auf dem Platz versammelten Menge zeigen, und diese bestätigte gewissermaßen durch eine stürmische Ovation den soeben im Festsaal vollzogenen Versöhnungsakt. Damit war die offizielle Einholungsfeier beendet. Am Spätnachmittag folgte dann noch ein von etwa 2000 Personen besuchtes Bankett in einem großen Hotel, auf dem der inzwischen eingetroffene Oberbürgermeister Walker, als glänzender und witziger Redner berühmt und beliebt, eine längere Rede hielt. Er sprach nicht etwa von freundlichen Beziehungen, sondern stark betont von der Freundschaft mit Deutschland, die durch die Fahrten der Zeppeline wieder zu neuem Leben gebracht sei. Und die Versammlung prominenter Amerikaner klatschte Beifall.

Am nächsten Morgen mußte ich mit einigen meiner Schiffsoffiziere in Washington sein, wohin mich der Präsident Coolidge ins Weiße Haus zum ersten Frühstück auf acht Uhr eingeladen hatte. Eine solche Einladung zum »Breakfast« wurde als eine besondere Auszeichnung betrachtet. Es war eine intime kleine Feier, zu der nur etwa ein Dutzend Minister und hohe Beamte eingeladen waren. Von der Intimität der kleinen Veranstaltung gibt am besten ein nettes Vorkommnis Zeugnis: Als alle Herren, einschließlich des Präsidenten, versammelt waren und eben zu Tische gehen wollten, trat plötzlich die »Erste Lady des Landes«, Mrs. Coolidge, ein und sagte zu ihrem Herrn Gemahl, dem Präsidenten: »Ich bin nicht eingeladen, ich drängte mich selbst ein (I intrudet myself). Aber ich muß hieran teilnehmen!« Präsident Coolidge lächelte nachsichtig, und ein weiteres Gedeck wurde für die Frau Präsidentin aufgelegt. Wir waren sehr erfreut, diese charmante Dame, die der Einladung eine besonders freundliche Note gab, mit uns frühstücken zu sehen.

Es war für mich von großem Interesse, den Präsidenten, neben dem ich saß, bei dieser Gelegenheit ein wenig kennenzulernen. Ich war ihm zwar schon einmal begegnet, als er uns vier Jahre früher im Weißen Hause empfing, nachdem wir den ZR III hinübergebracht hatten, aber das war eine ganz formelle, kurze Angelegenheit gewesen. Jetzt konnte ich mich mit ihm unterhalten. Er war im ganzen nicht sehr gesprächig, aber doch nicht so schweigsam, wie er allgemein angesehen wurde. Er fragte allerlei über deutsche Verhältnisse, dann aber besonders über das Zeppelinschiff und seine Leistungsfähigkeit. U. a. fragte er auch nach dem Preis des »Graf Zeppelin«. Als ich ihm sagte, daß es etwa vier Millionen Mark gekostet habe, war er erstaunt und rief zu dem ihm gegenübersitzenden Staatssekretär der Navy hinüber: »Und wir haben mehr als vier Millionen Dollar für unser Schiff zu zahlen!« Als ich dann meinte, daß das wohl verständlich sei, weil erstens wir in Deutschland schon längere Erfahrung im Zeppelinbau hätten und zweitens die Arbeitslöhne in Amerika so hoch in Dollar und Cents wie bei uns in Mark und Pfennigen seien, beruhigte er sich und schien zufrieden damit zu sein, daß in Amerika so hohe Löhne gezahlt werden konnten. Der Präsident aß von den meisten Gängen des reichen amerikanischen Frühstücks sehr wenig oder gar nichts, und so hatte er Zeit, viel zu fragen; ich dagegen fand nicht Zeit, viel zu essen, wie ich es in Anbetracht meines nach einer Schlafwagennacht recht gesunden Appetits und der Vortrefflichkeit des Frühstücks gern getan hätte. Ich war daher sehr erfreut, als der Präsident gut zuzugreifen begann, als Buchweizenpfannkuchen mit Mabelsirup serviert wurden. Die schienen ihm vortrefflich zu munden, und er sagte mir, daß er diese Speise im Weißen Hause eingeführt habe und stolz darauf sei. Ob das wirklich stimmte, weiß ich nicht; aber ich war nicht unzufrieden damit, schon weil sie in der Tat ausgezeichnet war.

Im Laufe des Vormittags machte ich dann einen Besuch bei Herbert Hoover, dem Präsidentschaftskandidaten der republikanischen Partei für die nahe bevorstehende Präsidentenwahl. Er hatte mich durch seinen Sekretär dazu auffordern lassen. Hoover war sehr freundlich und sagte allerlei Schmeichelhaftes über die Ozeanüberquerung; aber der Zweck der Einladung war doch, wie ich sehr bald sehen sollte, sich mit mir auf der Treppe des Hauses photographieren zu lassen. Das Bild erschien am nächsten Morgen in allen größeren Zeitungen. Ich kannte nun schon damals genug von der Taktik der Wahlpropaganda, um mir zu sagen, daß Hoovers Wahlstrategen sich davon Wohl eine günstige Wirkung auf die Wähler versprechen mußten. Das sollte mir zwei Tage später aus berufenem Munde bestätigt werden. Ich war da zu einem großen Bankett der amerikanischen Stahlindustriellen eingeladen worden und saß neben Charles Schwab, dem sehr bekannten Leiter der »Bethlehem Steelworks«. Mr. Schwab, ein überzeugter Republikaner, hatte das Bild in der Zeitung gesehen und fragte mich, ob ich mich auch mit »Al« Smith, dem demokratischen Präsidentschaftskandidaten, hatte photographieren lassen. Ich erwiderte: »Nein! Al Smith hat mich nicht zu einem Besuch aufgefordert.« »Das ist gut«, sagte darauf Mr. Schwab, »das kostet ihm wenigstens 200 000 Stimmen!« Ich machte ein etwas verwundertes Gesicht zu dieser Äußerung, und Mr. Schwab erläuterte: »Sie sind sehr bekannt und beliebt in den Staaten, und es würde für ihn ein Vorteil sein, wenn er mit Ihnen zusammen auf einem Bilde zu sehen wäre.« Ich wäre mir beinahe sehr wichtig vorgekommen, aber ich unterdrückte diese Regung in einer stillen Betrachtung über die psychologische Beeinflußbarkeit der Wählermassen.

Die Reihe der Veranstaltungen in größeren und kleineren Kreisen ging munter weiter und erforderte einiges Stehvermögen; aber immer häufiger und dringlicher wurden auch die Einladungen, mit dem »Graf Zeppelin« den mittleren Westen zu besuchen. Insbesondere aus Chicago kamen bewegte Bitten von verschiedenen

Vereinen. Ein amerikanischer Freund von mir, der in einer Vorstadt Chicagos wohnte, unterstützte diese Bitten mit der entschiedenen Versicherung: »Der Empfang in New York war sicherlich recht gut aufgezogen, aber wenn Sie nach Chicago kommen, so wird der Empfang dort im Vergleich zu dem New Yorker das sein, was ein Dollar neben einem Cent ist.« Ich mußte in Erinnerung an den Triumphzug, den wir vor einigen Tagen auf New Yorks via triumphalis erlebt hatten, bei dem Gedanken an die Möglichkeit einer hundertfachen Überbietung des Erlebten lächeln, wenn nicht gar ein gelindes Gruseln bekommen, obgleich mir die stolze und tatkräftige Art der »echten« Amerikaner des Mittelwestens schon bekannt geworden war; aber ich begann zu überlegen, ob nicht doch eine Propagandafahrt nach Chicago für einen künftigen Transozeanverkehr von Nutzen sein könnte. Schließlich sagte ich zu, nach Beendigung der Flossenreparatur, wenn irgend möglich, einen Flug nach dem mittleren Westen zu machen. Sofort meldeten sich ein paar Dutzend Leute, die die Fahrt als Passagiere mitzumachen wünschten, und die Zeitungen meldeten, daß man in allen großen Städten des Westens mit ungeheurer Spannung das Schiff erwarte. Leider kam es zu einer gewaltigen Enttäuschung. Die Reparatur der Flosse zog sich etwa 12 Tage hin, und es ging auf November. Das Wetter wurde so unbeständig, daß das Herausbringen des Schiffes aus der Halle des sehr exponierten Lakehurster Flugplatzes ein immer unsichereres Manöver wurde. So sagte ich kurz entschlossen die Mittelwestfahrt ab und setzte die Abreise nach Hause auf den Spätabend des 28. Oktober an.

Die Werbung für das Zeppelinschiff und zugleich für Deutschland in den so außerordentlich regsamen und lebendigen und für die Lebensauffassung und die politische Haltung des amerikanischen Volkes so bedeutsamen Städten des Mittelwestens hatte ich damit schweren Herzens aufgegeben, aber man muß nicht alles auf einmal wollen. Die dringlichste Aufgabe war jetzt, das Schiff auch wieder glücklich nach Europa im Novemberwetter über den Ozean zurückzubringen. Der Nordatlantik ist im November meist ein ganz besonders stürmischer und gefährlicher Monat, die »Novemberstürme« sind allen Seeleuten ein Begriff, mit dem sich recht unbehagliche Vorstellungen verknüpfen. So wollte ich nicht gern mit meiner Rückfahrt weit in den November hineinkommen. Denn wenn wir unsere Zuversicht und unsere stolze Behauptung, auch dem schlechtesten Wetter gewachsen zu sein, ehrlich überprüften, so mußten wir uns sagen, daß wir doch eigentlich den Ozean und sein Novembergesicht recht wenig kannten. Wir hatten ihn bisher erst zweimal überquert und beide Male eine ziemlich anschauliche Belehrung über seinen tückischen Charakter erhalten, und zwar schon im Oktober, der im allgemeinen recht günstig zu sein pflegt. Also Vorsicht! Und dazu kam die oben erörterte Schwierigkeit des Herauskommens aus der Halle, die mit fortschreitender Jahreszeit immer größer wurde.

Ich hatte, wie gesagt, die Abfahrt auf den Abend des 28. Oktober, der ein Sonntag war, angesetzt. Würde das Wetter zum Ausfahren günstig sein? Es war mit einer großen Zuschauermenge zu rechnen, vor der wir nicht gern einen Mißerfolg erleben sollten! Ich fuhr am Mittag mit einem Motorboot über die Innensee zwischen New York und Long Island, um einen Freund auf seiner schönen Besitzung auf Long Island zu besuchen. Ein häßlicher, kalter Nordwest schlug mir um die Ohren, der mir nichts Gutes für die Ausfahrt versprach, denn kalte Winde kommen abends schwer zur Ruhe. Als ich am Nachmittag zurückfuhr, war es eher noch schlechter geworden, und ich fuhr unverweilt mit dem Auto nach Lakehurst weiter, um an Ort und Stelle die Lage zu überprüfen.

In der Halle umstanden die Besatzung und bereits auch einige Passagiere das Schiff, Post und Gepäck waren verstaut, und man wartete auf eine definitive Entscheidung, wann ausgefahren werden sollte. Es sah nicht gut aus, denn ein Wind von 8-10 Metersekunden, in Böen noch erheblich stärker, wehte quer zur Halle und machte damit das Herausbringen des langen Luftschiffes unmöglich. In der Hoffnung, daß der Wind bis dahin abflauen würde, setzte ich den Start, der ursprünglich auf 8 Uhr geplant war, auf die Mitternachtsstunde an. Für die allmählich ankommenden Passagiere war das eine kleine Geduldsprobe, aber es hatte das Gute, daß das Publikum sich, bis auf ein paar hundert Unentwegte, langsam nach Hause begab.

Ich hatte nun Zeit genug, mir die Abendwetterkarte genau anzusehen, und ich unterzog mich dem mit der Gründlichkeit, die in diesem Fall durchaus geboten war. Als der diensttuende Meteorologe mir die Wetterkarte brachte, überreichte er sie mir mit einem sehr befriedigten und vergnügten Gesicht, als ob er mir ein großes Geschenk brächte. »Es sieht über dem Ozean sehr gut aus«, meinte er dabei. In der Tat meinte auch ich beim ersten Blick auf die Karte, kaum je ein günstigeres Bild der Wetterverhältnisse über dem nördlichen Atlantik gesehen zu haben. Von Lakehurst bis Neufundland herrschten mäßige nordwestliche Winde, die die Reisegeschwindigkeit kaum merklich beeinträchtigen würden, und von Neufundland aus erstreckte sich ein großes Hochdruckgebiet fast über den ganzen Ozean bis nach Irland hinüber. So schien es, als ob wir nach einer etwas bockigen Fahrt im kalten Nordwest bis Neufundland dann den größten Teil der Reise im schönen Wetter eines ausgebreiteten Hochdrucks würden durchführen können. Die Route über Neufundland war zugleich die kürzeste, weil sie über den größten Kugelkreis führte. Es war mir freilich klar, daß die Gegend vor und südlich von Neufundland ein gewisses X bedeutete, da nur *eine* Schiffsmeldung von hier vorlag. Der kalte Nordwest, der hier hineinschlug, konnte und mußte sich in Böen bemerkbar machen. Andererseits war es nicht sehr verlockend, auf der normalen Dampferroute von Lakehurst direkt östlich zu steuern, denn der kalte Nordwest mußte unbedingt über dem warmen Golfstromgebiet, durch das diese Route ging, Gewitter und Wirbel erzeugen, und es schien, als ob eine Tiefdruckrinne mit solchen Störungen bis zu den Bermuden hinunter bereits im Entstehen war. Das konnte zu ähnlichen Wetterbildungen führen, wie wir sie bei der Hinfahrt über den Bermuden nicht zu unserem Vergnügen kennengelernt hatten. Gebranntes Kind scheut das Feuer! So entschloß ich mich für den größten Kugelkreis, mit der Absicht, mich möglichst über dem kalten Wasser zwischen dein Festland und dem Golfstrom zu halten. Keiner von uns, die wir die Wetterkarte erörterten, konnte entfernt auf den Gedanken kommen, welche böse Überraschung uns das X bringen sollte, von dem wir oben sprachen.

Um Mitternacht war der Wind leider noch nicht so weit abgeflaut, daß man das Herausbringen des Luftschiffes wagen konnte. Es wurde eine etwas unbehagliche Lage, denn man fragte sich, ob es überhaupt während der Nacht besser werden würde. Solche Situationen sind diejenigen gewesen, die mich in meiner ganzen Tätigkeit als Luftschiffführer am meisten, wenn nicht allein nervös machen konnten. Und so wanderte ich mißgestimmt vor der Halle auf und ab, um das an- und abschwellende Pfeifen des Windes im Gitterwerk des Hallentors zu belauschen. Noch heute steht mir mein ruheloses Hinundhergehen im weißen Vollmondlicht vor dem Tor in lebendiger Erinnerung, denn es war eine recht bedeutungsvolle Sache: ein paar Dutzend Berichterstatter warteten ungeduldig auf die Abfahrt, und sie telefonierten ihren Zeitungen, daß wir wegen eines lächerlichen Querwindes von sechs bis acht Metern in der Sekunde nicht heraus könnten und daß 25 Passagiere noch ungeduldiger warten müßten. Ein nettes Verkehrsmittel!

Aber siehe da! Gegen ein Uhr wurde es ruhiger. Schnell ließen wir die Passagiere einsteigen, öffneten die Tore und brachten den langen Schiffskörper glücklich ins Freie. Um 2 Uhr waren wir in der Luft und flogen neuen Abenteuern entgegen, von denen wir aber vorerst nichts ahnten.

Wir nahmen unseren Weg zunächst nach New York, das die Passagiere gern in der Nacht sehen wollten. Es wehte in Fahrhöhe ein stürmischer Nordwest von siebzehn Metersekunden, gegen den wir auf unserem nördlichen Kurs nur langsam vorwärtskamen. Gegen 3 Uhr waren wir über der Stadt. Es lohnte sich: Ein unermeßliches Lichtmeer breitet sich nach allen Seiten, und man fragt sich verwundert, ob denn Licht in diesem gesegneten Lande kein Geld kostet. Überall, soweit das Auge reicht, strahlt und leuchtet es, als ob die ganze Küste bis Boston hinauf eine ununterbrochene Stadt sei. Trotz der späten Nachtstunde ließ eine Anzahl Dampfer im Hafen es sich nicht nehmen, uns mit Sirenen und Dampfpfeifen einen Abschiedsgruß mit auf den Weg zu geben. Ob die New Yorker davon erbaut waren, weiß ich nicht; aber die Passagiere freuten sich sehr über dieses »Gute Fahrt!«, denn nun ging es auf den dunklen Ozean hinaus, über dem eine scharfe, kühle Brise wehte.

Die ganze weitere Nacht hindurch bis zur Morgendämmerung liefen wir in der kalten, etwas böigen Luft unter einem sternklaren Himmel mit annähernd unserer Eigengeschwindigkeit dahin. Dann begann der Himmel sich zu trüben. Am Horizont voraus stand schweres Gewölk. Es wurde ersichtlich, daß wir uns dem Gebiet näherten, wo die kalte Nordluft in die Tiefdruckrinne hineinstieß, die sich weit bis zu den Bermuden erstreckte. Das mußte natürlich schwere Störungen und Vertikalbewegungen bringen, denn am Ostrand der Rinne ergossen sich warme Golfstromluftmassen in diese hinein, mit denen sich die kalten mischten. Gegen Mittag lag eine wunderbar klar abgezeichnete Böenfront nahe vor uns, blauschwarz und drohend. Der Wind frischte stark auf, und es wurde sehr unruhig. Wir stießen in die schwarze Wand hinein, wobei wir tüchtig geschüttelt und öfters um etwa hundert Meter emporgetragen wurden. Aber es spielte sich noch verhältnismäßig sanft ab, und das Schiff lag stabil und gehorsam in der Hand der Steuerleute. Die Temperatur stieg während des Durchfahrens dieser Zone nur um etwa zwei Grad auf neun bis zehn Grad, ein Beweis, daß wir uns noch erst im Vorfeld der kommenden Luftdurchmischung befanden. Nach einer kleinen Stunde kam eine zweite Zone starker Böen. In dieser hatten wir starke Regenschauer zu durchfahren, und die Temperatur ging sprungweise auf fast vierzehn Grad hinauf. Aber das war noch nicht die Zone, wo die erste unmittelbare Berührung der nördlichen Luftmassen mit den warmen südlichen stattfand. Diese mußte noch kommen, und wir waren schon gespannt, wie es in dieser zugehen würde. Kurz nach zwei Uhr lag ein recht unheimlich aussehender Gürtel langgestreckter Böenwolken vor dem Bug des Schiffes, und wir wußten: Jetzt ist es da!

Das Schiff wurde mit elementarer Kraft von einer aufwärtsgehenden Luftmasse emporgehoben, zweihundert Meter, dreihundert Meter hinauf, um dann eine heftig vor sich gehende Abwärtsbewegung einzuleiten. Wir haben gelernt, bei solchen Vorgängen das Schiff ruhig die Massenbewegung der Luft mitmachen zu lassen und nicht durch heftiges Ruderlegen der Bewegung entgegenarbeiten zu wollen, denn das würde nutzlos sein und nur eine übermäßige Beanspruchung der Struktur mit sich bringen. Im Gegenteil liebe ich es, die Geschwindigkeit herabzusetzen, um die Beanspruchung zu verringern. So machte ich es auch diesmal, und das Schiff blieb ziemlich ruhig und stabil, ohne stärkere Erschütterungen. Es ist wie eine Berg-und-Tal-Fahrt auf dem bekannten Jahrmarktsgerüst und bringt nichts von jenen unbehaglichen Stößen und Schlägen und jenem jähen Auf- und Abwärtsgerissenwerden, das man in einem Flugzeug beim Durchqueren von Böenwolken erleben muß. Die Länge und Masse des Luftschiffes verbietet solche heftigen Bewegungen. In dieser letzten Böenstaffel prasselte ein mit Hagel vermischter, wolkenbruchartiger Regen auf das Schiff nieder, und das Getöse konnte ängstliche Gemüter vielleicht mehr erschrecken als die Bewegungen des

Luftschiffes. Für den ruhigen Beobachter aber war es ein unvergleichlicher Anschauungsunterricht über die atmosphärischen Vorgänge in einer Böenwolke, die man mitten in ihrem Innern an sich selbst erlebte.

Als wir nach einer Zeitdauer von nur einigen Minuten hindurch waren, zeigte es sich, daß die Temperatur auf siebzehn Grad gestiegen war. Der Wind war dabei auf Südwest umgesprungen und frischte allmählich auf fünfzehn Metersekunden auf. Das ganze Bild hatte sich grundlegend geändert: Wir segelten jetzt unter einem freundlich-hellen Himmel dahin, der sich bald zum strahlenden Blau aufheiterte. Wir waren auf der anderen Seite der Tiefdruckrinne, und uns schmeichelte die Hoffnung, daß wir jetzt mehr und mehr in das Hochdruckgebiet hineinlaufen würden, das uns die Wetterkarte am Abend vorher so verlockend gezeigt hatte. Wir konnten diese Hoffnung um so zuversichtlicher hegen, als wir am Vormittag vom Cape Race, der Südostspitze Neufundlands, eine Wettermeldung erhalten hatten, welche lautete: »Weather clear fair southeast.« Das bedeutete jedenfalls keine stürmischen Winde an der Südküste Neufundlands. Und so fuhren wir jetzt, vom Südwest unterstützt, mit mehr als achtzig Seemeilen Geschwindigkeit in bester Stimmung über das blaue Meer dahin. Aber der Mensch denkt, und der Wettergott lenkt.

Um vier Uhr nachmittags befanden wir uns auf rund 43 Grad nördlicher Breite und 56 Grad westlicher Länge und kamen in das Nebelgebiet hinein, das bei Wetterlagen, wie der gegebenen, sich südlich von Neufundland weithin auszubreiten pflegt. Zunächst lag der Nebel als geschlossene Wolkendecke 200-300 Meter hoch, und wir konnten darunter fahren. Bald aber senkte er sich bis auf den Meeresspiegel hinab, und wir mußten über ihn gehen. Er stieg aber schnell höher und höher und stand um halb fünf Uhr bereits bis siebenhundert Meter und bald darauf bis neunhundert Meter. Weiter wollte ich ihm nicht folgen, da wir bei dieser Höhe Gas abzublasen begannen und es nicht ratsam schien, das Schiff durch das Abblasen schon am Anfang der Ozeanfahrt schwer werden zu lassen. So fuhren wir im dicken Nebel weiter. Wir hatten zuletzt, um vier Uhr, einen Südwind von fünfzehn Metersekunden festgestellt und mußten annehmen, etwa gegen sechs Uhr ca. 150 Seemeilen südlich von Cape Race aus dem Nebel heraus und in klares Wetter zu kommen. Wie wir aber wirklich fuhren, konnten wir, solange wir im dicken Nebel waren, natürlich nicht feststellen. Es war etwas unbehaglich, und wir warteten ungeduldig darauf, bald wieder entweder die Meeresoberfläche oder den klaren Himmel sehen zu können. Eine Gefahr war freilich mit diesem »Blindflug« nicht verbunden, denn wir fuhren so hoch, daß wir in sicherer Höhe über den niederen Bergen Neufundlands waren, die ja überdies nach unserer Meinung 150-200 Seemeilen weit im Norden von uns liegen mußten. Als wir etwa eine Stunde lang in dem Nebel ruhig und ohne jede Schiffsbewegung dahingefahren waren, begann der »Graf Zeppelin« plötzlich stark zu stampfen und zu schlingern. Die Bewegungen wurden heftiger und heftiger. Das Schiff erzitterte und ächzte in allen Fugen, und ich sah mich genötigt, die, Motoren auf halbe Kraft zu stellen. Die Bewegungen wurden allmählich so toll, wie ich es nie erlebt hatte, und ich fragte mich besorgt, wie lange das Schiff das würde aushalten können.

Was war geschehen? Was war los? Wir waren offenbar in einen sehr heftigen Sturm geraten, aber auch das konnte keine hinreichende Erklärung für die heftigen Stampfbewegungen des Schiffes geben. Wir mußten uns über Land, und zwar über den Klippen von Neufundland befinden, wo der heftige Sturm über den Felsen der Steilküste in einen wilden Wirbel von durcheinandertobenden Stößen zerrissen wurde! Aber war das möglich? Wie konnten wir bei den Windverhältnissen, die wir um vier Uhr einwandfrei festgestellt hatten, wie konnten wir bei der günstigen Wettermeldung, die wir am Vormittag vom Cape Race bekommen hatten, mindestens 150 Seemeilen aus unserem Kurs nach Norden verschlagen sein in einer Zeit von weniger als drei Stunden? Wir spähten unausgesetzt nach unten, ob die Nebeldecke nicht irgendwo reißen wollte. Gegen halb sieben Uhr, als wir etwa eine halbe Stunde lang das heftige Stampfen und Schleudern des Schiffes ertragen hatten, riß plötzlich die Nebeldecke unter uns für einen Augenblick auf. Ich erblickte in dem Wolkenloch etwas Gestaltetes, das ich in dem matten Licht des noch tiefstehenden Mondes nicht sofort zu erkennen vermochte. Ich vermutete aber, daß es Felsen seien, und forderte besonders scharf sehende Leute der Führergondel auf, ihrerseits Ausschau zu halten. Es wurde zunächst auf tiefliegende Wolkenfetzen, auf Nebelstreifen und schäumende Wellen angesprochen. Nach einer kurzen Weile des Ratens und der Ungewißheit wurde dann aber in einer ausgedehnteren Wolkenlücke offenbar, daß es in der Tat felsiges Land war, über dem wir uns befanden. Wir erkannten zugleich, daß wir mit außerordentlicher Geschwindigkeit in nördlicher Richtung dahintrieben und daß von einem Vorwärtskommen in östlicher Richtung kaum die Rede war, obgleich wir schon seit vier Uhr einen rein östlichen Kurs steuerten.

Bald wurde es richtiger, und wir konnten eine Windbestimmung in der einfachen und sicheren Weise ausführen, daß wir das Schiff genau in den Wind legten, so daß wir auf dem Boden unter uns keine Abtrift nach links oder rechts wahrnahmen. Wir stellten fest, daß der Sturm aus Süd zu Ost wehte, und zwar mit einer Stärke von 33-34 Metersekunden (110-120 Kilometer in der Stunde). Wir selbst liefen mit unserer reduzierten Geschwindigkeit fünfundzwanzig Meter in der Sekunde und trieben über den Achtersteven mit einer Geschwindigkeit von acht bis neun Metersekunden.

Das war nun zwar eine wertvolle Feststellung; aber wir wußten damit doch nicht, wo über Neufundland wir uns befanden. Wie lange waren wir von dem

Südstrom nach Norden fortgerissen worden? Um vier Uhr hatten wir die letzte Windmessung machen können, die, wie wir schon sagten, fünfzehn Metersekunden Südwind ergab. Vielleicht, und sehr wahrscheinlich sogar, waren wir dann in dem Nebel in größerer Fahrthöhe in den Sturm von vierunddreißig Metersekunden hineingekommen. Das war etwa dreieinhalb Stunden her. Wenn wir von dieser Annahme ausgingen, mußten wir etwa 180 Seemeilen nach Norden versetzt sein und uns über der Südostküste Neufundlands befinden. Wir änderten, der Windbestimmung entsprechend, unseren Steuerkurs, der bisher rein östlich gewesen war, auf Südost und kamen so mit einer Abtritt von neunzig Grad auf einen rein nordöstlichen Kurs über Grund. Dabei liefen wir noch eine Geschwindigkeit von knapp fünfunddreißig Meilen mit voller Kraft, da wir die Maschinen wieder voll laufen lassen konnten. Es wurde allmählich klarer, und wir konnten in der Beleuchtung des heraufkommenden Vollmondes allmählich das Land besser erkennen. Wir fuhren über eine Reihe von kleinen, bewaldeten Inseln hinweg, kamen über Strecken offenen Wassers und schließlich auf eine weite Wasserfläche. Im Südosten blinkte das Licht eines Leuchtfeuers auf, aber sämtliche Feuer an der südlichen Küste zeigten eine andere Kennung. Noch im Ungewissen darüber, welches Feuer es sei, fuhren wir über das weite Wasser nach Nordosten weiter. Es kam kein Land mehr, und wir nahmen an, daß es die Conception- oder die Trinity Bay gewesen sei, auf die wir gekommen waren, da diese beiden Buchten nach Nordosten offen sind. Nach unserer Rückkehr lasen wir dann in der Zeitung eine Meldung aus Neufundland, derzufolge am Abend des 29. Oktober von Fischern ein großes Luftschiff in den Wolken über der Trinity Bay gesichtet worden sei. Überblickt man den Weg, den wir seit vier Uhr nachmittags, als wir in den Nebel kamen, bis etwa acht Uhr, als wir über der Trinity Bay flogen, zurückgelegt hatten, so ergibt sich, daß wir vom Südsturm fast 250 Seemeilen nach Norden versetzt waren. Der Wind mußte also in der Tat während dieser ganzen Zeit eine Stärke von durchschnittlich dreißig Metersekunden gehabt haben, was einer Stärke von zehn bis elf nach der Beaufort-Skala entspricht.

Diese Fahrt wurde von Meteorologen in der Presse mehrfach besprochen, und ein dänischer Professor der Meteorologie behauptete, daß das Wetter gar nicht so schlecht gewesen sei und daß wir uns in Berichten über die Fahrt großer Übertreibungen schuldig gemacht härten. In der Tat zeigte die Wetterkarte am Montagmorgen und selbst noch am Dienstagmorgen keinen Sturm bei Cape Race an. Aber unsere eigene einwandfreie Windmessung über Neufundland und die Tatsache der erstaunlichen Abtrift bei gesteuertem Ostkurs zeigen unwiderleglich, daß in der Tat ein orkanartiger Sturm uns in den Abendstunden des Montag gepackt hatte. Überdies lief in der Nacht zum Dienstag ein freundlich gemeinter Funkspruch eines englischen Dampfers, der 150 Meilen südöstlich vom Cape Race stand, bei uns ein, der unter Mitteilung seiner Position lakonisch meldete: »Here heavy south east gale.« Wir konnten nur erwidern: »Thank you we have gale too.« Es war ein verblüffendes Abenteuer, in das wir geraten waren. Aber wir machten dabei zwei wertvolle Erfahrungen: Erstens, daß in dem Gebiet bei Neufundland, wo der kalte Labradorstrom und der warme Golfstrom sich begegnen und mischen, ungemein heftige und plötzliche Wetterstürze und Ausbildungen von Sturmtiefs unter gewissen Windverhältnissen möglich sind, und zweitens, daß unser »Graf Zeppelin« solchen Situationen gewachsen war. Nicht *ein* Spanndraht war bei den außerordentlichen Beanspruchungen gerissen! Sehr zuversichtlich gingen wir eventuellen weiteren Abenteuern entgegen.

In Unkenntnis unserer genauen Position nahmen wir den Ausgang der Conception Bay als den Ort an, wo wir uns um neun Uhr abends befunden hatten. Etwa sieben Stunden später bestätigte uns ein vorüberkommender Dampfer, dessen genaue Position wir erhielten, daß unsere Annahme so ziemlich richtig gewesen war. Wir befanden uns auf 52 Grad Nord und 48 Grad West. Wir liefen auf nordöstlichem Kurs weiter, um möglichst bald aus dem Bereich des noch immer stürmischen Südwindes herauszukommen. Wenn wir auf Südsüdost aufluvten, so traten wir vollständig auf der Stelle, so daß also der nordöstliche Kurs die einzige Möglichkeit bot, von der Stelle zu kommen. Wir kamen immerhin mit einer Geschwindigkeit von etwa vierzig Seemeilen nach Nordosten voran. Die Fahrt verlief dabei gleichmäßig und trotz des heftigen Windes sanft und ruhig im Vergleich mit den Erlebnissen über Neufundland. Die Temperatur war in Anbetracht der Jahreszeit und der nördlichen Breite, in der wir uns befanden, sehr mild und betrug fast zehn Grad. In einem sonderbar wirkenden Gegensatz dazu stand das Bild, das unter uns zu beobachten war und uns stark fesselte: Mächtige Eisberge und Schollen trieben unausgesetzt unter uns durch, die der Labradorstrom in gewaltigen Mengen nach Süden führte. Es war fast wie eine Landschaft an der Küste Grönlands. Etwa um neun Uhr morgens begann der Wind auf zwanzig bis fünfundzwanzig Metersekunden herabzugehen, und um die Mittagstunde maßen wir nur mehr siebzehn Meter. Wir kamen jetzt mit fast fünfzig Meilen voran und liefen zwei Stunden später in eine Zone hinein, die nur eine mäßige Brise mit einem leicht westlichen Einschlag zeigte. Wir waren bis auf 54 Grad nördlicher Breite nach Norden hinaufgekommen und gingen jetzt auf südöstlichen Kurs, gerade auf den Eingang des Englischen Kanals zu, mit einer Geschwindigkeit von etwa siebzig Seemeilen. So gelangten wir bis Mitternacht bis zum zwanzigsten Grad westlicher Länge und wiegten uns in der Hoffnung, die noch etwa 2300 Kilometer betragende Reststrecke bis zum nächsten Abend zurücklegen zu können. Wir waren zu dieser Hoffnung berechtigt, da eine Wettermeldung der Seewarte uns mitgeteilt hatte, daß ein Sturmtief westlich von

Schottland liege, welches in nordöstlicher Richtung zu wandern scheine. Traf dieses zu, so mußte es uns frische westliche bis nordwestliche Winde bringen, mit denen wir eine Geschwindigkeit von wenigstens 80 Seemeilen, also 150 Kilometern in der Stunde, erreichen würden. Aber leider traf dieses nicht zu, wie sich am folgenden Morgen herausstellen sollte. Auch auf der Rückfahrt also waren wir keineswegs vom Glück begünstigt.

Als ich am nächsten, dem Mittwochmorgen bei Tagesanbruch den Himmel überschaute, mußte ich feststellen, daß wir keineswegs einen westlichen, sondern einen harten Nordwind von 22 Metersekunden hatten und daß ringsum drohendes Gewölk und Böenbildung sich zeigten. Namentlich nach Osten hin, in der Richtung auf den noch etwa 250 Meilen (400 Kilometer) entfernt liegenden Kanaleingang zwischen Kap Lizard und Brest sah der Himmel recht bösartig aus. Offenbar also war das Sturmtief nicht nach Nordost gewandert, sondern hatte mindestens einen Ausläufer nach Süden entsandt. Die um sieben Uhr einlaufende Wettermeldung der Seewarte teilte uns dann auch in der Tat mit, daß »eine Tiefdruckrinne von der Irischen See bis in die Biskaya hinein« sich ausgebildet habe und »am Westrand derselben Böenfronten mit Winden von etwa zwanzig Metersekunden« ständen. Daß dieses stimmte, sahen wir selbst, und ich mußte lächeln bei dem Gedanken, daß wir hiermit wahrscheinlich unsere eigne Wettermeldung wieder zurückbekamen, die wir um sechs Uhr an die Seewarte gesandt hatten. Also wieder eine »Tiefdruckrinne«! Wir kannten diese Rinnen schon von der amerikanischen Küste her, wo eine solche sich von Neuschottland, wie der Leser weiß, bis zu den Bermuden hinausbildete. Was bei dieser »Ausbildung« herauskommt, weiß man nicht. An der amerikanischen Küste wurde es eine ganz unangenehme Böenfront an der Westseite, die wir in wildem Tanz durchquerten, und dann ein schwerer Südsturm an der Ostseite, der uns bis zur Trinity Bay auf Neufundland versetzte. Nein! Ein klar ausgebildetes Sturmgebiet ist mir lieber als diese unberechenbaren, in Ausbildung begriffenen Rinnen, die meist einen Ausläufer von ehrlichen Tiefs bedeuten!

So spürte ich kein Verlangen, mich in das Böengebiet am Kanaleingang hineinzuwagen, sondern lief auf mehr südlichem Kurs zunächst einmal an der Böenfront entlang in die Biskaya hinein. Vom navigatorischen Gesichtspunkt aus sah diese Front recht häßlich aus, aber vom malerischen, ästhetischen Gesichtspunkt aus um so schöner. Ich rief deshalb den Maler Dettmann, der wieder mitfuhr, in die Führergondel, und er machte nun eine Anzahl Skizzen von den wahrhaft grandiosen Wolkengebilden, den luftigen Gebirgen, den imposanten Türmen und den »Matterhörnern«, die sich in wunderbaren Farben und Formen in der aufsteigenden Sonne auftürmten. Es war wie ein unbeschreiblich herrliches Wandelpanorama, das zwei, drei Stunden lang an unserer Backbordseite vor unseren staunenden Augen entlangzog. Aber allmählich bekam ich doch genug von dieser Theatervorstellung und mußte ins wirkliche Leben mit seinen realen Forderungen zurück. Als wir deshalb so etwa um die Mittagsstunde auf unserem südlichen Ausweichkurs bis in die Breite der Loire-Mündung in der Biskaya gekommen waren, beschloß ich, dem Spiel ein Ende zu machen und nach Osten durchzustoßen. Ich konnte und mußte dieses um so mehr tun, als das Aussehen des Himmels allmählich etwas besser geworden war und der Wind auf Nordwest zurückgedreht hatte, ein Zeichen dafür, daß wir so ziemlich am südlichen Ende der vor dem Kanaleingang liegenden Störung angelangt waren. Wir passierten eine ausgedehnte Böenzone ohne besondere Schwierigkeit und kamen dann in ein ruhigeres Gebiet hinein, das von einem mäßigen Westnordwest mit sieben bis acht Metersekunden beherrscht wurde. Als wir uns gegen fünf Uhr der Küste näherten, brannte der Himmel noch wie zum Abschied ein unvergleichlich schönes Feuerwerk für uns ab, von welchem der Maler Dettmann mit flinkem Farbenstift einige Skizzen machte. Um sechs Uhr überquerten wir den Küstensaum an der Loire-Mündung. Der Atlantische Ozean war damit überquert.

Aus der Passagierkabine hörten wir beim Überschreiten der Küstenlinie lebhafte Freuden- und Hurrarufe erschallen. Die Freude der Fahrgäste war verständlich, denn wir hatten den novemberlichen Nordanlantik von seiner unangenehmen Seite her kennengelernt und uns auf recht verschlungenen Wegen mit seinen Tücken abfinden müssen. Wahrscheinlich aber hatten nur wenige in der Kabine eine Ahnung davon, daß jetzt noch ein unter Umständen sehr schwieriges Stück Weges vor uns lag, das ungefährdet zu durchmessen, wir von Glück begünstigt sein mußten. Wir hatten in einer Novembernacht das ganze Frankreich bis Basel zu durchqueren, in einer Jahreszeit, wo bei günstigem Wetter in der Regel nächtlicher Nebel den Boden verschleiert und bei ungünstigem Wetter tiefes Gewölk und Regenwolken die Höhenzüge überdecken. Gerät man nur für eine Stunde oder noch weniger in solches tiefhängende Gewölk hinein und vermag dabei nicht allergenaueste Orientierung zu halten, so ist man genötigt, so hoch zu gehen, daß man mit Sicherheit über allen Höhen fährt, auf die man auch nur möglicherweise abgetrieben werden könnte. Gar zu leicht ergibt sich dann die Unmöglichkeit, wieder Sicht nach unten zu gewinnen, da man es nur bei allergenauester Kenntnis seines Standortes wagen kann, nach unten durch die Wolken zu stoßen. Denn damals gab es noch keine Funkpeilung und keine Streckenleuchtfeuer, die heute die Orientierung so sehr bequem machen.

Ich beschloß, den Versuch zu machen, über Nantes, Tours und Dijon Basel zu erreichen, und rechnete damit, daß wir im Burgunder Gebirgsland die Bodensicht auf der Leeseite der Berge wiedergewinnen würden, auch wenn wir sie unterwegs vorübergehend verlieren sollten.

Wir waren vom Glück begünstigt! Wir setzten den Kurs genau auf Dijon ab und konnten ihm leicht in klarem und schönem Wetter folgen. Gelegentliche Bodennebel in der Loire-Niederung störten nicht, und es war ein Vergnügen, nach der langen Reise über den öden Ozean wieder die Lichter bevölkerter Städte und Dörfer unten sich sehen zu können. Bald hinter Tours mußten wir steigen, da das Gelände nun höher wurde, und wir kamen in eine niedrige Wolkendecke hinein. Zunächst versuchten wir, darunter zu bleiben, um die Orientierung nicht zu verlieren. Das erforderte aber ein so niedriges Fahren, daß dabei unsere 100 Meter tief hinabhängende Antenne abgerissen wurde. So gingen wir in die Wolken hinein – wie vor Neufundland! Aber hier war es nicht kritisch, denn es wehte ein ganz leichter, gleichmäßiger Westwind. Als wir etwa anderthalb Stunden im Nebelgewölk geflogen waren, riß plötzlich die Wolkendecke, und unter uns lag Dijon. In der Tat hatte sich das Gewölk auf der Föhnseite des Côte d'Or, über den wir geflogen waren, aufgelöst, wie ich vermutet hatte.

Über verhältnismäßig leichtes Gelände und bei einigermaßen guter Sichtigkeit ging jetzt der Weg bis Basel weiter, und ich legte mich zur Ruhe mit der Anweisung, mich zu wecken, wenn im Rheintal, wie es zu erwarten war, wieder Nebel einsetzen sollten. Denn dort konnte es kritisch werden, weil wir dort in den tiefen Einschnitt zwischen dem Schwarzwald zur Linken und dem Schweizer Jura zur Rechten hineinzusteuern hatten, um auf den Bodensee zu kommen. Ich lag einige Zeit im Hindämmern, um dann in einen bleiernen Schlaf zu verfallen, von dem ich in den vergangenen drei Nächten wenig genug bekommen hatte. Plötzlich wurde ich aufgerüttelt. Vor mir stand Diplomingenieur Lehmann, der die Wache hatte, und teilte mir mit, daß man in einen ganz dicken Nebel geraten sei, der bis auf neunhundert Meter hinaufreiche. Ich sagte, daß ich gleich in die Führergondel kommen würde, muß aber dann sofort wieder fest eingeschlafen sein; denn als ich wirklich in die Gondel kam, war eine halbe Stunde seit meinem Wecken verstrichen.

Wir fuhren noch bis neunhundert Meter Höhe in dichtem Nebel und mußten schnell nach oben hinauskommen, denn es war höchste Zeit, da vor uns der Schwarzwald lag. Es ging nur mit einiger Schwierigkeit, wie wir mit Verwunderung feststellten, aber schnell wurde die Ursache hierfür klar: über uns lag eine sehr warme Luftschicht von reichlich zwölf Grad, während wir bisher in einer Schicht von nur 2-3 Grad gefahren waren. In diese warme Schicht wollte das Schiff nicht hinein. Allmählich kam es aber doch hoch, und in elfhundert Meter Höhe kamen wir aus dem Nebel heraus. Wir sahen die höchsten Berge des Schwarzwaldes in dem weißen Nebelmeer wie Inseln vor uns schwimmen, in geringer Entfernung nördlich von uns den Blauen und weiter voraus den Kopf des 1500 Meter hohen Feldbergs. Die Orientierung war jetzt leicht. Wir konnten unter uns

Höchenschwand erkennen und setzten den Kurs auf Friedrichshafen ab, das nur noch hundert Kilometer entfernt war. Wir hofften, über dem Bodensee wieder Sicht nach unten zu bekommen; aber vorerst schwammen wir über der gleichmäßig weißen Fläche, die sich wie ein Meeresspiegel vor uns breitete. Und es sah nicht aus, als ob wir in den nächsten Stunden unseren Heimathafen zu Gesicht bekommen würden. Aber wir hatten ein merkwürdiges Glück:

Plötzlich tat sich eine Lücke in der Nebeldecke auf, und wir erkannten unter uns die westliche Ecke des Überlinger Sees mit der Ortschaft Sipplingen. Schnell stießen wir durch diese Lücke nach unten durch und befanden uns einige Minuten später über dem Spiegel des Bodensees. Es war gut, daß wir die günstige Gelegenheit benutzt hatten, denn schnell schlug der Nebel über und um uns wieder zusammen. Wir hatten im Nebel die zwanzig Kilometer bis Friedrichshafen zurückzulegen und sahen nichts von Land oder Wasser, und es war wie ein Wunder, daß mit einem Male der Schleier riß und wie mit einem Zauberschlage die hell erleuchtete Luftschiffhalle zu uns heraufgrüßte. Es war vier Uhr morgens geworden, zehn Stunden waren seit unserer Überschreitung der französischen Küste und achtundsechzig Stunden seit unserem Abflug von Lakehurst vergangen.

Wir kreuzten dann noch zwei Stunden bis zum Beginn der Dämmerung über dem See, bis die Haltemannschaft zur Stelle war, wobei wir die überraschende Entdeckung machten, daß der ganze Bodensee mit alleiniger Ausnahme von Friedrichshafen weiterhin im Nebel lag. Merkwürdig! Als alter »Seehase« hatte ich so etwas noch nicht gesehen, im Gegenteil: das Gebiet um Friedrichshafen war ein bevorzugter Lagerplatz für Herbstfrühnebel. Es war, als ob eine höhere Macht dem »Graf Zeppelin« nach seiner wechselvollen und harten Ozeanüberquerung nun wenigstens in seiner Heimat helfen wollte. Um sieben Uhr lag das Schiff sicher und geborgen in seiner Halle, in der es entstanden war.

Durfte ich mit dem Ergebnis der Fahrt zufrieden sein? Ich glaube, ja. Zwar hatten wir nicht, vom Wetter begünstigt, schnelle Überquerungen des Ozeans, vielleicht in 43 Stunden, vorführen können, sondern vielmehr von Gibraltar bis Washington 81 und von New York bis zur Loire-Mündung 58 Stunden gebraucht, um über den Ozean zu kommen; aber wir hatten zeigen können, daß das Zeppelinschiff selbst unter den widrigsten Wetterbedingungen und selbst mit einer Havarie an einem wichtigen Konstruktionsteil sicher über das Meer zu bringen war. Das Schiff mußte schneller werden! Das galt es in erster Linie zu erreichen. Und wir selbst mußten den Ozean noch besser kennenlernen. Auch das war zu erreichen, und wir hatten auf den beiden Fahrten schon viel gelernt. Aber besonders auch mit dem moralisch-politischen Nebenerfolg unserer Reise durften wir zufrieden sein. Der Geist der »Freundschaft« zwischen Amerika und Deutschland, von der Maire Walken von New York gesprochen hatte, war von uns geweckt oder gefördert worden. Es hing von der deutschen Politik ab, ob sie Tatsache werden sollte.

In Deutschland war die Fahrt natürlich mit großer Spannung verfolgt worden, und die glückliche Durchführung sowie der herzliche und begeisterte Empfang des Schiffes in Amerika hatten eine lebhafte Freude und Befriedigung erweckt. In Friedrichshafen wurden wir mit Böllerschüssen begrüßt und trotz der frühen Morgenstunde von Tausenden auf dem Landeplatz empfangen. Der Staatspräsident von Württemberg, Herr Bolz, war von Stuttgart herbeigeeilt und hielt eine warmherzige Begrüßungsansprache. Die Berliner Regierung sandte einen freundlichen Glückwunsch und drückte den Wunsch aus, daß das Schiff in den nächsten Tagen nach Berlin kommen möge.

So fuhren wir am 5. November nach Berlin und machten am Ankermast bei Staaken fest. Hunderttausende waren bei der Landung zugegen, und der Empfang, den sie uns bereiteten, konnte sich an stürmischen Begeisterungsausbrüchen fast mit dem Empfang in Lakehurst messen. Es war »ihr« Schiff, zu dem sie in gläubigem Vertrauen fast alle beigesteuert hatten. Ich fühlte mit Genugtuung und tiefer Bewegung, daß der Zeppelingedanke zu siegen schien und daß wenigstens das deutsche Volk hinter uns und unseren Bestrebungen und Plänen stehen werde. Dieser Empfang in der Reichshauptstadt bildet vielleicht einen der Höhepunkte in meinen Lebenserinnerungen. Ja, es war ein Sieg!

Es folgte nun nicht etwa ein Einzug in Berlin nach Art der Einholung in New York, aber ein Empfang durch den Reichspräsidenten Generalfeldmarschall von Hindenburg. Mit der Hälfte der Besatzung, soweit sie in dem am Mast liegenden Schiff entbehrt werden konnte, fuhr ich in einigen Autos zum Palais des Reichspräsidenten. Unterwegs wurde unsere Wagenkolonne von der Bevölkerung lebhaft begrüßt. Vor dem Palais warteten Zehntausende, und sie bereiteten der Besatzung stürmische Ovationen. Der Empfang durch den altehrwürdigen Generalfeldmarschall und seine schlichten, herzlichen Begrüßungsworte machten auf jeden der Teilnehmer einen tiefen Eindruck. Es war, wie er sagte, »ein Dank im Namen des deutschen Volkes«. Der Reichspräsident ließ sich jeden Mann der Besatzung vorstellen und sprach besonders freundlich auch mit den drei amerikanischen Marineoffizieren, die die Fahrt mitgemacht hatten. Er trat dann mit mir und Herrn Dr. Dürr, dem Chefkonstrukteur des »Luftschiffbau Zeppelin«, auf den Balkon hinaus, um die Volksmenge zu begrüßen, die seit langem unser Erscheinen auf dem Balkon stürmisch verlangt hatte.

Das war der feierliche offizielle Schlußpunkt unter die Geschichte unserer Pionierfahrt, vor dem selbst das am Abend von der Regierung veranstaltete Bankett an Bedeutung verblassen mußte. Es war das erstemal, daß ich mit Hindenburg in persönliche Berührung kam. Ich bin dann später noch öfters bei ihm gewesen und bewahre eine sehr freundliche Erinnerung an ihn als an einen würdigen, charaktervollen Mann altpreußischer Schule und Tradition. Nach jeder bedeutungsvollen Fahrt, wie z. B. nach der »Fahrt um die Welt«, nach der Fahrt in die Arktis und nach der ersten Südamerikafahrt, beschied er mich zu sich und ließ sich von der betreffenden Fahrt erzählen. Er stellte meistens nicht viele Fragen, sondern hörte nur aufmerksam zu und drückte zum Schluß seine Befriedigung etwa mit den Worten aus: »Das ist ja sehr schön, und ich hoffe, daß Sie weiterhin mit Ihrem Zeppelin solche Erfolge haben werden.« Er war freundlich, nüchtern und sachlich, und man hatte den stärksten Eindruck von dem Pflichtbewußtsein und der Sorge um Deutschland, die diesen alten Soldaten durchaus beherrschten und in seinen Entschließungen leiteten. Denn er war in der Tat noch in erster Linie Soldat, Generalfeldmarschall, und nicht Politiker.

Das zeigte sich z. B. darin, daß er bei einer Unterhaltung, in der ich die Überfliegung der Alleghanies bei Washington schilderte, mich interessiert fragte, ob wir dabei über Gettysburg gekommen seien. Und dann gab er mir eine kurze Beschreibung der »blutigen Schlacht«, wie er sie nannte, bei Gettysburg in diesem »erbitterten Bruderkrieg«, dem Sezessionskrieg. Offenbar war diese berühmte Schlacht der Kriegsgeschichte entweder Gegenstand einer eingehenden kritischen Betrachtung auf der Kriegsakademie gewesen oder Hindenburg hatte sie aus persönlichem Interesse näher studiert und er war sich wie gewisse Äußerungen zeigten, bewußt, daß »Bruderkriege« gern mit besonderer Grausamkeit und Erbitterung geführt werden. Vielleicht dachte er dabei auch mit einiger Genugtuung an den deutschen Bruderkrieg von 1866, der sich in den Formen eines disziplinierten Ringens zwischen zwei Armeen abgespielt hatte, die noch nichts von einem »totalitären Kriege« wußten.

Es wäre aber falsch, anzunehmen, daß Hindenburgs Interessen auf das Militärische beschränkt blieben. Ich sollte dafür einen überraschenden Beweis erhalten. Ich war eines Tages im Jahr 1932 von der Schwiegertochter Hindenburgs zum Tee eingeladen. Dazu kam auch der Maler Professor Vogel, der bekanntlich einige Porträts von Hindenburg gemalt hat. Professor Vogel erzählte u. a., daß er soeben von Venedig komme, wo er Tizian studiert habe. »So, so«, sagte Hindenburg, »da sind Sie gewesen! Da sind Sie wohl auch da oben im Gebirge gewesen, ich weiß nicht mehr, wie das Dorf heißt, in dem Tizian im Sommer zu malen pflegte? Ich bin in dem kleinen Hause gewesen und habe mit Ergriffenheit vor dem alten Malerkittel gestanden, der da noch hängt, und vor Tizians Palette und den Pinseln, die da aufbewahrt werden.« Ich sagte: »Euer Exzellenz sind also ein ganz besonderer Verehrer von der Kunst Tizians?« »Nee, das bin ich nicht einmal«, entgegnete er, »meine besondere Liebe gilt eher Tiepolo. Der liegt mir viel mehr.« Ich war überrascht, eine so bestimmte Geschmacksrichtung bei dem alten Soldaten festzustellen, und sagte: »Da werden Euer Exzellenz wohl mit Bewunderung die großen Fresken Tiepolos im Treppenhaus des Würzburger Schlosses betrachtet haben?« »Nee, denken Sie« erwiderte Hindenburg, »da bin ich nie hineingekommen! Ich habe es oft gewollt, aber immer kam was dazwischen.«

Der anscheinend trockene, nüchterne Hindenburg konnte auch einen schalkhaften Humor entfalten, wie ich in der gleichen Teestunde sehen sollte. Jedesmal, wenn ich bei ihm war, hatte er mir im Hinblick auf die häufigen Mittag- und Abendessen, die ich mitzumachen genötigt war, fast wortwörtlich immer wieder gesagt: »Sagen Sie mal, wie halten Sie das bloß aus? Jeden Tag ein großes Festessen und jeden Abend ein Bankett!« Ich hatte, als der alte Herr mir das zum dritten oder vierten Male sagte, bei mir gedacht: Du bist doch ein seniler alter Knabe, daß du immer wieder, ohne es zu wissen, diese stereotype Bemerkung machen mußt. Aber es war nicht so. Hindenburg kam beim Tee von selbst auf diese Sache zu sprechen und sagte: »Sie werden sich wohl gewundert haben, daß ich das immer wieder zu Ihnen sagte. Aber ich meine, Sie sollten sich nicht zuviel zumuten, und deshalb wollte ich Sie mit meiner Bemerkung warnen.«

Er war in der Tat mir gegenüber ein sehr freundlicher und gütiger Mensch, und er bewies das mit seinem Eintreten für mich, über das ich in einem späteren Kapitel zu berichten haben werde.

Zwei empfindsame Mittelmeerfahrten

Der große, über alle Erwartungen hinausgehende Erfolg, den die Fahrt des »Graf Zeppelin« erbracht hatte, konnte auf den ersten Blick zu dem fröhlichen Glauben verführen, als ob wir damit aus allen Nöten und Schwierigkeiten herausgekommen wären und nunmehr mit einer großzügigen Förderung des Zeppelinwerkes von seiten der Behörden würden rechnen dürfen. Es zeigte sich aber bald, daß das noch keineswegs der Fall war. Was wir brauchten, das war ein besseres, leistungsfähigeres Schiff, für das wir das notwendige Baukapital aufzubringen hatten, und das war weiter das notwendige Betriebskapital, um die Fahrten mit dem »Graf«, wie die Welt ihn nannte, fortzuführen. Lorbeerkränze sind ganz schön, aber man kann davon keinen Spinat kochen, und Volksbegeisterung ist erhebend und verleiht dem Streben und Arbeiten moralischen Aufschwung und Auftrieb, aber sie kann nicht das Traggas ersetzen, mit dem die Zellen des Luftschiffes gefüllt werden müssen. Ich hatte damals, im Winter 1928/29, noch nicht erfahren, in welchem Maße das Interesse großer Zeitungsunternehmen und der Philatelisten ausgenutzt werden könnte, um die Einkünfte aus den Passagiereinnahmen zu ergänzen. Es mußten also von irgendeiner Seite Betriebsmittel beigebracht werden. Welche Stelle sollte dies sein? Es konnten, rein theoretisch gesehen, kapitalistische Unternehmen sein, die ein Geschäft aus einem Zeppelinverkehr zu machen versuchten. Aber dazu fehlte zu der Zeit offenbar noch Mut und Vertrauen. Es konnten noch einmal idealistische, zeppelinbegeisterte Volkskreise sein, die wieder eine Spende aufbrachten. Aber wie konnte ich es wagen, wieder einen Appell an das deutsche Volk zu richten? So blieb nur der Staat, das Reich übrig, unsere Bestrebungen durch Beihilfen zu fördern. Doch zeigten die in erster Linie in Betracht kommenden Ämter trotz unverkennbar etwas freundlicherer Einstellung noch immer eine starke Zurückhaltung, da ihrer Meinung nach wichtigere Aufgaben zu erfüllen waren. So kam ich auf den Gedanken, eine Reihe entscheidender Regierungsbeamter und einflußreicher Parteipolitiker zu einer größeren Fahrt einzuladen, um ihnen Gelegenheit zu geben, die Sicherheit und Annehmlichkeit des Reisens in einem Zeppelin, den sie zumeist doch nur in der Theorie kannten, aus eigener Erfahrung kennenzulernen. Ich sprach darüber mit einem in die Geheimnisse des politischen Schachspiels eingeweihten Herrn, und wir kamen zu dem Entschluß, den Verkehrsminister, Herrn von Gerard, den Reichstagspräsidenten, Löbe, den Staatssekretär der Deutschen Reichspost, Sauter, den württembergischen Staatspräsidenten, Bolz, einige Mitglieder gewisser Budgetkommissionen, ein paar einflußreiche Parteipolitiker und verschiedene Redakteure größerer Blätter einzuladen. Die Fahrt, zu der wir einluden, mußte natürlich eine besonders reizvolle sein, und ich beschloß, eine Fahrt in das östliche Mittelmeer mit Landung in Ägypten anzusetzen, und zwar aus drei Gründen: Erstens gab eine solche Reise Gelegenheit, verschiedenartige navigatorische Aufgaben in sinnfälliger und auch für die Passagiere interessanter Weise zu lösen; zweitens führte sie durch ein Gebiet, das landschaftlich ebenso wie als Schauplatz mannigfaltigen historischen Geschehens vom Altertum bis in die neueste Zeit ungemein reizvoll und erinnerungsreich sein mußte; und drittens mußte sie sich als eine wirkungsvolle Propagandafahrt erweisen, sowohl bei den zahlreichen alten Kulturvölkern, deren Städte wir überflogen, als auch bei den deutschen Politikern, wenn sie von Bord aus den ungeheuren Eindruck wahrnahmen, den das Zeppelinschiff überall in der Welt auslöste.

Es war also eine politische Fahrt in ihrer Absicht. Es wurde eine politische Fahrt auch in ihrer Durchführung. Nach den bestehenden internationalen Bestimmungen war es vorgeschrieben, um die Erlaubnis zum überfliegen eines Landes bei der Regierung desselben nachzusuchen. In der Regel machte das keine Schwierigkeiten; denn der Wunsch, das weltberühmte Schiff zu sehen, war überall so stark, daß die Regierungen bei der Bevölkerung heftige Mißstimmung erzeugt haben würden, wenn sie, vielleicht aus Gründen »nationaler Sicherheit«, dem friedlichen Zeppelin das überfliegen ihres Gebietes verboten hätten. Das einzige Land, das uns auf der geplanten Fahrt vielleicht Schwierigkeiten machen könnte, war, so meinten wir, Ägypten, das unter britischer Herrschaft stand. Und so war es. Die Nachricht von unserer Fahrt hatte schnell das Land der Pyramiden erreicht, wie auch die von moslemitischen Arabern bewohnten Länder, Syrien, Palästina und Nordafrika, und dort lebhafte Erwartung geweckt. Ein Vertreter einer großen Zeitung Kairos war nach Friedrichshafen entsandt, um an der Fahrt teilzunehmen. Die Bevölkerung von Kairo las mit Spannung die von ihm gesandten Telegramme. Das Gesprächsthema des Tages war der Zeppelin. Würde es, so fragte ich mich, der britischen Regierung lieb sein, einen deutschen Zeppelin über Kairo fliegen zu sehen, zumal wir wußten, daß England die Absicht hatte, demnächst einen eigenen Zeppelin über Ägypten nach Indien zu schicken und der phantasievollen Bevölkerung dieses unruhigen Winkels im Nahen Osten ein Schiff des Himmels unter englischer Flagge zu zeigen? Es war meine Meinung, und ich denke noch heute ebenso, daß eine offizielle Anfrage des deutschen Auswärtigen Amtes bei der britischen Regierung dennoch die Genehmigung zum Überfliegen Ägyptens erbracht haben würde, denn die britische Regierung würde Rücksicht auf den Wunsch der ägyptischen Bevölkerung genommen haben. Vielleicht würde sie ein paar kleine Einschränkungen, z. B. bezüglich der Kanalzone, gemacht, aber die Hauptsache genehmigt haben, wenn eine offizielle Anfrage vorlag. Statt dessen aber wurde der Weg einer inoffiziellen »Vorfühlung« gewählt. Der Chef der britischen Zivilluftfahrt, Sir Edwin Branker, wurde von einem hohen Beamten des Verkehrsministeriums »privat« befragt, ob der Besuch des »Graf Zeppelin« der britischen Regierung angenehm sein würde oder nicht. Natürlich gab dieser Herr seinem deutschen Freund die Antwort, daß ein Flug des Zeppelins über Ägypten der englischen Regierung nicht lieb sein würde. Damit war nun eine offizielle Anfrage unmöglich gemacht, und das Auswärtige Amt wies mich strengstens an, auf dem Fluge Ägyptens Gebiet nicht zu berühren. Das Ergötzliche an der Sache aber war, daß damit nichts gewonnen war. Denn der ägyptische Zeitungsberichterstatter meldete die ablehnende Haltung der englischen Regierung seinem Blatte, und dieses rief die zornige Reaktion der ägyptischen Bevölkerung hervor, die man hatte vermeiden wollen.

Was konnten wir dazu tun? Offenbar nichts! Aber es war klar und wurde uns zu verstehen gegeben, daß unsere Fahrt manchen Leuten sehr unbequem erschien und daß die Fahrt des Zeppelin leider wieder eine starke politische Färbung angenommen habe. Wir mußten versuchen, die Reise auch in dieser Beziehung zu einem Erfolg zu machen, denn natürlich wollten und mußten wir sie gerade jetzt ausführen, auch wenn wir Ägypten vom Programm abzusetzen hatten.

Ich hatte die Absicht, meinen sehr einflußreichen Gästen, die vielleicht über Sein oder Nichtsein eines Zeppelinverkehrs zu entscheiden haben würden, eine auch in einer weiteren Beziehung, als oben angegeben, schöne Fahrt zu bereiten: Es war der strenge Winter 1928/29, und wir hatten seit Anfang Januar Temperaturen in Deutschland, die sich um zwanzig Grad Kälte bewegten. Ich setzte deshalb die Abfahrt auf den vierundzwanzigsten Februar an, um schon an der Riviera in den Vorfrühling und im östlichen Mistelmeer in den vollen Frühling zu kommen. Aber am zwanzigsten Februar maßen wir in Friedrichshafen noch vierundzwanzig Grad Kälte, und die ungeheure Schneemenge, die über ganz Westeuropa und Rußland lag, ließ es als sicher voraussehen, daß wir noch Wochen auf mildes Wetter zu warten haben würden.

So verschob ich die Fahrt um volle vier Wochen und setzte sie auf den einundzwanzigsten März, den kalendermäßigen Frühlingsbeginn, an. Und auch da war es noch so kalt über Mittel- und Südeuropa, daß die Passagiere in der damals noch nicht beheizten Kabine ihre Wintermäntel erst auszogen, als wir Kreta erreichten. Die Palmen an der Riviera erfroren zum großen Teil in diesem strengsten Winter der letzten fünfzig Jahre. Es war deshalb schon ein wundervolles Erleben für die Passagiere, als sie nach einer etwas kühlen mitternächtlichen Abfahrt in Friedrichshafen und nächtlichen Reise durch Frankreich am Morgen des Frühjahrsanfangs bei Marseille in strahlenden warmen Sonnenschein hineinkamen; und es zog von jetzt ab zwei Tage lang vor ihren Augen ein Wandelpanorama im Sonnenglanz vorbei, das ihnen die von aller Welt gepriesenen landschaftlichen Schönheiten der Erde und die historischen Stätten zeigte, mit deren Namen für sie, die doch zumeist einen Gymnasialunterricht genossen hatten, die Grundlagen ihrer humanistischen Bildung verknüpft waren. Ein nachträglicher Anschauungs- und Ergänzungsunterricht von bezaubernder Art!

In anderthalbstündiger Fahrt ging es zunächst an der Riviera entlang bis nach San Remo hinunter in so niedrigem und gemächlichem Fluge, daß man alle Schönheiten dieses köstlichen Küstenstreifens in Ruhe in sich aufnehmen konnte. Wir bogen dann nach Süden ab und sahen bald zu unserer Rechten die grandiose Wucht der Gebirge von Korsika, wo Napoleon das Licht der Welt erblickt hatte, zu unserer Linker die kleine Insel Elba, wo der gleiche Napoleon einige Monate gefangen saß, eine nachdenkliche Mahnung an den Wechsel des Schicksals im Leben auch der Größten.

Über das alte, erinnerungsreiche Ostia hinweg schwenkten wir auf Rom ein, die »ewige« Stadt, die das Schicksal und den Gang der Weltgeschichte so viele Jahrhunderte lang im Bösen und Guten bestimmte. Wir blickten hinunter auf die Ruinen des Altertums, auf die Gärten des Vatikans, der das Mittelalter beherrschte, und auf die lebhaften Straßen und Plätze, die das neueste Italien baut. Und wir hielten es für gut, an Mussolini ein Begrüßungstelegramm zu senden. Es lautete etwa: »Mit Bewunderung hinabblickend auf das ewige Rom mit seinen unsterblichen Zeugen einer ruhmreichen Vergangenheit und auf das rege Leben einer aufblühenden modernen Metropole, entbieten wir in Ehrfurcht unseren Gruß und unsere Wünsche dem Genius dieser herrlichen Stadt.« Als ich diese Depesche dem Funker übergab, sagte ich etwas malitiös: »Mich sollte wundern, wenn Mussolini nicht unter dem ›Genius der Stadt‹ sich selbst versteht.« Die Antwort Mussolinis lautete: »Vielen Dank für den freundlichen Gruß! Ich wünsche glückliche Fahrt. Mussolini.« Ich wage nicht zu entscheiden, was Mussolini meinte.

Wir setzten unsere Fahrt die Küste entlang fort und kamen in die Bucht von Neapel, wo die Stadt selbst, der Vesuv, Capri, Sorrent und Amalfi um den Preis der Schönheit ringen. »Sieh Neapel, und stirb!« »Jawohl«, meinten wir, »aber von Bord eines Zeppelins aus!« Mit einbrechender Dunkelheit kamen wir an die Zehe des »italienischen Stiefels«, ließen deshalb die schon im Finstern liegende Straße von Messing rechts liegen und gingen hoch über diese Zehe hinweg vom Tyrrhenischen zum Ionischen Meer hinüber. Es gab nun erstmals draußen nichts mehr zu sehen, und die Passagiere setzten sich zum Abendessen um »des Lichts gesell'ge Flamme« an die hübsch gedeckten Tische. Es gab: Schildkrötensuppe in Tassen, Prager Schinken mit Spargel, Lendenbraten mit verschiedenem Gemüse und Salat, Sellerie mit Roquefortkäse und eine vortreffliche Nußtorte aus Friedrichshafen; dazu Spitzenweine in beliebiger Menge. Die Passagiere, die in völlig ruhiger Fahrt über dem dunklen Meere sich dieses Mahls erfreuen konnten, waren, wie man sich denken wird, auch von dieser Darbietung befriedigt.

Am nächsten Morgen, als sie sich zum Frühstück setzten, schauten sie auf die Nordküste von Kreta. Ich war in der Nacht wegen eines sehr starken Südostwindes, der unsere Fahrt erheblich beeinträchtigte, von der Fahrtroute etwas nach Norden abgebogen, in der Hoffnung, daß nördlich der langgestreckten, von hohen Gebirgen durchzogenen Insel dieser Südost nicht stehen würde. Und so war es. In herrlicher, ruhiger Fahrt konnten wir an der Nordküste entlanglaufen, und es gab für unsere Humanisten an Bord wieder viel zu sehen und zu erinnern. Ja, hier nahm die griechische Kunst ihren Ausgang, von hier ging sie im zweiten Jahrtausend vor Christo zu Mykene hinüber, wo einst der sagenhafte, weise König Minos herrschte! Und hier hauste der schreckliche Minotauros, der alljährlich vierzehn attische Kinder fraß, bis Theseus ihn tötete! Mit Ehrfurcht blicken wir auf diese Insel hinunter, die die Wiege unserer klassischen Kunst sein sollte in ferner, ferner Zeit. Eigentlich eine Insel wie so viele andere in dieser Inselwelt; aber wir glauben doch zu fühlen, wie die Geschichte uns lebendiger wird, wo wir jetzt ihren Schauplatz kennenlernen, gerade so, wie wir einen Goethe vollständiger zu kennen meinen, wenn wir ehrfürchtig sein Geburtshaus in Frankfurt betrachtet haben. Die Phantasie hängt sich gern an reale Dinge an.

Im Vorbeigehen nehmen wir deshalb auch schnell die eigentlich etwas nördlich von unserem Kurse gelegene Insel Zypern mit, wo sich so viel römische, türkische, venezianische und Kreuzfahrergeschichte auf strategisch bedeutungsvollem Boden abspielte. Vielleicht dachten einige an Caterina Cornaro oder daran, daß Caesar hier vor genau zweitausend Jahren spazierenging, als wir den Hafen von Famagusta überquerten. Ich für meine Person dachte an etwas ganz anderes: ich sah im Geiste Othello, den Mohren von Venedig, da unten seinen Dolch in toller Eifersucht gegen Desdemona zücken und zweifelte in dem Augenblick nicht, daß diese Phantasiegestalt des Dichters eine reale Wirklichkeit gewesen sei und in Famagusta seine alles menschliche Maß überschreitenden Seelenqualen ausgetobt habe. Ist Dichtung nicht in der Tat oft »wirklicher« als die Wirklichkeit?

Wir steuerten nun auf Haifa zu und streiften diesen belebten, in schöner, geschützter Bucht liegenden Hafen. Dann fuhren wir die Küste entlang und über Tel Aviv nach Jerusalem hinauf. Es war jetzt eine welthistorische Bühne ganz anderer Art, die sich unter uns breitete, wohl ebenso alt und legendär wie die von Kreta, aber wie verschieden in der Art der Gefühle, die sie weckte! Dort Altertum und griechische Kunstkultur, hier biblische und christliche Gedankenwelt, aber beides Grundlagen unseres noch geltenden geistigen Lebensinhalts. Es war ganz offensichtlich eine bestimmte Gruppe der Passagiere, die sich jetzt äußerst interessiert zeigte, und ich hörte mit einiger Verwunderung und Skepsis, wie sie ausriefen: »Das da ist der Ölberg, das ist der Garten Gethsemane, das ist Golgatha, dort ist Bethlehem, da ist der Tempel!« Vielleicht hatten sie recht; aber ich wurde viel mehr gefangengenommen von dem ganz echten und unbestreitbaren lebendigen Tun und Treiben, das sich unter uns abspielte. Welch eine ungeheure Aufregung, welch ein ekstatisches Schreien, Gestikulieren und Durcheinanderrennen in dieser Bevölkerung so vieler verschiedener Glaubensbekenntnisse und so vieler verschiedener Rassen! Offenbar ein unglaubliches Ereignis für die Juden, Christen und Mohammedaner hier, in deren vielfach weltabgewandte Gedankenwelt das Prunkstück moderner Technik wie eine Bombe hineinplatzte! Ich vermute, daß viele dieser »geistig Armen« in ihm nur den feurigen Himmelswagen des Propheten Elias gesehen haben und so in ihren mystischen Vorstellungen bestärkt wurden.

Wir hatten kurz vorher über Tel Aviv, dieser modernen Kapitale des palästinensischen Mischgebietes, ein kleines Erlebnis gehabt, das mir in seinen Auswirkungen allerlei zu denken gab. In dieser Stadt sahen wir bei unserer Annäherung eine überraschend große Menschenmenge, die uns in lebhaftester Weise begrüßte. Wir meinten zunächst, daß all dieses Volk in der Hauptstadt zusammengeströmt sei, um den Zeppelin zu sehen, hörten dann aber, daß der Grund der Ansammlung in der Feier des Purimfestes zu suchen sei, die gerade veranstaltet wurde. Einer unserer Passagiere, ein überzeugter Zionist, hatte das offenbar gewußt und sich mit einer größeren Menge Konfetti versehen, die er jetzt vom Schiff aus auf die Menge niederregnen ließ. Natürlich konnte das nicht unbemerkt bleiben, und die Folge war, daß ein paar hitzige deutsche Zeitungen nationalistischer Prägung dieses Vorkommnis in heftiger Weise tadelten oder, sagen wir »brandmarkten«. Dabei ging man so weit, mir ungeniert den Vorwurf zu machen, daß ich, ein in nationaler Beziehung ja von jeher etwas zweifelhafter Zeitgenosse, die Fahrt über Tel Aviv bewußt ausgeführt habe, um dieses »chauvinistisch-jüdische Rachefest« zu verherrlichen. Nun, das war für jeden, der die Praxis parteifanatischer Blätter kennt, eigentlich nichts überraschendes, aber es mußte mich doch nachdenklich machen. Man weiß ja, daß es Menschen gibt, die einen Witz loswerden müssen, auch wenn das der von ihnen verfochtenen Sache eigentlich schadet, und hier sah ich, daß man eine persönliche Bosheit loswerden mußte, obgleich das eigentlich dem angeblich verfochtenen nationalen Interesse abträglich war. Aber ich mußte daraus erkennen, wie wenig Gnade ich bei gewissen Leuten fand, die von der Aufpeitschung und Schürung chauvinistischer Gefühle lebten.

Ich kam jetzt auf den Gedanken, den Teilnehmern unserer Werbefahrt eine Sensation ganz besonderer Art zu bieten. Bekanntlich ist das Tote Meer eine der wenigen Stellen auf unserer Erdoberfläche, die tiefer als der Meeresspiegel liegen.

Fast vierhundert Meter unter dessen Niveau breitet sich der Spiegel des Toten Meeres. Es mußte ganz verlockend erscheinen, den Zeppelin bei dieser Gelegenheit einmal unter den Meeresspiegel hinabzubringen. Jerusalem liegt etwa achthundert Meter hoch, und in einer Viertelstunde waren wir am Rande des Hochplateaus, von dem es steil in die Schlucht abstürzt, auf deren Grund das Tote Meer liegt. Es war Abend geworden, und der eben aufgehende Vollmond hatte noch wenig Leuchtkraft, so daß der im Halbdunkel liegende große See mystisch wie eine Unterwelt zu uns hinaufdämmerte. Wir tauchten langsam hinab, vorsichtig tiefer und tiefer, bis wir auf etwa einhundert Meter über dem Spiegel des Sees schwebten. Wie aus einem Keller schauten wir von hier hinauf auf die Höhen, die sich ringsum steil aufreckten. Es war eine sonderbare Empfindung, im Schiff der Lüfte, das immer hoch über dem Meeresspiegel schwebte, jetzt dreihundert Meter unter ihm zu stehen. Wir machten ein paar Flaschen Rheinwein auf und feierten das Ereignis, das jeder von uns als ein ganz einmaliges empfand, durch einen fröhlichen Umtrunk.

Ich hatte später einmal Gelegenheit, es für einen harmlosen, aber verblüffenden Scherz zu verwenden. Von einem jungen Freund, einem U-Boot-Kommandanten, war ich zur Feier der Indienststellung seines neuen Bootes geladen. Ich hatte bei Tische ein paar Worte zu der Besatzung zu sprechen und sagte dabei u. a.: »Sie wissen ja, daß mein Handwerk es mit sich bringt, daß ich mich gewöhnlich *über* dem Meeresspiegel zu bewegen habe, und Sie wissen vielleicht auch, daß wir mit unserem Luftschiff auch öfters auf den Gondeln für eine Weile auf dem Meeresspiegel gefahren sind. Aber neu wird es Ihnen sein, daß wir auch schon, gerade wie Sie, unter dem Meeresspiegel gefahren sind. Und ich glaube, daß wir darin einen Rekord aufgestellt haben, den Sie uns im U-Boot nicht nachmachen können. Wir sind einmal dreihundert Meter unter den Meeresspiegel hinuntergegangen.« Starres Staunen und Unglauben malten sich auf den Gesichtern der jungen U-Boot-Leute, das dann aber in heiteres Lachen sich auflöste, als sie die darauffolgende Aufklärung erhielten.

Nach kurzem Verweilen in unserer Schlucht tauchten wir langsam wieder empor und fuhren ganz nahe über den zerklüfteten Steilwänden hin, die sich an der Westseite des Meeres zu dem Hochplateau von Jerusalem erheben. Der volle Mond war inzwischen höher gekommen, übergoß das risse- und höhlenreiche Gestein mit einem geisterhaften Licht und enthüllte uns ein wirres, krauses Labyrinth von Spalten und Schlupfwinkeln, in denen Banden aller Art hausen und sich verbergen mögen. Ob so etwas wohl jetzt sich dort abspielt? Wir statteten Jerusalem einen kurzen Abschiedsbesuch ab und standen dann vor der Frage: »Was nun?«

Die Pyramiden Ägyptens lagen nur etwa drei Flugstunden im Süden vor uns, und ihr Besuch hätte einen Höhepunkt unserer Fahrt bilden sollen. Aber das überfliegen Ägyptens war uns vom Auswärtigen Amt verboten worden! Nicht verboten war uns jedoch, an der Küste des Pharaonenlandes entlangzufliegen. Und ich beschloß, dieses zu tun, weil wir bei Tage, erst am folgenden Morgen, in Griechenland sein wollten und reichlich Zeit zur Verfügung hatten. So nahmen wir von Jerusalem aus unseren Kurs nach Süden. Unter uns lag in hellem Vollmond die breite Karawanenstraße, die seit ältesten Zeiten der Verbindung mit dem Lande der Pyramiden gedient hatte. Auf ihr waren schon vor fast dreitausend Jahren die Söhne des Patriarchen Jakob gezogen, als sie bei ihrem Bruder Joseph, dem größten und glücklichsten Getreidespekulanten aller Zeiten, Brotkorn kaufen wollten. Damals schienen keine Grenzschwierigkeiten bestanden zu haben wie in unseren heutigen erleuchteteren Zeiten.

Als wir uns der Grenze näherten, bogen wir auf die See hinaus ab, um direkten Kurs auf das Leuchtfeuer von Port Said zu nehmen und dann in einem Abstand von den vorgeschriebenen sechs Seemeilen der Küste entlang bis zur Stätte des altberühmten Leuchtturms von Pharos zu laufen, der schon Antonius und Cleopatra geleuchtet hatte. In diesem Augenblick kam Herr Abdul Fath, der Korrespondent der ägyptischen Zeitung an Bord, zu mir und sagte, daß am nächsten Tage der König Fuad seinen Geburtstag habe und daß es sehr nett wäre, wenn ich ihm von Bord des Luftschiffes einen Glückwunsch senden könnte; das sei etwas Besonderes, das den König sicherlich sehr freuen würde. Ich fühlte natürlich, daß das eine recht verfängliche Zumutung war; denn wenn wir unser Schiff den Bewohnern von Kairo nicht vorführen durften, so konnte es etwas Aufreizendes haben, wenn wir ihnen unsere Anwesenheit an der Küste durch einen Funkspruch anzeigten. Offenbare Verhetzung! Ich kam aber schließlich zu dem Entschluß, den Glückwunsch zu senden; denn erstens flogen wir außerhalb der Landesgrenze über exterritorialem Gebiet, und es war uns nicht verboten, Funksprüche nach Ägypten zu senden, und zweitens wußten die Menschen in Kairo ja ohnehin, daß der »Graf Zeppelin« vor der Grenze stand. Es schien mir aus diesem Grunde sogar eine Pflicht einfacher Höflichkeit zu sein, wenn die zum Teil hohe Staatsämter bekleidenden Passagiere dem König eine Glückwunschdepesche sendeten.

Aber ich hielt mich für berechtigt, den Glückwunsch in eine solche Form zu kleiden, daß mein Bedauern über das Einflugverbot und eine kleine Rache dafür darin zum Ausdruck kämen. Ich setzte nun folgende Depesche auf: »Die Besatzung und die Passagiere des Luftschiffes, das vor der ägyptischen Küste kreuzt, gestatten sich, Euer Majestät ihre ehrerbietigen Glückwünsche zum Geburtstage zu entbieten. Widrige Winde hindern uns leider, das Land der tausendjährigen Wunder zu überfliegen; aber wir hoffen, daß das nach uns kommende englische Luftschiff günstigere Winde finden wird, um dem ägyptischen Volk das neueste Transportmittel vorzuführen.

Eckener.« Ich gab damit eine gewisse Entschuldigung dafür, daß unserem deutschen Luftschiff der Einflug nicht gestattet war; aber ich kleidete diese in eine Form, die wie ein scherzhafter Spott klang. Ich hielt es für meine Pflicht, diese Depesche den hohen Staatsbeamten an Bord, in deren Namen ich sprach, vor der Absendung zu zeigen, obgleich ich sie allein zeichnete. Man soll so was in derartigen Fällen nicht tun, denn schlechte Witze macht man auf eigene Gefahr.

Einer der Herren bemängelte denn auch, daß ich die Leistungsfähigkeit des Schiffes unnötig herabsetze, indem ich von »widrigen Winden« spräche. Herr Abdul Fath lachte über diesen Einwand und sagte: »Jeder Mann auf der Straße in Kairo weiß, was mit den widrigen Winden gemeint ist, und amüsiert sich darüber.« Ein anderer Herr meinte, ich solle nicht so direkt vom englischen Luftschiff sprechen, weil das unnötig deutlich und schroff sei. Ich entgegnete: »Darin besteht ja gerade der Witz der Wendung!« Schließlich ist der Kapitän an Bord eines Schiffes ja der Souverän, und so ging die Depesche in der angegebenen Fassung ab. Mich bestärkte in meiner Entscheidung der Hearst-Vertreter an Bord, Herr von Wiegand, den ich als einen ungewöhnlich klugen Journalisten kennengelernt hatte.

Wie König Fuad über die Depesche dachte, weiß ich nicht. Am nächsten Morgen ging eine Antwort von ihm ein, worin er für den Glückwunsch dankte und die Hoffnung aussprach, mir demnächst in Berlin persönlich zu begegnen. Es war uns bekannt, daß er in der Tat eine Reise nach Berlin vorhatte. Ich weiß auch nicht, wie das Berliner Auswärtige Amt über die Absendung der Depesche und dazu noch in dieser Fassung dachte. Ich vermute, daß es nicht entzückt davon war, wenigstens erfuhr ich im Sommer vom ägyptischen Gesandten in Berlin, daß ich auf Wunsch des Amtes von der Liste der Personen gestrichen sei, die an einem zu Ehren des Deutschland besuchenden Königs gegebenen Essen in der ägyptischen Gesandtschaft teilnehmen sollten. Nun, ich tröstete mich leicht und sah den König ein paar Jahre nachher in Kairo, wie ich später zu erzählen habe.

Viel wichtiger war es, wie die englische Regierung meinen Scherz aufnahm, und da weiß ich folgendes: Die Mißstimmung in Kairo über das Einflugverbot und die Glossen, die die Zeitungen über meinen Scherz machten, waren in London aufmerksam beachtet worden und hatten im Unterhaus zu der (bestellten) Anfrage an die Regierung geführt, wie es käme, daß ich mich über Maßnahmen der Regierung hätte lustig machen können. Der englische Luftfahrtminister benutzte dann diese Anfrage, um dem ägyptischen Volk mitzuteilen, daß die Fahrt eines englischen Luftschiffes über Ägypten nach Indien geplant sei. Die Ereignisse nötigten dann später die Regierung, den Mißgriff, der wohl nicht durch sie selbst gemacht war, wiedergutzumachen. Ich werde später erzählen, in einer wie großzügigen Weise das geschah.

Die Pyramiden von Gizeh fotografiert von Luftschiff LZ 127 »Graf Zeppelin«.

Inzwischen setzten wir unsere Fahrt, die uns bisher in so angenehmer Weise einen geographischen Anschauungsunterricht von bedeutungsvollen Schauplätzen der europäischen Kulturgeschichte gegeben und zu allerlei Betrachtungen angeregt hatte, in glücklicher und erwartungsvoller Stimmung fort. Die Eindrücke, die uns der verflossene lange Tag gebracht hatte, waren überreich gewesen. Wir waren wohl zufrieden damit, jetzt ein paar Stunden ruhig und bequem schlafen zu können, während das Schiff über dem im Silberglanz des vollen Mondes wie ein Spiegel glänzenden Levantischen Meer in leise surrender Fahrt seinen Bug nach Norden auf Athen zu wendete. Denn wir durften annehmen, daß der nächste Tag im Bannkreise der alten griechischen Geisteswelt uns viele Bilder und Erlebnisse bringen würde, für die wir aufnahmefähig sein mußten.

Eben geht die Sonne strahlend über einer in märchenhaftem Blau leuchtenden See auf, als wir an die erste Insel des Ägäischen Meeres kommen. Es ist das alte Melos. Was war es doch mit diesem freundlichen, schönen Eiland? Ja, richtig: Thukydides gibt uns in seiner Geschichte des Peloponnesischen Krieges jene berühmten, ebenso meisterhaften wie furchtbaren Betrachtungen über die politischen Prinzipien, nach denen das mächtige Athen in zynischer Brutalität die kleine Insel zu seinem »Bundesgenossen« machen wollte. »Sie mußte sich den Athenern schließlich auf Gnade und Ungnade ergeben. Die töteten von den Meliern alle Männer, die in ihre Hände fielen; die Kinder und Frauen verkauften sie als Sklaven. Den Platz besiedelten sie dann selbst.« So lautet trocken und nüchtern der Schluß des Berichtes.

Wir kamen noch an einigen anderen Inseln des Archipelagos vorbei, und wir mußten daran denken, wieviel Leid und Schrecken alle diese so reizvoll und glücklich aussehenden Eilande, die in ruhiger Weltabgeschiedenheit zu träumen scheinen, teils unter der Herrschaft des athenischen Staates, teils in inneren Wirren erbitterter Parteikämpfe zu erdulden hatten. Und wir sagten uns: Welch ein dämonbesessenes, erregbares und unbändiges Volk auf Erden ist doch diese griechische Rasse gewesen!

Aber als wir dann eine Stunde später an dem schönen, frischen Frühlingsmorgen, über Athens Akropolis hinwegsegelten und niederschauten auf die noch redenden Ruinentrümmer einer Welt von Schönheit und höchster geistiger Kultur, da dachten wir an die andere Seite des griechischen Geistes, an die Seite, die uns in der Schule und in den üblichen Vorstellungen als der ideale Geist des alten griechischen Volkes und des Hellenismus in einseitiger Weise gepriesen wird: an die edle, beherrschte Maßhaltung der griechischen Kunst, an die Tiefe und den sittlichen Ernst ihrer Philosophie und Tragödiendichtung, an die künstlerische Vollendung ihrer bildnerischen Schöpfungen, die einen Gipfelpunkt geistiger Leistungskraft für die Menschheit schon seit Jahrtausenden bezeichnen. Und wir fragten uns, ob solche Leistungen nicht nur einer Seele entspringen könnten, die gleich entflammbar zum Bösen wie zum Guten sei. Starke Reizbarkeit des Gemüts und die impulsive Triebkraft eines heißen Temperaments sind die Vorbedingungen für alle großen und erhabenen Leistungen, im Denken wie im Dichten.

Ich hatte, als wir am Morgen an Melos vorbeiflogen, einen unserer Passagiere, der mir als ein etwas zynischer Skeptiker bekannt war, an die oben erwähnten Auslassungen des Thukydides über die rücksichtslose Politik Athens erinnert, und er sagte: »Ja, ist denn die Staatspolitik jetzt eine andere? Die Menschheit bleibt sich immer gleich!« Ich entgegnete: »Das ist wohl so; aber es ist doch ein Unterschied eingetreten: Zu des Thukydides Zeiten bekannten die Staatsmänner sich frei und offen zu einer reinen Nützlichkeits- und Machtpolitik, heute dagegen sucht man sie durch moralische Gesichtspunkte zu verschleiern, weil die öffentliche Meinung solches verlangt.« »Ja«, meinte mein Skeptiker, »ist die Praxis dadurch anders geworden? Die einzelnen Menschen, die öffentliche Meinung, sind vielleicht humaner in ihrer Anschauung geworden, aber die Staatspolitik ist die gleiche geblieben. Die Philosophie, die in dem kleinen Lande aufkam, das wir gestern überflogen, hat eine gewisse Verwirrung angerichtet, und man wagt sich nicht mehr so offen zu dem naiven Egoismus zu bekennen. Aber was hat das an der Politik geändert?« »Sollte nicht«, so meinte ich, »die öffentliche Meinung allmählich doch auch die Staatspolitik mildern?« »Ich bin skeptisch«, erwiderte der Herr, »denn letzten Endes wollen die Massen selbst eine starke Politik, die ihnen Sicherheit und Macht erbringt, und die Staatsmänner fürchten in unseren ›demokratischen‹ Zeiten nichts mehr als den Vorwurf, daß sie die Interessen des Landes nicht energisch genug wahrnehmen. Der einzelne Mensch darf und soll mitleidig, aber die Staatspolitik soll mitleidslos sein!« – Ob mein Freund mit seiner Ironie recht hatte?

Wir donnerten die Athener mit unseren Motoren aus dem Morgenschlaf, als wir um sechs Uhr über die Stadt kamen und unsere Kreise um die Akropolis zogen, und wir waren schon weit weg, als alle sich in ihre Toga gehüllt und auf Straßen und Plätzen zusammengefunden hatten. Denn wir hatten viel zu betrachten und keine Zeit, auf Langschläfer zu warten. Wir verknüpften alte Namen der Geschichte, Athen selbst, die Akropolis, Salamis und Marathon und viele andere, mit sinnhaften Vorstellungen und zogen die Straße, die die Heere des Xerxes marschiert waren, als sie das Griechenvolk und damit die Quelle eines Großteils der Kultur, in der wir heute noch leben, unterdrücken wollten. Wir kamen zum Paß von Thermopylae, wo ein weltberühmtes Beispiel der heroischen Aufopferung für das Vaterland gegeben wurde, und waren interessiert, wie diese angeblich so geschickt gewählte Verteidigungsstellung aussehe. Aber wir mußten sehen, daß sie infolge starker Erhebung der Meeresküste keinen Engpaß zwischen Gebirge und Meer darstellte und daß sie keinem Ephialtes mehr die Möglichkeit bot, durch den Verrat eines Umgehungsweges einige Drachmen zu verdienen. »Ja«, sagte mein zynischer Reisegenosse, »der Verdienstmöglichkeiten für einen strebsamen Menschen werden leider immer weniger.«

Wir kamen dann bald an den hohen Olymp, auf dem die Götter der alten Griechen ihren Wohnsitz hatten. Seine Hänge waren noch schneebedeckt, aber der Gipfel, wo die Götter sitzen sollten, war leider von einer schwarzen Wolke verdeckt. Hier kehrten wir um. Unsere Absicht war gewesen, über das berühmte Kloster Athos und über Homers altes Troja nach Konstantinopel zu fahren und dann über die Westküste des Schwarzen Meeres und Rumäniens Ölgebiet allmählich nach Wien und nach Hause zurückzulaufen; aber die einlaufenden Wettermeldungen berichteten uns, daß der ganze Balkan unter tiefhängenden Regenwolken läge. So war auf dieser Route nicht viel zu erwarten. Wir machten kehrt, um über den Meerbusen von Korinth auf die Adria zu kommen, deren Inseln und Küsten bis nach Triest hinauf uns reiche und interessante Augenweide versprachen. Athen, das wir bereits um neun Uhr wieder erreichten, war inzwischen wach geworden, und wir wurden hier begeistert begrüßt, insonderheit, vermutete ich, von denen, die unseren ersten Besuch verschlafen hatten und dafür von ihren lieben Nachbarn gehänselt worden waren.

Wir überquerten den Isthmus von Korinth und schauten aus geringer Höhe in seinen Kanal hinein, dessen besonderes Merkmal meines Erachtens ist, daß die alten Griechen nicht die Mittel und die Tatkraft fanden, ihn zu graben. Auch jetzt ist er noch so eng ausgefallen, daß er kaum mehr als gute Backenbreite hat, und er sieht aus 150 Meter Höhe wie ein Durchlaß für kleine Boote aus. Wir flogen an der Nordküste des Golfs von Korinth in etwa dreihundert Meter Höhe hin und konnten weit und deutlich genug in das phantasieumsponnene Land hineinschauen, wo die Musen auf dem Parnassos wohnten, wo die Pythia zu Delphi ihre vieldeutigen und von aller Welt geglaubten Orakelsprüche zu hohen Preisen abgab und wo die Quellnymphen in heiligen Hainen ihre Reigen tanzten. Auf der anderen Seite sahen wir die Ebenen sich breiten, wo die Olympischen Spiele gefeiert wurden, um den ewig untereinander hadernden Griechenstämmen einen Zusammenhalt und wenigstens einen vorübergehenden Gottesfrieden zu geben.

Es kam Ithaka näher, und alle an Bord zeigten eine merkliche Spannung und Erwartung, wie diese weltberühmte Insel aussehen würde. Weshalb? Was bedeutete der »König« Odysseus, der Beherrscher dieses kleinen Eilands, der überdies ja kaum eine historische Person war, und was bedeutete der fiktive Schauplatz eines Romans, der sich nie wirklich abgespielt hat! Und doch fieberten alle Passagiere, alte Gymnasiasten, vor Verlangen, diesen Platz zu sehen, weil die unvergleichliche herrliche Dichtung Millionen Menschen in Entzücken versetzt hat. Und wer weiß: Hat nicht vielleicht Homer selbst diese Insel mit leiblichen Augen gesehen?

Ithaka ist eine kleine Insel, die wir mit *einem* Blick vom Bord unseres Schiffes umfassen können, wundervoll gebettet in einer kobaltblauen See, durch die der weiße Kalkstein des Grundes wie Silber hindurchleuchtet, und wir verließen diesen poesieverklärten Erdenfleck erst nach einigem Verweilen, um nun die adriatische Küste entlangzufahren. Wir schauten hier die Schönheit Korfus und mancher anderen malerischen Insel, blickten auf pittoreske Städtchen, wie Ragusa und Sebenico, und trafen überall auf Erinnerungen der wechselvollen Geschichte, die sich an diesen Gestaden abgespielt hatte.

Die Sonne ging eben unter, als wir bei Split an den nördlichsten Punkt unserer Adriafahrt gelangten. Unsere philosophische Vergnügungsreise in Licht und Sonne, die wir unserer gestrengen Prüfungskommission, wenn ich sie so nennen darf, drei Tage lang geboten hatten, war damit überhaupt zu Ende. Was jetzt übrigblieb, war eine Prüfung der Navigationsfähigkeit und der Lufttüchtigkeit des Zeppelins. Denn das Wetter nördlich der Alpen war, wie die Meldungen berichteten, schlecht und noch winterlich in diesem harten Winter, der kein Ende nehmen zu wollen schien, und wir lagen sozusagen eingekesselt vom gewaltigen Bogen der Alpen, über die wir hinüber mußten, wenn wir nach Friedrichshafen kommen wollten. Es gab drei Wege für uns: Wir konnten, dem Tale der Etsch folgend, über den Brennerpaß fahren, wir konnten durch die Lombardei zur Riviera und zur Rhonemündung fahren und von da ab den Ausreiseweg verfolgen, und wir konnten drittens über die Ausläuferkette der Dinarischen Alpen auf Preßburg und Wien zu fliegen.

Der erste Weg war ausgeschlossen, denn er hatte zur Voraussetzung Tageslicht und ganz klares, schönes Wetter, um den Weg zwischen den hohen Alpenketten zu finden. Der zweite Weg war wenig empfehlenswert, denn er war sehr lang. Blieb der dritte. Aber auch dieser war nicht gerade verlockend, denn auch für ihn brauchten wir klares Wetter, wenn wir nicht in wenig erfreuliche, wenn auch nicht gerade gefährliche Situationen kommen wollten. Wir mußten nämlich auf eine Höhe von etwa 1400 Metern hinaufgehen, um über ein Hochplateau zu kommen, und dann einen schmalen Durchgang zwischen zwei Bergen passieren, die fast 2000 Meter hoch waren. Sollte dieser Durchgang in Wolken liegen, so würde uns nichts übrigbleiben, als auf 2000 Meter zu steigen, um sicher zu gehen. Das aber wäre sehr unerwünscht, denn wir würden beim Steigen sehr viel Gas abblasen müssen, und dadurch würde das Schiff etwa zehn Tonnen schwerer werden. Sollte es dann dazu kommen, daß wir mit dem schweren Schiff noch durch Regen oder gar durch Schneetreiben zu laufen hätten, so würden wir nicht allein zur Abgabe unseres geringen Vorrats an Ballastwasser, sondern wahrscheinlich auch zum Abwurf einiger Benzinfässer genötigt werden, um das Schiff zu halten.

In recht großer Spannung traten wir daher die Fahrt über die Paßhöhen an. Zunächst ging es nach Wunsch. Es war klar und gut richtig, obgleich der Mond noch nicht herauf war. Wir kamen auf die Paßhöhe und konnten schon die beiden Berge, die den Durchgang flankierten, als schwarze Wände vor uns sich auftürmen sehen. Es war vielleicht noch ein Weg von zehn bis fünfzehn Minuten, bis wir sie zur Rechten und Linken haben würden, und es schien fast windstill zu sein, so daß wir dann nach dem Kompaß aus dem Gipfelgewirr würden heraussteuern können. Da aber bemerkten wir, daß sich Wolken an den Hängen der Berge bildeten. Noch waren es nur einzelne Fetzen; aber man weiß, wie schnell in den Bergen sich alles verschleiern kann. Es stand, wie wir später feststellten, ein scharfer Ostwind gegen die Luvseite des ganzen Gebirgskammes, und der brachte die übliche Wolkenbildung an dieser Seite mit sich, während wir bisher an der Leeseite die übliche Föhnaufhellung gehabt hatten. Die Spannung in diesen letzten Minuten wurde schier unerträglich, und ich war darauf gefaßt, jeden Augenblick den Befehl zum Aufsteigen auf 2000 Meter Höhe geben zu müssen. Aber das Glück war uns hold: wir kamen bei leidlicher Sicht bis an den Punkt, wo rechts und links von uns die Wände sich auftürmten. Wir fühlten uns ungeheuer erleichtert, als dann bald der Boden unter uns abzusinken begann und wir damit »durch« waren. Die Passagiere hatten ängstlich beobachtet, wie das Schiff in der engen Passage, die wie eine Schlucht erschien, an den dunklen Wänden entlanglief, wahrscheinlich in ängstlicherer Spannung als wir selbst. Denn der Führer ist sich über die Situation natürlich viel klarer und weiß, wenn er umsichtig ist, was zu tun ist, um der drohenden Gefahr zu begegnen. Aber der Verkehrsminister, den wir an Bord hatten, am dann doch nachher in die Führergondel und sagte: »Gott sei Dank, daß wir aus dem Loch heraus sind!« Auch ich war froh, daß es ohne weiteres Steigen hatte geschehen können.

Wir kamen jetzt wirklich in sehr schlechtes Wetter hinein. Über dem Plattensee wehte es so heftig aus der Klause, wo zwischen Preßburg (Bratislava) und Wien die Donau durchbricht, daß wir nur sehr langsam vorwärtskamen und Wien erst um Mitternacht erreichten, und zwar in einem beginnenden Schneetreiben.

In Wien hatte man uns schon um elf Uhr erwartet und den Radiohörern eine Ansprache von Bord des Luftschiffes versprochen, während dieses über der Stadt kreiste. Denn auch Wiens Bevölkerung hatte ja zum Bau des Schiffes ihr Scherflein beigesteuert und ein gutes Recht auf eine dankbare Begrüßung. Ich hatte eingewilligt, selbst diese Ansprache zu halten. Aber als die Stunde kam, war ich so sehr mit navigatorischen Aufgaben beschäftigt und hatte nach der Anspannung des ganzen Tages und insbesondere der letzten Stunden so wenig Stimmung, etwas zu sagen, was die lieben Wiener gern hören würden, daß ich meine Zusage nicht einhalten mochte. Ich bat deshalb den Reichstagspräsidenten Loebe, der ja an Bord war, an meiner Stelle zu sprechen. Er war freundlich genug, es zu übernehmen, und tat es sicherlich viel besser, als ich es gekonnt hätte. Ich hörte später, daß die Wiener Bevölkerung sehr befriedigt von seiner Rede gewesen sei, und ich glaube, daß er selbst es auch war. Die Ansprache ging natürlich automatisch in das politische Feld über, in dem die ganze Reise sich bewegte, und das ist ja schließlich auch das Geschäft des Präsidenten des Deutschen Reichstages, mehr als meines.

Das Schneetreiben hatte sich inzwischen erheblich verstärkt, und es war ganz winterlich geworden. Da wurden nicht nur »ohnmächtige Schauer körnigen Eises in Streifen über die grünende Flur« gestreut, wie Goethe es im »Faust« malt, sondern es war ein regelrechter Winter, der nicht weichen wollte. Die Passagiere, die noch in der Kabine waren, hatten sich wieder in ihre Wintermäntel gehüllt, und selbst die besten Patrioten unter ihnen gaben zu, daß mit dem deutschen Klima nicht viel Staat zu machen sei. Der nasse Schnee gefror an den Scheiben der Führerkabine und bildete dort einen Eisbelag von mehreren Zentimetern Dicke, durch den man nicht hindurchsehen konnte. Die Navigation war unter diesen Umständen in der dunklen Nacht recht schwer. Es kostete Mühe, über dem Donautal zu bleiben, zwischen den großen Höhen zu beiden Seiten. Aber ich war innerlich gar nicht einmal so sehr ärgerlich über diese Situation, wie ich schimpfend sagte, denn wir konnten so unserer hohen Prüfungskommission zeigen, wie sicher das Luftschiff selbst unter so ungünstigen Verhältnissen seinen Weg zu finden vermochte. Im Notfall hätten wir ja in größerer Höhe nach Norden ausbiegen können. Aber wir waren doch ganz froh, als wir bei Passau aus dem Donautal herauskamen und jetzt eine Schlußstrecke vor uns hatten, die keine Schwierigkeiten mehr bot.

Als wir Ulm erreichten, hatte das Wetter aufgeklart, und gegen acht Uhr kam unsere Halle in Sicht, bei der wir eine halbe Stunde später nach einer einundachtzigstündigen Reise leicht landeten. Wir waren sicher und hörten es in Worten enthusiastischen Dankes von den Passagieren, daß diese Fahrt, die herrlichste vielleicht, die man in Europa machen kann, einen gewaltigen Eindruck auf jeden von ihnen gemacht hatte, und wir waren sicher, daß sie sich nunmehr als treue Freunde des Zeppelinluftschiffes bewähren würden. Und so kam es.

Aber das Kapitel dieser Fahrt war damit nicht abgeschlossen. Wir hatten den Plan gehabt, in das Land der Pyramiden hineinzufliegen; aber als wir an seine Küste kamen, konnten wir wohl in das Licht seines Leuchtfeuers blicken, jedoch die Tür des Landes war für uns geschlossen und wehrte unserem Eintritt. Ein Funkspruch an König Fuad war das einzige, was wir durchgebracht hatten. Es sollte sich zeigen, daß wir die Fortsetzung der Fahrt bis zu den Pyramiden machen konnten, allerdings erst zwei Jahre später und auf freundliche Einladung der gleichen Regierung, die sich jetzt unserem Wunsche abgeneigt gezeigt hatte. Wie es dazu kam und wie das Ereignis sich dann abspielte, das ist eine Geschichte, die ich jetzt zu erzählen haben werde.

Die Engländer waren im Laufe des Jahres 1929 allmählich der Ausführung ihres Planes nähergekommen, ein eigenes Luftschiff nach Ägypten und weiter nach Ostindien zu schicken. Sie hatten sich seit Jahren mit der Konstruktion von Zeppelinen befaßt. Das meerbeherrschende Albion konnte nicht passiv beiseite stehen, während Deutschland ein Verkehrsmittel entwickelte, das den Ozean in viel kürzerer Zeit als die schnellsten Seeschiffe zu überqueren vermochte. Das »Blaue Band« das schnellsten transatlantischen Schiffes, das in der Vergangenheit ehrgeizig von England verteidigt worden war, drohte vom Luftschiff übernommen zu werden. Die weitere Entwicklung des transatlantischen Verkehrs war nicht abzusehen. Deshalb baute England während des ersten Weltkrieges den R 34 nach dem Muster der deutschen Zeppeline. Mit diesem Schiff hatten sie dann im Jahre 1919 den Ozean von Pulk nach Long Island überquert, allerdings in einer nicht sehr eindrucksvollen Fahrt, die eine günstige Wetterlage geduldig abgewartet hatte. Die Erfolge des ZR III und neuerdings des »Graf Zeppelin« veranlaßten die Engländer, den Bau von Luftschiffen wieder aufzunehmen. Im Jahre 1930 waren der R 100 und der R 101 vollendet. Sie hatten einen Gasinhalt von etwa 135 000 Kubikmetern gegenüber den 100 000 Kubikmetern des »Graf Zeppelin«. Im Herbst 1930 wurde der R 101 beauftragt, nach Karatschi zu fliegen und dabei eine Zwischenlandung in Ägypten zu machen. Er sollte den neuernannten Vizekönig nach Indien bringen und damit in einer eindrucksvollen Weise der Welt den hohen Stand des englischen Luftschiffbaues vor Augen führen und zugleich dem indischen Vizekönig einen ganz besonders feierlichen Amtsantritt bereiten.

Es ist bekannt, daß die Reise in einer schrecklichen Katastrophe ein beklagenswertes Ende fand: Bei Bouvais im nordwestlichen Frankreich fuhr das Schiff in einen Hügel hinein und geriet in Brand, wobei fast sämtliche Bordinsassen ums Leben kamen. Vor der Untersuchungskommission, die unter dem Vorsitz von Sir John Simon, dem späteren englischen Außenminister, tagte und zu der ich als Sachverständiger eingeladen war, gab ich meine Meinung dahin ab, daß eine der vorderen Gaszellen ein sehr starkes Leck bekommen habe und daß daraus ein schnelles Entweichen einer beträchtlichen Gasmenge erfolgt sei. Dieses Leckwerden der Zelle sei auf eine besondere Konfektion und Dimensionierung der Gaszellen zurückzuführen, die ein Durchscheuern der Hülle an dem Gerippe verursacht habe. Meine Erklärung wurde als sehr wahrscheinlich zutreffend angenommen.

Die Trauer in England über dieses Unglück war tief und allgemein. Es war eine echte Nationaltrauer. Nicht nur der Tod von vierzig ausgezeichneten Männern war zu beklagen, sondern auch ein schmerzlicher Rückschlag in einer mit großer

Erwartung begonnenen Unternehmung, die der Erhöhung des englischen Prestiges hätte dienen sollen. Die ganze Bevölkerung von London nahm lebhaften Anteil an der Begräbnisfeierlichkeit. Dem Leichenzuge folgten das ganze Kabinett, große Militärabteilungen und Tausende von Londonern, als er sich von der Westminsterabtei durch die Straßen Londons bewegte. Auf dem ganzen Wege standen Hunderttausende zu beiden Seiten dichtgedrängt, schweigend, mit dem Hut in der Hand und oft mit Tränen in den Augen, als der Zug vorüberkam. Ich habe kaum je bei anderer Gelegenheit eine gleiche Bekundung gemeinsamer Trauer gesehen.

Ich war in Begleitung von Kapitän Hans von Schiller nach London gefahren, um an der Begräbnisfeier teilzunehmen. Das Unglück war mir sehr nahegegangen, zumal ich einige gute Freunde unter den Offizieren der Besatzung gehabt hatte und auch mit dem Vizekönig öfters zusammengetroffen war, als er noch Luftfahrtminister war. Und hier in London begegnete mir nun etwas, was ich zu den merkwürdigsten und stärksten Erlebnissen zählen muß, die ich je in bezug auf Vornehmheit, Würde und Klugheit des Verhaltens einer Regierung gehabt habe. Als wir auf dem großen Platz vor der Westminsterabtei aufgestellt waren, um auf das Herausbringen der Särge zu warten, auf der einen Seite die Mitglieder des Kabinetts, die diplomatischen Auslandsvertreter und die Parlamentsmitglieder, auf der anderen Seite die militärischen Formationen, wo ich meinen Platz bei der Königlichen Luftstreitmacht eingenommen hatte, und, der Abtei zugewendet, die inoffiziellen Teilnehmer am Zuge – da schritt ein Herr aus der Gruppe der Kabinettsmitglieder heraus und kam vor aller Augen quer über den Platz auf unsere Seite hinüber. Es war der Premierminister MacDonald.

Was wollte er? Ich mußte bald erkennen, daß er auf mich zuschritt, und kam ihm einige Schritte entgegen. Er zog seinen Hut, ergriff meine Hand und sagte mit Wärme: »Ich danke Ihnen, Dr. Eckener, daß Sie herübergekommen sind, um an unserer Trauer teilzunehmen.« Dann schritt er langsam zurück. Ich war tief ergriffen und betroffen. Sicherlich empfand ich, und zwar mit einiger Verlegenheit, die Ehre, die mir die höchste Spitze der britischen Behörden dadurch bewiesen hatte; aber vor allem beeindruckten mich der vornehme Stolz und die Größe der Gesinnung, in der der Premierminister seine weithin sichtbare Geste machte. Es war klar, daß ich in dem offenbaren Wettstreit, der zwischen den britischen und den deutschen Luftschiffinteressen entbrannt war, hier in der Trauerversammlung als der erfolgreiche glückliche Sieger stand, und ich hatte es mir vor Antritt meiner Reise nach London auch ernsthaft überlegt, ob es angebracht sei, mich bei der Trauerfeierlichkeit zu zeigen. Es mögen in der Tat manche, die die Geste MacDonalds beobachteten, sich mit einigem Mißvergnügen gefragt haben, ob diese Geste angebracht oder notwendig war. Aber solche Fragen fühlten nicht den tiefen, stolzen Sinn der englischen Gepflogenheit, nach dem Kampf dem Sieger die Hand zu schütteln: »Diesmal warst du der Glückliche, aber wir treffen uns wieder!« Und ich habe dann auch später von vielen Engländern gehört, daß meine Anwesenheit bei der Feier durchaus keine Verstimmung erzeugt, sondern mir viel Sympathie in England erworben habe.

Bei einer Landung in London in einem späteren Jahr begrüßte mich eine Gruppe von englischen »Pfadfindern« mit dem bekannten Vers: »for he is a good fellow.« Und die London Times schrieben am nächsten Morgen in ihrem Bericht über die Trauerfeier, daß »the most thrilling person« in dem Zuge der deutsche Zeppelinführer gewesen sei. Das mußte wohl in der Tat so sein, aber die Angelegenheit mußte deshalb mit einigem Taktgefühl behandelt werden. Ich war daher erstaunt, daß ich am Abend vor der Feier von unserer Botschaft in London gefragt wurde, ob ich als »offizieller Vertreter des Reiches« an dieser teilzunehmen mich entschließen könne. Das Reich hatte es nämlich unterlassen, einen solchen Vertreter zu entsenden, während beispielsweise Frankreich und Italien mit Rücksicht auf die ungeheure Bewegung, die durch das englische Volk ging, ihre Luftfahrtminister entsandt hatten, Italien in der Person des weltbekannten Generals Balbo. Nun war man auf die Idee gekommen, mich, der ich schon in London war, als Reichsrepräsentanten aufmarschieren zu lassen. Ich hielt das für eine absolute Unmöglichkeit. Ich konnte wohl privatim, als Kamerad der englischen Luftschiffführer, teilnehmen, aber nicht als offizieller Reichsvertreter der englischen Öffentlichkeit als glücklicher Gewinner im Rennen präsentiert werden. Das würde meines Erachtens als eine Taktlosigkeit empfunden worden sein. So sagte ich dankend ab und erklärte, daß ich mich entschlossen habe, unter den Kameraden mitzugehen.

Aber es sollte nicht mit der freundlichen Geste des Premierministers sein Bewenden haben. Am nächsten Morgen machte ich bei dem englischen Luftfahrtminister, Lord Londonderry, einen Besuch, um ihm persönlich mein Beileid auszusprechen. Nachdem wir die üblichen Höflichkeitsphrasen ausgetauscht hatten, sagte der Minister plötzlich: »Dr. Eckener, Sie hatten im vorigen Jahr den Wunsch, nach Ägypten zu fliegen; sind Sie noch interessiert an einem solchen Flug?« Ich entgegnete, daß das noch der Fall sei, da ja, wie er wüßte, »ungünstige Winde« damals unsere Fahrt unmöglich gemacht hätten. »Darf ich Sie jetzt«, fuhr der Minister lächelnd fort, »einladen, diese Fahrt zu machen? Wenn Sie den Wunsch haben sollten, in Ägypten zu landen, wollen wir Ihnen unsere Truppen zur Verfügung stellen, um Ihnen die notwendige Unterstützung beim Landen zu geben und um eine Absperrung gegen das Publikum vorzunehmen.« Ich muß bekennen, daß meine erste Reaktion auf dieses Angebot die war, daß ich bei mir dachte: »So, nun sind wir gut genug, um für euch die Kastanien aus dem Feuer zu holen!« Denn ich wußte, daß die ägyptischen Zeitungen recht bösartige

Kommentare zu dem Unglück bei Bouvais gemacht hatten, etwa in dem Sinne, daß die Engländer es wohl verstünden, andere Völker zu hindern, mit einem Luftschiff nach Ägypten zu kommen, daß sie aber nicht imstande seien, es selbst zu tun. Es mußte deshalb im Interesse der englischen Regierung liegen, solche unfreundlichen Stimmen im mißvergnügten, politisch unbequemen ägyptischen Volk zum Schweigen zu bringen.

Ich war deshalb zunächst wenig beeindruckt von dem anscheinend so großzügigen und hochherzigen Anerbieten des Ministers. Aber ich mußte dann doch bald erkennen, daß ich genötigt war, nicht allein die politische Klugheit, die hinter dem Angebot lag, zu bewundern, sondern auch die erstaunliche Großzügigkeit und Vornehmheit der britischen Haltung gegenüber dem Wettbewerber, die sich nicht scheute, ihm die Möglichkeit zu geben, seinen Erfolg noch stark zu unterstreichen. Denn es gehörte nicht viel Phantasie dazu, sich auszumalen, wie enthusiastisch der Empfang in Kairo sich gestalten würde. Es mag sein, daß das Angebot aus einer idealistischen oder sportlichen Laune kam oder aus einer milden Stimmung, die mit der Trauer zusammenhing, ich weiß es nicht; aber ich liebe es, wenn irgend möglich, freundlich von Menschen zu denken. Ich liebe durchaus nicht die Menschen, welche »weise« zu sein glauben, wenn sie immer nur egoistische und häßliche Motive hinter allem sehen oder, auf die vorliegende Frage angewandt, einen rein politischen Zweck hinter der Einladung annehmen. Diese hartgesottenen Zyniker sind meines Erachtens keineswegs so weise, wie sie zu sein glauben.

Denn trotz allem entwickelt sich doch etwas in dem Menschen, was über die bloß egoistischen Triebe des primitiven »animalischen« Instinktes des naiven Menschen hinausreicht und was man die Erhebung zu einem »humanen« Menschen edlerer Art nennen möchte, selbst in der internationalen Politik – so paradox eine solche Meinung auch heute erscheinen mag. Ein Beweis dafür ist, daß man heute eine Humanität vorheucheln zu müssen glaubt, wenn man eine Politik rücksichtsloser Härte treibt. Wenn man diesen idealistischen Glauben an die Entwicklung der Menschheit verliert, so werden die Kräfte, die das Gute wollen, gelähmt werden und wird das Geschick der Menschheit »Blut und Tränen« sein. Nein, es mahnt in der Seele der Menschen, soweit wir es verfolgen können, immer vernehmlicher ein »Kategorischer Imperativ«, und er findet auch immer stärkeres Gehör, trotz gelegentlicher Rückschläge, die die Geschichte mit sich bringt. »Ein guter Mensch in seinem dunklen Drange ist sich des rechten Weges stets bewußt.«

Ich nahm das Anerbieten des britischen Luftfahrtministers mit Dank an, und im April 1931 fand dann der zweite Flug in das östliche Mittelmeer statt, in Form einer Passagierfahrt für zahlende Fahrgäste. Kurz vor Mitternacht am neunten

April fuhren wir aus Friedrichshafen ab, und da wir schönes Wetter hatten und uns unterwegs nicht aufhielten, waren wir schon ganz in der Frühe des elften April nach achtundzwanzigstündiger Fahrt über Kairo. Da wir mit der Militärverwaltung vereinbart hatten, nicht vor sieben Uhr zu landen, hatten wir fast drei Stunden Zeit, das wundersame, von Touristen aus aller Welt überlaufene Land zu überqueren, wo die erstaunliche Wucht uralter, fünftausendjähriger Baudenkmäler hart neben einer tausendjährigen Pracht und Feinheit minarettstarrender Moscheen des fanatischen moslemitischen Geistes liegt, wo jetzt ein modernes und modernstes Leben alles umflutet und durchdringt und wohin auch ein wundersames Klima lockt, das die Vorbedingung für die Konservierung der Zeugnisse einer vieltausendjährigen Geschichte war.

Wir segelten langsam in zwanzig Meter Höhe über die Spitze der Cheopspyramide hinweg und übersahen von hier erschüttert den ungeheuren Haufen von Steinquadern, den eine ameisenhaft wimmelnde Menge von Zehntausenden von fronenden Arbeitern in Jahrzehnten hatte auftürmen müssen, den Kopf schüttelnd über den grotesken Glauben, der soviel Arbeitsaufwand erzwang, um die Mumie eines göttergleichen Pharaos trockenzuhalten. In gewisser Weise versöhnend erschien uns dabei der Gedanke, daß die tolle Arbeit dank dem unvergleichlichen Klima wenigstens vor dem schnellen Verfall bewahrt wurde, dem sonst menschliche Bauwerke unrettbar ausgesetzt sind, und daß hier für die Ewigkeit Zeugnisse von menschlicher Arbeitsfähigkeit stehen, wenn ein Glaube oder ein Wahn sie treibt. Vielleicht wird diese Fähigkeit auch einmal für eine bessere Sache eingesetzt! Wir liefen an der Grenze zwischen Wüste und Fruchtland entlang und sahen, daß die Fellachen noch in ungefähr der gleichen Weise hausen und die Schöpfbrunnen ziehen, wie wir es aus der Zeit der Pyramidenbauerei kennen; nur arbeiten sie jetzt nicht für die Ernährung von Bausklaven, sondern für den modernen Lebensaufwand der Grundbesitzer. Aber wir wissen und sehen Spuren davon, daß hier durch die moderne Technik schnelle Umwandlungen vor sich gehen – ob auch sozial?

Wir flogen dann aus der Welt der Pyramiden, die wie eine alte Sage in starrem Schweigen liegt und doch so laut redet und in die die merkwürdige Sphinx mit rätselhaftem Lächeln so wissend-philosophisch den Blick in die Ferne richtet, in das Stadtgebiet, wo wir jetzt ein erwachendes Leben zu finden hofften, denn es war mittlerweile halb sieben Uhr geworden. Aber was war das? In der Muski, dem Brennpunkt des orientalischen Bazartreibens, auf den Straßen und Plätzen herrschte völlige Ruhe. Kaum Menschen waren zu sehen. Waren wir doch noch zu früh da? Als wir dann aber an die nördlichen Außenbezirke der Stadt kamen, wo die Straße nach Heliopolis hinausführt, fanden wir des Rätsels Lösung: in ununterbrochenem Strom zog eine Völkerwanderung die breite Straße zu dem alten, berühmten Ort, bei dem sich der große Flugplatz befand! Ganz Kairo, kann man sagen, war auf den Beinen dorthinaus. Wohl nur Greise und Krüppel waren daheim geblieben. Als wir uns dem Landeplatz in langsamer Fahrt rekognoszierend näherten, fanden wir, daß auf ihm ein Mittelraum von hundert Metern Breite und vier- bis fünfhundert Metern Länge von einer Soldatenkette, Mann an Mann, umschlossen und freigehalten wurde und daß ringsum eine Menschenmenge acht bis zehn Glieder tief stand, bunt und farbig, mit ihren Turbanen und roten türkischen Fez.

Eindrucksvoll war diese Ansammlung von Hunderttausenden, eindrucksvoller noch das erwartungsvolle Schweigen und Staunen, mit der sie den Flug des riesigen Silbervogels beobachtete. Als wir dann aber in den Mittelraum wenige Meter hoch zur Landung einliefen, da erhob sich ein unerhörtes wildes Rufen und Schreien, und die Menge begann die Soldatenkette zu durchbrechen. Es war kein Halten, und als die Vordergondel den Boden berührte, fanden wir uns eingekesselt von einem wildwogenden Meer beturbanter Gestalten, die wie toll gestikulierten und brüllten. Wir mußten der englischen Regierung recht geben, daß sie einen solchen Ausbruch von Begeisterung gern einem englischen Luftschiff vorbehalten hätte. Ich glaube, daß die Massenerregung nicht größer war, als seinerzeit der Prophet Mohammed von Mekka nach Medina floh und hier von seinen Anhängern begrüßt wurde. Welche dunklen Gefühle mochten jetzt, wohl unbewußt, im Unterbewußtsein der Araber brüten? Es war, bevor nicht etwas Ordnung geschaffen war, für eine geraume Zeit unmöglich, sich unter dem Luftschiff hin und her zu bewegen, und es war ein Glück, daß das Luftschiff in windstillem Wetter ganz ruhig lag, sonst hätte es in der zusammengedrängten Menge zu unangenehmen Zwischenfällen führen können.

Das Schiff blieb nur etwa eine halbe Stunde liegen, um einige Passagiere aussteigen und eine größere Anzahl, namentlich von geladenen Respektspersonen, einsteigen zu lassen, dann stieg es wieder auf, um eine Tagesfahrt nach Palästina zu machen, von der es gegen Abend wieder zurückkehren sollte. Ich war mit Kapitän Flemming unten geblieben, um einer Einladung zu einem Frühstück zu folgen, das der ägyptische Verkehrsminister zur Feier der ersten Zeppelinlandung auf ägyptischem Boden gab. Als ich dem aufsteigenden Schiff nachschaute, kam ein hoher Offizier herangeritten, begleitet von einer jungen Dame, die ein prachtvolles schneeweißes arabisches Pferd ritt. Es war der englische »High Commissioner« von Ägypten. Er begrüßte mich freundlich und sagte dann: »Entschuldigen Sie, Dr. Eckener, daß sich diese Unordnung bei der Landung entwickelte. Auf ein so undiszipliniertes Verhalten der Menge waren wir nicht gefaßt gewesen. Ich werde dafür Sorge tragen, daß sich so etwas nicht wieder ereignet, wenn das Schiff heute abend zurückkommt. Ich werde die doppelte Anzahl von Soldaten zur Landung kommandieren.« Er grüßte dann höflich und ritt ab. Da ich die Anzahl der zur Landung aufgebotenen Soldaten auf etwa tausend Mann geschätzt hatte, bedeutete die Ankündigung des High Commissioner, daß am Abend zweitausend Mann dasein würden. Und so geschah es, und das war gut, denn am Abend wehte eine steife Nordwestbrise, und das Schiff schwankte stark um seinen Ankerpunkt hin und her. Die Presse nahm jetzt eine sehr freundliche Haltung an und lobte die Mitwirkung des englischen Militärs mit Worten hoher Anerkennung. Ich glaube, daß die Politik klugen Entgegenkommens in dieser Angelegenheit sich gut lohnte.

Unsere Rückfahrt wurde im Anfang durch sehr ungünstige Windverhältnisse behindert. Eine tiefe Depression hatte sich über dem Agäischen Meer entwickelt und Regen mit starken Westwinden gebracht. Ich beschloß deshalb, die Fahrt nach Athen, die wir vorgesehen hatten, aufzugeben und direkt in das Adriatische Meer zu fahren, was eine vergnüglichere und schönere Reise versprach. Die Fahrt in der Nacht über den nördlichen Saum der Wüste Sahara ging gegen fast stürmischen Westwind recht langsam voran. In der Morgendämmerung erreichten wir den Ostrand der Großen Syrte und gingen jetzt bei allmählich abflauendem Wind direkt nach Norden an die Westküste des Peloponnes. Und so fuhren wir wieder die ganze Westküste Griechenlands und die Ostküste des Adriatischen Meeres hinauf, mit herrlichen Eindrücken in schönstem Wetter. Wir vollendeten dann die Reise in gleicher Weise wie die erste Mittelmeerfahrt durch Überquerung der Dinarischen Alpen und Überfliegen von Wien und waren frühmorgens am nächsten Tage wieder in unserer Halle.

Wenn wir das Ergebnis unserer beiden Flüge zu dem Lande der Pharaonen überdachten, so durften wir feststellen, daß wir in der Hauptsache drei Dinge erreicht hatten: Erstens hatten wir einflußreichen Staatsbeamten und Leuten von der Presse gezeigt, wie schön und angenehm man mit dem Luftschiff reist, zweitens hatten wir stark an Prestige und Gunst gewonnen in der mohammedanischen Welt und am Ende durch eine dramatische Verkettung von Ereignissen auch in England, und drittens hatten wir meteorologische und navigatorische Erfahrungen in einem Gebiet gemacht, das, wie wir damals hofften, ein besonders interessantes Stück einer künftigen Luftschiffroute, nämlich der nach Niederländisch-Ostindien, werden sollte.

Die Fahrt um die Welt 1929

Die Fahrt nach Ägypten mußte selbst auf das stumpfeste Gemüt wirken. So war auch die ganze Besatzung des Luftschiffes bis zum jüngsten Maschinisten von ihr begeistert worden. Man hatte viel Schönes gesehen und mancherlei erlebt und Geschmack an dieser Art des Reisens gefunden, und es war nicht verwunderlich, daß eine gewisse abenteuerliche, romantische Geistesverfassung aufkam, die in die Weite und Ferne strebte. Man fing an, von einer Fahrt um die Welt zu träumen und zu reden; denn man war überzeugt, daß man mit dem Luftschiff alles machen könne.

Mir selbst war der Gedanke an eine solche Fahrt auch nicht fremd geblieben. Es war ja die Aufgabe der Verkehrsabteilung des »Luftschiffbau Zeppelin«, die Verwendungsmöglichkeit des Zeppelins unter allen Wetterverhältnissen zu erweisen und Erfahrungen in allen Zonen zu sammeln. Wie konnte das besser geschehen als auf einer Fahrt »um die Welt«? Zudem mußte sie den einleuchtendsten Beweis von der Reichweite, dem Aktionsradius des Schiffes, erbringen und als eine Propaganda für dasselbe in aller Welt wirken. Und die Fahrt schien technisch durchaus durchführbar, denn wir konnten für den Fall, daß wir es benötigten, von zwei Stützpunkten unterwegs Gebrauch machen, von den Luftschiffhallen in Lakehurst und in Kasumiga Ura bei Tokio. Die Halle in Japan war uns nach dem ersten Weltkriege abgenommen und dort auf einem weiten Landeplatz wieder aufgebaut worden, sicherlich nicht in der Absicht, einmal einem deutschen Luftschiff bei einer Weltreise zu dienen, aber offenbar von einer boshaften Vorsehung dazu bestimmt. So war mir das begehrliche Reden von der Weltfahrt an sich nicht unsympathisch; aber es war doch nicht so leicht, sich dazu zu entschließen, und zwar vornehmlich aus zwei Gründen: Die erste Frage war: *Wer bezahlt diese Fahrt?* Die zweite war: *Welchen Weg kann man nehmen?*

Die Kosten der Reise mußte man wenigstens auf eine Million Reichsmark schätzen, wovon die Vorkehrungen für eine Nachfüllung und Betriebsmittelversorgung des Schiffes in Tokio den vornehmlichsten Betrag ausmachten. Denn wir brauchten als Betriebsmittel für die Motoren bekanntlich ein ganz besonderes Brenngas, das in Behältern nach Japan in einer Menge von wenigstens 25 000 cbm zu verfrachten und dort von einer Gruppe von hingeschickten Ingenieuren in richtiger Weise aufzuspeichern war. Wie sollte man diese Kosten aufbringen? Von der deutschen

Regierung war bei ihrer damals noch sehr spröden Haltung gegenüber dem Zeppelinschiff wenig zu erhoffen. Wir mußten uns in der Hauptsache selbst helfen, und das erschien uns etwas schwierig, da wir noch nicht wußten, in welchem Maße die Philatelisten in aller Welt sich für die Zeppelinpost interessierten. Wie also weiterkommen?

Aus dieser Verlegenheit befreite uns ein überraschendes Angebot des großzügigen amerikanischen Zeitungsmagnaten Randolph Hearst. Er bot uns für eine Monopolberichterstattung von Bord aus für die ganze Welt den Betrag von 150 000 Dollar. Damit wären etwa zwei Drittel der veranschlagten Kosten gedeckt gewesen, und ich hätte gern das Angebot angenommen. Leider mußte ich mir aber sagen, daß dieses nicht möglich war. Die deutschen Zeitungen hätten mich an den Schandpfahl gestellt und mein Unternehmen unfreundlich behandelt, wenn ich sie von der Bordberichterstattung ausgeschlossen hätte. Vielleicht nicht zu Unrecht, denn der Zeppelin war seit Jahren ein deutscher Stolz; und doch konnten die deutschen Verleger mir nicht genügend helfen oder glaubten es wenigstens nicht zu können. So antwortete ich auf das Hearstsche Angebot, daß der europäische Kontinent (nicht England) von dem Monopolrecht ausgenommen werden und daß deutschen Verlagen die Berichterstattung für dieses Gebiet überlassen werden müßte, wenn sie Wert darauf legten. Daraufhin ermäßigte Hearst sein Angebot auf 100000 Dollar. Die deutschen Verlage hätten also 50 000 Dollar zahlen müssen, wenn ich keinen Schaden erleiden oder gar die ganze Fahrt nicht in Frage gestellt sehen sollte. In diesem Dilemma ging ich zum Reichsverkehrsminister, um seine Ansicht einzuholen. Der Bescheid, den der von mir befragte Herr von Gerard mir gab, war erstaunlich: Er meinte, ich müsse dem Deutschen Nachrichtenbüro (Wolffs Telegraphen-Agentur) die Berichterstattung für den Kontinent übertragen und als Bezahlung dafür nur eine einfache Passagierrate, die auf 10 000 Reichsmark festgesetzt werden sollte, fordern! Damit wären mir 50 000 Dollar weniger 10 000 Reichsmark, also genau 200 000 Reichsmark, verlorengegangen. Von einem Ersatz aus Reichsmitteln war nicht die Rede.

Ich ging natürlich nicht auf den Vorschlag des Herrn Reichsverkehrsministers ein, sondern schloß mit drei deutschen Verlagen, dem Scherl-Verlag, dem Ullstein-Verlag und der »Frankfurter Zeitung«, zu einem Gesamtbetrage von 50 000 Mark ab. Eine große westdeutsche Zeitung, der ich auch einen Platz angeboten hatte, erwiderte, daß sie nicht 5000 Mark dafür zahlen würde. Torheit? Ich glaube, ja. Wenigstens ist mir von gut unterrichteter Seite gesagt worden, daß Hearst im Straßenverkauf auf seine Rechnung gekommen ist, ganz abgesehen von dem propagandistischen Gewinn, den er damit für sein Unternehmen erzielte. Ich möchte allerdings auch hinzufügen, daß die Berichterstattung, die von den Hearst-Vertretern, Karl von Wiegand und Lady Drummond-Hay, unter prekären

Verhältnissen von Bord aus geleistet wurde, geradezu bewunderungswürdig war.

Damit war die Unkostenfrage zur Hälfte erledigt. Die andere Hälfte wurde reichlich von den Philatelisten aufgebracht, die ein ungeheures Interesse an der Fahrt zeigten. Darüber hinaus kamen noch nicht unbeträchtliche Einnahmen von einigen Passagieren, die wir zu der nicht geringen Anzahl der Pressevertreter hinzunahmen. So kam es, daß die Fahrt sogar mit einem Gewinn von etwa 200 000 Reichsmark durchgeführt werden konnte.

Während die Verhandlungen mit den Verlegern und den Behörden liefen, wurde nun aber die andere, nicht minder bedeutungsvolle Frage erörtert, welchen Weg das Luftschiff zu wählen haben würde und ob überhaupt die Reise mit Sicherheit ausgeführt werden könnte. Es schienen zunächst zwei Routen in Betracht zu kommen: die durch das Mittelmeer in den Indischen Ozean und dann weiter in die Chinesische See, und die andere nördlich von den hohen Gebirgen Zentralasiens über den Baikalsee und weiter durch das Amurtal nach der Mandschurei und über Nordostchina nach Japan hinüber. Ein mittlerer, sozusagen direkter Weg verbot sich durch die gewaltigen Gebirge, die zwischen Nordindien und dem Baikalsee liegen. Es wurde zunächst stark mit dem Gedanken einer Fahrt auf dem erstgenannten Wege über den Indischen Ozean gespielt. Aber dieser Weg ist sehr lang, er führt über mehr als 14 000 Kilometer. Das würde die Reichweite des Luftschiffes »Graf Zeppelin« bei ruhigem Wetter vielleicht nicht grade überstiegen haben, zumal eine ökonomische Geschwindigkeit eingehalten werden könnte; aber die Wetterverhältnisse in den chinesischen Meeren sind sehr veränderlich, und wir wären bei ungünstigen Windverhältnissen, wie sie z. B. im Bereich eines Taifungebietes eintreten könnten, möglicherweise mit Betriebsmitteln zu kurz gekommen.

So wurde der zweite Weg, der über den Baikalsee und das Amurtal, ins Auge gefaßt. Mit seiner Länge von nur etwa 10 000 Kilometern war er erheblich kürzer, und die Höhenverhältnisse auf ihm boten keine Schwierigkeiten – bei klarem Wetten Aber eben dieses war der kritische Punkt! Wenn tiefhängendes Gewölk oder Nebel die Orientierung im mittleren Amurtal verhindern sollte, so konnte angesichts der großen Höhen im Süden und Norden des Flusses die Navigation außerordentlich schwierig werden und die Fahrt mit einem Disaster enden. Gerade im Juli, in dem die Fahrt vor sich gehen sollte, nehmen häufig Taifune den Weg aus der Chinesischen See in das Land hinein und hüllen dann das ganze nordöstliche China und die Mandschurei in schweres Regengewölk ein.

So entschloß ich mich, einen ganz anderen Weg zu wählen, nämlich den über das mittlere Rußland und Sibirien bis Jakutsk, um dann das etwa 2000 Meter hohe Stanowoi-Gebirge bei Fort Ajan zu überqueren und in das Ochotskische Meer zu kommen. Von hier aus führte dann eine etwa 3000 Kilometer lange Endstrecke in ziemlich genau südlicher Richtung, zwischen der langgestreckten Insel Sachalin und dem asiatischen Festland hindurch, nach Tokio. Auf den ersten Blick schien das eine etwas sonderbare Route zu sein: Von Süddeutschland aus quer durch Mittelrußland und Sibirien, nahe an den nördlichen Polarkreis hinaufgehend, bis zu einem Punkt, der 3000 Kilometer nördlich von Tokio lag, zu fahren und dann diese 3000 Kilometer nach Süden zu laufen! Aber nur auf den ersten Blick erschien das verwunderlich. Denn etwa drei Viertel der Strecke, bis an das Ochotskische Meer, näherten sich dem sogenannten größten Kugelkreis, der kürzesten Verbindung zwischen zwei Punkten auf dem Globus, an, und so kam es, daß dieser Weg mit rund 11 000 Kilometern kaum viel größer war als die Strecke durch das Amurtal mit ihren reichlich 10 000 Kilometern. Und dieser Weg war sicher! Dazu kam noch, daß wir uns als etwas verwegene Entdecker fühlten und daß uns deshalb diese Fahrt über das unzugängliche, kaum bekannte mittlere Sibirien recht interessant und verlockend erschien. So wurde diese Route beschlossen.

Aber der Ausgangshafen für die Reise um die Welt war nicht Friedrichshafen, sondern – Lakehurst. Das kam so: Herr Randolph Hearst hatte als Bedingung für seine Bereitwilligkeit, die Reise durch ein großzügiges Abkommen mit uns zu unterstützen, ja eigentlich zu ermöglichen, die Forderung gestellt, daß die Weltfahrt in Lakehurst zu beginnen und auch dort zu enden habe. Dadurch wurde diese Fahrt zu einer eigentlich amerikanischen, und zwar zu einer Hearstschen Unternehmung gestempelt. Mir war diese Form der Durchführung, die mir zuerst etwas unbequem erschien, bei näherer Erwägung durchaus nicht unsympathisch. Denn erstens wurden die Motoren nach grundlegenden Untersuchungen, die in bezug auf Kuppelungs- und Schwingungsprobleme soeben durchgeführt worden waren, durch eine Fahrt über den Ozean nach Lakehurst einer gründlichen Erprobung unterzogen, ehe man die weite Reise um den Globus antrat, und zweitens lag es auch ganz im Sinne meines allgemeinen Bestrebens, in und mit den Zeppelinfahrten eine enge freundschaftliche Beziehung und Zusammenarbeit mit Amerika zu erreichen. Wie konnte dieser Idee besser gedient werden, als wenn Amerika sich der deutschen Zeppelinsache in so öffentlicher Weise annahm?

So kam es eigentlich zu zwei Reisen um die Welt in der einen Fahrt: Die Amerikaner rechneten mit der Fahrt Lakehurst–Lakehurst, die Deutschen mit der Fahrt Friedrichshafen-Friedrichshafen, und es kam dabei später zu der für amerikanische Kreise befriedigenden Feststellung, daß die »amerikanische« Fahrt einen um rund 12 Stunden besseren Rekord aufstellte, weil die erste Überquerung Lakehurst-Friedrichshafen um 12 Stunden schneller ausgeführt werden konnte als die Schlußüberquerung am Ende der »deutschen« Weltreise. So feine Feststellungen dienen dazu, dem »Philosophen« ein behagliches Lächeln abzunötigen, und Lachen ist gesund.

Die Reise nach Lakehurst wurde am 1. August 1929 angetreten. Sie dauerte volle 95 Stunden, weil sie teilweise gegen stürmische Westwinde durchzukämpfen war. Um so wertvoller war sie daher für die Erprobung der Motoren, die sich glänzend bewährten. In Lakehurst mußten wir feststellen, daß dank der Hearstschen Propaganda eine übergroße Nachfrage nach Plätzen auf dem Schiff eingesetzt hatte. Das führte zu einem für uns unbequemen, für den betreffenden Platzanwärter aber recht erfreulichen Zwischenfall. Ein spekulativer Barbier in einer kleinen Stadt in New Jersey hatte sich nämlich um einen Platz bemüht und eine halbwegs zusagende Antwort bei der Agentur erhalten: »Wenn die Tragkraft ausreicht (was bekanntlich von Temperatur- und Luftdruckverhältnissen abhängt), werden Sie als Letzter mitkommen können.« Der beglückte Anwärter, dem es vielleicht gar nicht im Ernst an einer Mitfahrt gelegen war, setzte daraufhin eine rege Propagandatätigkeit für seine Person in Szene und wurde von seinen staunenden Mitbürgern als eine Art Heros und Zierde der Stadt angesehen und als solcher in Abschiedsfesten gefeiert. Als aber die Agentur ihm mitteilte, daß er wegen Überbelastung des Schiffes zu verzichten habe und seine Anzahlung zurückerhalte, wurde er sehr rabiat und reichte eine Klage ein, in der er zehn- oder zwanzigtausend Dollar (ich erinnere mich nicht mehr genau) Schadenersatz forderte: Er sei jetzt »blamiert und lächerlich« gemacht und habe außerdem beträchtlichen Schaden durch seine Vorbereitungen zur Fahrt erlitten. Man habe ihm sehr bestimmte Zusicherungen in Hinsicht auf seine Mitnahme gemacht, usw.

Es war schwer festzustellen, wie der Wortlaut der mündlichen Agenturauskunft (schriftlich war ein Vorbehalt ausgesprochen) gewesen war, und so entschlossen wir uns zu einem Kompromiß. Der Barbier ging mit einigen Tausend Dollars siegreich aus dem Treffen nach Hause. Wir mußten uns mit der Genugtuung darüber begnügen, daß wir offenbar in einer erstaunlich populären Haut steckten, daraus findige Leute für sich Riemen schneiden konnten. Denn der Barbier war in der Tat sehr beneidet und angestaunt worden, da er die Anzahlung vorzeigen konnte, und wurde nun dementsprechend verhöhnt; wir aber konnten nicht dableiben, um die Angelegenheit völlig zu klären. So spielten wir den Großmütigen.

Unter großem Zulauf von Zehntausenden von Neugierigen ging am späten Abend des siebenten August der Aufstieg zur Weltfahrt vor sich. Wir machten eine Abschiedsschleife über New York, das mit Millionen von Lichtern sinnberückend herrlich zu uns hinaufstrahlte, dann verschlang uns das Dunkel einer etwas diesigen Nacht. Wein wurde aufgetischt, und wir tranken in der behaglichen kleinen Kabine ein Glas auf das glückliche Gelingen der Fahrt, ehe man sich schlafen legte. Die Schreibmaschinen der Berichterstatter aber klapperten fast die ganze

Nacht hindurch, ein Ton, der uns nun tagelang ständig in den Ohren lag. Denn was alles sollten wir erleben!

Die Fahrt über den Atlantik brachte nicht viel Neues. Aber der Navigator und der Führer haben immer was hinzuzulernen. Wir hatten zunächst mit wechselndem Wind und Wetter zu tun, da einige Störungen südlich von Neufundland lagen. Dann aber holten wir etwas weiter nach Süden aus und kamen so auf die Südseite eines ausgedehnten Tiefs, das sich östlich von Neufundland bis hinüber zum Englischen Kanal erstreckte. Nun gab es Rückenwind, der mitschob. Unter uns schäumte das Meer in mitlaufenden Wellen. So waren wir denn schon nach 45 Stunden vor dem Kanaleingang und standen um Mitternacht europäischer Zeit über der französischen Küste. In diesem Augenblick kamen ein paar Passagiere mit einem gefüllten Sektglas in die Führergondel hinein, um mich zu begrüßen: mein Geburtstag, an den ich gar nicht gedacht hatte, war eben angebrochen. Ich muß gestehen, daß ich dieses Mal den üblichen Glückwünschen zum Geburtstage einige Bedeutung beimaß. Denn ich hatte einiges von Bedeutsamkeit für das beginnende neue Lebensjahr vor.

Wir flogen im ersten Morgengrauen über Paris und beobachteten mit Interesse in der noch schlafenden Stadt den Zustrom von ungezählten Fuhrwerken und Karren zu den Markthallen. Ja, in Paris ißt man reichlich und gut. Kurz vor Mittag landeten wir in Friedrichshafen nach einer Fahrt von 55 Stunden. Ein guter Anfang der Reise, die noch mit etwa 20 000 Kilometern, je nach der Route, die wir unterwegs wählten, vor uns lag. Rund 7000 Kilometer hatten wir jetzt hinter uns.

In Friedrichshafen blieben wir fünf Tage, teils um einige Verbesserungen am Schiff zu machen, die uns auf der Fahrt nach und von Lakehurst als wünschenswert erschienen waren, teils um die Ankunft einiger Teilfahrer abzuwarten, die erst in Friedrichshafen an Bord gehen sollten, teils um noch einmal Schiff und Motoren für die große Reise gründlich zu überprüfen. Zu den in Friedrichshafen einsteigenden Passagieren gehörten in erster Linie die deutschen Pressevertreter, die natürlich die »deutsche« Weltfahrt, Friedrichshafen-Friedrichshafen, mitmachen sollten, ferner ein Vertreter der russischen Regierung, der uns auf der Fahrt über russisches Gebiet begleiten und, wie sich später herausstellte, einige Schwierigkeiten machen sollte. Ein Vertreter des amerikanischen Navy Departments, Herr Commander Rosendahl, war natürlich schon in Lakehurst an Bord gegangen. Alles in allem waren wir jetzt 20 Passagiere und 41 Mann Besatzung, als wir am frühen Morgen gegen 5 Uhr zur »Fahrt um die Welt« in die Lüfte stiegen.

Das Wetter war schön und ruhig. Die Fahrt ging über Ulm, Nürnberg, Leipzig nach Berlin, wo wir kurz vor 11 Uhr über den »Linden« standen. Wir glaubten es natürlich der reichshauptstädtischen Bevölkerung schuldig zu sein, uns ihr bei der Ausreise zu zeigen und sozusagen Grüße an die Bevölkerung der japanischen

Hauptstadt mitzunehmen. Die Berliner verstanden das richtig und winkten begeistert Grüße zu dem in langsamer, niedriger Fahrt die »Linden« abfahrenden Schiff hinauf. Mir kamen dabei kuriose Gedanken über den Wechsel der Zeiten. Denn im Kriege war Japan unser Gegner gewesen und hatte uns aus unserem chinesischen Besitztum vertrieben. Die Welt vergißt schnell, aber das ist in der auswärtigen Politik gut, sonst wäre immer eine alte Revanche-Rechnung irgendwo zu begleichen.

Wir nahmen unseren Weg über Stettin, um unserem Kapitän Flemming die Möglichkeit zu geben, seiner alten Mutter, die dort wohnte, einen Abschiedsgruß hinabzusenden, gingen dann die Ostseeküste entlang über Danzig, Königsberg und Tilsit, um etwa um 18 Uhr die russische Grenze zu überschreiten. Wie nun weiterfahren?

Der gerade Weg führte über Moskau nach Jekaterinenburg, wo ich den Ural zu überqueren gedachte, und der russische Vertreter an Bord kam auch zu mir in die Führergondel, um die unbedingte Notwendigkeit, Moskau zu überfliegen, zu betonen. Er hatte offenbar den Auftrag, dieses zu fordern. Denn in Moskau warteten, wie er sagte, »Hunderttausende gespannt auf das Erscheinen des weltberühmten Zeppelins«, das ihnen von der Regierung in Aussicht gestellt sei. Ich zögerte noch mit einer bestimmten Zusage, denn ich wollte erst den abendlichen Wetterbericht abwarten, da der Morgenbericht eine unklare Wetterlage über dem südlichen Rußland angedeutet hatte. Als dieser Abendbericht kam, zeigte es sich, daß sich ein Tiefdruckgebiet nördlich vom Kaspischen Meer ausgebildet hatte, das starke östliche Winde bis Moskau hinauf verursachte. Ich würde also bei einem Wege über diese Stadt mit Gegenwinden zu rechnen haben, während ich auf einer weiter nördlich gelegenen Route Windstille und sogar westliche, mitlaufende Winde vorzufinden erwarten durfte. Was tun?

Ich war mir natürlich klar darüber, daß es »politisch« gut sein würde, die Moskauer nicht zu enttäuschen und zu verschnupfen; andererseits war es in navigatorischer Hinsicht geboten, die Wetterlage in vorteilhaftester Weise auszunutzen, denn der Weg war weit und unser Betriebsmittelvorrat begrenzt. Wir hatten für rund 100 Stunden Betriebsmittel in Friedrichshafen mitbekommen, und das würde gerade für die Bewältigung der ca. 11000 Kilometer langen Strecke in ruhiger Luft ausreichen. Natürlich lag eine gewisse Reserve in der Verminderung der Geschwindigkeit, eine Reserve, die man mit Vorteil für eine Fahrtdauer bis zu 130 oder 140 Stunden ausnutzen konnte, wenn der Gegenwind nicht zu stark würde. Aber die beste Sicherheit und Reserve lag doch darin, die Windverhältnisse richtig auszunutzen und aus Rückenwinden, wenn man sie erreichen konnte, Vorteil zu ziehen. Nun aber war es mein Grundsatz, immer den navigatorischen Gesichtspunkten zuerst Rechnung zu tragen, auch wenn das politische oder ähnliche Nachteile mit sich brachte, und so entschloß ich mich, nach Norden auszuweichen und Moskau rechts liegen zu lassen. Der russische Regierungsvertreter wurde sehr ärgerlich, erbost und nahezu drohend; aber es nützte ihm nichts. Als wir dann nach 14 Tagen wieder in Lakehurst landeten, kam der Botschaftsrat unserer Washingtoner Botschaft, Dr. Kiep, zu mir und teilte mir mit, daß die Moskauer Regierung beim Auswärtigen Amt in Berlin sich über die Umgehung Moskaus beschwert habe. »Dr. Eckener habe, wie ihr berichtet sei, aus Abneigung gegen den Bolschewismus die Stadt Moskau umfahren. Die Bevölkerung der Stadt habe die ganze Nacht auf Dächern und erhöhten Plätzen gesessen, um nach dem Zeppelin auszuschauen.« Mir wurde gesagt, daß ich der enttäuschten Bevölkerung eine Genugtuung geben müsse durch eine besondere Fahrt nach Moskau. Ich versprach, dieses in Erwägung zu ziehen, und eine solche Fahrt kam dann in der Tat im nächsten Jahre nach mancherlei Verhandlungen zur Durchführung und zog weiter eine Fahrt ins Polargebiet nach sich, die zum großen Teil über russisches Gebiet ging.

Während die Bewohner Moskaus vergeblich auf ihren Dächern nach dem Schiff Ausschau hielten, zog dieses in ruhiger Fahrt nach Nordosten seine Bahn. Wir kamen dabei mehr und mehr in den Bereich eines Tiefs, das über dem nördlichen Europa lag, und machten gute Fahrt unter der Mithilfe auffrischender südwestlicher Winde. Wir liefen nur mit vier abgedrosselten Motoren und erzielten damit eine Geschwindigkeit von 110 Kilometern in der Stunde über Grund. Das bedeutete eine erhebliche Ersparnis an Betriebsstoff. Wir gingen bis fast zur Breite von Leningrad hinauf, bis zur Stadt Wologda. Hier erst änderten wir unseren Kurs in eine rein östliche Richtung auf die Stadt Perm zu, die am Fuße des Uralgebirges dort gelegen ist, wo wir das Gebirge in möglichst geringer Höhe überfliegen konnten.

Wir flogen in einer durchschnittlichen Höhe von nur 600 bis 700 Metern und konnten so das uns neue Land vortrefflich betrachten, zumal kaum 2-3 eigentliche Nachtstunden in dieser nördlichen Breite zu durchlaufen waren. Welch ungeheure Weiten, welch ausgedehnter Wald- und Ackerboden schon bald nach Überschreitung der Grenze, nach unseren Begriffen nur spärlich von Dörfern und bäuerlichen Siedlungen durchsetzt, immer spärlicher, je weiter wir in das mittlere und dann in das östliche Rußland dieser Breite hineinkamen! Wie traumhaft weltverloren erschien uns so manches kleine Dorf, das inmitten meilenweit ausgedehnter Waldungen oder am Ufer eines kleinen Flusses in behaglicher Beschaulichkeit still und friedlich dalag, und wir fragten uns, was denn wohl das patriarchalische, selbstgenügsame Eigenleben dieser Menschen da unten stören könnte. »Der Zar ist weit, und der Himmel ist hoch!« Dieser russische Spruch kam uns in seiner tiefen Bedeutung recht eindringlich zum Bewußtsein. Aber er galt wohl nur für vergangene Zeiten und Leute. Jetzt, wo Telegrafen und Rundfunk alle Staatsbürger so bequem erreichen, ist eine Mobilmachung aller Kräfte, auch im entlegensten Forst, im weitesten Lande, nicht mehr so schwierig.

Kurz nach Mittag näherten wir uns dem Ural, etwas nördlich von Perm, und gingen langsam auf eine Höhe von 1000 Metern. Das Gebirge lag wie ein flaches, ungeheures Waldgebiet unter uns, wie ein sanftes Hügelgelände, in dem nur vereinzelte Erhebungen etwas stärker hervortraten. Aber es war eindrucksvoll und erstaunlich für uns, daß dieses Gebiet auf weiten Strecken unter dichtem Rauch lag. Wir zählten wohl ein Dutzend ausgedehnte Brände und hatten mehr als eine halbe Stunde durch einen so dichten Qualm zu fahren, daß man keine 30 Meter nach vorn oder nach unten sehen konnte. Man sagte uns, daß dieses eine ganz normale Erscheinung sei. Holzfäller, Jäger und wanderndes Volk aller Art verursachen durch ihre Unvorsichtigkeit beim Feuermachen immer Brände, die sich im trockenen Hochsommer dann weit ausbreiteten. Wir sahen jedenfalls bei unserer Überquerung des Urals ein Gebiet von mehr als hundert Kilometern in Länge und Breite unter dichtem Rauch liegen.

Wir kamen aus dem Rauch heraus und befanden uns jetzt über der Grenze Europas und Asiens, etwa 50 Kilometer nördlich von Jekaterinenburg, wo die Transsibirische Bahn beginnt. Wir waren ca. 3200 Kilometer von Berlin entfernt und hatten diese Strecke in 29 Stunden mit abgedrosselten Motoren durchlaufen. Damit konnten wir sehr zufrieden sein. Der Wind kam jetzt aus rein westlicher Richtung, und wir blieben in dieser günstigen Strömung, in die wir durch unseren nordöstlichen Kurs hineingekommen waren, nun volle 24 Stunden.

Nun steuerten wir auf nordöstlichem Kurse weiter in der Richtung auf die Einmündung des Irtisch in den gewaltigen Ob, um einen festen, sicheren Abgangspunkt für die Fahrt über die eintönigen, straßen- und baumlosen Weiten zu erhalten, die bald unter uns liegen sollten. Die Landschaft wurde immer einsamer und in ihrer trostlosen Verlassenheit, ich möchte fast sagen, furchtbarer und abschreckender. Denn sie ging allmählich in jene »Taiga« genannten Sumpfstrecken über, die in ungeheuren Weiten zu beiden Seiten des Ob liegen. Kein Mensch hatte vielleicht bisher diese entsetzlichen öden in ihrer ganzen Weite und in ihren wüstesten Teilen geschaut. Denn im Sommer sind sie unzugänglich, und im Winter, wenn sie unter Eis und Schnee liegen, ist das bunte, schöne Bild, das sie im Sommer dem Auge bieten, mit dem weißen Mantel überdeckt. In allen Farben, in Grün, Gelb, Blau, Rot und Orange, leuchtete es wie ein unerhört farbenprächtiger Teppich zu uns herauf, schaurig schön bei dem Gedanken, daß man vielleicht auf diesem Teppich zu – landen hätte und völlig hilflos und verloren inmitten der Sümpfe und der sich kreuzenden unzähligen kleinen Wasserläufe stecken würde. Dieser Gedanke beunruhigte einen unserer Passagiere so heftig, daß er darüber, wie er mir sagte, den Appetit beim Abendessen verlor, welches wir gerade bei einem prachtvollen Feuerwerk der dem Untergang zueilenden Sonne zu uns nahmen. In der Tat: überall landen, aber nicht inmitten dieser Sumpftaiga! Aber es lag auch wirklich kein Anlaß vor, sich von einem solchen Gedanken beunruhigen zu lassen. In ruhiger, stetiger Fahrt nahm das Schiff seinen Weg in etwa 300 Meter Höhe über dieses ausgedehnte Gebiet, und nach Überqueren des Irtisch und des Ob standen wir um Mitternacht in dem weiten Sumpf- und Waldland zwischen Ob und Jenissei, auf einem noch nordöstlichem Kurse dem Punkte zustrebend, wo die sogenannte untere Tunguska sich in den Jenissei ergießt. Unsere Absicht war es nämlich, dann im allgemeinen dem Laufe der Tunguska in Richtung auf Jakutsk zu folgen, weil ein südlicherer Weg uns mit großen Höhen in Berührung gebracht hätte und weil auch der nördlichere Weg jetzt der kürzeste zum Ochotskischen Meer war.

Es war recht schwierig, in der dunklen Nacht einen genauen Kurs in dem völlig monotonen, weg- und steglosen Gebiet zwischen Ob und Jenissei zu verfolgen, solange der Boden unsichtbar war. Als wir daher in den Morgenstunden den breiten Spiegel des Jenissei erreichten, wußten wir nicht, ob die kleine Fluß-Station Imbatsk, die wir suchten, etwas weiter nördlich oder südlich läge. Entdecken konnten wir sie von unserem Punkte aus nicht. Nach einigem Überlegen beschlossen wir, sie im Norden zu suchen, weil der Wind uns in der Nacht vielleicht ein wenig nach Süden versetzt hatte. Wir fuhren also über dem majestätischen Fluß nach Norden zu, und in der Tat sahen wir dann nach einer kleinen Viertelstunde die Station nahe vor uns liegen. Es war ein ärmliches kleines Dorf von vielleicht 25-30 Hütten, aber es war uns bekannt, weil daselbst eine Wetterstation war, die einzige am mittleren Lauf des Jenissei. Wenn Imbatsk 25 Hütten hatte, als wir es erreichten, hatte es nur noch 23, als wir es verließen.

Denn folgendes sahen wir beim Überfliegen sich unter uns abspielen: Wir kamen offenbar ganz überraschend; wer sollte auch je daran gedacht haben, daß wir im unermeßlichen Sibirien gerade dieses kleine Nest in der ungeheuren grünen Wildnis ansteuern würden, um an einem klar bestimmbaren Punkt in das untere Tunguskatal zu kommen? Wir fuhren ganz niedrig über dem Fluß dahin, bogen um eine Ecke und waren plötzlich über den Häusern. Einige Fenster und Türen öffneten sich, und Leute steckten neugierig die Köpfe heraus, um nach der Ursache des nie gehörten Donners in den Lüften zu sehen, zogen sich aber meistens schnell wieder zurück, offenbar durch den Anblick des riesigen Himmelswagens erschreckt. Ein schwerer, zweirädriger Karren zog in der engen Straße zwischen den niedrigen Hütten langsam seines Weges, und der Fuhrmann lag träge auf den Säcken und »döste« vor sich hin. Plötzlich schrak er auf, sah das Ungetüm nahe über sich und sprang ab, um in der nächsten Hütte zu verschwinden. Der

Blick auf den Jenissei in Sibirien, fotografiert während der Weltfahrt von LZ 127 »Graf Zeppelin« 1929.

Gaul vor dem Karren bekam es offenbar auch mit der Angst und sauste, scheu geworden, mit seinem Gefährt davon. Bei der nächsten Ecke bog er in einer so scharfen Kurve in eine Seitengasse ein, daß er aneckte und die dürftige Hütte zum Einsturz brachte und das nächste Häuschen auch gleich mitnahm. Was etwa noch weiter geschah, konnten wir nicht mehr verfolgen; aber wir sagten uns lachend mit einiger Besorgnis: »Na, da werden wir wohl eine hübsche Rechnung für mutwillige Zerstörung eines friedlichen Dorfes bekommen!« Das kleine Erlebnis war aber insofern recht interessant, als wir wieder einmal sahen, was wir früher schon beobachtet hatten: daß bei primitiven, einsam lebenden Menschen das gewaltige Schiff einen panischen Schrecken auslöste. Religiöse oder abergläubische Vorstellungen mögen dabei eine Rolle spielen.

Wir bogen nun nach Osten ab und trafen nach etwa einstündiger Fahrt dort auf die Tunguska, von wo sie im allgemeinen in west-östlicher Richtung verläuft, und folgten nun ihrem Lauf auf rein östlichem Kurs, der uns nach Jakutsk bringen sollte. Wir waren bis zum 64. Grad nördlicher Breite hinaufgekommen und überquerten infolgedessen die Längengrade nun in so schneller Folge, daß wir alle sieben Stunden die Uhr um eine Stunde vorzustellen hatten. Das verursachte insofern eine gewisse Störung in unseren Gewohnheiten, als die Mahlzeiten sich drängten, so daß selbst die bekanntlich stets mit gutem Appetit gesegneten Schiffspassagiere fast mit einem Streik drohten, wenn sie »schon wieder« essen oder Kaffee trinken sollten. Zum Glück kam diese Schiffsrevolte, die ja die Ballastabgabe vermindert hätte, nicht zum Ausbruch, und am nächsten Tage war die Gefahr vorüber, als wir nach Süden abdrehten.

Aber eine andere Angelegenheit war uns wirklich etwas verdrießlich: Wir wußten, daß irgendwo hier in der Nähe einmal vor wenigen Jahren ein riesenhafter Meteorstein heruntergekommen war, einen gewaltigen Trichter in den Boden geschlagen und den Wald ringsum durch den Luftdruck gebrochen hatte. Diesen Trichter hätten wir gern betrachtet und von oben photographiert; leider aber hatten wir es versäumt, uns eine genaue Ortsbestimmung zu besorgen. Keiner der Herren an Bord wußte etwas Genaueres und auch der noch still grollende russische Regierungsvertreter konnte uns keine Auskunft geben. So mußten wir zu unserem tiefen Bedauern auf diese sicherlich höchst interessante photographische Aufnahme verzichten.

Die untere Tunguska ist ein recht wasserreicher Fluß, der sich in vielen Windungen durch unendliche Waldungen und in teilweise versumpften Niederungen in der trostlosen Einsamkeit des nördlichen Sibiriens seinen stillen Weg sucht. Leben haben wir auf ihm nicht gesehen, obwohl wir weite Strecken direkt über ihn hinflogen. Nur ein einziges Mal sahen wir Menschen. Es waren fünf Leute, die auf einem Floß standen und fischten. Es mag freilich mancher Pelzjäger in den tiefen, urwaldhaft unberührt aussehenden Wäldern gesteckt haben, der wohl uns, den wir aber nicht sahen. Von landwirtschaftlicher oder forstwirtschaftlicher Tätigkeit ist längs des Flusses keine Spur. Diese sibirischen Flüsse haben eben die unbequeme Eigentümlichkeit, ihre Wasser ins Nördliche Eismeer zu tragen, so daß der ungeheure Reichtum der endlosen Waldungen ungenutzt bleibt. Man hat beim Überfliegen dieser grünen Weiten eine Art Gefühl des Bedauerns, daß alles so nutz- und zwecklos für die Welt hier liegt und verkommt und auf eine Einbeziehung in die lebendige Welt der Arbeit zu warten scheint. Vielleicht kommt die Zeit einmal.

Eine kleine Abwechslung in unserem stetigen Flug brachte eine fürchterlich drohend aussehende Böenwolke, die sich um die Mittagsstunde quer vor unseren Weg legte. Kohlschwarz lag sie in langer Erstreckung vor uns, bis etwa auf 150 Meter über den Boden hinabreichend, und es sah so aus, als ob wir jetzt in ein anderes Wettergebiet kommen sollten, nachdem wir bisher aus einer westlichen Luftströmung guten Nutzen gezogen hatten. Wir waren gespannt, wie die Turbulenz der Atmosphäre sein würde, wenn wir unter diesem schwarzen, finster drohenden Joch hindurchsteuerten. Aber es ging ganz harmlos, mit wenig Bocken und Stampfen vor sich. Jenseits der Böenwolke lag eine um sechs Grad wärmere Luftmasse, in die unser kühlerer Westwind hineinstieß und so die Böenfront verursachte; aber die Luft war zu trocken, als daß es zu stärkeren Störungen in der Form einer Gewitterfront kommen konnte. »Viel Geschrei und wenig Wolle«, sagten wir uns, als wir mit geringen Stampfbewegungen durch die unheimlich aussehende Böenlinie hindurchpassierten, die beispielsweise an unserer europäischen Westküste ein sehr unangenehmes meteorologisches Erlebnis mit Sturm, Hagel und Vertikalbewegungen gebracht haben würde. Jetzt wurde es, wie gesagt, wärmer.

Die Temperatur stieg in 1000 Meter Höhe auf 14 Grad, was einer Meereshöhentemperatur von mehr als 20 Grad entsprach. So angenehm warm war in einer Breite von 64 Grad die Luft im sibirischen Sommer! Aber nur im Sommer, wie wir bald darauf, mit eigenen Augen sehend, sollten schließen können! Denn wir kamen nun aus dem oberen Tunguskatal auf eine steppenartige Fläche hinauf, auf die Wasserscheide zwischen dem Jenissei- und Lena-Gebiet. Hier sahen wir vereinzelte Siedlungen von Menschen, von Jakuten. Aber es waren höchst seltsame »Häuser«, die sie bewohnten, nämlich unterirdische Behausungen, vor deren Höhlenausgang wir Leute liegen sahen, die ihren Leib behaglich in der Sonne »schmoren« ließen. Im Winter nämlich fällt die Temperatur auf dieser Höhenfläche auf 60 bis 70 Grad unter Null herunter, so daß man gut daran tut, in den Sommerwochen ein wenig Wärme aufzuspeichern. Eine entsetzlich öde Gegend! Der Mensch, das anpassungsfähigste Säugetier, kann wohnen, wo er etwas zu essen findet, und er tut es, ob es nun das steppenartige Nordsibirien zwischen Jenissei und Lena oder das Eis des Nördlichen Eismeeres ist. Wir für unsere Person aber verzichteten darauf, hier zu hausen, und zogen in schneller Fahrt in fast windstiller, ruhiger Atmosphäre in einen prachtvollen Sonnenuntergang, der die kahlen Ebenen mit goldenem Licht überflutete, stetig nach Osten weiter. In den kurzen Nachtstunden kam ein Vollmond herauf oder versuchte sozusagen heraufzukommen, denn er blieb in geringer Höhe im Süden über der Horizontlinie und rollte hier langsam, wie eine große gelbe Kugel, seine kurze Bahn, während im Norden der hellglühende Himmel anzeigte, daß die Sonne nur ganz wenig unter den Horizont hinabgegangen war. Ein amerikanischer Fahrgast war von diesen märchenhaften Theaterbeleuchtungseffekten so bezaubert, daß er um elf Uhr, als alles zu einer kurzen Ruhe ins Bett ging, sich zwei Flaschen Wein bringen ließ und die Nacht hindurch Mond und Abendhimmelschein beobachtete. Ich leistete ihm dabei einige Zeit Gesellschaft, denn der Wein, den wir an Bord führten, war nicht schlecht und das Himmelsbild sehr eigenartig.

In der ersten Frühe, als die Sonne im Nordnordosten strahlend aufging, kamen wir in das Tal des Viljui hinein, eines recht bedeutenden Nebenflusses der gewaltigen Lena. Wir waren noch etwa 550 Kilometer von Jakutsk entfernt, das wir natürlich aus mancherlei Gründen zu überqueren beabsichtigten. Denn Jakutsk war für uns Westeuropäer jene in einer fast mystischen Ferne liegende Stadt im äußersten Sibirien, wo die fast tiefsten Temperaturen gemessen werden, die man auf Erden verzeichnet, und wo dennoch so viele Menschen beisammen wohnen, wohin aber vor allen Dingen die Zehntausende (oder sind es Hunderttausende?) von Verbannten geschickt wurden, die die zaristischen Regierungen als gemeine oder aber als politische Verbrecher unschädlich machen wollten, an einen Ort, aus dem, wenn sie unter endlosen Mühen und Strapazen glücklich angekommen waren, ein Entrinnen so gut wie unmöglich war.

Wie schwierig dieses Entweichen in der Tat sein mußte, haben wir uns auf unserer dreißigstündigen Fahrt über den Sümpfen und Wäldern anschaulich vorstellen können. Auch wir hatten Volksgenossen, die dort begraben lagen und denen wir auf ihr Grab einen Kranz hinunterwerfen wollten: deutsche Kriegsgefangene aus dem ersten Weltkriege.

Gegen sechs Uhr in der Frühe sahen wir Jakutsk in geringer Entfernung im weiten Tale der Lena vor uns liegen. Es präsentierte sich als eine weitläufige, große Siedlung mit einigen solide und gut gebauten Straßen und Plätzen in einem von Holzhäusern und Hütten überdeckten weiten Raum. Wir sahen mit Staunen gewaltige Holzlager am Ufer des breiten Flusses und fragten uns, wohin denn dieses Holz gebracht würde. Den Lenastrom hinab in das Nördliche Eismeer? Kaum anzunehmen! Die Lena aufwärts zu den unbedeutenden Städten daselbst?

Auch kaum annehmbar. So suggerierte diese Holzmenge uns die Vorstellung eines überaus kalten Winters, in dem man wohl sehr viel Holz zur Heizung verbrennen mag.

Wir warfen unseren Kranz über einem bescheidenen kleinen Friedhof am Rande der Stadt ab und steuerten weiter, jetzt nach Südosten auf einen Talausgang des Stanowoi-Gebirges zu, das wir, dem Tale folgend, zu überqueren hatten. Das Gebirge war noch nicht sichtbar, denn seine Kammlinie war noch etwa 300 Kilometer von uns entfernt. Es ging über menschenleeres und ödes Land, das aber nicht reizlos war und immer malerischer wurde, je näher wir dem Gebirge kamen. Nach zweistündiger Fahrt überquerten wir den Aldan, einen starken Nebenfluß der Lena, der parallel mit dem Gebirge am Fuße desselben seinen Weg zieht. Und nun begann in dem Tale, aus dem ein nicht sehr bedeutendes Flüßchen sich in den Aldan ergießt, das langsame Aufsteigen in das breit hingelagerte Gebirge, das sich in einer Länge von 800 bis 1000 Kilometern, steil aus dem Meere aufsteigend, am Ostrande des ganzen Ochotskischen Meeres hinzieht. In etwa 500 Meter Höhe hatten wir Jakutsk überflogen und nicht viel höher das breite Lenatal und die Strecke bis zum Aldan durchmessen.

Es ging nun zunächst einmal auf 1000 bis 1200 Meter hinauf, und das schöne Gebirge zeigte sich uns in prächtigen Kuppen und sanft geschwungenen Bergrükken, die wir weithin vor uns sich immer höher erheben sahen. Wie hoch würde das hinaufgehen? Die geographischen Handbücher hatten uns eine durchschnittliche Kammhöhe von reichlich 2000 Metern angegeben, mit einem Paßübergang nach Port Ajan, am Ochotskischen Meer, von etwa 1500 Metern. Aber die ganze kartographische Aufzeichnung des Gebirges war etwas unsicher, und wir schauten recht gespannt und etwas besorgt voraus, als das Tal immer enger und die Höhen zu beiden Seiten immer höher wurden. Gegen Mittag näherten wir uns offenbar der Kammlinie, denn höhere Gipfel waren weiter voraus nicht zu erkennen; aber wir waren bereits 1700 Meter hoch, und die Paßeinsenkung vor uns schien noch über uns zu liegen. Es kam hinzu, daß ein etwas bockiger Nordwestwind in das Tal hineinstieß und es uns geraten erscheinen ließ, nicht zu nahe an die Felsen heranzugehen. Wir gingen auf etwa 1800 Meter und hofften so den Paß überwinden zu können. Gewiß hätten wir das Schiff noch 700 bis 800 Meter höher treiben können, aber das würde ein starkes Gasabblasen und ein Schwerwerden des Schiffes verursacht haben, das wir nach Möglichkeit zu vermeiden hatten, weil wir ja nicht wissen konnten, ob nicht durch Regen eine weitere Belastung im Laufe der Fahrt eintreten würde.

Gespannt schauten wir voraus, wie die Paßschwelle immer näher kam. Es schien zu gehen, und – es ging! In etwa 50 Meter Höhe glitten wir über die Schwelle ruhig und sicher hinweg, und »Thalatta! Thalatta!« riefen wir in Begeisterung, denn vor uns, recht steil unter uns, lag das Ochotskische Meer in einem strahlenden Blau, wie es dieses Meer wohl nicht allzu oft dem entzückten Auge bietet. Die Fahrt durch das unfreundliche Sibirien war beendet. Die schöne blaue See winkte uns wieder mit ihrem Zauber, dessen man nie müde wird, und schnell sollten wir wieder an freundliche Küsten und Städte kommen. Wir stiegen gemächlich hinab und ließen unsere Motoren kurz nach 2 Uhr über den Köpfen der Fischer von Port Ajan donnern, die den seltsamen Vogel, der da »hoch vom Gebirge her« kam, recht verwundert betrachtet haben mögen. Denn sie werden sich nicht angstvoll in ihre Hütten verkrochen haben. Seeleute und Seefischer sind weitgereiste Leute, die nicht aus einem zahmen Zeppelin einen rabiaten Propheten machen, der in feurigem Wagen angefahren kommt.

Wir hatten die Strecke von Berlin bis zur pazifischen Küste in knapp 69 Stunden durchlaufen und dabei auf unserer Route einen Weg von rund 7550 Kilometern zurückgelegt. Da wir sehr sparsam mit den Betriebsmitteln gewirtschaftet hatten, waren noch für reichlich 50 Stunden Betriebsmittel in unseren Tanks, und ich muß gestehen, daß in mir ein verwegener Gedanke aufkam: Wäre es nicht möglich, direkt nach Los Angeles weiterzufahren und so eine Rekordleistung zu vollbringen, Berlin-San Francisco in *einem* Fluge, der dann etwa 120-125 Stunden dauern würde? Über den größten Kugelkreis, d. h. etwa über Kamtschatka und Unalaska, würde die Strecke nur etwa 6003 Kilometer lang sein, und die Wetterlage zeigte uns, daß wir fast durchgehend mit günstigen Winden rechnen könnten. Dafür würde aber unser Betriebsmittelvorrat ausreichen. Aber was würde Japan sagen? Es würde noch mehr verstimmt werden als die Moskauer Bevölkerung über das Umfahren ihrer Stadt. Diesmal siegte denn doch mein politischer Instinkt über mein Zeppelininteresse, und ich gab Weisung, nach Süden in Richtung auf Nikolajewsk und Japan zu steuern.

Es kam jetzt ein navigatorisch sehr interessanter Teil der Reise. Wir hatten unterwegs, noch an der unteren Tunguska, eine Wettermeldung erhalten, der zufolge ein schwerer Taifun über das Chinesische Meer in der Richtung auf Japan und das Japanische Meer zöge. Wir waren damals nicht in Sorge, in diesen Taifun hineinzugeraten, denn er würde wohl zur Zeit unserer voraussichtlichen Ankunft im Japanischen Meer, d. h. in zwei Tagen, bereits abgezogen sein. Vielmehr fürchteten wir, daß der Taifun zu dieser Zeit so weit nach Nordosten gewandert sein möchte, daß wir aus den nördlichen und nordöstlichen Winden auf seiner Rückseite keinen Nutzen mehr würden ziehen können. Es kam anders: Bis Nikolajewsk, das etwa um 10 Uhr abends querab lag, hatten wir ziemlich klares Wetter mit leichten südlichen und südöstlichen Winden. Dann aber kam Bewölkung auf mit einem nordöstlichen Wind. Es wurde bald so unklar, daß wir vollständig von Wolken eingehüllt waren und nicht mehr den Meeresspiegel sehen konnten. Die Lage war etwas ungemütlich, denn wir fuhren in dem recht schmalen Sund zwischen der Insel Sachalin und dem sibirischen Festlande dahin, mit hohen Gebirgen an beiden Seiten. Da konnte nur eine meteorologische Überlegung helfen: Wir waren offenbar nordwestlich vom Taifun, der nach Osten abzog, und somit mußte der Wind allmählich weiter nach Norden drehen, da wir nach Süden in den Rücken des Taifuns kamen. Ich gab deshalb Weisung, einen Strich mehr nach Westen zu halten, um nicht in die Berge der Insel Sachalin hineinzutreiben. Sollten wir dabei nahe an die Küste des Festlandes kommen, so war damit zu rechnen, daß wir hier klare Sicht infolge von Föhnwirkung haben würden. So fuhren wir zwei bis drei Stunden in dichten Wolken dahin. Dann klarte es allmählich etwas auf, und wir konnten erkennen, daß wir von einem Nordwind von 15-16 Metern in der Sekunde geschoben wurden.

Unsere Kalkulation war richtig gewesen, denn als es hell wurde, standen wir an der Westseite der japanischen Insel Hokkaido und überflogen um sechs Uhr den Leuchtturm von Kamui an der Südwestecke der Insel. Wir liefen von hier aus in Regenschauern das große Leuchtfeuer von Hakodate an und hatten nun bei schönem Wetter eine klare Bahn entlang der japanischen Hauptinsel Honschu vor uns. Die Aufgabe der navigatorischen Bewältigung der längsten und schwierigsten Strecke der Fahrt um die Welt war damit in glücklicher Weise gelöst. Nun kamen die wenigstens ebenso anstrengenden geselligen und politischen Anforderungen an uns zur Geltung!

Mit den Japanern waren wir vor elf Jahren im Kriege gewesen. Der Besuch des Zeppelins war wohl das erste Ereignis nach diesem Kriege, das die innere Haltung des Volkes gegenüber Deutschland sichtbar auf eine Probe stellen konnte. Wie würden wir empfangen werden? Es heißt, daß das Volk heute gern »Kreuziget ihn!« schreit, wenn es gestern noch »Hosianna!« gerufen hat; weshalb sollte es da nicht auch heute »Hosianna!« rufen, nachdem es gestern »Kreuziget ihn!« geschrien hatte. Aber es ist nicht sicher, denn das Volk ist – leider! – immer leichter geneigt, sich vom Guten zum Bösen als vom Bösen zum Guten zu wenden. Der Haß findet mehr Anhänger als die Liebe in dieser »besten aller Welten«.

Das Land nun erstmal, an dessen Küste wir entlangfuhren, war wenigstens freundlich und reizvoll für uns, nachdem wir zwei volle Tage lang so viel ödes und Trübseliges gesehen hatten. Ich möchte sagen, daß es sich »niedlich« ausnahm: Viele hübsche enge Täler, die sich zum Meere öffneten, mit kleinen Feldstücken und Gärten, alles freundlich und fleißig bebaut von den kleinen Menschen, die in sauberen Häuschen wohnten. Und viele kleinwüchsige Bäume, wie wir sie aus den Läden unserer Gärtner kennen. Es atmete Frieden und bescheidenes Glück. Das stereotype Lächeln der Japaner lag sozusagen über dieser Küstenlandschaft. Weiter ins Land hinein sahen wir freilich bedeutende Höhen, bis über 2000 Meter, sich erheben, die eine kräftigere Note in dieses hübsche Bild brachten. Ein prachtvolles Wetter und eine linde, nicht zu warme Luft trugen dazu bei, unser Behagen zu erhöhen.

Dann kam Kasumiga Ura, unser Landungsplatz, dessen große Halle wir schon von weitem leuchten sahen. Hier war ein ungeheures Leben! Zu Hunderttausenden waren die Menschen zusammengeströmt, um das Schiff zu sehen. Die ganze Nacht hindurch hatten schon Tausende, wie man uns später sagte, auf das Schiff gewartet, Männer und Frauen, die von weit her kamen, die kleinen Kinder auf dem Rücken. Es war ja aber auch ein welthistorisches Ereignis, das man mitzuerleben wünschte: Vom fernen Berlin, aus dem Abendlande, zu dem man mit dem Schnelldampfer fast einen Monat und unter Benutzung der Transsibirischen Bahn mehr als vierzehn Tage reiste, kam ein Luftschiff in weniger als vier Tagen angereist! Der ferne Osten in Tuchfühlung mit Mitteleuropa, aus dem diese fremdartigen, gefährlichen Menschen kamen, die man seit einigen Jahrzehnten mit etwas Widerwillen in wachsender Zahl hatte kommen sehen! Nun kamen sie mit solcher Schnelligkeit aus der Luft!

Wir mußten diese verblüffende Tatsache natürlich auch dem Volk in Tokio vor Augen führen, und so machten wir, ehe wir uns zur Landung entschlossen, erst eine Fahrt über Japans Hauptstadt und über ihren Hafen Yokohama, wo eine beträchtliche Zahl von Passagierdampfern aus aller Welt vor Anker lag. Ich will davon Abstand nehmen, zu versuchen, die Aufregung und wilde Begeisterung auf den Straßen und Plätzen der beiden Städte zu beschreiben. Nur ein Dichter, der sich unten in der Masse befand, könnte es vielleicht unternehmen, die innere Erregung zu schildern, von der die Menge beseelt wurde.

Wir landeten nach anderthalbstündiger Rundfahrt gegen Abend auf dem Platze von Kasumiga Ura, und das Schiff wurde von den geschickt und diszipliniert arbeitenden japanischen Matrosen schnell in die Halle gebracht, wo es unter die Obhut der Marine kam. Wir aber, d. h. die Besatzung und die Passagiere des Schiffes, wurden nun in eine große Zelthalle geführt, wo eine feierliche Begrüßung vor sich gehen sollte. Der Herr Verkehrsminister in Gehrock und Zylinderhut, unter »lauter uniformierten Larven die einzige zivilistisch fühlende Brust«, hielt eine schöne und feierliche Ansprache, und ich wurde dann gebeten, einige Worte der Entgegnung zu sprechen. Zu diesem Behufe sollte ich mich weithin sichtbar auf einen Tisch stellen, und ein Dolmetscher nahm neben mir Platz. Und nun vollzog sich etwas, was mir später ungeheuer lustig vorkommen sollte: Ich war auf diese plötzlich an mich gestellte Aufforderung durchaus nicht vorbereitet und von der Reise sehr müde und ziemlich abgespannt. Ich suchte infolgedessen zunächst nach Worten und half mir über diese Besinnungszeit mit einigen phrasenhaften Sätzen über das »Land der aufgehenden Sonne und der Kirschblüte« hinweg, die nach

Weltfahrt von LZ 129 »Graf Zeppelin« 1929. Hugo Eckener hält eine Rede vor 200.000 Zuhörern in Tokio.

meinem Gefühl nicht gerade sehr glücklich ausfielen. Der Dolmetscher übersetzte diese Sätze, und dann sprach ich sachlich ein weniges über die Bedeutung der Fahrt. Wer kann sich meine Freude und Überraschung vorstellen, als nun am nächsten Tage bei einer großen Empfangsveranstaltung, die auf dem weiten Platze vor dem Eingang zu den kaiserlichen Gärten inmitten einer nach Hunderttausenden zählenden Volksmenge stattfand der uns willkommen heißende Ministerpräsident mit folgenden Worten seine Rede begann: »Herr Doktor, Sie haben mit den ersten Worten, die Sie nach Ihrer Ankunft sagten, sich das Herz des japanischen Volkes erobert!« Ich muß gestehen, daß ich mich etwas beschämt fühlte und bei mir dachte: »Es ist doch gut, wenn man immer einen guten Dolmetscher bei solchen Gelegenheiten hat.« So war ich gleich eine Art »Liebling des Volkes« geworden, und wir konnten dieses an der Zahl der Geschenke erkennen, die der Besatzung in verschwenderischer Fülle von allen Seiten zuströmten. Es waren darunter kostbare Gaben in Gestalt von schönen japanischen Vasen, vortrefflichen Radierungen und Holzschnitten, Seidenstickereien, Gewändern und dergleichen mehr. Der Japaner liebt und versteht es, zu schenken. Die Menge der freundlichen Geschenke war so groß, daß wir davon Abstand nehmen mußten, alles gleich im Luftschiff mitzunehmen, und es vorzogen, es einer deutschen Dampfschifffahrtsgesellschaft zur Einpackung und Beförderung zu übergeben.

Diese überraschend freundliche Haltung kam völlig spontan aus dem japanischen Volke, wenn es auch offenbar war, daß die Regierung sie nicht nur billigte, sondern selbst dazu ermunterte. Dafür zeugten die Reden der Minister bei wiederholten Gelegenheiten ebenso wie die Begrüßungsartikel der großen Zeitungen. Alle diese Äußerungen brachten neben einer sachlichen Würdigung der aeronautischen Leistung die Befriedigung und Freude darüber zum Ausdruck, daß diese Fahrt des Zeppelinschiffes als ein Zeichen dafür angesehen werden müßte, daß nach der »Extratour«, die Japan im Weltkrieg im nationalen Interesse habe tanzen müssen, nunmehr die alte Freundschaft und Sympathie zwischen Deutschland und Japan wiederaufzuleben beginne und vom ganzen Volke mit Genugtuung begrüßt werde.

Es gab eine ganze Reihe von freundlichen Veranstaltungen: die schon erwähnte Massenversammlung vor den kaiserlichen Gärten, einen Empfang durch den Premierminister und einen solchen durch den Bürgermeister von Tokio, eine Einladung vom kaiserlichen Aeroklub, einen Five o'clock-Tee in den kaiserlichen Gärten und besonders ein großes Bankett, an dem alle Minister teilnahmen. Die Rede des Außenministers auf dem letzteren zeichnete sich durch ungewöhnliche Wärme aus, aber diese Veranstaltung gab mir doch auch in einer anderen Weise zu denken: Als die geladenen Gäste sich aus dem Empfangsraum in geschlossenem Zuge in den Speisesaal begaben, tönte aus diesem eine festliche Musik heraus. Ich horchte und dachte bei mir: »Dieses Musikstück mußt du doch kennen!« Zunächst konnte ich es nicht hinbringen. Plötzlich aber kam mir die Erleuchtung: »Das muß ja die Egmont-Ouvertüre von Beethoven sein!« Richtig, sie war es! Doch wie ganz anders klang sie! Man verstand offenbar diese Musik ganz und gar nicht. Es muß doch ein gewaltiger Unterschied in dem Fühlen der beiden Völker sein, wenigstens in bezug auf Musik. Ich dankte in meiner Antwort, die ich auf die Rede des Ministers zu geben hatte, u. a. auch für die freundliche Geste, daß man uns mit den Klängen der Beethovenscher. Musik empfangen hätte. Das hatte zur Folge, daß die Militärkapelle (eine solche war es) beim Verlassen des Speisesaales uns die Freude machte, die Egmont-Ouvertüre zu wiederholen. Aber sie klang nicht verständlicher. So wenig verständlich offenbar für japanische Ohren, wie für unsere deutschen Ohren die Reden klangen, mit denen man über den Verrat an dem »befreundeten« Deutschland im ersten Weltkriege hinwegging.

Was bedeuten auch in der hohen Politik sentimentale Gefühle! Im zweiten Weltkrieg hatten auch wir den »Verrat« vergessen und gingen in »Freundschaft« mit Japan zusammen. Die sogenannte Nibelungentreue gibt es, wenigstens in der heutigen Politik, nicht mehr. Dieses hielten wir uns in kühler Gelassenheit vor Augen, wenn wir die zweckbewußten Reden der Politiker und die ohne Zweifel echte Freundlichkeit des japanischen Volkes mit gerührter Miene entgegennahmen; aber wir empfanden doch eine große Genugtuung darüber, daß der Besuch des Zeppelins in Japans Hauptstadt einen willkommenen Anlaß geliefert hatte, ein Bedauern über das Vorgefallene und eine Hoffnung für die Zukunft zum Ausdruck zu bringen. Die politische Mission des Zeppelinschiffes war in denkbar stärkster Weise offenbar geworden, und wir mußten uns im stillen wieder darüber wundern, daß diese Mission von unserer Regierung nicht klarer erkannt und bewußter ausgenutzt wurde. Oder *wollte* man es nicht? So ging ich meine eigenen Wege.

Wir blieben volle sechs Tage in Tokio, da das Programm der vorgesehenen Feiern und Empfänge recht groß angesetzt worden war. Am Schluß dieses Programms stand ein Nachmittagstee in der Deutschen Botschaft, zu dem die ganze deutsche Kolonie erschien. Auf den nächsten Morgen war die Abfahrt angesetzt. Leider wurde nichts daraus: Beim Herausbringen des Schiffes aus der Halle klemmte sich eine der Laufkatzen, an denen das Schiff vertäut war, fest, und die Folge war, daß durch den Ruck ein Gerippeträger herausgerissen wurde. Große Aufregung unter den in großer Zahl versammelten hohen japanischen Marineoffizieren: »Wie kann so was bei uns passieren?« Der unglückliche Offizier, der mit seinen Matrosen die Ausfahrt zu betätigen hatte, war wie vor den Kopf geschlagen und erwog offenbar den Gedanken, ob ihn das seine Stellung kosten würde? Ich nahm mich seiner an, indem ich dem inquirierenden Admiral versicherte, daß so etwas leider des öfteren passiert sei, wenn die tückischen

Laufkatzen »kanteten« oder irgendwie ein kleiner Stein oder ähnliches in die Laufbahn geraten sei. Man war nicht sehr befriedigt über diese Erklärung, und mit Recht, denn es ist Vorschrift, die Laufkatzen unmittelbar vorher zur Probe einmal durchzuziehen. Aber man war wenigstens darüber befriedigt, daß der betreffende Offizier von uns in Schutz genommen wurde und daß die Presse in diesem Sinne unterrichtet werden konnte. Denn ganz Japan hatte in Erwartung gestanden. Es wurde nun den ganzen Tag über gehämmert und geflickt, und gegen Mitternacht war der Schaden behoben. So sollte es am nächsten Morgen losgehen. Aber da erhob der Wettergott Einspruch! Gegen den Nachmittag des Tages war ein recht übles, taifunartiges Wetter durchgezogen, und am nächsten Morgen wehte noch ein so starker Wind quer zur Halle, daß das Schiff nicht herausgebracht werden konnte. Also abwarten!

Die wieder in großer Zahl versammelten Offiziere und Würdenträger mußten wieder abziehen. Ich setzte mich vor der Halle auf einen Stuhl und wartete, entschlossen, das Schiff herauszubringen, sobald der Wind abgeflaut sei, und dann abzufahren, ohne nochmals alle Welt herbeizurufen. Und so geschah es. Gegen 3 Uhr am Nachmittag war es soweit, und wir flogen ab. Nur die große Menge war »inoffiziell« dabei und gab uns einen freundlichen, von Herzen kommenden Abschiedsgruß.

Wir hatten Betriebsstoff für etwa hundert Stunden für alle Motoren an Bord. Die zu bewältigende Strecke bis Los Angeles betrug rund 5500 Seemeilen (10 000 Kilometer), so daß wir mit aller Zuversicht die Fahrt über die ungeheure Weite des Pazifik wagen konnten. Und die Fahrt versprach navigatorisch sehr interessant zu werden. Zunächst interessierte uns der Taifun, der gestern über Tokio hinweggegangen und nach Nordosten gezogen war. Wo würden wir diesen Taifun einholen, und würden wir ihn vielleicht uns nutzbar machen können? Denn das Zentrum eines Taifuns zieht nicht so schnell, wie ein Luftschiff fliegt.

Wir nahmen unseren Kurs deshalb zunächst in östlicher Richtung. Das Wetter war schön und fast windstill. Aber schon nach etwa drei Stunden gerieten wir in eine immer frischer werdende nördliche Luftströmung, ein Zeichen, daß wir uns der Rückseite des Taifuns näherten. Gegen Osten sahen wir eine dunkle Wolkenbank sich auftürmen und schwere Gewitterbildungen sich weit nach Süden, quer vor unseren Weg, erstrecken. Die Sonne war im Niedergehen und beleuchtete das großartige Wolkengebirge mit roten und goldenen Lichtern. Es war ein wunderbares Bild. Das Taifunzentrum stand offenbar, nach der Gestaltung der Wand vor uns zu urteilen, wenigstens 50 bis 60 Meilen nördlich von uns; aber wir hatten uns einen Weg durch die Gewitter zu suchen, die sich nach Süden hinzogen. Wir wichen etwas nach Süden aus und fanden dann bald eine Lücke zwischen zwei Gewittern, durch die wir hindurchschlüpften. Es kam nun schnell, wie wir es erhofft hatten: Der starke Nordwind flaute plötzlich ab, und dann kam ein mäßiger, immer kräftiger werdender Südwestwind durch, der uns an der Südseite des Taifunwirbels eine schnelle Fahrt gewährte. Unsere Geschwindigkeit über dem Meeresspiegel, die auf etwa 50 Seemeilen herabgegangen war, stieg allmählich auf 85 Meilen und blieb etwa so während der nächsten vier oder fünf Stunden. Dann waren wir aus dem Bereiche der Taifunstörung heraus und kamen in windstilles Wetter.

Es galt jetzt, vorteilhaftere Windströmungen zu suchen. In Tokio hatte mir ein japanischer Admiral gesagt, daß wir auf dem kürzesten Wege, dem größten Kugelkreis, um diese Jahreszeit immer mit dickem Nebel zu rechnen haben würden. Das konnte natürlich nur bedeuten, daß auf dieser Route kühle, also westliche bis nordwestliche Winde in das Gebiet des großen, warmen Äquatorialstroms hineinstießen und zu einer Kondensation der Wasserdämpfe führten. Diese westlichen Winde mußten wir aufsuchen, was natürlich um so mehr geboten erschien, als es zugleich den kürzesten Weg bedeutete. Wir gingen also bald nach Passieren der Gewitterfront auf einen ostnordöstlichen Kurs, während wir bis dahin rein östlich gefahren waren.

Wir kamen so langsam unter wechselnden Winden meist südöstlicher Richtung von 35 Grad nördlicher Breite auf den 36., 37. und schließlich auf den 46. Grad hinauf. Bei 44 Grad nördlicher Breite und 175 Grad östlicher Länge, also nach Zurücklegung reichlich des ersten Drittels unseres Fluges über den. Pazifik, kamen wir in den westlichen Wind hinein, und dieser blieb uns fast beständig bis ans Ende der Fahrt treu. Wir hatten für dieses erste Drittel 29 Stunden gebraucht mit einer mittleren Geschwindigkeit von rund 115 Kilometern in der Stunde; für die zwei letzten Drittel brauchten wir nur 38 Stunden mit einer mittleren Geschwindigkeit von 140 Kilometern in der Stunde. Wir hatten aber in der Tat wenigstens während der Hälfte dieser Zweidrittelstrecke mit dickem Nebel oder mit tiefer, geschlossener Wolkendecke unter uns zu tun, und es war ganz unmöglich, eine genaue Ortsbestimmung zu machen. So mußten wir im allgemeinen aus der Temperatur schließen, daß wir über der Wolken- oder Nebelschicht wirklich mit westlichem Winde liefen. Die Temperatur war von 18 Grad bei Einschlagen des nordöstlichen Kurses allmählich auf 10-11 Grad heruntergegangen und blieb so, bis wir nach Durchquerung einer Böenfront uns der amerikanischen Küste mehr näherten. Als wir aber einen japanischen Dampfer um diese Zeit anriefen und eine genaue Position von ihm erbaten, zeigte es sich, daß wir etwa 150 Seemeilen weiter voraus waren, als wir (vorsichtig) angenommen hatten. Der Westwind war also in den etwa 24 Stunden, die wir im Nebel gefahren waren, im Durchschnitt um etwa 3 Meter in der Sekunde stärker gewesen, als wir ihn in Rechnung gesetzt hatten. Die Korrektur war eine erfreuliche.

Einen ganzen Tag in Nebel oder Wolken zu fahren, ohne mehr als einen gelegentlichen Blick auf die Meeresoberfläche zu haben, ist nicht gerade ein besonders großes Vergnügen. Den Passagieren kam dabei zum Bewußtsein, wieviel sie doch sehen und erleben konnten, wenn sie durch die großen Fenster die Meeresoberfläche bis weit hinaus zu einem fernen Horizont übersehen und sich an dem wechselnden Farbenspiel der Flächen erfreuen konnten, ganz abgesehen von den Begegnungen mit Schiffen, die wir überholten oder die uns entgegenkamen, mit einer aufgeregten, winkenden Menge an Bord. Im Luftschiff hoch über dem Meere zu fahren, ist niemals langweilig, ist immer reizvoll, weil das malerische Bild von Meer und Wolken immer schnell wechselt, ganz im Gegensatz zu dem vergleichsweise langsamen Fortschreiten eines Dampfschiffes auf dem leeren, weiten Ozean. Aber man muß ein freies Blickfeld haben, wie es das Luftschiff bietet. Jetzt im Nebel fehlte dieses faszinierende Gemälde, und man hatte die Zeit mit geselligem Verkehr zu vertreiben. Das ist nun im Luftschiff nicht schwer, weil genügend Raum und Bewegungsfreiheit vorhanden ist, sich in Gruppen zum Spiel oder zu geselliger Unterhaltung zusammenzusetzen. Eine kleine Sensation kam für viele, als wir den 180. Grad östlicher Länge, die Datumsgrenze, in der Nacht überschritten hatten und nun am Morgen des neuen Tages feststellten, daß es morgens 8 Uhr des 24. August sei, nachdem wir abends 11 Uhr des 24. August ins Bett gegangen waren. So einfach diese Tatsache war, sie wollte einigen Leuten doch nicht recht in den Kopf.

Um 4 Uhr nachmittags des 25. August kam die amerikanische Küste in Sicht. Kurz nach 5 Uhr fuhren wir über das »Goldene Tor« in die Bay von San Francisco ein nach einer Fahrt von 67 Stunden von Küste zu Küste. Es war ein Rekord aufgestellt, mit dem wir damals zufrieden sein konnten. In San Francisco hatte man eine längere Fahrtdauer angenommen. Es war ein Wettbüro aufgezogen worden, und es zeigte sich, daß bei weitem die meisten Wetten zwischen 80 und 90 Stunden lagen. Unter 70 Stunden hatte nur ein Mann gewettet, auf das »low field«. Dieser Herr kam zu mir, als wir in Los Angeles gelandet waren, und erzählte mir freudestrahlend, daß er 20 000 Dollar gewonnen habe. Ich erwartete, daß er mir die Hälfte davon anbieten würde, aber er tat es zu meiner großen Überraschung nicht. Das nächste Mal werde ich ihn hereinlegen, indem ich es auf 70 Stunden und fünf Minuten bringe. Er wird das für eine ganz ausgesuchte Bosheit und Niedertracht halten, aber es wird ihn nicht bessern. Das soll es auch nicht.

Die Schönheit der Bucht von San Francisco ist in allen Sprachen gepriesen worden. Das »Goldene Tor« führt seinen Namen nicht zu Unrecht. Als wir in etwa 500 Meter Höhe hineinsteuerten und das zauberhafte Bild überschauten, waren wir tief ergriffen und zu Tränen gerührt. Die schon tiefstehende Sonne überflutete Meer und Land und die Berge ringsum mit warmem, goldenem Licht und malte ein wunderbares Gemälde. Und der Empfang, den uns diese herrliche Stadt bereitete, war nicht minder großartig. Große Geschwader von Flugzeugen kamen uns entgegengeflogen und gaben uns bei der Einfahrt das Geleit. Die Schiffe, die auf der Reede und am Quai lagen, hatten zum Teil über die Toppen geflaggt, ihre Sirenen brüllten einen Willkommensgruß, begleitet vom Hupengetön der Tausende von Autos auf Straßen und Plätzen. Ohr und Auge hatten in gleicher Weise zu tun, die Kundgebungen der begeisterten Stimmung in sich aufzunehmen. Wir hatten schon öfters ähnliches erlebt, aber dieser Empfang nach der langen, monotonen Überfahrt in Wolken und Nebel ist mir der unvergeßlichste in seiner Schönheit und Wärme geblieben.

Wir blieben nur eine Viertelstunde über der Stadt und setzten dann unsere Fahrt fort. Denn unser Ziel war Los Angeles, das etwa 700 Kilometer weiter südlich lag. San Francisco hatten wir nur angelaufen, um einen Rekord für die bedeutsame Strecke über den Pazifik aufzustellen. Wären wir direkt auf Los Angeles zugesteuert, so wären wir etwa eine Stunde später dort gewesen und hätten gegen 7 Uhr dort landen können. Nun mußten wir die halbe Nacht durchlaufen, um hinzugelangen.

Die Küstenlandschaft dorthin, die wir langsam mit abgedrosselten Motoren hinunterfuhren, ist reizvoll; aber sie lag nach zweistündiger Fahrt im Dunkel unter uns. Gegen 11 Uhr näherten wir uns dem Platze, wo der Förderer unserer Fahrt, Herr Randolph Hearst, eine große Besitzung hat. Wir schauten hinab, aber alles war zu unserer Überraschung in schwarzes Dunkel gehüllt; kein Mensch schien hier zu wachen. Aber plötzlich leuchteten Hunderte von Lampen auf, die das große Wohnhaus und die vielen kleinen Logierhäuschen im Park mit blendendem Licht übergossen. Es war eine sinnige und eindrucksvolle Überraschung, auf die wir dankbar mit einem Funkspruch an Herrn Hearst antworteten.

Kurz nach 1 Uhr waren wir über Los Angeles; aber wir hatten uns mit der Marineabteilung daselbst verständigt, daß wir erst bei Tagesanbruch, um 5 Uhr, landen wollten. So trudelten wir langsam drei bis vier Stunden im Kreise herum und ließen auch unsere Besatzung und die Passagiere schlafen. Die Landung um 5 Uhr gestaltete sich dann recht unbequem, und zwar aus folgendem Grunde: Die Luftschicht über dem Boden war in der Nacht stark abgekühlt, teils infolge der nächtlichen Ausstrahlung des Bodens, teils infolge des Herabfließens kalter Luft von den Bergen. Das ist eine den Bewohnern von Los Angeles ebenso vertraute wie angenehme Erscheinung. Wir hatten in 500 Meter Flughöhe 25 Grad, während es am Boden nur 19 Grad warm war. Für ein Luftschiff unserer Größe bedeutete aber eine Abkühlung der Luft um einen Grad etwa 300 Kilogramm Tragkraftvermehrung, so daß wir rund 1800 Kilogramm »leichter« wurden, wenn wir in diese kalte Bodenluft hineinstießen. Wir versuchten, durch ganz niedriges Fahren unsere Gastemperatur auch auf die Bodentemperatur herunterzubringen; aber das ging so langsam, daß wir mehrere Stunden gebraucht hätten, um Gas- und Lufttemperaturen in Einklang zu bringen. So mußten wir uns entschließen, mehr als 1000 Kubikmeter Gas aus den Ventilen zu lassen, bis die Haltemannschaften imstande waren, das Schiff auf den Boden herabzuziehen. Dieses sollte uns, wie wir sehen werden, bei dem Wiederaufstieg am späten Abend sehr große Schwierigkeiten bereiten.

Als das Schiff, von den flinken Händen der Marine-Landabteilung geschickt geführt, an den Landemast gebracht und dort verankert war, stieg alles aus, um sich die weltberühmte Filmstadt anzusehen. Nur eine Wache blieb im Schiff, um den Marinesoldaten bei den Vorbereitungen für die nächste Fahrstrecke zu helfen. Es mußte Gas und Brennstoff nachgefüllt werden, denn wir hatten etwa drei Viertel unseres gasförmigen Brennstoffes und ein Viertel unseres Benzins auf der Fahrt über den Pazifik verbraucht. Der im Schiff noch vorhandene Betriebsstoff reichte für etwa 35 weitere Fahrstunden, also nicht für die Strecke von Los Angeles bis Lakehurst, die schätzungsweise etwa 50 Stunden beanspruchen würde. Zur Not, d. h. wenn wir stark abgedrosselt fahren würden, wären wir wohl mit dem Betriebsmittelrest bis Lakehurst gekommen, aber das wäre eine Art Vabanque-Spiel gewesen, und Betriebsstoff lag plangemäß in Los Angeles bereit.

Herr Randolph Hearst, unser Freund und Förderer, hatte es sich nicht nehmen lassen, Besatzung und Passagiere des Schiffes sowie die Vertreter der zivilen und militärischen Behörden und viele Berühmte der Filmstadt zu einem feierlichen Bankett für den Abend einzuladen. Das Fest, welches Herr Hearst gab, verlief in fröhlicher Stimmung und gab, wie üblich, Gelegenheit zu manchen schönen Reden über die Fortschritte der Technik und den völkerverbindenden Verkehr. Es war ja in der Tat für die Bewohner der kalifornischen Küste ein großes Erlebnis, daß man in drei Tagen vom fernen Japan über den ungeheuren Pazifischen Ozean gekommen war.

Ich aber hatte keine rechte Ruhe und fuhr recht bald zum Luftschiff hinaus, um zu sehen, wie es da stünde. Denn die Erfahrung bei der Landung hatte mir zu denken gegeben. Ich fand meinen Freund, Kapitän Flemming, der die Wache am Schiff übernommen hatte, recht bekümmert vor: »Herr Doktor, das Schiff ist zu schwer und will nicht hoch!« Ich erkundigte mich dann, was an Traggas und Benzin hineingebracht sei, und kam zu dem Schluß, daß die Gaszellen in der Sonnenhitze des Tages zuviel Gas abgeblasen haben mußten, obgleich man erst am Nachmittag mit der Gasnachfüllung begonnen hatte. Die Gasflaschen waren jetzt leer und eine weitere Nachfüllung unmöglich. Es blieb nur übrig, einen Teil der Besatzung dableiben und mit der Bahn nach Lakehurst nachkommen zu lassen und den Betriebsstoff und Wasserballast auf das äußerste Minimum zu beschränken. So kam das Schiff zum »Schwimmen«. Dann aber zeigte es sich, daß das Schiff nur in der bereits stark abgekühlten Bodenluftschicht schwamm, aber sofort schwer wurde, wenn es mit seinem Körper in die darüberliegende warme Luft tauchte. Da konnte nur ein riskantes Manöver helfen: »Alle Maschinen Äußerste Kraft voraus!« und unmittelbar über, fast auf dem Boden Fahrlauf zu nehmen, um dann allmählich in die wärmere Luft hinaufzukommen. So geschah es, und es schien glücklich zu gehen. Da aber, während wir mit der Achtergondel in etwa 5 Meter Höhe über dem Boden hinrasten, tauchte plötzlich vor uns eine Starkstromleitung auf, die wenigstens 20 Meter hoch quer über den Platz lief! Über die mußten wir hinweg! Also mußte etwas stärker Höhensteuer gegeben werden, um Höhe zu gewinnen. Die Folge war, daß das Hinterende des Schiffes mit der unteren Stabilisierungsfläche den Boden berührte. Aber das mußte in Kauf genommen werden, denn in die Starkstromleitung durften wir unter keinen Umständen hineinfahren. Es klopfte noch einmal hinten auf den Boden auf, aber dann waren wir hoch genug und kamen in etwa einem Meter Abstand über die Leitung hinweg. Eine ungeheure Spannungslösung befreite Herz und Brust, aber es lag mir noch lange wie Blei in den Gliedern. Denn was hätte passieren können! Nun aber mußte erst noch festgestellt werden, ob die Stabilisierungsfläche erheblichen Schaden erlitten hatte. Der untersuchende Ingenieur kam mit der Meldung zurück, daß es »nichts weiter gemacht habe« und nur ein unwesentlicher Träger eingedrückt sei.

So konnten wir uns in dieser Beziehung beruhigt auf die Fahrt machen. Aber ich muß gestehen, daß ich mit einem Gefühl der Unsicherheit, wie ich es sonst nicht kannte, diese Fahrt über den nordamerikanischen Kontinent antrat. Würde ich alle Schwierigkeiten, die eintreten konnten, zu meistern imstande sein? Der Anfang der Reise war bedenklich kritisch gewesen, weil wir keinen Wasserballast im Schiff hatten. Nun sollte die ganze Fahrt ohne oder so gut wie ohne diesen Ballast und mit einem Minimum an Betriebsstoff durchgeführt werden. Ich dachte an das tückische Wetter in diesem Gebiet, mit tropischer Hitze in den Wüsten von Arizona und Texas, mit plötzlichen Kaltlufteinbrüchen und Gewitterfronten aus dem Nordwesten, mit den Tornados und mit den Hurrikanen, die um diese Zeit schon aus dem Karibischen Meer ins Land stoßen konnten. Ich war noch nicht vertraut mit einem kontinentalen Sommerwetter, denn unser Flug über Sibirien hatte sich in so weit nördlichen Breiten abgespielt, daß er kaum vergleichbar erschien. Wir mußten schon Glück haben, wenn wir das nicht voll leistungsfähige Schiff gut bis Lakehurst durchbringen wollten.

So dachte ich damals, und sicherlich mit einem gewissen Recht. Ich habe aber seitdem aus eigener Anschauung kennengelernt, daß es in Wirklichkeit nur halb so schlimm ist, wie die allgemeine Meinung es wissen wollte. Gewiß, es spielen sich da Wettervorgänge von geradezu unvorstellbarer Gewalt und Heftigkeit ab, so besonders in den gefürchteten Tornados; aber diese Vorgänge sind von einer so begrenzten Ausdehnung, daß man sie leicht umfahren kann. Die ausgedehnten Gewitterfronten sind aber keineswegs von atmosphärischen Vorgängen begleitet, die heftiger und gewaltsamer waren als die entsprechenden Vorgänge der westeuropäischen Fronten.

Im Gegenteil habe ich den Eindruck gewonnen, daß sie weniger unbequem in ihren vertikalen Luftbewegungen wären. Ich führe das darauf zurück, daß es doch im großen eine *kontinentale*, d. h. relativ trockene Luftmasse ist, die über dem Staatengebiet liegt, abgeschirmt von der pazifischen Luft durch die gewaltige Bergkette der Rocky Mountains, während an der Westküste Europas die sehr feuchte Luft des Golfstromgebietes liegt. Was aber kontinentale Atmosphäre bedeutete, sollten wir nun bald erfahren. Der Gegensatz zu der stabilen Atmosphäre, die wir auf der Fahrt über den weiten Pazifik gehabt hatten, war groß und höchst unerfreulich. Wir fuhren in der Nacht bis San Diego hinunter, weil wir die südlichen Ausläufer der Rocky Mountains umgehen mußten, und steuerten dann über geringe Höhen auf Yuma, die Grenzstadt von Arizona, um von hier weiter durch Arizona und New Mexico nach El Paso zu gelangen. Im Morgengrauen kamen wir über die Arizonagrenze. Es war ein prachtvoll klarer Tag, und wir konnten weithin nach Süden in den Golf von California und Mexico hineinschauen, wo sich ein Gewitter zu entwickeln schien.

Die ungemein sichtige Luft vor uns über den Wüstenstrecken von Arizona war in der Morgenkühle vollkommen stabil, und es war ein Genuß, in dieser ruhigen Atmosphäre dahinzusegeln und in unbegrenzte Weiten zu schauen, besonders nach Norden hin, wo der gewaltige Colorado River aus den Schluchten des Gebirges herauskommt. Die Phantasie folgte dem Laufe desselben bis zu dem Grand Canyon hinauf, aber dieses Wunder landschaftlicher Schönheit mußte uns leider verschlossen bleiben. Die Sonne tat nun allmählich im Aufsteigen ihr Werk und erhitzte die Bodenluftschichten. Diese stiegen auf, und das Schiff begann zu tanzen. Es war anfangs nicht sehr merklich; aber gegen Mittag wurde es so stark, daß das Geschirr auf dem Eßtisch lebendig zu werden begann und Schlingerleisten angebracht werden mußten, wie auf einem Ozeandampfer in schwerer See.

Um 200 bis 300 Meter wurde das Schiff von aufsteigenden Luftmassen emporgeschoben, um dann im entsprechenden absteigenden Strome etwa ebenso weit wieder nach unten getragen zu werden. Es war nicht sehr behaglich, und ich erinnerte mich, daß im ersten Weltkrieg, als ein Marineluftschiff nach dem Süden geschickt wurde, die halbe Besatzung, bestehend aus wettererprobten Seeleuten, auf dem Fluge über die Wüste Sahara seekrank geworden sein soll. Ich wurde nun zwar nicht seekrank, aber ich faßte doch den Beschluß, Tagesfahrten im Sommer über Wüsten nach Möglichkeit zu vermeiden oder wenigstens die Wüste vorher tüchtig sprengen zu lassen.

Große grüne Flächen im Wüstengebiet zeigten uns, daß man geschäftig war, durch Bewässerung eine Bepflanzung zu ermöglichen, und heute kommen ja bekanntlich von dort allerlei Früchte von vortrefflicher Qualität auf den Markt.

Gegen Abend erreichten wir die Grenzstadt El Paso, und damit hatte unser Schaukelpferdreiten und unser Ausholen nach Süden ein Ende. Wir hatten die letzten hohen Ausläufer des Gebirges hinter uns und konnten nun auf nordöstlichem Kurs durch Texas, Oklahoma und Kansas auf Chicago lossteuern, das zu überqueren wir uns verpflichtet hatten.

In El Paso sahen wir reges Leben, vor allen Dingen auf der Brücke, die über den breiten Rio Grande nach der mexikanischen Nachbarstadt hinüberführt. Böse Zungen behaupteten, daß alle Brückenpassanten Leute wären, die der »Prohibition« entgehen und in Mexiko nach der Tageshitze einen Whisky mit Soda (oder auch unvermischt) zu sich nehmen wollten. El Paso sei eine aufblühende Stadt, weil so viele solcher Grenzgänger sich dort ansiedelten, und bald würde ein bedeutender Teil der Bevölkerung der Vereinigten Staaten in dieser Stadt wohnen. Natürlich hatten diese Lästerzungen unrecht, denn schon die aufopfernde Tätigkeit der »Bootleggers« sorgte dafür, daß die Gefahr einer Abwanderung nach El Paso beschworen wurde; aber es schien doch wünschenswert zu sein, daß durch Aufhebung der »Prohibition« der Konsum von Whisky bald auf ein bescheidenes Maß heruntergebracht würde – wenigstens in der Grenzstadt El Paso.

Die Nacht war ruhig und schön, und stetig folgte das Schiff seiner Bahn, ungestört durch ungünstige Wetterentwicklung. Am frühen Morgen überquerten wir in der Nähe von Tulsa den Arkansas River und steuerten weiter auf den anderen mächtigen Nebenfluß des Mississippi, den Missouri, zu, den wir bei Kansas City zu überqueren gedachten. Die Nacht hatte uns aus der Hitze von Arizona und New Mexico in eine merklich frischere Luft gebracht, die Wetterlage war günstig, und wir konnten jetzt sicher sein, daß wir mit Betriebsmitteln nicht zu kurz kommen würden.

Wer einen lebendigen Eindruck von der Größe, der Beschaffenheit und der Mannigfaltigkeit des Gebietes der Vereinigten Staaten von Nordamerika empfangen will, der überfliege es in einem Zuge in einem Luftfahrzeug. Er überfliege es in größerer Höhe, um eine weite Landstrecke überschauen zu können, aber nicht zu hoch, um noch interessante Einzelheiten in kleineren Städten, in Dörfern und im offenen Lande erkennen zu können. Er überfliege es am besten in einem Luftschiff, das einen freien Rundblick durch seine großen Fenster gewährt. Mir war unsere Fahrt von der äußersten Südwestküste Kaliforniens quer durch den ganzen Kontinent bis nach New York ein Erlebnis, das zu den eindrucksvollsten meines Lebens gehört. Welch ein Wechsel der landschaftlichen Szenen, und welche Mannigfaltigkeit des Lebens von den Steppen und Wüsten Arizonas und den Bildern der grandiosen Rocky Mountains über das Farmerland des mittleren Westens bis zu den Industriestädten des Ostens! Und welch ungeheure Weite, die man im tagelangen Flug staunend erlebt! Eine zum Teil noch recht leere Weite, die aber gemeistert und allmählich mit Leben erfüllt wird von den größeren und kleineren Städtesiedlungen aus, die überall entstanden oder im Entstehen und Wachsen begriffen sind und in die man mit Bewunderung und Erstaunen über so viel Lebensenergie hinunterschaut.

Welch ungeheure Leistung ist es, die in hundert Jahren hier von einem tatkräftigen Volk vollbracht worden ist und noch weiter vollbracht wird! Wie albern und einfältig kommen einem demgegenüber die überheblichen Urteile gewisser stagnierender Völker und Kreise im alten Europa vor, die vielfach davon leben, daß sie einmal ein Mittelalter hatten, und die Nordamerika vorwerfen, daß es – kein Mittelalter hatte. Denn darauf kommt es doch meistens heraus, wenn man Kunst und Kultur in der Neuen Welt bekrittelt. Wartet nur! Der Most ist im Gären und wird hoffentlich bald ein klarer Wein werden! Er hat oft recht unbändig gegoren, aber das beweist nur seinen starken inneren Gehalt. Es ist nur zu hoffen, daß nicht gewisse geistige Krankheitsstoffe vom müden, bösen Europa herüberkommen und ein gesundes Menschengeschlecht auch zu einem kranken machen. Aber solange noch so viel Pionierarbeit in dem mittleren und südlichen Westen zu tun ist, wird die Widerstandskraft gegen Giftstoffe wohl groß genug sein.

In Oklahoma, in Kansas City, in Davenport, Rock Island, überall konnten wir mit Überraschung und Vergnügen beobachten, mit welcher außerordentlichen Spannung die Weltfahrt des Schiffes und sein Erscheinen über der Stadt verfolgt wurden. Aber was wir in Chicago erlebten, übertraf denn doch jede Erwartung und Phantasie. Mir hatte im vorigen Jahr ein Bürger Chicagos, dem ich von dem Empfang des »Graf Zeppelin« in New York erzählt hatte, gesagt: »Wenn Sie einmal nach Chicago kommen, wird sich der Empfang hier zu dem in New York verhalten wie ein Dollar zu einem Cent!« Ich mußte lächeln über diese wundervoll amerikanische Redeweise wie auch über die etwas kühne Größe der Versprechung. Denn ich konnte mir nicht vorstellen, wie der Spektakel, den die Siebenmillionenstadt New York damals mit bestem Willen und Kraftaufwand gemacht hatte, von der Dreimillionenstadt Chicago sollte überboten werden können. Aber die Mittelwestler sind ein starker und ehrgeiziger Menschenschlag.

Was in Chicago in bezug auf Lärmerzeugung und andere Begeisterungskundgebungen bei unserem Erscheinen geleistet wurde, ist doch vielleicht als ein Rekord in dieser Beziehung anzusehen, der sobald nicht geschlagen werden dürfte. Die weiten Anlagen am Michigansee waren von Hunderttausenden besucht, und

Konfettiparade nach Ankunft in New York während der Weltfahrt von LZ 127 »Graf Zeppelin« 1929.

jeder tat sein Bestes, um Sirenen, Hupen, Dampfpfeifen und Böllerschüsse wenn möglich zu übertönen.

Wir waren bis jetzt 40 Stunden unterwegs, und die Sonne wollte untergehen. Wie in San Francisco hatten wir die Gunst einer Abendbeleuchtung, die alles in festlich goldene Strahlen tauchte.

Wir fuhren jetzt über den See, um Ford in Detroit und dann weiterhin Cleveland am Eriesee zu überqueren. Kurz nach Mitternacht waren wir über Akron, wo wir unserem Freund Litchfield, dem Präsidenten der amerikanischen Zeppelinwerft, einen Gruß zuwinkten. In der Morgenfrühe landeten wir in Lakehurst, und die »amerikanische« Weltfahrt war damit glücklich und erfolgreich beendet.

Die mit dieser Fahrt in Verbindung stehenden Anstrengungen waren freilich damit noch nicht ganz beendet. Es gehörte zu solchen besonderen Zeppelinfahrten immer ein Schlußakt, und das war der Empfang am Ziel. Daß dieser Empfang in New York besonders stürmisch werden würde, wußten wir. Das weiß jeder, der New Yorks Bevölkerung in dieser Beziehung kennt, und das hatten wir ja schon im vorigen Jahre selbst erlebt. Mir waren schon unterwegs, als wir uns noch zwischen Chicago und Detroit befanden, Funksprüche vom Polizeipräsidenten New Yorks, Herrn Grover Whalen, zugegangen, in welchen die Besatzung und Passagiere gebeten wurden, sich auf einen feierlichen Einzug in New York vorzubereiten.

Ein Programm dafür war kurz angegeben: Bald nach Ankunft Fahrt durch den unteren Broadway zum Rathaus und hier Empfang durch den Mayor New Yorks, »Jimmy« Walker. Ich war mit Rücksicht auf die Abgespanntheit der Besatzung nicht sonderlich entzückt davon und hätte die Veranstaltung gern um einen Tag verschoben. Ich antwortete deshalb, daß der Besatzung ja schon vor einem Jahre eine solche Ehrung zuteil geworden sei und ich eine Wiederholung derselben für nicht notwendig hielte. Aber es kam die Rückantwort, daß der feierliche Einzug durchaus notwendig sei. So mußte ich mich fügen, und es geschah so. Ich glaube, daß die Begeisterung diesmal noch größer war als vor zwei Jahren und daß die Zahl der zu Konfetti zerrissenen Telephonbücher auch noch über die damals erreichte Zahl hinausging und einen neuen Rekord darstellte. Aber ich weiß es nicht genau.

Im Rathaus war eine kurze feierliche Begrüßung. Eine wundervolle Frauenstimme sang die amerikanische Nationalhymne, und dann verstand es Jimmy Walker, die übergroße Hochspannung der Gefühle durch ein witziges Wort zu lösen, indem er seine Ansprache folgendermaßen begann: »Meine Damen und Herren, ich fühle, daß ich etwas mit Dr. Eckener gemein habe: Ich weiß, was es heißt, durch Randolph Hearst in der Luft gehalten zu werden, und so bin ich sicherlich der berufene Sprecher hier.« Jeder wußte, was das bedeutete, und lachte. Die Hearst-Presse hatte sich, als Mr. Walker als Kandidat für das Amt des Bürgermeisters von New York aufgestellt worden war, bezüglich dieser Kandidatur etwas spröde und unklar verhalten und Mr. Walker gemäß eines amerikanischen Slangausdrucks »in der Luft schwebend gelassen«, was diesem angesichts der Bedeutung der Hearst-Presse sehr unangenehm gewesen war. Ich war dankbar dafür, daß das Übermaß des »Heroischen« damit auf ein bescheiden menschliches Niveau gemildert wurde, denn im Schwung einer Massenbegeisterung, wie gerade die New Yorker sie lieben, tut man des Guten leicht zu viel. Aber diesmal entsprach die Begeisterung New Yorks der allgemeinen Stimmung des amerikanischen Volkes. Das mußte ich am nächsten Tage erkennen: Präsident Hoover erwies mir die Ehre, mich zu einem Besuch bei ihm ins Weiße Haus zu bitten. Als ich vor ihm stand, sagte er mir u. a. folgende Worte: »Ich hatte gedacht, daß die Zeit der großen Abenteurer, wie Kolumbus, Vasco da Gama und Magellan, vorüber sei. Nun steht ein solcher Abenteurer vor mir. Ich freue mich, Dr. Eckener, daß das amerikanische Volk Sie so warm begrüßt hat, und möchte Sie heute persönlich zu Ihrer Leistung beglückwünschen.«

Die »Weltfahrt« konnte damals in der Tat als eine sehr bemerkenswerte Leistung im Sinne von »progress and civilisation«, den die Amerikaner als ihre Losung verkünden, gewertet werden, denn die reine Flugzeit der amerikanischen« Rundfahrt betrug genau zwölf Tage, also weniger Zeit, als man damals für eine Seefahrt von San Francisco nach Tokio brauchte.

Der Südamerika-Dienst 1930-1937

Schon im Jahre 1920, also noch bevor wir unseren ZR III gebaut und im Jahre 1924 dann nach Amerika überführt hatten, setzten sich ein deutscher Kaufmann in Bilbao, namens Wilhelm Pasch, und ein Baske aus der gleichen Stadt, namens Thomas Rementeria, mit mir in Verbindung mit dem Vorschlag, eine Luftschiffverbindung zwischen Spanien und Argentinien zu organisieren. Rementeria war ein Baske nicht allein der Rasse nach, sondern auch mit bewußtem Nationalgefühl und -stolz. Er war der Überzeugung, daß die Basken eine der ältesten und vornehmsten Rassen auf der Welt seien, daß die Bewohner der verschollenen, sagenhaften »Atlantis«, jener Insel, die schon Platon beschreibt, Basken gewesen seien, daß noch jetzt in Japan ein rein baskischer Stamm wohne und daß die alten pharaonischen Herrschergeschlechter Ägyptens ganz unverkennbar eine baskische Schädelform aufwiesen. Um letzteres zu beweisen, zeigte er sein Profil, das in der Tat die gradlinige charakteristische Linienführung Stirn-Nase aufwies, wie wir sie aus altägyptischen Plastiken und Bildern kennen.

Rementeria hätte in der Tat als Cheops oder Ramses I. ohne Schminke überzeugend auf der Bühne erscheinen können. Abgesehen von dieser fixen Idee, war Herr Rementeria aber ein durchaus realistisch denkender, recht intelligenter Mensch und ein guter Spanier dazu. Spanien, einst die größte Kolonialmacht, hatte im Laufe des letzten Jahrhunderts alle seine amerikanischen Kolonien, die sich selbständig machten, verloren und neuerdings die Philippinen, Kuba und Puerto Rico an die Nordamerikaner abtreten müssen. Das Interesse und Streben der spanischen Regierung und besonders auch des Königs Alfons XIII. ging nun dahin, Argentinien, wo noch sehr lebhafte Sympathien mit dem Mutterland vorhanden waren, durch engere Beziehungen mit Spanien zu verknüpfen, um die spanische Kultur und Sprache in diesem Lande lebendig zu erhalten. Rementeria kam da auf den Gedanken, eine schnelle und rein spanisch organisierte Verkehrsgelegenheit zwischen Spanien und Argentinien zu schaffen, in der richtigen Überlegung, daß eine solche Verbindung den Plänen der Regierung sehr dienlich sein müsse. Er dachte dabei an eine Luftschiffverbindung, denn er war von der Leistungsfähigkeit der Zeppeline aufs tiefste durchdrungen. Er war ein alter Schiffskapitän gewesen und hatte als solcher ein nettes Vermögen erworben, und er war überzeugt und suchte mich davon zu überzeugen, daß »keine Strecke in der Welt günstiger für einen Luftschiffverkehr sei als die Strecke von der südspanischen Küste, etwa »von Sevilla aus, durch die Passate und die Kalmenzone am Äquator nach Argentinien«. Ich mußte ihm im wesentlichen recht geben; aber ich meinte, daß ich mir doch die Kalmenzone mit ihren Gewittern und heftigen Wolkenbrüchen erst einmal ansehen müßte. Rementeria erklärte sich bereit, eine Studienreise dorthin zu finanzieren, und ich willigte ein. Ich nahm auf dieser Reise einen Fachmeteorologen des »Luftschiffbau Zeppelin«, Herrn Dr. Lempertz, mit.

In den ersten Julitagen 1921, des heißesten Jahres seit Jahrzehnten, fuhren wir ab. Die lange Eisenbahnfahrt bis Sevilla ist mir wenig erfreulich in der Erinnerung. Wir fuhren bei mehr als dreißig Grad Wärme ab, hatten in Paris fünfunddreißig Grad und fanden schließlich in Andalusien, der »Bratpfanne« Spaniens, als wir mittags mit dem Nachtzug aus Madrid ankamen, gegen vierzig Grad im Schatten. Als amüsantes und bezeichnendes kleines Vorkommnis steht mir noch in der Erinnerung, daß ich mir im Hotel nach den qualvoll heißen Vormittagsstunden im Zuge ein erfrischendes Bad nehmen wollte und dann fand, daß das eingelassene Wasser in der Badewanne viel zu warm sei, da es mindestens die Körpertemperatur hatte. Ich ließ es ablaufen und neues Wasser einströmen. Das war aber ebenso warm. Ein Kundiger sagte mir dann: »Da können Sie lange zapfen, es kommt nicht anders. Die Rohrleitungen liegen hier ganz nahe unter der Oberfläche des Bodens, und das Wasser in ihnen wird tagsüber fast so heiß wie der Boden in der Sonnenstrahlung.« Sevilla, wo wir zwei Tage weilten, ist eine reizvolle Stadt mit vielen Sehenswürdigkeiten in Kunst und Architektur – aber nicht im Juli eines ungewöhnlich heißen Jahres. Wir waren froh, am übernächsten Tage nach Cadiz zu kommen, wo die »Reina Christina« der »Spanischen Dampfschiffahrts-Gesellschaft« von Barcelona kommend einlaufen sollte.

Herr Rementeria hatte mit seiner Ansicht über die Verbesserungsnotwendigkeit der spanischen Verbindung mit Argentinien ohne Zweifel recht. Die »Reina Christina«, obgleich das beste Schiff der Gesellschaft, war ein recht langsamer Dampfer, der seine vierzehn bis fünfzehn Meilen machte und zu der rund 6500 Meilen langen Strecke nach Buenos Aires, einschließlich eines kurzen einzigen Anlaufens in Santa Cruz de Teneriffa, der Regierungshauptstadt der Kanarischen Inseln, fast zwanzig Tage brauchte. Das war in der Tat reichlich viel für die heutige eilige Menschheit, zumal die Fahrt durch die Treibhausluft der Kalmen eine Fortsetzung des heißen Sommers in Europa brachte, bis das Schiff auf etwa fünf Grad südlicher Breite in den kühlen Südostpassat kam. Ja, dorthin gehörte wirklich ein Zeppelin, der die Strecke in vier Tagen machen würde! Aber war diese Strecke in meteorologischer Beziehung wirklich so gut, wie Herr Rementeria meinte?

Ich hatte Zeit genug auf dieser langsamen Fahrt, Wind und Wetter zu studieren. Zunächst die Nordostpassatstrecke: mitlaufender Wind bis etwa zum zehnten oder fünfzehnten Grad (je nach der Jahreszeit) nördlicher Breite, dafür aber mäßiger bis frischer Gegenwind auf der Rückfahrt, jedoch immer böen- und gewitterfrei. Dann aber die Zone, wo der kühle Passat in das Kalmengebiet hineinstößt! Als wir einen vollen Tag lang diese Zone durchliefen, hatte ich Gelegenheit, Böenfronten und schwarze Kumulusgebilde zu sehen, die sich zu Montblanc-Höhe auftürmten – prachtvoll für den Maler oder den Meteorologen, aber wenig einladend für den Luftschiffer. Die Regenmassen, die bisweilen aus diesen Wolkengebilden herunterkamen, waren wie eine Sintflut. Aeronautische Experten wollten wissen, daß es unmöglich sei, einen Zeppelin durch diese Wolkenbrüche zu bringen. Aber wer war schon Zeppelinexperte? Ich stellte jedenfalls mit Beruhigung fest, daß von stärkeren Winden in diesen Regenböen nicht die Rede war. Nach einer langen Strecke in den Kalmen, wo das Wetter sehr schön war, folgte dann eine ähnliche Böenfront an deren Südgrenze, wo der Südostpassat hineinschlug, ebenfalls nicht gerade ideales Luftfahrtgebiet. Die Schlußstrecke im Südostpassat und weiter bis vor die Mündung des Rio de la Plata war dann wieder sehr günstig – wenn nicht etwa gerade ein Pampero aus Argentinien da hineinschlagen sollte.

Im ganzen war ich recht befriedigt und hielt die Strecke für gut befahrbar, obgleich ich damals noch keine praktischen Erfahrungen darüber hatte, wie gut sich der Zeppelin auch in schweren Böen über dem Meere zu behaupten vermochte.

In einem sechswöchigen Aufenthalt in Argentinien vervollständigte ich mein Studium der meteorologischen Verhältnisse und konnte dann dem Herrn Rementeria und dem argentinischen Präsidenten Irrogoyen erklären, daß ich eine Zeppelinverbindung zwischen Sevilla und Buenos Aires für gut möglich hielte und daß die Fahrtdauer etwa vier Tage sein würde. Irrogoyen zeigte großes Interesse an einer solchen Verbindung.

Aber die Pläne führten damals noch zu keinem Resultat. In Argentinien wurde der deutsch- und spanienfreundliche Irrogoyen gestürzt und machte dem sehr zurückhaltenden Präsidenten Alvear Platz. Und Spanien war so mit seinem Rifkabylenkrieg in Marokko beschäftigt, daß König Alfons und sein Ministerpräsident Primo de Rivera weder Zeit noch Geld für den Bau einer Zeppelinhalle in Sevilla hatten. Acht Jahre später jedoch wurden die Verhandlungen auf Betreiben von spanischen Interessenten, unter denen Herr Rementeria wieder eine Hauptrolle spielte, wieder aufgenommen.

Ich fuhr wieder nach Buenos Aires, diesmal von Hamburg aus mit dem deutschen Schnelldampfer »Cap Polonio« und in Begleitung von Kapitän Flemming. In Buenos Aires sollten wir mit dem spanischen Exminister Goicoechea zusammentreffen, der eine Botschaft an den argentinischen Präsidenten überbringen sollte. Ich konnte also mein Studium der Streckenwetterverhältnisse auf einer dritten Fahrt über den Äquator ergänzen und gelangte zu der festen Überzeugung, daß sie für eine regelmäßige Luftschiffverbindung sehr geeignet seien. In Buenos Aires trafen wir den Minister Goicoechea nicht mehr an. Er hatte sich nach Uruguay begeben, um auch dort für spanische Interessen zu arbeiten. So mußten wir allein unsere Sache vertreten, und das war nicht schwer. Denn inzwischen hatten sich einflußreiche Persönlichkeiten der argentinischen Gesellschaft für die Sache zu interessieren begonnen, und diese wollten vor allen Dingen fachmännische Auskünfte.

Ich lernte einige derselben kennen und erfuhr mancherlei über argentinische soziale Verhältnisse. So vernahm ich, daß einige der Herren, alles »Estancieros«, einen Grundbesitz von mehreren hunderttausend Hektar hatten, auf dem sie einige hunderttausend Stück Vieh weideten, um es zu exportieren oder in die Fleischkonservenfabriken zu liefern. Es waren Grandseigneurs, stolz auf ihr spanisches Blut, die im südlichen Winter einen großen Teil ihrer Zeit in angeregtem geselligem Verkehr oder im Klubleben in der glänzenden Hauptstadt zu verbringen liebten und im Sommer wohl gern nach Paris gingen, wo sie oft erhebliche Summen verausgabten. Es wurden mir stadtbekannte Beispiele erzählt. Aber ihren Estanciabetrieb führten sie in modernster Weise und oft mit einer geradezu sportlichen Leidenschaft in Hinsicht auf hochgezüchtete Vieh- und Schweinerassen. So erinnerte ich mich, bei meinem ersten Besuch im Jahre 1921 gelegentlich der gerade stattfindenden landwirtschaftlichen Jahresausstellung gelesen zu haben: Es sei ein schlagender Beweis für die augenblickliche schlechte Lage der Landwirtschaft (Trockenheit), daß der preisgekrönte Zuchtbulle, der »campeone«, nur einen Preis von etwa 350 000 Pesos (damals etwa 560 000 Goldmark) erzielt habe, während er im Vorjahr für etwa 500 000 Pesos einen Käufer gefunden habe. Ich konnte das nicht glauben, hatte aber zufällig Gelegenheit, den Käufer, ein Familienmitglied der bekannten Familie Martinos de Hos, darüber zu befragen, und erhielt von ihm die Bestätigung.

Unter den vielen vornehmen Klubs war wohl der angesehenste und reichste der Jockey-Club. Er verfügte über sehr große Einnahmen, weil er fast jeden Sonntag ein Rennen veranstaltete, bei dem fast jeder Besucher wettete (ich zählte 32 Wettschalter) und von dessen Wetteinnahmen der Klub die Hälfte erhielt. Von diesem Klub wurde ich zu einem Frühstück eingeladen, von dem mir einige amüsante Züge in der Erinnerung sind. Ich kam zu dem schönen Klubhaus, das etwas gedrückt an einer engen Straße liegt, und stieg die prachtvolle, in Gold und rötlichem Marmor schimmernde breite Treppe hinauf. Oben wurde ich zunächst durch ein paar Zimmer geführt, in denen recht gute, meist französische moderne Bilder hingen, offenbar mit Geschmack und Kunstverständnis ausgesucht. Es hing da aber auch ein Goya, das Bild eines Alkalden, von außerordentlicher Meisterschaft. Ich beschloß, ihn mir nach dem Frühstück näher anzusehen. Ich kam dann in eine Art Empfangszimmer, wo mich die 15 bis 20 geladenen Gäste und der Klubvorstand erwarteten. Nach der ersten Begrüßung und Vorstellung sagte ich zu dem Präsidenten des Klubs: »Sie haben schöne Räume und sehr schöne Bilder, insbesondere ist mir ein ganz großartiger Goya in die Augen gefallen. Darf ich nachher die Bilder näher betrachten?« Ein dabeistehendes anderes Vorstandsmitglied mischte sich lächelnd ein und sagte: »Wollen Sie sich nicht lieber einmal unseren Weinkeller ansehen? Der ist sehenswerter.« »Gut spanisch!« erwiderte ich, »Sie spielen auf Cervantesart den Sancho Pansa gegen Don Quijote aus.« »Nein, es ist mein Ernst«, meinte der Herr, »unser Weinkeller ist berühmt.« Es war, wie ich hörte, das für den Weineinkauf in erster Linie verantwortliche Vorstandsmitglied, und er war offenbar sehr stolz auf seine Schätze. Und er konnte es sein! Denn wir bekamen bei Tisch 1921er Johannisberger Kabinett, Beerenauslese, und dann einen Burgunder Pommard, der fast noch besser war. Die Herren schienen bei Tisch den Johannisberger vorzuziehen, während ich mit fast noch größerem Genuß den Burgunder trank. Nach Tisch sagte mir dann der Haushofmeister vertraulich, daß der französische Kellermeister ihn gebeten habe, mir folgendes in seinem Namen zu sagen: »Ich gebe den Pommard fast niemals her, denn die meisten Leute verstehen ihn nicht zu schätzen. Heute aber habe ich gedacht, daß ein deutscher Herr ihn wohl zu würdigen wissen werde, und habe ihn herausgegeben. Ich habe zu meiner Befriedigung gesehen, daß ich mich nicht geirrt habe, aber den Rest vom Wein – trinke ich selber.« Ich mußte lachen; aber ich gestehe, daß ich doch stolz war auf das uns geschenkte Vertrauen in einer meines Erachtens so wichtigen Angelegenheit.

Bei der sehr fröhlichen Tischunterhaltung kam die Sprache auf eine extravagante Ausgabe, die ein bekanntes Mitglied der Buenos Aireser Gesellschaft sich geleistet habe. Ein Herr aus der Tafelrunde bagatellisierte den Aufwand und meinte, das sei ja nicht so sehr ungewöhnlich. Der neben mir sitzende Kriegsminister, der General Uriburru, erwiderte, zu mir gewandt: »Nun, dieser Herr hat gut reden! Ihm wird ja jede Sekunde ein Kalb geboren!« Alles lachte über diese Übertreibung, aber eine überschlägige Berechnung, die angestellt wurde, ergab dann doch, daß etwa alle fünf Minuten dem Herrn ein Kalb geboren würde. Ob das nicht auch noch ein wenig hoch gerechnet war, auch wenn, wie ich vernahm, der Herr mehr als eine halbe Million Rinder allein im Chaco laufen habe, vermag ich nicht zu beurteilen, jedenfalls aber gab es mir einen Begriff von dem Einkommen großer Estancieros.

Aber vornehm und großzügig waren diese Herren auf jeden Fall, und ich hörte später, als ich *doch* die Bilder und nicht den Weinkeller besichtigte, daß der fragliche Goya seinerzeit um 150 000 Pesos vom Klub gekauft und daß das Pradomuseum in Madrid jetzt 500 000 Peseten für dieses wundervolle Bild geboten habe, aber – abgewiesen sei. So sagte man mir wenigstens.

In dieser sozialen Atmosphäre und bei diesem Reichtum, von dem man verschwenderisch Gebrauch machte, hätte man glauben sollen, daß es nicht schwer sein würde, die notwendigen Gelder für eine Sache aufzubringen, die politisch sehr erwünscht schien. In der Tat ließen sich die Besprechungen mit den interessierten Regierungsstellen ganz hoffnungsvoll an, und es wurde ein Platz ausgesucht, wo die Luftschiffhalle zu stehen kommen sollte. Denn eine Halle brauchten wir unbedingt an einem Endpunkt, der so weit von unserer europäischen Basis entfernt war. Aber es kam zu keinem definitiven Beschluß über die Aufbringung einer Summe, die ich auf etwa drei Millionen Pesos schätzte. So reiste ich mit einer sehr schwachen Hoffnung, aber doch mit dem geistigen Gewinn, den mir schon der flüchtige Einblick in eine selbstbewußte und in ihrer Art großartige Welt verschafft hatte, wieder ab. Ob es heute in Argentinien noch so ist?

Ich fuhr zunächst mit einem kleinen Dampfer der Hamburg-Südamerika-Linie bis Rio de Janeiro, um einige Häfen, die dieser unterwegs anlief, kennenzulernen, nämlich Rio Grande do Sul, Florianopolis und Santos. In Rio wollte ich dann wieder auf die »Kap Polonio« gehen, die von Buenos Aires aus eine Zwischenreise nach dem Feuerland gemacht hatte. Ich hatte so in Rio etwa eine Woche Zeit und beschloß, diese auszunutzen, um mit der brasilianischen Regierung in Fühlung zu kommen. Denn es war mir bereits mehrfach mitgeteilt worden, daß man sich auch in Brasilien sehr für eine Zeppelinverbindung mit Europa interessiere.

Kein Wunder! Denn Argentinien und Brasilien befanden sich seit Jahren in einem Wettstreit, welches Land die führende Rolle in Südamerika in kultureller und politischer Beziehung spielen solle. Mit Eifersucht beobachteten sie gegenseitig, was jeder tat und plante. So war es nur selbstverständlich, daß die bekannten spanisch-argentinischen Gedanken über einen Zeppelinverkehr das portugiesisch sprechende Brasilien veranlassen mußten, an einen solchen Verkehr mit Europa, vielleicht mit Lissabon, zu denken. Mir konnte diese Eifersüchtelei nur willkommen sein, denn vielleicht würde ein Verkehr nach Brasilien zu erreichen sein, was mir aus meteorologischen Gesichtspunkten eigentlich sympathischer sein sollte als ein solcher nach dem öfters vom Pampero heimgesuchten Argentinien. Sicherlich aber mußte in Buenos Aires die entsetzliche Vorstellung, daß Brasilien den Apfel abschließen könnte, die Regierung geneigter machen, das Zeppelinprojekt zu verwirklichen, wobei dann –wie mir zu meinem Vergnügen einige argentinische Patrioten andeuteten – Brasilien links liegen gelassen werden müßte. Ja, so sind die Menschen nun einmal! »Die reinste Freude ist die Schadenfreude.«

Ich hatte in Rio de Janeiro eine längere Unterhaltung mit dem Verkehrsminister Victor Condor, der, süddeutscher Abstammung, sich als begeisterter Freund des Zeppelingedankens zeigte. Aber er wurde etwas zurückhaltend, als ich ihm sagte, daß die unerläßliche Vorbedingung für einen regelmäßigen Zeppelindienst nach Rio der Bau einer Luftschiffhalle daselbst sein müsse. Brasilien ist, oder war jedenfalls damals, in finanzieller Beziehung etwas schwach und in seinen Verkehrsplänen stark auf fremde Hilfe, insbesondere von den USA, angewiesen. So mußte ich bald erfahren, daß auch aus einer Zeppelinverbindung nach Rio schwerlich etwas werden würde.

Was nun beginnen? Es kam mir eine rettende Idee: Meine eigenen Beobachtungen hatten mich gelehrt, daß in dem eigentlichen Passatgebiet, also, mit jahreszeitlichen kleinen Schwankungen, zwischen dem fünfundzwanzigsten und dem fünfzehnten Grad nördlicher Breite und zwischen dem fünfzehnten und fünften Grad südlicher Breite, so gleichmäßige und von größeren Störungen fast freie Wetterverhältnisse herrschten, daß man dort ohne eine Luftschiffhalle auskommen und das Schiff an einen Ankermast legen könnte. So könnte man Recife de Pernambuco als feste Endstation wählen und von dort aus die Fortsetzung bis Rio ausführen mit nur kurzer Landung in Rio. Ich vertraute natürlich darauf, daß eine regelmäßige und sichere Durchführung der Fahrten nach Pernambuco in Rio das unwiderstehliche Verlangen erzeugen müßte, Rio, die glänzende Hauptstadt des Landes, zur End- und Zielstation eines Luftverkehrs nach Südamerika zu machen.

Ich trat also an den Regierungschef des Staates Pernambuco heran mit dem Vorschlag, einen Landeplatz mit Ankermast und einem Gasflaschenlager zum Nachfüllen des Luftschiffes anzulegen. Der Herr Gouverneur sagte erfreut zu, denn Recife, die verhältnismäßig wenig bekannte brasilianische Hafenstadt, mußte sozusagen in das Scheinwerferlicht der allgemeinen Aufmerksamkeit gelangen, wenn die erste transatlantische Luftverkehrslinie dort ihre südliche Basis hätte. Unter ähnlichen Gesichtspunkten vielleicht war die Stadt Sevilla bereit, einen ebensolchen Landeplatz zur Verfügung zu stellen. Und Sevilla war für uns sehr wertvoll als eine Art Nothafen, den wir zur Ergänzung unserer Betriebsmittel gegebenenfalls anlaufen konnten, wenn wir einmal auf der Rückfahrt von Recife einen zu kräftigen Passat-Gegenwind angetroffen haben und genötigt sein sollten, an der spanischen Südküste unsere Betriebsmittel zu ergänzen. Natürlich sollte Sevilla auch immer angelaufen werden, wenn sich wenigstens zwei Passagiere dafür meldeten.

Damit waren nun endlich nach fast neunjährigen, zum Teil recht unerquicklichen Verhandlungen die Vorbedingungen für einen transatlantischen Zeppelindienst geschaffen, der wahrhaft epochemachend in der Geschichte des Luftverkehrs werden sollte und der sicherlich noch heute in vervollkommneter Form florieren würde, wenn nicht der zweite Weltkrieg ihn unterbunden und zugleich mit den ungeheuren Mitteln, wie sie nur die Kriegsbedürfnisse zur Verfügung stellen, das ozeanüberspannende Flugzeug entwickelt hätte.

Ich stellte es aber bewußt und mit aller Zuversicht darauf ab, eine epochemachende Verkehrsleistung mit den Fahrten nach Südamerika ins Leben zu rufen. Denn die Fahrten und die Erfahrungen, die wir inzwischen gemacht hatten, seitdem ich im Jahre 1921 zum ersten Male auf einem Seeschiff durch die gewitterschwangeren Böenfronten des Kalmengebietes fuhr, hatten mich vollkommen davon überzeugt, daß die Strecke nach Südamerika wirklich mit Sicherheit vom Zeppelinschiff beflogen werden könne. Und so wollte ich gleich die erste Fahrt in den Augen der Welt zu einer überzeugenden Probe aufs Exempel machen, indem ich sie in der Form einer »Dreiecksfahrt«, wie wir sie nannten, durchführte: von Sevilla nach Recife und weiter nach Rio, von Rio über Recife nach Lakehurst, von Lakehurst zurück nach Sevilla.

Und ich lud Leute dazu ein, deren Urteil in der öffentlichen Meinung und bei den in Betracht kommenden spanischen Behörden von Gewicht war. So gingen von Sevilla aus mit: der spanische Oberst Herrera, in Spanien eine Autorität auf dem Gebiete der Luftschiffahrt, der Infant Alfonso, ein Vetter des Königs und selbst ein begeisterter Flieger, der Leibarzt des Königs, Dr. Megias, und ein reicher andalusischer Edelmann, der an Sevillas Aufschwung sehr interessiert war. Vom amerikanischen Navy Department würde Commander Shoemaker als Teilnehmer bestimmt. Vom preußischen Innenministerium lud ich den Ministerialdirektor Dr. Badt ein, der als Vertreter Preußens im Reichsrat immer ein lebhaftes Interesse am Luftschiff bekundet hatte, sowie den Oberst Breithaupt vom Verkehrsministerium und den Direktor der Deutschen Lufthansa, Herrn Wronsky, der dem Luftschiff bisher etwas skeptisch gegenübergestanden hatte. Und die Presse, die gerade bei dieser Fahrt nicht fehlen durfte, wurde in würdigster Weise durch unsere bewährten alten Schrittmacher Lady Hay und Karl von Wiegand vertreten, die bisher bei allen großen Fahrten des »Graf Zeppelin« an Bord gewesen waren und denen sich ein sehr gescheiter Vertreter der Ullstein-Presse, Herr Dr. Kauder, zugesellte. Im übrigen waren zahlende Passagiere an Bord, und sie brachten die Zahl der Mitfahrenden auf zweiundzwanzig. Mehr konnten wir nicht unterbringen.

Wie diese Fahrt finanzieren? Eine nicht leichte Aufgabe. Wir hatten zwar ca. 200 kg Post mitzunehmen, aber die Einnahmen daraus und aus den Passagierfahrscheinen genügten doch nicht, die Kosten zu decken. Ich hoffte auf die Philatelisten, die uns auf der Weltfahrt soviel beigesteuert hatten, und ging deshalb Anfang Februar in das Reichspostministerium, um die Herausgabe einer Sondermarke zu erbitten. Der Bescheid, der mir dort zuteil wurde, war so verblüffend, daß ich mich scheue, den Namen des sehr hohen Beamten zu nennen, der ihn mir gab. Er sagte ungefähr: »Wir werden jetzt mit Bitten um Sondermarken geradezu überlaufen. Jeder größere Verein, der ein fünfzigjähriges Jubiläum feiert, möchte zur Deckung seiner Festkosten eine Sondermarke gedruckt haben. So haben wir beschlossen, vorerst keine solchen Marken herauszubringen. Übrigens ist die Zeit dafür auch zu kurz. Sie wollen Mitte Mai fahren, das sind nur noch drei Monate. In dieser Zeit können wir keine Sondermarke drucken und verteilen.«

Ich hatte mir in aller Bescheidenheit gedacht, daß die geplante Pionier-Zeppelin-Reise doch auf einer anderen Stufe stünde als ein Vereinsjubiläum; aber wenn schon nicht in den Augen des betreffenden, offenbar nicht sehr urteilsfähigen Beamten, konnte man dann nicht eine höflichere Form für die Ablehnung finden? Aber die Angelegenheit hatte noch eine Fortsetzung, und deshalb erzähle ich sie, zumal sie auch ganz amüsant ist.

Ich war Anfang April in Washington, um gewisse Fragen bezüglich der Benutzung der fiskalischen Marinehalle in Lakehurst zu klären, wo wir ja zu landen gedachten. Ich besuchte bei dieser Gelegenheit auch den »first assistant secretary« des amerikanischen Generalpostmeisters, Mr. Harley Branch, den ich gut kannte, da die Luftpost ihm unterstand. Ich bemerkte bei diesem Besuch, den ich nur aus Höflichkeit machte, ganz nebenbei auch die Philatelistenhilfe, die ich mehrfach gerade auch in Amerika genossen hatte, und sagte: »Schade, daß es zu spät ist, jetzt noch um eine amerikanische Sondermarke zu bitten.« »Ja«, sagte Mr. Branch, »jetzt ist es zu spät. Sie wollen ja schon in sechs Wochen starten, sonst hätten wir gern eine besondere Marke für die Fahrt herausgebracht.« Er nannte mir dann noch die Zahl der amerikanischen Philatelisten, die Zeppelinmarken als Spezialität sammelten und die dem Amt genau bekannt seien.

Am nächsten Morgen suchte mich der Generalpostmeister, Mr. Brown, in meinem Hotel auf und sagte: »Sie haben gestern mit Mr. Brauch über die Sondermarke für Ihre Dreiecksfahrt gesprochen und gehört, daß es jetzt dafür zu spät sei. Sie sollen die Marken haben, wenn Sie vom deutschen Reichspostministerium eine Zusicherung erhalten, daß die Zeppelinpost für die Fahrt, die wir mit dem Dampfer X (ich habe den Namen vergessen) am 16. Mai nach Bremerhaven bringen können, noch rechtzeitig abgefertigt und nach Friedrichshafen gebracht werden kann.«

Ich war ebenso erstaunt wie dankbar und sandte sofort eine Depesche an das Reichspostministerium, das dann umgehend antwortete, daß die Abfertigung möglich sei. Also das amerikanische Postamt konnte in fünf Wochen (denn der Dampfer brauchte eine Woche zur Überfahrt) machen, was das deutsche Reichspostministerium nicht in zwölf Wochen glaubte leisten zu können! Weshalb? Weil man in der amerikanischen Behörde das Interesse an der Pionierfahrt nahm, welches die deutsche Behörde offenbar nicht hatte.

Ich mußte dann lachen, als der Generalpostmeister mir offen und mit sichtbarem Vergnügen erzählte: »Ich habe gestern abend Mrs. Brown von Ihrem Gespräch mit dem Assistant secretary erzählt, und sie, die eine begeisterte Zeppelinschwärmerin und Philatelistin ist hat da mit Entschiedenheit gerufen: ›Dr. Eckener muß die Marken bekommen! Das wird schon möglich sein!‹ So verdanken Sie die Marken eigentlich nicht mir, sondern meiner Frau.« Der Generalpostmeister war dann noch so liebenswürdig, mir später die ersten Probedrucke (dry proofs) in einem hübschen Lederumschlag und mit einer sehr freundlichen Widmung zum Geschenk zu machen, eine Seltenheit, für die mir ein amerikanischer Philatelist zweitausend Dollar bot. Die Philatelistenpost aus Amerika brachte uns dann in der Tat mehr als hunderttausend Dollars für die drei Strecken der »Dreiecksfahrt« und trug sehr wesentlich zur Finanzierung der Fahrt bei.

Kurz nach fünf Uhr am Nachmittage des 18. Mai ging der »Graf Zeppelin« auf die Reise nach der südlichen Halbkugel. Der erste Teil der reichlich 6000 Seemeilen betragenden Gesamtstrecke bis Rio de Janeiro, nämlich die Strecke bis Gibraltar, war uns nichts Neues, aber sie ist immer von neuem wieder genußreich. Es ist vielleicht die schönste für eine Reise im Luftschiff, von dem aus man in Behaglichkeit das Panorama unter sich überschaut: über den weiten Bodensee, die Alpenkette im Süden, nach dem schöngelegenen Konstanz, dann in den tiefen Einschnitt zwischen Schwarzwald und Schweizer Jura hinein, wo unten der Rhein fließt und »mit seinen Wellen so mancher Burg bemooste Trümmer grüßt«, an den Hängen des lebhaft besiedelten Schwarzwaldes entlang. Weiter die freundlichen Städtchen Schaffhausen, Waldshut, Säckingen u. a. m. wie eine Perlenkette, von Menschenhand geschaffen, und dazwischen die Schaustücke der Natur, der Rheinfall und die Stromschnellen von Laufen. Das empfängliche Auge schwelgt in lieblichen Bildern, und der besinnliche Geist hat viel Historisches und Kulturgeschichtliches zu erinnern. Bei der großen, begeistert grüßenden und winkenden Stadt Basel geht es dann in einem Sprung über das grüne Hügelland Burgunds hinweg und in das noch tiefer eingeschnittene Rhonetal hinein, zur Rechten die Steilhänge der 1500 Meter hohen Cevennen und zur Linken die Firnfelder des 4000 Meter hoch ragenden Mont-Pelvoux-Massivs. Alte römische Kultur grüßt aus den Städten Vienne, Orange, Avignon herauf, und am Ende erscheint das gewaltige Marseille als ein buntes Gemälde lebendigsten Treibens. Nun sind wir über dem blauen Mittelmeer, über dem »Golf des Löwen«, dessen Tatzen in Gestalt weißer Wogenkämme so oft gefährlich nach dem Schiffer in kleineren Seglern schlagen. Selten ist es hier still. Entweder braust der kalte Mistral über ihn hin, der um die Ausläufer der Alpenkette herum heftig durch die Düse des engen Rhonetals gepreßt wird, oder Auswirkungen starker Winde in der Biskaya gleiten, sich stauend, an den Pyrenäen entlang und fallen mit Wucht in den Löwengolf hinein.

Die spanische Ostküste bietet eine ununterbrochene Fortsetzung der schönen Bilder, wenn man bei Tage an ihr entlangfliegt. Da wir aber bei Nacht an das Mittelmeer gekommen waren, wählten wir den Weg um die Balearen und Pithyusen herum, wo die Luft auf freiem Meere meist stabiler ist. So schliefen die Passagiere vortrefflich, und als sie am Morgen um sieben Uhr zum Frühstückstisch in den Speiseraum kamen, steuerten wir eben auf Cartagena zu. Wir gingen hier ein Stück über Land, um die Südwestecke Spaniens mit Cap de Gata abzuschneiden und um den Passagieren ein Stück alter maurischer Bodenkultur zu zeigen. Jetzt ist dieser Landzipfel trocken und steril, aber man sieht noch deutlich die alten Bewässerungsanlagen, die die Hänge einst fruchtbar machten. Hinter Almeria fuhren wir so hoch über dem. Küstensaum, daß die noch schneebedeckten Kämme der Sierra Nevada uns eine Stunde lang entzückten. Malaga und seine berühmten Rebhügel, wo der schwere Wein in brennender Sonne kocht, wurde um zehn Uhr in mehreren Schleifen überflogen. Die ganze Bevölkerung lief, in aufgeregter Weise wild gestikulierend, auf dem Quai zusammen. Vor uns erhob sich aus dem Meere der steile Felsen von Gibraltar, der Wächter am Eingang zum Mittelmeer. Wir waren so gut wie am Ziele.

Da wir aber erst auf fünf Uhr unsere Landung in Sevilla angesagt hatten, machten wir noch einen Abstecher auf afrikanischen Boden hinüber und beschauten uns von oben die ein so ganz anderes Gesicht zeigende mohammedanische Welt von Tetuan und Tanger. Nach einem Blick auf Cap Trafalgar, wo Nelson seinen Namen unsterblich machte, streiften wir den Hafen von Cadiz, das vielleicht die neue Konkurrenz seiner Südamerika-Linie mit gemischten Gefühlen anschaute, und liefen dann über die Mündung des Guadalquivir bis Huelva hinaus, um uns den Hafen von Polos anzusehen, von dem aus der Entdecker Amerikas vor fast vierundeinhalb Jahrhunderten seine Reise nach Amerika antrat. Die Kolumbus-Statue am Ausgang des Hafens blickte, wie wir uns einbildeten, etwas erschrocken und ungläubig zu uns hinauf. Er brauchte in der Tat mehr Tage zu seiner Fahrt, als wir Stunden brauchen sollten. Eine neue Welt der Technik war gekommen! Um 5 Uhr landeten wir dann inmitten einer gewaltigen Menschenmenge auf dem Flugplatz von Sevilla. Ich sagte den Passagieren: »Sehen Sie, so sieht das erste Viertel einer Reise nach Südamerika mit dem Zeppelin aus! Hat es ihnen gefallen?« Es hatte.

Sevilla stand vollständig unter dem Zeichen der großen Iberischen Ausstellung, die hier aufgebaut wurde und welche die Bestimmung hatte, in erster Linie in Südamerika für spanische Kultur zu werben. Sevilla, die schöne alte Stadt mit der düsteren großen Kathedrale, in welcher der Marienkult seine ekstatische Gipfelung findet, Sevilla, die Stadt der Blumengärten des Alczizar und des bunten orientalischen Treibens seiner berühmten Bazarstraße, die Stadt der Stierkämpfe und der romantischen Liebesabenteuer, die Bizet seine prickelnde Carmen-Musik inspiriert hat, die Stadt dar heiteren Lebenslust und der verzückten Schwärmerei – diese Stadt war sich mit Stolz und Begeisterung der Mission bewußt, die sie als lockende

Werberin für spanische Art und Kultur in einem zu neuer Geltung erwachenden Spanien zu erfüllen hatte. Der Zeppelin mit seinem Nimbus als überbrücken der Meeresweiten und Anbahner engerer Verbindung mit entlegenen Welten paßte vortrefflich in diese hochfliegenden Pläne und Erwartungen hinein. So war seine Landung in Sevilla ein Ereignis allerersten Ranges. Sein Empfang auf dem Flugplatz gestaltete sich zu einem Fest für die ganze Bevölkerung.

Wo die Mitglieder der Besatzung in der Stadt erschienen, wurden sie mit einer fast an Verehrung grenzenden Wärme begrüßt und gefeiert, und sie hatten für manches »Es lebe Deutschland?« mit entsprechenden Dankesgesten zu quittieren. Leider – oder glücklicherweise? – dauerte diese Charaktererprobung, der mancher nicht ohne Schaden für sein geistiges Gleichgewicht gewachsen ist, nicht allzulange, denn am nächsten Morgen sollte es weitergehen, und dazu war eine Ergänzung der Betriebsmittel vorgesehen. Denn Sevilla liegt fast vierhundert Meter niedriger als Friedrichshafen, so daß man hier etwa viertausend Kubikmeter mehr Gas einfüllen kann, was etwa viertausend Kilogramm mehr Benzinladung bedeutet, abgesehen von der Ergänzung der bisher schon verbrauchten Betriebsmittel. Das Schiff stieg denn auch am nächsten Morgen mit einer Ladung an Betriebsmitteln auf, die für eine Fahrzeit von mehr als 110 Stunden mit allen Motoren genügte.

In Sevilla ging der Infant Alfonso an Bord, der Vetter des Königs Alfonso, der, wie wir schon sagten, für eine Zeppelinverbindung mit Argentinien ein lebhaftes Interesse bekundete und deshalb wohl die Teilnahme seines sachverständigen Vetters an der Versuchsfahrt zum wenigsten gebilligt hatte. Den Infanten bestimmten aber, abgesehen von seinen fachtechnischen Interessen, auch politische Gedanken zur Mitfahrt. Wir hatten die Absicht, auf der Rückfahrt von Recife nach Lakehurst, wenn möglich, d. h. wenn die Wetterverhältnisse es gestatteten, die Insel Kuba anzulaufen und dort bei Havanna für eine kurze Weile zu landen. Da hier keine geübte Landemannschaft zur Verfügung stand, konnte die Landung natürlich nur bei ganz günstigem Wetter erfolgen und mußte als recht unbestimmt angesehen werden. Jedenfalls war Infant Alfonso von diesem Gedanken sehr entzückt, denn was konnte es für die Absicht einer engeren Verbindung zwischen Spanien und den spanischen Kolonien in Südamerika und einer Werbung für spanische Kultur in diesen Kolonien Besseres und Wirksameres geben, als wenn der Vetter des spanischen Königs in dem von spanischem Geist beherrschten Kuba aus der Zeppelingondel an Land stieg? Die Art des Infanten bürgte dafür, daß dieses in einer so taktvollen Weise vor sich gehen würde, daß es die jetzigen Besitzer der reichen Insel, die Vereinigten Staaten, nicht verstimmen könnte. Prinz Alfonso erwies sich als ein außerordentlich sympathischer und gebildeter Reisegenosse. Er hatte ein ganz außergewöhnliches Sprachtalent, sprach fließend deutsch, spanisch, portugiesisch, englisch, französisch und – »Schwyzerdütsch«. Das letzter hatte er als Student an der Technischen Hochschule in Zürich so nebenbei gelernt, und ein an der Fahrt teilnehmender Schweizer, Herr Zwicky aus Malans, bezeugte erstaunt, daß der Infant dieses Idiom so vollkommen beherrschte, daß er als waschechter Eidgenosse gelten könnte. Uns amüsierte er unterwegs gelegentlich mit Proben in reinstem Sächsisch oder Berlinerisch. Aber er war auch sonst ein vielseitig gebildeter und sehr anstelliger Mann, der sich an Bord nützlich betätigte und sich dadurch bei der ganzen Besatzung sehr beliebt zu machen verstand. Ich kam zu ihm gleich in ein gewisses persönliches Verhältnis, als sich herausstellte, daß wir schon alte Beziehungen zueinander hatten. Es war das eine jener überraschenden Feststellungen, die wir öfters im Leben zu unserer großen Verwunderung machen können. Der Prinz fragte mich beim Aufsteigen, ob wir so schnell wie ein Flugzeug steigen könnten. Ich antwortete, daß das jetzt, im Jahre 1930, wohl kaum mehr möglich sei, daß wir aber bis unmittelbar vor dem Weltkrieg erheblich schneller als ein Flugzeug hätten steigen können. Und ich erzählte ihm zur Illustration folgende kleine Geschichte:

»Ich fuhr im Jahre 1913 mit dem Luftschiff ›Hanna‹ von Hamburg nach Gotha, wo sich eine Luftschiffhalle befand. An Bord befand sich der General Ludendorff, damals Oberst im Großen Generalstab, der sich mit der Frage beschäftigte, ob das Zeppelinschiff kriegsverwendungsfähig sei. In Gotha wurde das Luftschiff dann in eine Manöverübung einbezogen, die gerade in der Umgebung der Stadt abgehalten wurde. Es erhielt folgende Aufgabe zugewiesen:

Es sollte versuchen, Sandsäcke (Bomben) auf ein bezeichnetes größeres Viereck abzuwerfen, bevor die bei Sichtbarwerden des Luftschiffes zu seiner Bekämpfung aufsteigenden feindlichen Flugzeuge über das Luftschiff zu steigen vermöchten. Wenn die Flugzeuge das nicht vermöchten, so sollte das Luftschiff als Sieger gelten. Ich wollte für diese Übung das Schiff natürlich nicht unnötig belasten und außer der notwendigen Besatzung keine weiteren Personen, sondern recht viel Wasserballast mitnehmen, um eventuell in größere Höhen aufsteigen zu können. Am Abend vor der auf den frühen Morgen angesetzten Übung wurde ich vom herzoglichen Palais angerufen, ob der Herzog an der Fahrt teilnehmen könne. Es war mir nicht sehr erwünscht, aber ich sagte ja. Etwas später wurde ich nochmals angerufen, ob auch der Adjutant des Herzogs mitfahren könne. Ich gab unter Hinweis auf die fahrtechnische Zwangslage mit Widerstreben meine Einwilligung, aber ich gab sie in Würdigung gewisser höfischen Etiketteregeln. Am nächsten Morgen wollte das Schiff, dessen Tragkraft von uns für die mitfahrenden Personen so genau wie möglich ausbalanciert worden war, beim Abwiegen in der Halle nicht ›schwimmen‹.

Nanu! Was ist los? Ich ging in die Passagierkabine und fand dort auch Ihre Königliche Hoheit die Herzogin! Es wurde mir verteufelt schwer, aber es blieb mir nichts anderes übrig, als die hohe Dame zu bitten, auszusteigen. Leider mußte ich, obgleich es kaum ging, diesen verdammten Kerl von Adjutanten im Schiff belassen. Wir führten dann die Übung mit glänzendem Erfolg aus. Die Flugzeuge, die wir bis nahe an unsere Höhe herankommen ließen, schüttelten wir mit Leichtigkeit durch schnelles Steigen wieder ab. Jetzt sind die Flugzeuge ja sehr viel schneller geworden, vor allem im Steigen. Auch wir sind um mehr als die Hälfte schneller geworden; aber ich glaube kaum, daß wir heute noch so schnell steigen können wie sie.«

So erzählte ich dem Infanten auf seine Frage. Er hörte sehr aufmerksam zu und sagte dann lächelnd: »Wissen Sie, Herr Doktor, der verdammte Kerl von Adjutant war ich.« Auch ich mußte nun lachen. Der Herzog von Koburg-Gotha, der englischen Königsfamilie angehörend, hatte in der Tat seinen zu Besuch weilenden spanischen Vetter als Adjutanten mitgenommen. Das erfuhr ich jetzt nach siebzehn Jahren beim Aufsteigen in Sevilla, und die Sonne Andalusiens brachte es an den Tag.

Wir fuhren währenddessen das weite Tal des Guadalquivir hinunter über Andalusiens grüne Weiden. Tausende von Rindern sahen wir da grasen, die berühmten temperamentvollen Kampfstiere, die im Lande des Corridas sehr geschätzt sind. Die Ländereien und ihre Stierzucht sind in den Händen von wenigen Großgrundbesitzern, und der Prinz Alfonso wies auf ein größeres Gebiet, das ihm gehörte. Er erzählte dabei, daß eine starke Agrarreformbewegung im Gange sei, um die Ländereien unter Kleinbauern aufzuteilen und dort Bohnen und Mais für Menschen, anstatt Gras für Kampfstiere wachsen zu lassen. Als moderner Mensch fand er diese Idee sehr sympathisch. Aber ein Kenner der spanischen Volksseele könnte vielleicht zweifelnd fragen, ob ein paar Pfund Bohnen und Brot im Jahre mehr von den Andalusiern als eine befriedigende Kompensation für die Minderung des Vergnügens und der Aufregungen bei einer Corrida, die den feurigen andalusischen Kampfstier braucht, angesehen würde. Es ist deshalb sehr wahrscheinlich, daß an den Ufern des Guadalquivir noch lange Gras für Stiere wachsen wird.

Wir kommen wieder, wie am Tage vorher, über das Kolumbus-Denkmal an der Mündung des Rio Tinto hinweg, und wir vermuten, daß uns wohl recht ähnliche Gefühle bewegen wie den Mann dort unten, als er vor vierhundertundachtunddreißig Jahren auf seinen kleinen Caravellen von hier aus in sein Abenteuer hinaussteuerte. Wir sind nun über dem blauen Meere, und das Schiff verfolgt seinen ruhigen, sanften Flug, wie immer über dem Wasser, wenn nicht gerade eine Böenfront zu stürmen ist. So weit das Auge reicht, spannt sich ein klarer Himmel über der See, deren Oberfläche von weißen Tupfen im satten Blau belebt wird. So ist es in der Regel hier, und so hatten wir es schon gesehen, als wir vor zwei Jahren den »Graf Zeppelin« dieses Weges nach Nordamerika steuerten. Nur ist dieses Mal der Wind etwas frischer und südlicher, und ich setze deshalb den Kurs nicht direkt nach Süden, auf Casablanca, sondern südwestlich in der Richtung auf Madeira ab, um mehr Fahrt über Grund zu laufen.

So liefen wir etwa neun Stunden lang und kamen mit fast fünfzig Seemeilen einigermaßen befriedigend vom Fleck. Dann drehte der südliche Wind auf Westsüdwest, und ich nahm jetzt Kurs auf die Insel Teneriffa in der Kanarengruppe. Es wurde aber doch Mitternacht, bis das Feuer von Santa Cruz de Tenerife in Sicht kam. Nun warteten wir auf die große Sensation, auf den Nordostpassat, der uns wie ein helfender Elementargeist in seine Arme nehmen und uns mit großer Schnelligkeit über zwanzig Breitengrade, das wären auf unserem Kurs etwa vierzehnhundert Seemeilen, in immer günstigerem Wetter nach Süden tragen sollte. Aber der Passat kam vorerst nicht. Er setzte erst weiter südlich ein. Erst als am nächsten Morgen um sieben Uhr die Passagiere nach einer ganz ruhigen Nachtfahrt am gedeckten Frühstückstisch sich einfanden, konnten sie feststellen, daß wir von einem schwachen Passat von fünf bis sechs Metersekunden geschoben wurden. Er war verhältnismäßig schwach, wie er ja überhaupt sehr verschieden an Stärke ist und zwischen fünf bis sechs und zwanzig Sekundenmetern in wenigen Tagen schwanken kann. Aber auch so ging es mit sechzig bis siebzig Seemeilen flott vorwärts. Um drei Uhr nachmittags erreichten wir die Kapverden, und um fünf Uhr warfen wir einen Postsack in Porto Praia auf der Insel San Thiago ab. Hier hatte bis vor kurzem das Dornier-Flugzeug Do X einige Monate vor Anker gelegen, weil schwere See und Mangel an Tragkraft seine Weiterfahrt nach Südamerika verhindert hatten. Wir fuhren stolz darüber weg mit, wie eine Feststellung ergab, noch genügend Betriebsmitteln für 75 Stunden für alle Motoren an Bord.

In gleichmäßig schneller Fahrt in dreihundert Meter Höhe ging es weiter bis etwa drei Uhr am nächsten Morgen. Wir befanden uns dann auf etwa fünf Grad nördlicher Breite und hatten in den letzten zwanzig Stunden rund dreizehnhundert Seemeilen im Passat zurückgelegt. Aber jetzt kam die kritische Zone, wo der kühle Nordostpassat, der die Lufttemperatur in Fahrthöhe bisher gleichmäßig auf nur siebzehn Grad gehalten hatte, in die warme, feuchte Luft der Kalmenzone hineinschlägt, die rund vierundzwanzig Grad auf der Meeresoberfläche mißt und hier eine fast ständig fortlaufende Front von schweren Regenböen und Gewittern erzeugt. Das war die Zone, von der Luftschiffer und Meteorologen gesagt hatten, daß wir sie mit einem Zeppelin nicht würden passieren können. Wir waren aufs äußerste gespannt, wie unser Schiff sie würde meistern können, obgleich ja die Erlebnisse, die uns die erste Fahrt nach Nordamerika gebracht hatte, unsere Zuversicht so gut wie vollkommen gemacht hatten. Aber sind Regenböen im Äquatorbezirk vielleicht niederschlagsreicher als solche in der gemäßigten Zone?

Um vier Uhr früh liefen wir in völliger Finsternis, die am Himmel kein Gewölk unterscheiden ließ, in eine Regenwolke hinein. Man sah nichts, man hörte es nur gegen die Fenster prasseln, und wir merkten am Höhensteuer, wie das Schiff schwer wurde. Nach zwei bis drei Minuten wurde es ruhiger, und wir waren offenbar durch eine erste Wand hindurch. Nach kurzer Weile liefen wir dann in eine neue Wand hinein. Der Regen fing wieder zu trommeln an, und man sah im Schein der Bordlampen die grauen Wolkenfetzen an den Fenstern vorbeiflitzen. Diesmal dauerte es länger und schien kein Ende nehmen zu wollen. Das Wasser kam durch die Ritzen und Spalten der Fensterrahmen und bedeckte bald den Fußboden der Führergondel mehrere Zentimeter hoch. Dann begann es auch durch die baumwollstoffbespannte Decke aus dem Innern des Schiffs herabzugießen. Das Schiff wurde schwerer und schwerer, und ich schaute etwas besorgt zum Höhensteuerer, ob er das Schiff in Höhe halten könne. Nun, da war vorerst keine Gefahr, denn das Schiff ließ sich mit vier bis fünf Grad Schräglage gut halten. Nach etwa acht bis zehn Minuten, was einer Weglänge von zwölf bis dreizehn Kilometern entsprach, waren wir aus der Wolke heraus. Sie hatte uns einen Begriff von den Wassermengen gegeben, die in so einer tropischen Regenbö sitzen können. Es war zeitweise so, als ob wir durch eine Art Niagarafall führen. Aber wir hatten auch gesehen, daß das Schiff die Regenbelastung mit wenig mehr als seiner halben dynamischen Hubkraft tragen konnte. Da die volle dynamische Hubkraft zwölf Tonnen beträgt, durften wir annehmen, daß etwa sieben Tonnen Regenwasser auf das Schiff gekommen waren. Wir haben dann später die Erfahrung machen können, daß in der Tat auch bei länger anhaltendem Platzregen unsere halbe Hubkraft genügte, um die Regenlast zu tragen. Das war eine entscheidende Feststellung, die uns eine Zentnerlast von der Seele nahm: Wir brauchten die tropischen Wolkenbrüche nicht zu fürchten. In Hagelwetter freilich konnte es kritischer werden.

Es war nun aber weiter von sehr wesentlicher Bedeutung dabei, daß die Wind- und Wirbelbewegung in der Atmosphäre dieser Kalmenzone sehr gering gewesen war. Stärkere Vertikalbewegungen hatten wir kaum zu verzeichnen. So war auch die Gewittertätigkeit eine relativ schwache gewesen. Das lag offenbar daran, daß der Nordostpassat zufällig verhältnismäßig schwach gewesen war. Wir haben auf späteren Reisen erfahren, daß bei frischerem Passat sich sehr lebhafte Gewitterfronten an der Kalmengrenze bildeten, die wir nach Möglichkeit zu umgehen versuchten; aber das Wesentliche für uns war doch, daß wir, in der mondlosen Nacht blind in regenschwangere Böen hineinstoßend, die zusätzliche Last bequem hatten tragen können, und außerdem hätte uns im Notfall ja noch Ballastwasser zur Verfügung gestanden, das wir hätten abwerfen können. Bei bedachtsamer Navigation, das wußten wir nun, war die Kalmenzone mit Sicherheit zu meistern. Mehr als hundertmal haben wir es in der Tat im Laufe der kommenden sieben Jahre getan, und es wurde immer ein Erlebnis von hohem ästhetischem und meteorologischem Reiz. Und dieses wurde auch die weitere Fahrt durch die Kalmen.

Die »rosenfingerige Eos«, die Morgenröte, kam und erhellte uns eine Wolkenlandschaft von wunderbarer Großartigkeit. Gewaltige Kumulusgebilde standen wie ungeheure Gebirge über einer fast regungslosen Meeresfläche und spiegelten sich darin mit faszinierender Klarheit. Das dunkelblaue Meerwasser war von vollkommener Reinheit und wunderbarer Durchsichtigkeit und gestattete von oben her einen Einblick in große Tiefen. In den leichten südlichen Brisen, die hier und dort die Oberfläche kräuselten, schimmerte es perlmutterartig in hundert Farben. Fliegende Fische segelten beständig unter dem Schiff hin, und wenn sein Schatten auf einen Schwarm fiel, spritzte dieser erschrocken auseinander in einem kurzlebigen Gleitfluge. »Fliegender« Fisch? »Er scheint mir, mit Verlaub von Euer Gnaden, wie eine der langbeinigen Zikaden, die immer fliegt und fliegend springt und gleich im Gras ihr altes Liedchen singt.« Delphine kamen häufig in unsere Nähe und blieben, ungleich ihrem Begleitlauf neben Seeschiffen, schnell achteraus. Und dann und wann konnte man unter der Meeresoberfläche seltsam geformte Plattfische erspähen, die langsam ihre Flossen spielen ließen. Man wurde nicht müde, diesem Glitzern und Leben des Tropenmeeres zuzuschauen.

Um halb neun Uhr, genau zwei Tage nach unserer Abfahrt aus Sevilla, überquerten wir den Äquator. Wir feierten dieses Ereignis nach altem Seemannsbrauch mit einer Linientaufe, aber auf unsere etwas weniger grobschlächtige Weise. Den Damen wurde eine kleine Bespritzung mit Kölnisch Wasser verabfolgt und den Herren eine solche mit Selterwasser, wozu jedem ein launiges kleines Gedicht als Taufurkunde überreicht wurde.

Um etwa drei Uhr am Nachmittag erhob sich vor uns aus dem Meere die malerische, bizarr gestaltete Felseninsel Fernando de Noronha mit ihrem »Finger Gottes«, einer hohen Felsnadel mit senkrechten glatten Wänden, wie ein faszinierender Dolomitenturm. Der Mensch begrüßt immer begeistert ein Stück Land, wenn er einen Tag lang das einförmige Meer durchpflügt hat, und sei dieses auch so farbig und schön, wie das von oben betrachtete Meer am Äquator. Wie mußte also dieses Schaustück einzigartig gestalteter Felsenarchitektur auf uns wirken! Das Entzücken der Passagiere war begreiflich, als wir das Eiland überquerten, um immer neue pittoreske Bilder vor das staunende Auge zu zaubern. Fernando de Noronha ist eine brasilianische Sträflingskolonie, und wir konnten sehen, wie seine unfreiwilligen Bewohner in maßloser Aufregung und Begeisterung, gestikulierend und schreiend, den gewaltigen Silbervogel anstaunten, der unvermutet in ihre Weltabgeschlossenheit wie ein übernatürliches Wunder hineingestoßen war.

Mit brennenden Augen mögen sie seinen Flug verfolgt haben, bis er am Horizont verschwand, ein Erlebnis, das vielleicht für Wochen ihrem Sträflingsdasein einen Inhalt gab.

Ein paar Jahre später sollten wir über die »Teufelsinsel« kommen, eine ähnliche Sträflingskolonie in Französisch-Guayana, und wir konnten uns fragen: »Wo ist dieses Sträflingsdasein wohl erträglicher?« Vielleicht ist es weniger schwül und heiß auf dem im Südostpassat gelegenen Fernando de Noronha. Aber ist der Unterschied sonst so groß, daß man auf dieser Insel den »Finger Gottes« hat, während man in der französischen Strafkolonie auf der »Insel des Teufels« schmachten muß? Eine witzige Betrachtung! Zwar heißt offiziell die Inselgruppe, zu der die Teufelsinsel gehört, die »Isles du Salut«; aber ich fürchte, daß die Zwangsbewohner diese Bezeichnung als grausamen Hohn bezeichnen werden.

Der Südostpassat, der inzwischen bei Fernando de Noronha durchgekommen war, verlangsamte unsere Geschwindigkeit ein wenig, und so wurde es völlige Nacht, bis wir Recife erreichten. Das Landen auf dem uns völlig unbekannten Platz mußte unter diesen Umständen mit größter Behutsamkeit vor sich gehen, zumal eine gänzlich ungeübte Landemannschaft das Schiff zu bedienen hatte; aber alles ging glatt und sicher vonstatten, und um acht Uhr lag der »Graf Zeppelin« am Ankermast.

Die glückliche Ankunft des Luftschiffes in Recife wurde natürlich von der Bevölkerung, die trotz der späten Abendstunde zu Zehntausenden zum Landeplatz gekommen war, mit ungeheurem Jubel begrüßt, und die Regierung von Pernambuco bewillkommnete sie als ein »epochales« Ereignis. Wirklich glücklich waren auch wir, daß die Durchführbarkeit eines Südamerika-Dienstes nach den Erfahrungen der Reise uns als erwiesen erschien, und wir sahen in ihr einen entscheidenden Schritt voran auf dem Wege, den Zeppelin zu einem ozeanüberspannenden Verkehrsmittel zu machen. Wenn freilich die Behörden des Staates Pernambuco sehr stark die Genugtuung darüber betonten, daß Recife als Hauptstation des kommenden Zeppelinverkehrs nach Südamerika ausersehen sei, so mußte ich bei mir an gewisse Vorgänge denken, die die Ankunft Christoph Columbus' auf den Inseln des Karibischen Meeres gezeitigt hatte. Als dieser große Mann am 12. Oktober 1492 auf der Insel Guanahani nach einer siebzigtägigen Fahrt an Land ging, wurde er von den Bewohnern der Insel nach anfänglichem Mißtrauen wie ein Gott behandelt, der ein ungeheures Geschenk bringe. Hätten sie gewußt, welche zweifelhaften Segnungen gewisse Landsleute dieses Gottes der Insel bringen würden, so hätten sie vielleicht versucht, mit Pfeil und Bogen die Landung des kanonenbewaffneten Gottes zu verhindern.

Würde nicht vielleicht auch hier in Pernambuco auf die hoffnungsfreudige Illusion eine Desillusionierung folgen müssen? Sicherlich waren die Pernambucoer davor sicher, daß wir harmlosen Zeppelinen je sie drangsalieren würden, wie ein Cortez es mit Mexiko tat; aber vielleicht würden die immerhin nicht unbedeutenden Ausgaben, die Pernambuco auf den Ausbau des Luftschiffhafens verwenden mußte, einmal als nutzlos vertan sich erweisen. Denn es war klar, daß einmal, wenn der Südamerika-Dienst sich durchsetzte, nicht Recife de Pernambuco, sondern Rio de Janeiro der Haupt- und Endhafen des Zeppelinverkehrs werden mußte.

Wir machten uns in der Tat schon am nächsten Tage auf, um unsere Propaganda weiter nach Rio de Janeiro zu tragen. Nachdem das Schiff im Laufe des Tages mit neuen Betriebsstoffen versehen war, machten wir am späten Abend um 11 Uhr vom Mast los und gingen um Mitternacht auf die Reise. Wir starteten so spät, weil wir erst am frühen Morgen des übernächsten Tages in Rio landen wollten und für die auf etwa 24 Stunden geschätzte Fahrt einige Reservestunden zur Verfügung haben wollten für den Fall ungünstiger Windverhältnisse. Die Fahrt entlang der langgestreckten Küste südlich von Recife ist mit das Hübscheste und Amüsanteste zugleich, was man von Bord eines niedrig fliegenden Luftschiffes aus genießen kann. Es ist vielleicht der schönste Teil einer Luftschiffreise nach Südamerika.

Wir fahren nahe dem weißen Strand über einer gewaltigen Brandung, die der frische Südostpassat in breitem Saum vor die Küste legt, flutend und rückflutend, in unaufhörlicher Wirbelbewegung, mit immer neuen Formen und in kaleidoskopartigem Farbenwechsel in Schwarz, Hellgrün, Blau und Weiß. Hinter dem weißen Strand ergötzt das Auge ein mannigfaltiger Wald, in den wir aus einer geringen Höhe von 200-300 Metern neugierig hineinschauen können; und in diesem Wald, im Küstenstreifen von Kokospalmen, erblicken wir die kleinen Siedlungen der Menschen, die hier, halb Fischer, halb Ackerbauer, ein dürftiges, aber offenbar glückliches Dasein fristen, fern von der Welt und ihrem nicht immer erfreulichen Treiben. Das Erscheinen des Luftschiffes wirkt wie ein Stein, den man in einen Ameisenhaufen wirft, denn plötzlich wird es lebendig in diesem grünen Paradies, und der Strand wimmelt von schreienden und erregten Schwarzen auf dem weißen Grund. Später haben diese Siedler das Staunen verlernt, und sie warteten jeden zweiten »Sonntag« auf das Schiff, das fast pünktlich zur gleichen Stunde von Recife herkam. »Sie stellen ihre Uhren danach«, sagte einmal ein Pernambucoer zu uns.

Es geht über hübsche Buchten und anmutige Flußmündungen, wie die des gewaltigen Rio San Francisco, über malerische Städtchen und große Städte, wie das in Terrassen prächtig aufgebaute lebendige Bahia, über wunderbare Szenerien, wie das entzückende Victoria, bis wir dann bei Kap Frio scharf nach Westen einbiegen, um bald die märchenhafte Bucht von Rio vor uns sich öffnen zu sehen, die »schönste Bucht der Welt«.

Wir hatten auf unserer ersten Fahrt nicht mit der Gunst einer schönen Wetterlage zu rechnen. Der nördliche Ausläufer eines »Pampero« hatte gerade die Küsten-

LZ 127 »Graf Zeppelin« am Ankermast in Recife de Pernambuco in Brasilien.

strecken vom Süden Brasiliens bis hinauf nach Bahia gepeitscht und mancherlei Verheerungen in den Tabak-, Baumwoll- und Maispflanzungen angerichtet, und ein kräftiger Südost- und Südwind stemmte sich unserem Flug entgegen und brachte uns während der ganzen Nacht und fast während des ganzen nächsten Tages häufig prasselnde Regengüsse. Aber um Mitternacht, genau vierundzwanzig Stunden nach unserem Abflug von Recife, erreichten wir doch unser Ziel, und der Lichtzauber von Rio de Janeiro, der am verschwenderischsten beleuchteten Stadt auf Erden, blitzte uns entgegen. Ein »smarter« Vertrag mit der amerikanischen Licht- und Kraftgesellschaft verführte zu diesem Exzeß an Lichtvergeudung, vielleicht nicht einmal zum Nachteil der auch bei Nacht faszinierenden Stadt.

Wir hatten schon während des ganzen Tages Funkanfragen bezüglich unserer Ankunftsstunde zu beantworten gehabt und waren im Bilde über eine ungeheure Spannung, die die Bevölkerung Rios beseelte. Am Abend schon waren, trotz unserer Vertröstung auf den nächsten Morgen, die Bewohner der Stadt zu Zehntausenden nach dem etwa 10 Kilometer entfernten Landeplatz unterwegs. Alle Straßen seien, wie es hieß, verstopft und verrammelt von Menschenmassen und Automobilen. Aber wir konnten bei Nacht natürlich nicht in die uns unbekannte, von steilen Gebirgen umrahmte Bai von Rio hineinfahren.

So mußten wir mit abgedrosselten Motoren draußen auf und ab laufen und die Morgendämmerung abwarten. Die Passagiere schliefen indessen bei der völligen Ruhe und Geräuschlosigkeit des langsam fahrenden Schiffes einen ungestörten Schlaf. Und es war so in ihrem eigenen Interesse. Denn als um sechs Uhr die Sonne erschien, übergoß sie mit ihren goldig-roten Strahlen ein Landschaftsbild von so unerhörter Schönheit, daß man nur in bewundernder Ergriffenheit schweigend und wie betäubt es dankbar in sich aufnehmen konnte. Rios Bucht und Umgebung ist berühmt, und hat Millionen schon entzückt, aber wer das pittoreske Bild nicht bei Sonnenaufgang aus einer Höhe von drei- bis vierhundert Metern gesehen hat, der hat seine volle Schönheit nicht kennengelernt. Gewisse Dolomitenlandschaften im Hochgebirge sind faszinierend großartig, aber eine Bucht mit blauem Wasser, die sich in das Bild schlingt, verdoppelte hier ihren Reiz. Und die gewaltige, schön angelegte Stadt Rio langt mit ihren Armen vorstreckend in die Täler und Schluchten hinauf und erzeugt ein wohltuendes Gefühl von emsigem und erfolgreichem menschlichem Streben. Der Hafen von Rio empfing uns mit einem geräuschvollen Willkommensgruß aus Dampfpfeifen und Sirenen, der uns ein wenig an eine Einfahrt in New York erinnerte.

Und die Menschenmengen, die wir die Zufahrtswege zum Flugfeld in endlosem Zuge bevölkern sahen und die zum Teil von weither gekommen waren, grüßten uns mit Tücherschwenken in offensichtlicher Begeisterung. Die Welle dieser Begeisterung schlug brandend über uns zusammen, als wir um sieben Uhr auf dem weiten Campo Alfonso inmitten von Hunderttausenden landeten. Wir waren innerlichst ergriffen von so viel Wärme und Herzlichkeit des Empfangs und fühlten, daß wir einen neuen Sieg errungen hatten auf unserem Wege, ein neues Verkehrsmittel zu entwickeln und damit Menschen einander näherzubringen.

Wir konnten nur eine gute Stunde in Rio liegen bleiben, denn die steigende Sonne erwärmte schnell unser Gas und gab dem Schiff einen starken Auftrieb, dem wir nicht durch Einnahme von Wasserballast begegnen konnten, weil die Vorkehrungen dafür fehlten. So gingen wir nach Austausch der üblichen Begrüßungsworte wieder hoch, um an unseren Mast in Pernambuco zurückzukehren. Man hätte erwarten sollen, daß die Rückreise erheblich schneller als die Hinfahrt vor sich gehen würde, da die starken Gegenwinde, die wir auf dieser zu überwinden hatten, nun mitlaufen müßten. Dem war aber nicht so: Die atmosphärische Störung war inzwischen nach Norden gewandert, und wir fanden auf der Hälfte des Weges jetzt nordöstliche und nördliche Winde, die uns entgegenwehten. Aber dann hatten wir das Tief eingeholt und bekamen jetzt wieder *süd*östliche Winde, eine gute Demonstration, wie langsam Tiefs wandern und wie ein Luftfahrzeug infolgedessen sie unter Umständen ausnutzen kann, um eine Reise zu beschleunigen.

Um acht Uhr am nächsten Morgen gingen wir wieder an den Mast in Pernambuco und blieben hier zwei Tage, um unsere Fahrt nach Lakehurst vorzubereiten. Ich benutzte diese Zeit, um mit den Behörden allerlei Maßnahmen zur Verbesserung des Platzes selbst und der Einrichtungen auf demselben zu besprechen. Es sollte vor allem eine Gaserzeugungsanlage geschaffen werden und eine betonierte kreisförmige Laufbahn um den Ankermast, auf der die Achtergondel des Luftschiffes laufen könnte, wenn der Wind drehte. Die Stadt war außerdem bereit, eine bessere Verbindung mit dem Platz zu schaffen durch Fortführung einer Trambahnlinie bis zu dem Eingang desselben. Diese nicht ganz billigen Verbesserungsarbeiten konnte ich mit gutem Gewissen empfehlen, da jedenfalls für ein paar Jahre Recife unser Haupthafen bleiben mußte, bis nämlich Rio sich entschließen würde, eine Luftschiffhalle zu bauen.

Dieses freundliche Entgegenkommen der verschiedenen Behörden in Pernambuco war ein Erfolg nicht allein für den Zeppelingedanken und für die Sache allgemein menschlichen Fortschritts, sondern insbesondere auch für das Deutschtum, für die deutsche Kolonie in Recife. Die Deutschen waren stolz auf die Fahrten des weltbekannten Schiffes und fanden sich zusammen zu Begrüßungsfeiern, wobei sich viele Deutsche wiederfanden, die einander fast aus den Augen gekommen waren. Sie hörten bei den Landungen oft aus der Menge den spontanen Ruf: »Es lebe Deutschland!« und fühlten dann mit einem gewissen Stolz, daß sie ja auch Deutsche seien. So war es in Recife, so war es gewesen und sollte es künftig noch oft der Fall sein in anderen Ländern: in Österreich, in den Vereinigten Staaten von Amerika, in Siebenbürgen, in Schweden, in Ungarn, in Spanien, in Argentinien und so weiter.

Der Deutsche neigt bekanntlich dazu, im Ausland schnell seine Nationalität zu vergessen und sich in dem Gastvolk zu verlieren. Das könnte man hingehen lassen und sogar als Vorzug ansehen, wenn darin eine übernationale, fortgeschrittene Denkungsart, eine Art aufgeklärten Weltbürgertums, wie z. B. Goethe sie hatte, zum Ausdruck käme. Aber so ist es leider nicht, vielmehr entspringt diese Bereitwilligkeit zum Aufgeben des Deutschtums zumeist einem Minderwertigkeitskomplex, der die Art des Fremdvolkes für besser hält als seine eigene. Und dieser Minderwertigkeitskomplex äußert sich dann, in einem unsicheren Schwanken um ein gesundes Selbstbewußtsein, je nach Stimmung und Lage in einem überspannten, überheblichen Nationalstolz oder in einer kleinmütigen Mißachtung eigenen Wertes. Der Mangel an selbstsicherer, ruhiger Würde wird besonders verhängnisvoll, wenn Parteizersplitterung dazu kommt. Nur der Mann der eigenen Parteiabstempelung erscheint dann als richtiger Deutscher, jeder Andersdenkende als ein Mann sehr zweifelhaften Wertes. Der Engländer oder Franzose bleibt in jeder Parteizugehörigkeit in erster Linie immer ein Engländer oder Franzose, während der Deutsche geneigt ist, in dem politisch Andersdenkenden einen Feind zu sehen. Deshalb hat es in Deutschland ja auch immer eine »Partei« gegeben, die »Deutschtum« und Nationalstolz als ihren Hauptprogrammpunkt auf ihre Fahne schrieb, eine Selbstverständlichkeit, die anderswo zu betonen ganz überflüssig wäre.

In Recife war nun die Lage so gewesen, daß die Deutschen sich in ihrem Klub ganz harmonisch und gern zusammenfanden und Parteipolitik so gut wie ausgeschaltet hatten. Sie waren einfach Deutsche und hatten sich geeinigt, weiterhin zusammenzukommen unter der alten schwarz-weiß-roten Flagge, die als deutsches Symbol im Auslande in aller Welt bekannt und geachtet war und die in Gestalt kleiner Tischfähnchen überall im Klub auf den Tischen stand. Das Schwarz-Rot-Gold wurde als parteipolitische Abstempelung empfunden. Nun aber hatten wir an Bord einen deutschen Regierungsvertreter mitgebracht, der ein gewaltiger Parteifanatiker war, so sehr man ihn sonst auch als intelligenten und sympathischen Menschen schätzen konnte. Dieser erblickte die schwarz-weiß-roten Flaggen auf den Klubtischen, und schon war der Streit da. Sie sollten sofort entfernt werden! Zielbewußte Anhänger der »demokratischen« Weimarer Republik kamen alsbald in Konflikt mit »kaiserlich« fühlenden alten Mitgliedern des Klubs, und dieser begann zu veröden. Als ich zwei Jahre später in den Klub kam, war dieser leer. Dabei waren die Schwarz-Weiß-Roten keineswegs etwa Nationalisten, sondern stellten sich in schärfste Opposition zur Millerschen »Fünften Kolonne«, als diese im Jahre 1933 ihre Tätigkeit auch in Recife zu entfalten begann. Das Ende vom Liede war hier, wie auch in Rio, daß der einigende deutsche Klub praktisch aufgehört hatte zu existieren und daß das Feld wenigen Hitzköpfen zweifelhaften Wertes überlassen wurde. Dieses war die Kehrseite unseres ersten Erfolges in Pernambuco. Der vortreffliche deutsche Konsul in Recife, Carlos von Steinen, hat mir bekümmert diese Entwicklung geklagt. Ich muß sagen, daß dieses parteipolitische Gebaren im Ausland mir die Lust und Freude an einer Art Mission, die der Zeppelin zu erfüllen hatte, öfters schmerzlich beeinträchtigt hat, in Rio de Janeiro, in den Vereinigten Staaten und auch in Deutschland selbst.

In zwei Tagen war trotz der Unzulänglichkeiten der damals vorhandenen Anlagen in Recife der »Graf Zeppelin« mit Betriebsmitteln wieder voll ausgestattet, und wir stiegen am 28. Mai vormittags elf Uhr zur Rückfahrt auf. Sie sollte über Lakehurst gehen. Die im Jahre vorher ausgeführte Fahrt um die »Welt« hatte, wie wir erzählten, in den Vereinigten Staaten einen großen und überzeugenden Eindruck gemacht. Wir waren auf einem Gürtel der gemäßigten Zone rund um den Globus durch alle Arten von Wetter gekommen und hatten sie alle meistern können. Nun sollte unsere Fahrt zeigen, daß wir auch dem Platzregen der Tropen gewachsen waren. Für das nächste Jahr hatte ich dann noch eine Fahrt in das Polargebiet geplant, um die Erprobung des Luftschiffes auch in dieser Zone zu versuchen.

Wir fuhren die Küste bis zum Kap San Roque hinauf, bei prachtvollem Wetter uns der schönen, abwechslungsreichen Küstenlandschaft freuend. Über Natal machten wir eine längere Schleifenfahrt und warfen einen prächtigen Blumenstreif ab zu Ehren des hier in seiner Heimat bestatteten Vorkämpfers des Luftschiffes, Santos Dumonts. Dann setzten wir den Kurs direkt auf die Insel Barbados ab und verloren das Land im blauen Dunst der Ferne. Bald kamen wir dann in schlechtes Wetter mit stärkeren Regenböen und stellten fest, daß vielleicht die von Süden kommende Störung, die wir vor vier Tagen zwischen Recife und Rio passiert hatten, so weit nach Norden hinauf ihren Einfluß geltend machte.

Wir hatten, wie wir schon sagten, die Absicht gehabt, bei gutem Wetter die Insel Kuba anzulaufen und dort eine kurze Landung vorzunehmen. Der Infant Alfonso hatte sich sehr darauf gespitzt, vielleicht in der Hoffnung, dort alten Bekannten und Freunden aus der spanischen Zeit Kubas zu begegnen, oder im Verlangen, dieses wertvolle Kleinod einstigen spanischen Kolonialbesitzes mit eigenen Augen kennenzulernen. Die Hoffnung wurde zuschanden. Unterwegs empfingen wir wiederholt Funkmeldungen von unserem zur Leitung des etwaigen Landungsmanövers nach Kuba entsandten Sachverständigen, der von einer Landung dringend abriet. Ein Einbruch kalter Luftmassen war von Kanada her bis in das Karibische Meer hinunter vorgedrungen und hatte hier über dem warmen Meere heftige Gewitterstürme und Böen erzeugt. Über Kuba tobte das Unwetter besonders stark. So entschloß ich mich, auf das vielleicht interessante, aber politisch nicht ganz ungefährliche Abenteuer einer prinzlich spanischen Visite auf der Insel zu verzichten und direkt nach Lakehurst zu fahren. Die Enttäuschung der vier spanischen Herren an Bord hierüber war natürlich eine sehr starke, und Zeitungsmeldungen wußten sogar, fälschlicherweise, von einer »Revolte an Bord« zu berichten. Der Prinz Alfonso nahm, als sachverständiger Flieger, meine Entscheidung noch am ruhigsten auf, und als ich ihm sagte, daß er wahrscheinlich zur Entschädigung für den Verzicht auf Kuba ein sehr spannendes fahrtechnisches Erlebnis haben würde, ergab er sich gelassen in den Beschluß.

Der von Kanada ausgehende Vorstoß kalter, noch winterlicher Luftmassen verursachte nämlich eine heftige Böenfront auf der ganzen Strecke von den Großen Seen bis in das Karibische Meer, und diese Front bewegte sich bis auf den Atlantischen Ozean hinaus. Wir mußten also irgendwo diese Front durchbrechen, um auf das Festland nach Lakehurst zu kommen. Man durfte gespannt auf diesen Durchbruch warten.

Wir fuhren um Mitternacht an der Westseite von Barbados vorüber, passierten in der Nacht mehrere kleine Antillen-Inseln und kamen dann an der Ostecke von Porto Rico bei San Juan um sechs Uhr morgens auf den Atlantischen Ozean hinaus. Hier setzten wir den Kurs etwas nördlicher gerade auf Kap Hatteras ab. Das Herankommen der Böenfront machte sich mehr und mehr bemerkbar. Der Wind, der seit den frühen Morgenstunden aus Osten bis Südosten geweht hatte, drehte allmählich auf Süd und dann auf Südwest in einer Stärke von acht bis zehn Metern in der Sekunde. Die Luft war noch klar und wolkenlos, und wir liefen eine Geschwindigkeit von 70-80 Meilen in der Stunde. Eine prachtvolle Fahrt über blauem Meer!

Aber kurz nach Mittag begann der Wind auf zwölf bis fünfzehn Metersekunden aufzufrischen, und man sah im Westen eine schwarzblaue Wolkenwand am Horizont hochkommen. Wir gingen jetzt auf rein nördlichen Kurs und liefen mit einer Geschwindigkeit von neunzig Meilen vor einem reinen Südwind von siebzehn Metersekunden an der schwarzen Wand entlang, um vielleicht eine etwas lockerere Stelle zu finden, wo man nach Westen durchstoßen könne. Von der Wetterstation bei Washington und von Lakehurst kamen ernste Warnungen vor dieser Böenfront und machten mir nicht gerade Mut, den Durchbruch zu wagen. So ging es bis zum fünfunddreißigsten Breitengrad hinauf über eine Strecke, von San Juan aus gerechnet, von mehr als fünfzehn Breitengraden und von tausend Seemeilen, die wir in dreizehn Stunden durchmaßen. Wir befanden uns jetzt genau östlich von Kap Hatteras, und es war nicht zu erwarten, daß die Situation sich bei weiterem Verbleiben auf nördlichem Kurs ändern würde. So ging ich in die Front hinein.

Was sich jetzt ereignete, kann ich noch in jeder Phase in der Erinnerung nacherleben: Das Luftschiff wurde plötzlich stoßartig so gewaltsam gehoben, daß man meinte, die Beine würden einem in den Leib gedrückt. Gleich darauf fiel der Vorderteil des Schiffes so heftig, daß man meinte, der Boden der Gondel würde einem unter den Füßen weggezogen. Zugleich zitterte das Schiff in allen Teilen, und man fragte sich, ob das Gerippe den enormen Beanspruchungen standhalten würde. Ich hatte gleich bei Beginn der Bewegungen die Motoren auf »Halbe Kraft« stellen lassen, um die Stöße zu mildern; aber es blieb doch bedenklich genug. So ging es etwa zehn Minuten lang, nicht länger, in denen wir in einem tollen Wirbel sich durcheinandermischender Luftmassen auf- und ab-, hin- und hergerissen wurden; dann wurde es ruhiger, und wir konnten jetzt nach unten durchblicken und sehen, daß der Wind von Süd auf Nord umgesprungen war. Wir maßen, sobald es ging, seine Stärke und stellten fest, daß er zwanzig Metersekunden Geschwindigkeit hatte, während wir vor einer Viertelstunde noch siebzehn Metersekunden Südwind gemessen hatten. Gleichzeitig ging die Temperatur in dieser Zeit von zweiundzwanzig auf vierzehn Grad herunter, um in den nächsten zwei Stunden noch weiter auf elf Grad zu fallen. Es war ein gewaltiger »Wettersturz«! Dem Korrespondenten der Hearst-Presse, Herrn von Wiegand, der mich gleich nach dem Überstehen des heftigen Anpralls um meine Meinung zu diesem Erlebnis befragte, sagte ich: »Das ist die bösartigste Bö, die ich erlebt habe, und ich glaube, daß es gewaltsamere nicht geben kann. Aber Sie sehen, daß das Schiff in bewundernswürdiger Weise mit ihr fertig geworden ist. Wir können jetzt mit Zuversicht in *jedes* Wetter gehen.«

Der starke Nordwind flaute in den nächsten Stunden nur sehr allmählich auf fünfzehn Metersekunden ab, so daß wir noch acht Stunden brauchten, um bis zum vierzigsten Breitengrad, bis Lakehurst zu gelangen. Um sieben Uhr lag das Schiff in der Halle. Eine bedeutsame und interessante Reise hatte ihren Abschluß gefunden. Mein Plan, einen regelmäßigen Zeppelindienst nach Südamerika zu organisieren, konnte, wie ich nunmehr völlig sicher war, und sollte ausgeführt werden, sobald einige notwendige Einrichtungen und Verbesserungen des Platzes in Recife ausgeführt waren. Ich sprach darüber in New York mit den Herren, die im vorigen Jahr nach der Weltfahrt Interesse für die Gründung einer »Deutsch-Amerikanischen Zeppelinverkehrsgesellschaft« gezeigt hatten, und stellte zu meiner Genugtuung fest, daß das Vertrauen und die Neigung zu einer solchen Gründung durch unsere Fahrt verstärkt worden waren.

So fuhr ich nach einem zweitägigen Aufenthalt in Lakehurst sehr befriedigt nach Hause zurück. Wir mußten plangemäß zunächst nach Sevilla fahren, um die spanischen Herren dort wieder abzusetzen. Zur Mitfahrt stiegen in Lakehurst einige weitere Passagiere ein, für die hier Plätze frei geworden waren. Darunter befand sich ein Mitglied des Aufsichtsrats der Goodyear Tiret Rubber Company, die ja, wie ich erzählte, mit dem Luftschiffbau Zeppelin in freundschaftlicher Bindung stand, Mr. Harpham. Ferner hatten wir einen sehr bekannten und interessanten Mann an Bord bekommen in der Person des Sir Hubert Wilkins, der von sich reden gemacht hatte durch einen verwegenen Flug von Alaska über den Nordpol nach Spitzbergen, wo er im Schneesturm gelandet und mit Not einer Katastrophe entgangen war. Sir Hubert trug sich mit phantastisch anmutenden neuen Ideen und wollte hierfür das Luftschiff aus eigener Anschauung kennenlernen. Über diese Pläne und ihren Ausführungsversuch werde ich im nächsten Kapitel berichten.

Um zehn Uhr abends stiegen wir auf und machten zunächst einen Abstecher nach New York, das mit gewissem Recht einen moralischen Anspruch auf einen Besuch des Luftschiffes, bei der Ankunft oder bei der Abreise, zu haben glaubte. Stadt und Hafen gaben uns mit viel Sirenengeheul und Scheinwerferspiel den gewohnten Gruß.

Genau um Mitternacht passierten wir dann Sandy Hook und setzten den Kurs auf die Azoreninsel Fayal ab, die direkt auf unserer Route lag. Die Fahrt verlief recht günstig, konnte uns aber nichts wesentlich Neues über das Atlantikwetter mehr bringen. Eine Böenfront war zu passieren, was wohl fast auf jeder Überquerung des rauhen Nordatlantik irgendwo der Fall sein wird und für uns nicht viel mehr bedeutete. Aber wir machten eine sehr erfreuliche Feststellung: Wir hatten unsere Navigationsmethode der Wind- und Abtriftbestimmung inzwischen durch Übung und durch bessere Abtriftmesser so gut entwickelt, daß wir nach einer dreiunddreißigstündigen Fahrt über das offene Meer genau zu der berechneten Zeit und in der erwarteten Richtung die Südwestecke von Fayal vor uns liegen sahen. Angesichts der beständig in Richtung und Stärke wechselnden Winde über dem Ozean und der öfters zu durchfahrenden Regenböen war das ein erfreuliches Zeugnis für die Tüchtigkeit und die unausgesetzte sorgfältige Arbeitsleistung und Aufmerksamkeit der Navigationsoffiziere. Wir waren fast so sicher in unserer Positionsbestimmung und in der Absetzung des Steuerkurses geworden wie ein Ozeandampfer, der auf der vergleichsweise strömungslosen Meeresoberfläche navigiert, und unter Umständen sicherer. Denn wir *konnten* die »Stromversetzung« feststellen, was ein Seeschiff meistens nicht kann.

Dem schön gelegenen Horta statteten wir einen kurzen Überraschungsbesuch ab und setzten die Bewohner in wildeste Aufregung. Wir fuhren dann am majestätischen Pico entlang, von dem wir vor sechs Jahren, als wir mit dem ZR III des Weges kamen, nur den Gipfel über den Wolken gesehen hatten. Bei der Insel Terceira verließen wir anderthalb Stunden später die malerische Azorengruppe und setzten Kurs auf Lissabon ab. Wir hatten, wie gesagt, nur dreiunddreißig Stunden bis Fayal gebraucht.

Hinter Terceira wurden das Wetter und die Windverhältnisse ungünstiger. Der Wind kam mit teilweise beträchtlicher Stärke aus Nordost, und häufige Regenböen waren zu durchlaufen. So brauchten wir fast zwanzig Stunden, um die portugiesische Küste zu erreichen, d. h. unsere Geschwindigkeit über Grund ging fast auf die Hälfte der bis zu den Azoren gelaufenen herab, nämlich auf durchschnittlich vierzig Seemeilen gegenüber den vorher erreichten siebzig bis fünfundsiebzig Seemeilen. Aber um neun Uhr am Morgen des 5. Juni standen wir doch schon über dem Kap da Roca, vierundfünfzig Stunden nachdem wir Sandy Hook passiert hatten.

Wir überquerten jetzt die weite Mündung des Tejo und blickten etwas verlangend nach Lissabon hinüber, das sich prachtvoll im Hintergrunde breitete. Die Stadt ohne Erlaubnis zu überfliegen, getraute ich mich nicht, denn man macht einen Witz bekanntlich nicht gern zweimal. Im Jahre vorher waren wir bei einer Rundfahrt um die Pyrenäenhalbinsel auch zur Tejomündung gelangt, und ich hatte da in etwas übermütiger Laune etwa folgenden Funkspruch an das Luftministerium in Lissabon gesandt: Auf unserer Fahrt entlang der Küste Portugals vor Lissabon kommend, bitte ich, die Stadt überfliegen zu dürfen, um den Bewohnern das Verkehrsmittel vorzuführen, das in Zukunft Lissabon mit Amerika zu verbinden bestimmt ist.«

Diese Bitte, auf die es natürlich eine abschlägige Antwort kaum geben konnte, erreichte aber das Ministerium erst, als wir schon über Lissabon waren, und wir waren längst wieder über der See, als die Antwort eintraf: »Erlaubnis gewährt.« Aber das portugiesische Luftfahrtministerium beschwerte sich dann doch in Berlin über die durch mich verübte Verletzung der portugiesischen Hoheitsrechte, und ich bekam »einen auf den Hut«.

So zogen wir jetzt in respektvoller Entfernung an der schönen Hauptstadt Portugals vorüber auf Kap San Vincente zu, gingen hier auf östlichen Kurs und kamen über Huelva, wo uns wieder das Denkmal des Kolumbus grüßte und offensichtlich bewundernd beglückwünschte, und über Cadiz, wo wir uns auch noch zu zeigen müssen glaubten, gegen vier Uhr nach Sevilla.

Wir waren hier mit Ungeduld von einer riesigen Menschenmenge und den Spitzen der Behörden erwartet worden. Eine begeisterte kurze Ansprache des Bürgermeisters folgte, und wir wurden zu einem Bankett eingeladen, das am Abend zur Feier des Ereignisses stattfinden sollte. Aber wir lehnten dankend ab, weil uns das herrschende garstige Wetter nicht sicher genug erschien, das Schiff während der Nacht am kurzen Ankermast liegen zu lassen. Wir verabschiedeten uns herzlich von dem Prinzen und seinen drei Begleitern und waren zwanzig Minuten nach der Landung schon wieder in der Luft, um dem Heimathafen zuzusteuern. Es sei ehrlich zugegeben, daß wir auch der dauernden Anspannung durch fast drei Wochen hindurch müde waren und ein Verlangen fühlten, wieder einmal im eigenen Bett zu schlafen, jeder Sorge um das Schiff enthoben.

Das Wetter war in der Tat für südspanische Verhältnisse recht schlecht. Ein steifer Südwest von zehn bis zwölf Metersekunden wehte, und die Sierra Nevada und die Sierra Morena waren von niedrigen Wolken bedeckt. So zog ich es vor, nicht über Land und gebirgiges Gelände den kürzesten Weg nach Valencia zu wählen, sondern das Guadalquivirtal hinunter wieder über See zu kommen und durch die Straße von Gibraltar zu fahren. Langsam kamen wir gegen heftigen südlichen Wind und Regen wieder auf das Meer hinaus und bei Sonnenuntergang in die Meerenge; aber dann wurde es besser, und wir konnten eine im ganzen recht gute und mäßig schnelle Fahrt durch das Mittelmeer machen. Um zehn Uhr liefen wir bei Marseille in das Rhonetal ein, um Mittag etwa standen wir bei Lyon und rechneten damit, in vier bis fünf Stunden in unserem Heimathafen zu landen.

Da aber liefen wir in eine höchst gefährliche Lage hinein, an die ich nach Jahren noch nur mit Schrecken zurückdenken konnte und die auf ein Haar für Schiff und Insassen das Ende bedeutet hätte. Wir waren kurz hinter Lyon in loses Gewölk geraten, das eigentlich recht harmlos aussah, obgleich die Funker heftige Luftstörungen und elektrische Schläge meldeten. Ohne Zweifel lag vor uns im Tal der Saône ein Gewitter, aber es war zwischen den hohen Bergen rechts und links eingezwängt und man konnte seinen Aufbau nicht übersehen, da wir im Gewölk steckten. Es blieb nichts anderes übrig, als hindurchzufahren, wenn man nicht etwa umkehren und abwarten wollte, bis das Wetter sich aufgelöst hätte. Aber wie lange konnte das hier zwischen den Bergen dauern?

So fuhren wir weiter über der Saône hin, in ein Wolkengebilde hinein, das uns in seinen Entwickelungsvorgängen und seiner jetzigen Beschaffenheit unbekannt war, ein sehr unbehagliches Gefühl und – ich gebe es zu – ein Leichtsinn, es zu versuchen. Die Atmosphäre wurde bald unruhiger und unstabiler, und das Schiff begann zu bocken und zu tanzen. Aber das waren Vorgänge, mit denen wir vertraut waren und die mich nicht beunruhigten. Auch die wiederholten elektrischen Entladungen neben oder in das Schiff waren noch nicht ungewöhnlich. Da aber begann plötzlich ein unerhörter Wolkenbruch sich über das Schiff zu ergießen, heftiger und heftiger von Sekunde zu Sekunde. So etwas hatten wir selbst in den Regenböen der Kalmen nicht erlebt! Und dann begann der Platzregen in Hagel überzugehen, mit mehr als walnußgroßen Eisstücken! Es trommelte auf der gestrafften Außenhaut des Schiffes wie auf einer Pauke. Und das trug das Schiff nicht! Es begann durchzusacken trotz des energischen Bemühens des Höhensteuerers, es in Fahrthöhe zu halten. Wir fielen von dreihundert Meter über dem Talboden auf zweihundert, auf hundertundfünfzig, auf knapp hundert Meter.

Dann und wann schimmerte der Talgrund durch, er war weiß überdeckt vom Hagel und kam näher und näher, obgleich das Schiff mit zwölf Grad Schräglage das Maximum seiner dynamischen Hubkraft entfaltete. Kapitän Flemming, der die Woche hatte, rief mir entsetzt zu: »Herr Doktor, wollen wir nicht die Maschine abstoppen?« »Nein!« schrie ich, »gerade jetzt brauchen wir sie! Stellen Sie auf ›Äußerste Kraft!‹ Wenn wir aufbrummen, so ist es egal, ob wir mit achtzig oder hundert Kilometer in den Boden knallen!« Es wurde getan, aber der Höhenmesser zeigte noch langsames Weiterfallen. Wir waren vielleicht nur noch fünfzig bis sechzig Meter über dem Boden, und eben rief ich Flemming zu, er möge die letzten kostbaren zwei Sack Wasserballast abwerfen, obgleich die mit ihren vierhundert Kilogramm kaum was ausgemacht hätten, da wir mindestens zehntausend Kilogramm schwer waren. Da aber rief der Höhensteuermann dazwischen: »Es ist nicht nötig, ich kann das Schiff jetzt halten!«

In der Tat: das Schiff stand und kam dann allmählich wieder höher. Vielleicht kam das daher, daß wir noch ein paar Hundert Pferdestärken mehr aus den Motoren herausgeholt hatten, vielleicht auch daher, daß wir aus dem Hagelstreifen, der ja nie sehr ausgedehnt ist, heraus waren. Jedenfalls waren wir mit blauem Auge davongekommen, und als ich nun, rückblickend, mir die Gewitterwand von der Vorderseite ansehen konnte, sagte ich: »Nie wäre ich da hineingefahren, wenn ich das von vorn gesehen hätte!« Als wir später in Friedrichshafen das Schiff untersuchten, zeigte es sich, daß mehr als fünfzig Löcher vom Hagel in die Außenhülle geschlagen waren. Ohne Zweifel hat mindestens ebenso sehr die Belastung durch die Eisstücke wie durch den Regen das Schiff zum Sinken gebracht. Ein Flugzeug ging in diesem Wetter nicht weit von uns zwischen Genf und Lyon zugrunde.

Die Passagiere saßen während der zehn Minuten, in denen wir die Hagelzone durchflogen, schweigend und beklommen in der Kabine und hörten auf das Getrommel auf der Hülle. Sie waren wohl beunruhigt und merkten, daß etwas Außergewöhnliches sich abspielte; aber sie wußten doch nicht, in welcher ungeheuren Gefahr sie schwebten. Nur Sir Hubert Wilkins schien es zu ahnen. Als ich in den kritischen Momenten aus der Führergondel nach achtern schaute, um festzustellen, wie die Motoren liefen, begegnete ich seinem ernst fragenden Blick, als er gerade aus der Kabine nach vorn blickte. Ich nickte ihm leise zu, und er verstand. Nach dem glücklich überstandenen Abenteuer bereitete ich dann den Passagieren eine Aufmunterung, indem ich nicht über Basel, sondern über Neuchâtel, Bern, Luzern und Zürich den herrlichen Weg durch die Schweiz fuhr. Ich selbst aber fühlte mich durch die ungeheure Spannung der über Leben oder Tod entscheidenden zwei oder drei Minuten derart mitgenommen, daß ich der Gräfin Brandenstein-Zeppelin, als sie mich drei Stunden später nach der Landung in Friedrichshafen freudestrahlend beglückwünschte, nur leise und ernst erwiderte: »Ja, wir sind glücklich wieder da, aber auf ein Haar wäre alles zu Ende gewesen, wenn wir nicht glücklicherweise die Nerven behalten hätten.« In der Tat darf ich sagen, daß von allen kritischen und gefahrvollen Situationen, die ich im Laufe meiner Zeppelinpraxis erlebte, und es sind deren eine ganze Reihe, keine mir dermaßen auf die Nerven ging wie diese in der Hagelbö im Saônetal. Denn es waren zweiundsechzig Menschen im Schiff, und die Zeppelinsache selbst wäre erledigt gewesen. Die Studien- und Pionierfahrt nach Recife und Rio hatte mir die Überzeugung verschafft, daß auch das Äquatorialgebiet mit seinen Gewittern und Regenböen für Zeppeline befahrbar, und zwar, wie unser Freund Rementeria gemeint hatte, ganz besonders günstig sei. So gewaltsame atmosphärische Entwicklungen, wie wir sie vor Kap Hatteras und im Rhonetal kennengelernt hatten, sind dort kaum zu erwarten.

So wollten wir jetzt an eine zielbewußte Organisation eines Südamerika-Dienstes herangehen. Dazu gehörte der Ausbau der Landestation in Recife und, im spanischen Interesse, auch der Zwischenstation in Sevilla, ferner die Organisation einer rührigen Vertretung in Brasilien für Propagandazwecke und für den Verkehr mit den brasilianischen Behörden, insbesondere mit der Post- und der Zollbehörde. Denn wir mußten uns zu einem nicht unwesentlichen Teil auf Post- und Frachtbeförderung stützen, wenn der Dienst finanziell tragbar sein sollte. Alles das brauchte Zeit, und wir waren auch so sehr mit anderen Fahrten und Aufgaben belastet, daß wir zunächst einmal von weiteren Fahrten nach Brasilien absehen mußten.

Aber im August des nächsten Jahres, 1931, als wir von einer Polarfahrt zurück waren, sahen wir uns frei für weitere Südamerika-Reisen. Wir machten im August, September und Oktober je eine Reise dorthin, die glatt verliefen und uns die Gewißheit gaben, daß besonders auch die vortrefflich ausgebaute Versorgungsstation in Recife eine Gewähr für einen sicheren regelmäßigen Dienst gab. Das Vertrauen des Publikums und die Beliebtheit des Luftschiffes begannen zu wachsen, so daß wir im Jahre 1932 dann neun Fahrten ausführten, die immer ausverkauft waren und eine beständig steigende Menge von Post und Fracht mitnahmen. Im Frühjahr machten wir vier dieser neuen Reisen und dann, nach einer durch andere Fahrten in Europa in Anspruch genommenen Zwischenzeit, im Herbst fünf Reisen in regelmäßigen Abständen von vierzehn Tagen. Die letzten drei Reisen führten wir bis Rio durch, uni das Interesse der brasilianischen Regierung an einer regelmäßigen Durchführung bis zur Bundeshauptstadt zu steigern. Denn wir *mußten* eine Halle in Rio de Janeiro haben!

Für 1933 hatten wir wieder neun Fahrten nach Südamerika angesetzt, und ich blieb nach der ersten Fahrt in Rio, um den Versuch zu machen, die Regierung des Staates oder der Stadt Rio de Janeiro für den Bau einer Luftschiffhalle zu gewinnen. Das war, wie mir genaue Kenner der Verhältnisse erklärten, ein recht kühnes Unterfangen. »Brasilien und insbesondere Rio ist«, wie sie mir sagten, »daran gewöhnt, vom Auslande, von Amerika, von England, von Frankreich und auch von Deutschland, alles angeboten zu erhalten, was zur Schaffung eines modernen Verkehrs, insbesondere des Luftverkehrs, notwendig ist. Die ausländischen Gesellschaften schaffen Flugplätze und sonstige Anlagen und haben dafür das Recht der Benutzung derselben. Brasilien ist ein armes und verschuldetes Land und hat kein eigenes Geld dafür. Wenn es Ihnen gelänge, die Regierung von Rio de Janeiro zum Bau einer Luftschiffhalle zu bestimmen, so wäre das ein Novum.«

Soviel ich sehen konnte, war das richtig, aber ich wollte doch den Versuch machen, indem ich auf die große Popularität und die Monopolstellung unseres Zeppelindienstes spekulierte. Ich wollte versuchen, den Bundespräsidenten Getulio Vargas dafür zu interessieren. Das war nicht leicht, denn Vargas war krank. Er hatte einen schweren Autounfall gehabt, lag seit Wochen im Streckverband und durfte nicht mit Geschäften behelligt werden. Ich suchte seinen Arzt, Dom Pedro Ernesto, auf, der ein sehr einflußreicher Mann war, nämlich nicht allein Leibarzt des Präsidenten, sondern auch Präfekt der Stadt Rio. Dom Pedro Ernesto war persönlich und als Präfekt von Rio sehr eingenommen von dem Gedanken, Rio zum Zielpunkt des Zeppelinverkehrs zu machen, und er vermittelte mir ohne weiteres eine Audienz am Krankenbett des Präsidenten. So sah ich diesen und fand ihn sehr schnell geneigt, meinen Gedanken zu fördern. Ich nahm jetzt Verbindung mit den verschiedenen in Betracht kommenden Ministerien auf und fand größtes Entgegenkommen namentlich bei dem Verkehrsministerium und bei dem Außenministerium. Nur der Finanzminister, Oswaldo Aranha, zeigte sich als ein etwas schwieriger Herr und meinte: »Wir bauen Ihnen eine Halle, und dann geht das Luftschiff kaputt, und wir haben unnötige Ausgaben gemacht.«

So kam es, daß der mit dem Verkehrsministerium geschlossene Vertrag, demzufolge die Bundesregierung mir zum Bau einer Halle auf einem von mir ausgesuchten Platz eine Summe von zehntausend Conten de Reis (ca. 3 Millionen Goldmark nach damaligem Kurs des Milreis) zur Verfügung stellen sollte, wohl die Unterschrift des Verkehrs- und des Außenministers erhielt, nicht aber die des Finanzministers. Aranha fand dauernd Ausflüchte und war nicht zu sprechen. Der Vertrag war im übrigen sehr großzügig. Er überließ es uns, die Halle und sonstigen Anlagen nach eigenem Ermessen zu bauen, und enthielt als einzige Verpflichtung die Auferlegung, jährlich mindestens zwanzig Fahrten nach Rio auszuführen und für jede Benutzung der Halle fünftausend Mark als »Hafengelder« zu zahlen, womit in dreißig Jahren die Halle amortisiert worden wäre.

Die Situation war angesichts der Opposition des Finanzministers etwas schwierig. Wie dem abhelfen? Selbst schwierige Situationen in Angelegenheiten von welthistorischer Bedeutung werden oft durch einen glücklichen Scherz gerettet, weshalb also nicht einen solchen Scherz versuchen?

Die Gelegenheit dazu kam bald. Der Präsident genas allmählich und machte im Spätsommer des Jahres eine Besuchsreise zu den nördlichen Staaten Brasiliens. An Bord eines Dampfers des Lloyd Brasileiro war er unterwegs, und wir wußten, daß er an einem bestimmten Tage von Victoria nach Bahia fahren sollte. Der »Graf Zeppelin« sollte gerade an diesem Tage von Rio nach Recife fliegen, und so richteten wir es so ein, daß wir das Schiff des Präsidenten zwischen Victoria und Bahia überholten und einen großen Kreis um dasselbe machten. Dann liefen wir den Dampfer von hinten in ganz langsamer Fahrt in nur sechzig Meter Höhe auf und ließen an langer Schnur ein Paket herab, das von einem Mann auf der Kommandobrücke geschickt aufgegriffen wurde. In diesem Paket lagen zwei Flaschen unseres besten Rheinweins mit einem prächtigen Rosenstrauß und ein hübsch verzierter Brief mit folgendem Inhalt: »Besatzung und Passagiere des ›Graf Zeppelin‹ wünschen dem Herrn Präsidenten eine glückliche Reise und gute Erholung und gestatten sich, ihm zwei Flaschen von dem guten Wein aus dem Keller des Luftschiffes zu verehren, in welchem wir soeben auf das Wohl des Herrn Präsidenten getrunken haben.«

Die Aktion war natürlich mit gespanntem Interesse von Bord des Dampfers aus verfolgt worden, und ein witziger Zeitungsberichterstatter, der die Präsidentenfahrt mitmachte, beschrieb ihren Erfolg mit folgenden Worten: »Der Präsident zog sich mit dem Wein sofort in seine Kabine zurück, und als er wieder herauskam, konnte er fließend Deutsch sprechen.« Jedenfalls machte der gelungene Scherz auf den Präsidenten einen großen Eindruck und veranlaßte ihn, sofort den Vertrag betreffend den Bau einer Halle bei Rio zu unterzeichnen. Und sein Vertrauen zum Luftschiff war dadurch so groß geworden, daß er vierzehn Tage später, bei der nächsten Reise, auf demselben von Recife nach Rio zurückfuhr.

Der Bau der Halle auf einem großen fiskalischen Platz bei Santa Cruz, etwa vierzig Kilometer südlich von Rios gebirgiger, unmittelbarer Umgebung, wo ein genügend großer Platz nicht zu finden war, wurde im nächsten Jahre von der deutschen Firma Philipp Holzmann & Co. in Angriff genommen und Ende 1935 vollendet. Zu der gleichen Zeit etwa war auch das Luftschiff »Hindenburg« fertiggestellt, und nun war es erst möglich, einen regelmäßigen vierzehntägigen Verkehr nach Südamerika einzurichten, weil der »Graf Zeppelin« zwischendurch auch kleinere Fahrten in Deutschland und Europa auszuführen hatte, die von der Besatzung etwas verächtlich als »Zirkusfahrten« bezeichnet wurden, die aber doch wertvoll waren als Propaganda- und einträgliche Fahrten.

Die Zahl der Reisen nach Südamerika belief sich im Jahre 1933 auf neun, im Jahre 1934 auf zwölf, im Jahre 1935 auf sechzehn und im Jahre 1936, als auch der

»Hindenburg« mit sieben Fahrten eingeschaltet wurde, auf neunzehn. Die Menge der beförderten Briefpost stieg von rund 200 kg auf rund 350 kg im Durchschnitt auf jeder Fahrt hin und zurück, also auf etwa fünfzigtausend Stück, da das Gewicht je Stück durchschnittlich nur sieben Gramm betrug. Dazu kamen Eilfracht- und Paketstücke von etwa dem gleichen Gesamtgewicht. Im ganzen betrug die vom »Graf Zeppelin« beförderte Fracht- und Postmenge im Jahre 1934 rund elftausend Kilogramm, darunter rund 750 000 Briefe, im Jahre 1935 vierzehntausend Kilogramm, darunter rund 900 000 Briefe. Die Zahl der nach und von Brasilien beförderten Passagiere stieg in den gleichen Jahren von rund 400 über 500 auf 720, um im Jahre 1936, wo auch der »Hindenburg« fuhr, auf 1500 anzuwachsen. Es war also eine glänzende Entwicklung zu verzeichnen, die dann durch den Verlust des »Hindenburg« im Mai 1937 zu einem jähen Ende kam und gerade wieder aufgenommen werden sollte, als Hitlers Politik es unmöglich machte. Hierüber wird in einem anderen Kapitel zu berichten sein.

Ich war während der Jahre dieser Entwicklung unseres Zeppelindienstes öfters einige Wochen in Rio, indem ich auf einer Fahrt hier ausstieg und erst mit der nächsten Reise wieder nach Hause fuhr. So hatte ich Gelegenheit, das Leben in dieser wunderbar schönen Stadt und besonders das Tun und Treiben unserer deutschen Kolonie daselbst etwas näher kennenzulernen. Das vermittelte mir teils höchst erfreuliche, dann aber auch leider sehr unerfreuliche Eindrücke. Die deutschen Kaufleute in Rio erfreuten sich großen Ansehens. Die bedeutenden deutschen Firmen, wie Hermann Stolz, Theodor Wille &, Co. und die brasilianische Abteilung der Deutschen Überseebank, spielten eine bedeutsame Rolle in dem Export- und Importhandel des Landes, und eine ganze Reihe von Vertretern deutscher Industriewerke vermittelten einen regen Handelsverkehr mit Deutschland.

Die Bevölkerung von Rio ist infolge ihrer Gutmütigkeit und durch das Fehlen jeglicher Rassen- und chauvinistischen Voreingenommenheit sehr sympathisch, und ich konnte bei der Teilnahme an einer der üblichen Wochenversammlungen des Rotary-Klubs, der bekanntlich den schönen Zweck verfolgt, Vertreter aller Berufszweige in einer Stadt in geselligem Beisammensein einander freundschaftlich näher zu bringen, die erfreuliche Beobachtung machen, daß die deutschen Rotarier sich einer besonderen Hochschätzung erfreuten.

Die deutsche Kolonie in Rio hatte ein Zentrum in dem Klub »Germania«, der ein schönes Haus an einer der prachtvollen Uferstraßen von Rio besaß. Hier trafen sich viele deutsche Geschäftsleute zum Mittagessen, denn man aß dort ausgezeichnete deutsche Küche. Hier wurde abends gespielt, gesungen, getanzt und Kegel geschoben, und gelegentlich wurden festliche Veranstaltungen gefeiert. Ich habe oft und gern dort zu Mittag gegessen, um Deutsche kennenzulernen. Die Kolonie betätigte sich auch rege in gemeinnütziger Weise: sie hatte eine Deutsche

Schule gegründet, die auch von brasilianischen Kindern gern besucht wurde, weil es, wie mir ein Brasilianer sagte, »die beste Schule in Rio« war. Und sie hatte ein ganz modern eingerichtetes Krankenhaus gebaut, das sich eines ausgezeichneten Ansehens erfreute. So fand ich die Lage im Frühjahr 1933 und war darüber recht erfreut.

Da aber platzte die Bombe einer »Fünften Kolonne« in das Idyll hinein! In einer solchen Kolonne oder Parteiformation braucht ja nur ein besonders fanatischer Heißsporn zu sein, dann vergiftet er schnell die ganze Gesellschaft. Rio hatte das Unglück, einen solchen Brunnenvergifter zu finden, und schon war es um den Frieden in der Kolonie geschehen. Als ich im Juni des Jahres 1933 zum ersten Male wieder nach einer längeren Pause zum Mittagessen in die »Germania« ging, fand ich den Speisesaal fast völlig leer. »Nanu, was ist denn los?« fragte ich den Verwalter. Er lächelte etwas gezwungen und sagte, daß die »älteren Herren«, mit denen ich mich meist hier getroffen hatte, nicht mehr kämen. Ich hörte dann sehr bald, wie es um die frühere Harmonie stand.

Eine besondere Spezialität der Fünften Kolonne in Rio war die starke Betonung der antisemitischen Note des Nationalsozialismus, was in der toleranten, rassengemischten Bevölkerung der Stadt als ein grotesker Witz erscheinen mußte. So war denn mit eine der ersten Aktionen der Kolonne die Forderung, daß das Kuratorium der Deutschen Schule, dem ein oder zwei Juden angehörten, umgestaltet werden müßte. Diese Juden hatten aber namhafte Mittel zum Bau der Schule beigesteuert, und so gab es natürlich erheblichen Widerspruch. Im übrigen versuchten natürlich die Fanatiker der Kolonne, über die Vertreter deutscher Häuser einen Druck auf die in der Heimat selbst unter Terror stehenden Häuser auszuüben, eine sattsam bekannte Praxis.

Ich entzog mich dieser schwülen Atmosphäre, indem ich in ein kleines Hotel ganz draußen an der Peripherie der Stadt zog, wohin ich bequem in etwa dreiviertel Stunden gelangen konnte mit einer der ausgezeichneten schnellen Autobuslinien, die von einer amerikanischen Gesellschaft betrieben wurden. Das Hotel lag hoch am Hang eines Bergrückens, und ich konnte von meinem Zimmer aus auf den freien Ozean hinausblicken, wo die Luft weniger muffig war.

Hier draußen hatte ich das Vergnügen, mit dem englischen Außenminister Sir John Simon zusammenzutreffen, der in der Nähe in dem bekannten Hotel Coppacobana mit seiner Frau einen kurzen Urlaub verbrachte. Ich kannte den englischen Minister von London her, wo er im Jahre 1931 als Vorsitzender eine Untersuchung über die Katastrophe des Luftschiffes R 101 geleitet hatte, zu der ich als Sachverständiger eingeladen worden war. Sir John hatte in der Zeitung von meiner Anwesenheit in Rio gelesen und lud mich ein, mit ihm und seiner Gattin in seinem Hotel Tee zu trinken. Die etwa zwei Stunden währende Unterhaltung mit ihm war mir sehr, interessant. Sie zeigte mir einerseits, daß man in englischen Regierungskreisen über die Entwicklung der Dinge in Deutschland sehr besorgt sei und andererseits, daß der Minister starke Sympathien für Deutschland habe. Er fragte mich u. a., was dieses ganze Gerede von »Blut und Boden« und solche chauvinistischen Phrasen eigentlich bedeuteten und ob ich glaube, daß Hitler ein gefährlicher Mann sei. Ich erwiderte ihm offen, daß Hitler meines Erachtens nur ein großer Demagoge sei, daß solche Menschen aber immer gefährlich werden könnten und daß der Grund für seinen Erfolg in der »Verzweiflung« des deutschen Volkes zu suchen sei, das ein Dutzend Jahre nach Beendigung des Weltkrieges infolge der Reparationsleistungen noch immer zweiundeinehalbe Million Arbeitslose gehabt habe. Sir John sagte darauf nachdenklich: »Despair! despair! Ja, da muß etwas geschehen!« Wenn Sir John Simon eine ihm später vorgeworfene schwächliche Politik gegenüber Hitler machte, so glaube ich, daß das seinen Grund weniger in einer Verkennung der Art Hitlers als in der Überzeugung hatte, daß man Deutschland zu hart und unklug behandelt habe. Er war vielleicht ein Idealist und sah nicht die bösen Machtinstinkte, von denen die im Staat organisierte Volksgemeinschaft immer geleitet wird. Ein wirklicher »Führer« aber soll nicht diesen Instinkten der Masse schmeicheln, sondern hat sie zu mäßigen im Sinne einer edleren Menschlichkeit.

Wir machten von Rio aus andere Fahrten, die nicht direkt nach Friedrichshafen zurückgingen. So fuhren wir z. B. im Oktober 1933 nach den Vereinigten Staaten von Nordamerika, worüber ich in anderem Zusammenhang berichte, und im Juni 1934 nach Buenos Aires. Unser nunmehr verwirklichter Südamerika-Dienst war ja, wie oben erzählt, aus einer Anregung, die von spanischer und argentinischer Seite kam, hervorgegangen und hatte vorerst die Form eines Verkehrs zwischen Deutschland und Brasilien angenommen; aber ich hoffte doch auf die Möglichkeit, ihn später bis Buenos Aires auszudehnen, und folgte deshalb gern der Aufforderung, diese Stadt zu besuchen. Das hatte zwei Gründe: Einerseits hielt ich es für gut, das Interesse in Argentinien wachzuhalten und durch die Vorführung des Luftschiffes zu verstärken, andererseits aber wünschte ich, in konsequenter Durchführung unserer meteorologischen Erkundungsfahrten, auch die Wetterverhältnisse südlich von Rio kennenzulernen. Das Passatgebiet von den Kanarischen Inseln bis etwa nach Bahia oder Rio war in seinen atmosphärischen Zuständen und Vorgängen uns einigermaßen bekannt geworden. Wie aber sah es auf der Strecke zwischen Rio und Buenos Aires aus?

In Schiffahrtskreisen ist der sogenannte Pampero, der oft aus den argentinischen Pampas auf das Meer hinausbricht und in wenig Sekunden ein großes Segelschiff vollständig abtakeln kann, als ein gefährlicher Orkan verrufen, fast so gefürchtet wie ein Taifun oder ein karibischer Hurrican. Seine Wirkung erstreckt sich von einem Seegebiet südlich der La-Plata-Mündung bis nach Santos oder Rio hinauf. Ich selbst hatte im Jahre 1921 zwei oder drei solcher Stürme in Argentinien und im Jahre 1929 die nördliche Fortsetzung eines solchen in Rio erlebt und ihre Heftigkeit aus eigener Anschauung kennengelernt. Aber das war über Land gewesen. Wie war eine Pampero-Front über dem Meere? Wenn wir »Glück« hatten, konnten wir vielleicht einem Pampero auf dem Wege nach Buenos Aires begegnen. Halbwegs wünschte ich es, halbwegs fürchtete ich es. Aber wir hatten die turbulentesten Böenfronten doch schon vor Kap Hatteras und bei Neufundland ohne Schaden überstanden und waren mit Recht zuversichtlich.

Und wir hatten das Glück! Wir waren am Abend des 28. Juni von Rio abgefahren und fanden uns am nächsten Morgen etwa in der Höhe von Floriopolis vor einer langgestreckten Böenfront. Sie sah böse aus, und wir hörten dann auch später in Buenos Aires, daß dort tags zuvor ein sehr heftiger Pampero getobt hatte. Das Meer war weiß und die Böenwand darüber pechschwarz, vom malerischen Gesichtspunkt aus prachtvoll, vom navigatorischen aus sehr unbehaglich. Wir liefen eine Strecke weit auf See hinaus, in der Annahme, daß es dort etwas besser sein könnte, und so war es auch. Der Durchbruch zeitigte dann das übliche Bocken und Schleudern des Schiffes, aber es war nicht besonders heftig. Jenseits der Wolke kamen wir dann in einen Südweststurm von fünfundzwanzig bis dreißig Metersekunden hinein, und wir waren froh, nicht unten auf See mit zerfetzten Segeln treiben zu müssen. Nach einer Stunde flaute der Sturm auf zwölf bis fünfzehn Meter ab, und wir kamen wieder einigermaßen gut voran, über Porto Allegro, Rio Grande bis Montevideo, das wir gegen Mitternacht erreichten.

Wir hatten nun fast alle heimtückischen Wetterbildungen kennengelernt: Taifunwirbel bei Japan, vehemente Wetterschläge bei Neufundland und an der Küste der Vereinigten Staaten, Hagelkatarakte im Alpengebiet und zu guter Letzt einen Pampero an der Küste von Südbrasilien, und alles hatten wir gut überstanden. Es fehlte sozusagen in unserer Sammlung nur noch ein Wirbelsturm in der Karibischen See. Aber dem möchte ich doch lieber nicht begegnen. Das ist aber auch nicht nötig, denn man kann ihm leicht ausweichen, weil sein Zentrum und sein Weg so schmal sind. Deshalb hat er ja auch, wie die Tornados, eine so unglaubliche Zerstörungskraft in einem engen Zirkel.

Wir kreuzten die letzten Nachtstunden über der Mündung des Rio de la Plata und erschienen erst um sechs Uhr über Buenos Aires, um die Einwohner zu wecken. Aber wir fanden zu unserem Erstaunen, daß die Bevölkerung, die in ihrem guten ökonomischen Gewissen sonst dieses »sanfte Ruhekissen« in einem morgendlichen Schlaf zu schätzen weiß, schon auf den Beinen war. Um acht Uhr landeten wir dann auf dem Campo Majo in einer riesigen Volksmenge, die dem silbernen Friedensschiff die übliche stürmische Begrüßung darbrachte. Mir selbst brachte die Landung als Gabe vom deutschen Verein »Schwaben« eine kunstvoll gearbeitete »Bombilla« ein, aus der man das Nationalgetränk, den Mate, zu saugen pflegt. Das Lutschen an dieser Bombilla soll eine unbezwingliche Sehnsucht nach Argentinien wecken. Bei mir hat es nicht gewirkt, denn ich habe seitdem das Land der reichen Estancieros und der verwegenen Gauchos nicht wiedergesehen.

Als interessantes Faktum sei noch mitgeteilt, daß wir den Pampero, den wir südlich von Santos durchquert hatten, hinter Rio wieder einholten. Er hatte inzwischen an Kraft eingebüßt, aber er brachte uns doch in einer Rekordzeit nach Pernambuco zurück. Unterwegs erhielten wir die Meldung von der Röhm-Revolte, worüber ich in anderem Zusammenhang berichte.

Die Arktisfahrt 1931

Fridtjof Nansen, gleich berühmt und groß als Polarforscher wie als unermüdlich tätiger Menschenfreund, Stolz und Ruhm des durch so viele treffliche Männer ausgezeichneten kleinen Norwegen – dieser Fridtjof Nansen hatte im Jahre 1926 eine Organisation ins Leben gerufen, die den Namen »Internationale Gesellschaft zur Erforschung der Arktis vermittels des Luftschiffes« führte, kurz »Aeroarktic« genannt. Der Gesellschaft gehörten namhafte Geographen vieler Länder an, und ihr Zweck war, wie der Name besagt, die arktische Forschung durch Verwendung des Luftschiffes zu fördern. Nansen setzte sich durch Vermittlung des Sekretärs der Gesellschaft, eines früheren Luftschiffkommandanten mit Namen Walter Bruns, mit mir in Verbindung, um mich zu einer Einsetzung des »Graf Zeppelin« für eine Forschungsreise in die Arktis zu bestimmen. Ich hatte eine lange Besprechung mit Nansen.

Und wir kamen – er auf Grund seiner genauen Kenntnisse der meteorologischen Verhältnisse im Polargebiet, ich auf Grund meiner Beurteilung der Leistungsfähigkeit des Zeppelinschiffes – zu der Überzeugung, daß es in der Tat kein besseres Fahrzeug für Reisen und geographische Forschung im Nördlichen Eismeer gäbe als eben dieses Schiff. Ich hatte diese Überzeugung schon früher dem anderen großen norwegischen Polarforscher, Amundsen, gegenüber ausgesprochen, und es mag von Interesse sein, über die etwas ungewöhnliche Art der Verbindung, die ich mit Amundsen fand, zu berichten: Einige Tage nach der Überführung des ZR III, der »Los Angeles«, nach Lakehurst, im Jahre 1924, kam zu mir in mein Hotel, das *alte* »Waldorf Astoria« in New York, ein sehr bekannter New Yorker Juwelier, um mich zu einem Abendessen einzuladen, das im Atelier eines damals sehr geschätzten Porträtisten stattfinden sollte und zu dem der betreffende Maler prominente Mitglieder der New Yorker Gesellschaft eingeladen hatte. Mir waren solche Einladungen, bei denen ich eine Art Schaustück, auf das sich wahrscheinlich die ganze Veranstaltung aufbaute, zu spielen hatte, sehr unsympathisch, und ich schlug mit dem Bedauern, daß ich keine Zeit habe, die Einladung aus.

Eine Viertelstunde später kam der Juwelier zurück und sagte mir, er habe vergessen, mir zu sagen, daß ich unter anderen auch Amundsen als Gast des Malers finden würde. Nun war mir sehr daran gelegen, die Bekanntschaft des von mir hoch geschätzten und bewunderten Heroen der Polarforschung zu machen, und ich sagte nunmehr zu. Als ich dann Amundsen in der Gesellschaft begegnete, sagte ich ihm, daß er der Grund meiner Anwesenheit sei, da man mir gesagt habe, daß ich ihn treffen würde. Amundsen sagte darauf lächelnd: »Das gleiche ist bei mir der Fall. Man hat mir gesagt, daß ich Sie treffen würde.« Wir lachten und freuten uns ohne Groll über den Trick, denn das Essen war gut.

Amundsen erzählte mir nun, daß er eine Fahrt zum Nordpol vermittels eines Flugbootes plane. Er habe fast alle erforderlichen Geldmittel dafür beisammen und sei gerade auf dem Wege, um noch einen interessierten amerikanischen Millionär zu besuchen, von dem er den Rest zu erhalten hoffe. Es war das der bekannte Herr Lincoln Ellsworth, mit dem auch ich später in Verbindung kommen sollte. Ich wünschte Amundsen Glück zu seinem Vorhaben, aber ich fügte hinzu: »Herr Amundsen, in der Tat ist die Arktis mit einem Luftfahrzeug zu erobern, aber nicht mit dem Flugzeug, sondern mit dem Zeppelin. Ich bin sicher, daß wir noch einmal zusammenkommen werden.« Amundsen stimmte dem bei, aber vorderhand hatten wir noch keinen Zeppelin für solchen Zweck zur Verfügung. Das war erst der Fall, als wir den »Graf Zeppelin« gebaut hatten.

Der Zufall wollte es nun, daß ich drei bis vier Tage später, als ich in den Fahrstuhl des Hotels trat, dort einen mir bekannten Herrn stehen sah – Amundsen! Er erzählte mir, daß er Erfolg gehabt habe und daß sein Unternehmen gesichert sei. Ich wiederholte: »Aber ich bin sicher, daß wir uns einmal zusammentun werden.« Damit schieden wir, und ich sollte ihn selbst nicht wiedersehen, aber ich sollte noch einmal von ihm hören.

Amundsen führte seinen Plan im Jahre 1926 aus, mit dem bekannten Ergebnis: Er flog mit zwei Dornierflugzeugen ab und kam in die Nähe des Pols. Hier mußte er auf einer großen Eisscholle landen, wobei eins der Flugzeuge stark beschädigt wurde, und er konnte nur mit großer Mühe, nachdem mehrere Tage an einer Startbahn gearbeitet worden war, die Besatzung beider Flugzeuge auf dem einen intakt gebliebenen nach Spitzbergen zurückbringen. Er hatte sein Ziel nicht erreicht, und offenbar die Überzeugung gewonnen, daß Flugzeuge nicht die geeigneten Instrumente zur Polarforschung seien. Denn ich erhielt von ihm unvermutet ein Telegramm aus Tromsö, das er auf der Rückfahrt von Spitzbergen aufgegeben hatte und in welchem er kurz anfragte: »Wann und wo kann ich Sie in nächster Zeit zwischen Berlin und Oslo sprechen?«

Es war klar, daß er eine Fortsetzung unserer Unterhaltung in New York wünschte. Ich antwortete: »Schlage Kopenhagen als Treffpunkt vor zu einem Ihnen genehmen Zeitpunkt.« Ich war außerordentlich erfreut über diese Anfrage, denn es schien nun die Idee einer schon vom Grafen Zeppelin geplanten Verwendung des Luftschiffes in der Polarforschung zur Tat werden zu wollen, und zwar in

Zusammenarbeit mit dem kühnsten und erfahrensten Polarforscher vielleicht aller Zeiten. Was könnte ich Besseres wünschen!

Aber ich hatte nicht mit der Stupidität und Verbohrtheit gewisser Kreise gerechnet: Die Kunde von meiner bevorstehenden Unterhandlung mit Amundsen war in einer Osloer Zeitung, die von Amundsen selbst etwas erfahren hatte, laut geworden und ging von dort in eine nationalistische Berliner Zeitung. Ein bekannter deutscher Schriftsteller, und zwar ausgerechnet ein Verfasser recht schlüpfriger »wurmstichiger Geschichten«, griff die Meldung auf und protestierte im Namen aller »nationalgesinnten Deutschen« gegen die Entweihung des deutschen Luftschiffes durch den deutschfeindlichen Herrn Amundsen. Es braucht ja nur ein Esel in diese nationalistische Trompete zu stoßen, um seines Erfolges sicher zu sein.

Der Protest fand weite Verbreitung in der deutschen Presse, und die vernünftigen Zeitungen fanden kaum den Mut, gegen ihn aufzutreten, um nicht in den Ruf undeutscher Gesinnung zu kommen. So ist es ja immer. Der Spektakel wurde so stark, daß Amundsen und auch ich die Notwendigkeit fühlten, von unserem Plan Abstand zu nehmen. Diese chauvinistischen Schreier fühlten offenbar zweierlei nicht: erstens, welchen Prestigegewinn es für Deutschland gerade in der damaligen Zeit bedeutet hätte, wenn der Zeppelin eine erfolgreiche Polarfahrt ausführte, und zweitens, wie versöhnend und entspannend es in aller Welt wirken mußte, wenn zwei bekannte Vertreter unlängst noch einander unfreundlich gesinnter Nationen sich zu einer freundschaftlichen Zusammenarbeit im Lichte hellster Öffentlichkeit zusammentaten. Deutschland hatte zwar den Zeppelin zu geben, aber Amundsen gab den reichen Schatz seiner Erfahrungen im Polargebiet. Was war mehr?

Amundsen verzichtete achselzuckend und – begab sich nach Italien, wo Mussolini ihn freudig aufnahm und das fertige Luftschiff Nobiles zur Verfügung stellte, mit dem dann die Fahrt über den Pol nach Norne in Alaska ausgeführt wurde.

So war die Vorgeschichte, als Nansen im Jahre 1928 an mich herantrat mit dem Vorschlag, das inzwischen gebaute Luftschiff »Graf Zeppelin« für eine wissenschaftliche Forschungsfahrt in die Arktis anzusetzen. Ich konnte mich damals noch nicht entschließen, eine solche Fahrt sofort auf mein Programm zu setzen, denn ich hatte zunächst nach meiner Meinung Wichtigeres zu tun, was in den vorhergehenden Kapiteln erzählt worden ist. Da starb plötzlich im Jahre 1929 Nansen. Und nun bot der Vorstand der »Aeroarktic« mir die Stellung des Präsidenten dieser Vereinigung an. Ich zögerte, dieses Amt anzunehmen, so ehrenvoll mir auch natürlich der Ruf erschien.

Denn es war klar, daß ich als Präsident der Aeroarktic die moralische Verpflichtung haben würde, das Luftschiff, über das ich verfügte, so bald als möglich für die Zwecke der Gesellschaft einzusetzen, daß die Annahme der Präsidentschaft nichts anderes als die Erklärung meiner Bereitwilligkeit hierzu bedeutete. Abgesehen von der obengenannten Hemmung, kam mir auch die schwere Frage zum Bewußtsein, mit welchen Mitteln eine Fahrt in das Polarmeer, die sicherlich nicht billig werden würde, finanziert werden sollte.

So entschloß ich mich, bei der deutschen Regierung, und zwar direkt beim damaligen Reichskanzler, anzufragen, was ich tun sollte und könnte. Ich hatte eine Besprechung mit ihm und legte ihm die Situation dar. Er erklärte nun nach einiger Überlegung, daß es erstens wünschenswert sei, wenn ich die Nachfolge Nansens in der internationalen Gesellschaft übernehme, daß es zweitens, auch aus Prestigegründen, wünschenswert sei, wenn der deutsche Zeppelin für eine Arktisfahrt eingesetzt würde, daß aber das Reich für die Ausführung dieser Fahrt keinen finanziellen Beitrag leisten könne. Ich war wie vor den Kopf geschlagen. Ich wußte zwar die Schwierigkeiten, in denen der Reichskanzler sich befand, zu würdigen, denn es ging damals um die Frage der Leistungsfähigkeit Deutschlands für Reparationszahlungen, aber ich war ganz fest überzeugt davon, daß ein paar hunderttausend Mark, die Deutschland für eine Aufgabe von international anerkannter wissenschaftlicher Bedeutung hergeben würde, alles andere als abträglich für Deutschlands Position sein würde. In meiner Enttäuschung fand ich die Haltung des Reichskanzlers ganz einfach kleinlich und ungeschickt, und ich bin seitdem nicht viel anderer Meinung geworden.

In dieser Situation kam mir die Hilfe von anderer Seite, und zwar wiederum von William Randolph Hearst, aber in einer ganz abenteuerlichen Form. Herr Hearst hatte auf Vorfühlungen, ob er an einer Polarfahrt interessiert sei und dafür Mittel hergeben würde, zunächst ablehnend geantwortet: Eine Zeppelinberichterstattung sei für ihn nicht mehr aktuell genug, zumal das Nobile-Abenteuer eine unüberbietbare Polarsensation gebracht habe. Da aber trat ein Mann in Erscheinung, der der ganzen Sache ein völlig neues Ansehen geben sollte, der bekannte Polarforscher Sir Hubert Wilkins.

Wilkins hatte schon mehrfach von sich reden gemacht durch kühne Expeditionen, die er von Alaska aus unternahm, und besonders durch einen verwegenen Flug von Nordalaska nach Spitzbergen. Er trug sich jetzt mit dem erstaunlichen Plan, den Nordpol durch ein U-Boot zu erreichen und sich hier durch das Eis hindurch zur Oberfläche emporzuarbeiten, wie ein Maulwurf, vermittels ingeniös erdachter Eisbohrer. Wilkins kam zu mir und machte mir den Vorschlag, wir sollten uns am Nordpol treffen. Ich sagte ruhig: »Warum nicht? Wenn Sie zum Nordpol gelangen und sich dort wirklich durchbohren können!« So ging Wilkins zu William Randolph Hearst und setzte diesem den Plan auseinander. Eine wirklich großartig-phantastische »story« für einen Zeitungsmann!

Hearst ging darauf ein, ich glaube, ungläubig und lachend, und der Vertrag, den er mir nun anbot, trug allen Zweifeln Rechnung und war doch eine sensationelle Geschichte für die Zeitungsleser. Er lautete: »*Wenn* es dem Luftschiff und dem U-Boot gelingt, sich am Nordpol zu begegnen und dort Post und Passagiere auszuwechseln, so zahlt der Hearst-Verlag 150 000 Dollar für die Berichterstattung von Bord des Luftschiffes aus. Wenn es dem Luftschiff und U-Boot nur gelingt, sich am Pol zu begegnen, so zahlt der Hearst-Verlag 100 000 Dollar dafür. Wenn dagegen nur eine Begegnung irgendwo in der Arktis gelingt, zahlt der Verlag nur 30 000 Dollar.« So lautete der Vertrag mit mir. Wie der mit Sir Hubert Wilkins war, weiß ich nicht.

Ich gestehe offen, daß ich wenig Vertrauen in diesen Vertrag auch nur bezüglich des dritten Falles setzte, aber ich schloß ab. Denn er gab unserer Fahrt von vornherein eine ungeheure Publizität, und die wirkte sich aus in bezug auf Philatelistenpost. So konnte ich die Fahrt wenigstens zum größten Teil finanzieren. Ich nahm das Amt eines Präsidenten der Aeroarktis an und sagte die Ausführung einer Fahrt ins Nördliche Eismeer zu. Ich nehme hier vorweg, wie es mit dem Plane Wilkins' auslief: Wilkins erhielt ein altes U-Boot von der amerikanischen Navy, aber dieses schien nicht besonders gut im Stande zu sein. Nachdem Wilkins damit schon Havarien im amerikanischen Küstenwasser gehabt hatte, lief er in sehr langsamer Fahrt nach Norwegen hinüber und machte hier im Hafen von Trondheim fest, um Reparaturen am Boot auszuführen. Diese dauerten so lange, daß ich, schon reichlich spät, ohne ihn abfahren mußte, weil die Sichtigkeitsverhältnisse in der Arktis mit Vorrücken der Sommerzeit immer schlechter werden und ich nicht länger auf ihn warten konnte. Wilkins hat die Fahrt dann gar nicht unternommen, und es gab Leute, die das Ganze nur als eine Propagandamache von ihm ansehen wollten. Ich glaube dieses nicht, denn ich hatte Wilkins schon lange als einen verwegenen und ungemein willensstarken Menschen kennengelernt. Er glaubte felsenfest an die Durchführbarkeit seiner Idee.

Der Hearst-Wilkinssche Gedanke einer Begegnung von Luftschiff und Seeschiff im Polarmeer war aber insofern nicht ganz vergeblich gefaßt worden, als er nun eine Übertragung auf Luftschiff und *Eisbrecher* fand. Der große russische Eisbrecher »Malygin« sollte Anfang Juli zu einer Studienfahrt nach Franz-Joseph-Land auslaufen. Wir setzten uns mit der russischen Regierung in Verbindung, um ein Zusammentreffen zwischen »Graf Zeppelin« und »Malygin« und einen Postaustausch im Gebiet von Franz-Joseph-Land vorzusehen. Das wurde bekanntgegeben, und die Philatelisten in aller Welt waren sehr begeistert. Wir bekamen im ganzen 300 Kilogramm Philatelistenpost mit, die wir dann in Franz-Joseph-Land an den »Malygin« abgaben, um dafür 120 Kilogramm vom »Malygin« zu übernehmen. Die Kosten der Fahrt waren damit für uns im wesentlichen gedeckt, denn das Durchschnittsgewicht der Briefe und Karten betrug nur etwa 8 Gramm, so daß wir mehr als 50 000 Poststücke zu befördern hatten.

Das Unternehmen einer Arktisfahrt wurde von vielen Leuten, darunter auch von Meteorologen und von Luftschiffern, als ein ganz besonderes Wagnis angesehen und wird es noch heute. Man hat namentlich zwei Bedenken. Zum ersten meint man, daß die Navigation im Eismeer durch Nebel, Wolken und Schneetreiben sehr erschwert und gefährdet sein würde. Zum zweiten meint man, daß die Gefahr einer »Vereisung« des Luftschiffes eine ungeheuer drohende sein müsse. Beide Ansichten sind irrig. Was die vermeintlichen navigatorischen Schwierigkeiten angeht, so ist nach der Ansicht von Polarkennern, wie Nansen, Amundsen und Wilkins, mit denen ich diese Frage erörterte, das Polargebiet im großen und ganzen weniger von tiefhängenden Wolken und Nebeln überdeckt als im Herbst und Winter beispielsweise das nördliche und mittlere Europa und Nordamerika. Gewiß, es kommen Nebel und Schneestürme überall im Polargebiet im Herbst und Winter und bis in den Vorsommer hinein vor, aber das ist immer nur strichweise. Es ist im Gegenteil so, daß im Winter und ganzen Frühjahr das Polargebiet mehr klares Wetter und gute Sicht hat als südlichere Breiten und daß erst von Mitte des Sommers ab weite Nebelfelder über große Teile des Eismeeres sich lagern. Man kann ja aber ohne Gefahr stundenlang durch Nebel- und Wolkengebiete fahren, ohne eine Kollision befürchten zu müssen, wenn man sich vorsichtig über dem freien Meere hält und gegebenenfalls in der Nähe von Inselgruppen, wie Spitzbergen und Franz-Joseph-Land, abwartet, bis es sichtig wird. Ein gut und vorsichtig geführtes Luftschiff wird immer Reserven an Brennstoff haben, um selbst zwei bis drei Tage bei stark abgedrosselten Maschinen warten zu können.

Was die Vereisungsgefahr angeht, so wird diese meines Erachtens bei Luftschiffen gewaltig überschätzt. Das Luftschiff »vereist« nicht so schnell. Es ist zuzugeben, daß die offenen Metallteile, wie z. B. die Streben, Drahtseile und Vorderteile der Steuer- und Stabilisierungsflächen, bei sehr feuchter Luft oder Nebel um null Grad herum oder in unterkühltem Regen schnell und stark sich mit einer Schicht von blankem Eis überziehen können, nicht aber die ganze Außenhülle des Luftschiffes. Bei ihr geht der Vereisungsprozeß sehr langsam vor sich. Der Grund liegt meines Erachtens darin, daß die Außenhülle im Gegensatz zu den Metallstreben ein schlechter Wärmeleiter ist. Man hat also immer Zeit, sich durch Aufsteigen in kältere oder Hinabgehen in wärmere Luftschichten den Wärmeschichten um null Grad herum, welche die gefährlichsten sind, zu entziehen. Die Polargebiete verhalten sich in bezug auf die Temperaturen der Nebel- und Wolkengebiete natürlich im Herbst und Frühjahr ähnlich wie Gebiete des nördlichen und mittleren Europa im Winter. Aber ich weiß von keinem Fall, wo während des ersten Weltkrieges die Zeppeline durch Vereisung in Gefahr gekommen wären, obgleich sehr oft bei Winterfahrten dickes blankes Eis sich an Stützen, Streben und Drahtseilen gebildet hatte. *Ein* Zeppelin ging im Winter 1916 an der russischen Ostseeküste in einem Schneesturm durch Schneebelastung verloren; aber in diesem Falle hatte der betreffende Kommandant im Schneetreiben lange seine Halle zu finden versucht und wurde dabei schließlich so stark von feuchtem Schnee belastet, daß das Schiff zu schwer wurde und durchsackte. Wäre er einige hundert Meter höhergegangen, wo er trockenen Schnee gefunden hätte, der durch den Fahrtwind wieder abgeblasen worden wäre, so wäre das Schiff zu halten gewesen, und es hätte beim Aufklaren seine Halle gefunden.

Es ist, abgesehen von anderen kleineren Bedenken, die gegen eine Verwendung des Luftschiffes im Polarmeer vorgebracht werden, ferner eingewendet worden, daß in diesem Gebiete weder mit dem Magnet- noch mit dem Kreiselkompaß navigiert werden könne. Nun, wir haben auf unserer Arktisfahrt, die über den 81. Breitengrad hinaufging, selbst den Kreiselkompaß brauchen können, besser sogar als den Magnetkompaß. Im übrigen gibt es heute ja auch die Funkpeilung, die den Schiffsort festzustellen ermöglicht, und gibt es den sogenannten Sonnenkompaß.

Ich möchte zusammenfassend meine Ansicht dahin aussprechen, daß in navigatorischer und meteorologischer Hinsicht die Verwendung von Luftschiffen im Nördlichen Eismeer nicht so schwer ist wie in manchen Gebieten südlicherer Meere oder wie in dem Tropengürtel, und dort hat überall der Zeppelin seine Verwendungsfähigkeit in mehreren hundert Fahrten und unter schwersten Wetterlagen bewiesen. Man wird um so bestimmter diese Ansicht aussprechen können, als ja ein Netz von Funkstationen bis tief in das Polarmeer hinein und rings um dasselbe schon jetzt vorhanden ist. Unsere Arktisfahrt mag als ein Beweis für diese Ansicht gelten. Man hat gesagt, daß sie unter besonders günstigen Bedingungen stattgefunden habe. Wer weiß das? Ich habe zwar selbst unsere Fahrt nach der Rückkehr als eine sehr wetterbegünstigte bezeichnet, weil ich es nicht liebe, von »Kampf mit den Elementen« zu reden. Aber man wird ja sehen, ob nicht doch allerlei dabei zu bestehen war.

An der Fahrt, die als eine wissenschaftliche geplant war, nahmen natürlich eine Reihe von Gelehrten und Spezialforschern teil. Die Russen, über deren Gebiet der größte Teil der Fahrt ging, bestimmten zum »wissenschaftlichen Leiter« der Expedition den bekannten und bewährten Polarforscher Professor R. Samoilovich. Neben ihm wirkte als Meteorologe Professor P. Moltschanoff, der ein ingeniös erfundenes Instrument mitbrachte, um die Temperatur, Feuchtigkeit und den Luftdruck in großen Höhen zu messen und in bestimmten Intervallen nach unten zu melden. Ein Funkexperte, Herr Asberg, war der dritte Russe an Bord, der die Verbindung mit den russischen Polarstationen herzustellen und zu unterhalten hatte. Er war ein Jahr lang Funker auf Nowaja Semlja gewesen. Von deutschen Wissenschaftlern fuhren Professor L. Weikmann, der bekannte Leipziger Meteorologe, und der Physiker Professor A. Karolus, ebenfalls aus Leipzig, mit, sowie Dr. L. Kohl-Larsen, der namentlich im Südpolgebiet erfolgreiche Studien gemacht hatte und zugleich als Arzt von Nutzen sein konnte. Von Schweden kam der Meteorologe Dr. G. Ljungdahl, der schon Erfahrungen im Polargebiet hatte, und von Amerika der Lieutenant Commander E. H. Smith, der im amerikanischen Küsten- und Eiswachtdienst tätig war. Lincoln Ellsworth, der Fahrtgenosse Amundsens, und der Sekretär der Aeroarktic, Hauptmann Walter Bruns, waren gleichfalls nützliche Mitglieder der Gesellschaft. Und dann kamen vor allen Dingen die Photographen. Sie brachten eine neue sogenannte Reihenkamera mit, vermöge deren man Serienaufnahmen unter verschiedenen Winkeln machen konnte, die sich zu korrekten Kartenbildern zusammenfügen ließen.

Eine weitere wichtige Frage war natürlich die zweckmäßige Ausrüstung der Besatzung und des Schiffes mit Kleidung, Proviant und Gerät für den Fall einer Notlandung auf dem Poleise. Diese Polarausrüstung, die nach den Angaben der Fachleute beschafft wurde, erreichte schließlich das Gewicht von 5100 Kilogramm, d.h. 110 Kilogramm für jede Person der insgesamt 46 Personen zählenden Teilnehmer. Schlafsäcke und Schlitten waren so wenig vergessen wie Dauerproviant, Schieß- und Angelgerät und eine Anzahl von Kochapparaten. So schien alles für alle Zwecke und Vorkommnisse gut vorbereitet zu sein, und wir traten am 24. Juli 1931 die Fahrt von Friedrichshafen aus an.

Wir fuhren zunächst nur bis Berlin, um daselbst noch einiges an unserer Ausrüstung zu ergänzen, vor allen Dingen aber, um mehr Betriebsmittel einzunehmen, da das Schiff in Berlin ca. 4000 Kilogramm mehr Auftrieb hat als im 400 Meter hoch gelegenen Friedrichshafen. Wir fuhren mehrere Kreise über Berlin, dessen Bevölkerung dem »Abenteuer« der arktischen Fahrt natürlich mit großer Spannung zuschaute.

Kurz nach 4 Uhr in der Frühe des nächsten Tages fuhren wir weiter. Unser Tagesziel war Leningrad, wo wir das Schiff nachfüllen wollten, um von hier aus die eigentliche Arktisfahrt mit einer möglichst großen Betriebsmittelladung und von einem möglichst nördlich gelegenen Punkte aus anzutreten. Die Fahrt war schön und interessant. Wir fuhren über Stettin an die Ostsee und dann an der schwedischen Küste entlang, über alte Städte der Deutschen Hansa fast bis zu den Ålandsinseln, über den Finnischen Meerbusen nach Helsinki und schließlich über Narva nach Leningrad, wo wir kurz nach 6 Uhr landeten. Von Narva ab hatten uns russische Flugzeuge begleitet, um uns einen Kurs um die russischen Befestigungen herum zu weisen, damit wir nicht zuviel von diesen sehen möchten. Auf dem Landeplatz stand eine große Anzahl russischer Militärbeamter und Wissenschaftler zu unserem Empfang bereit. Wir wurden herzlich bewillkommnet und dann zu einem Platze am Eingang des großen Flugfeldes gebracht, wo inmitten einer großen Volksmenge begeisternde Begrüßungsreden gehalten wurden, in denen die große Bedeutung der Fahrt und das starke Interesse der russischen Regierung und Wissenschaft an derselben betont wurde. Es folgte dann eine Einladung zu einem großen Bankett in einem sehr geräumigen Saale, der reich mit Flaggen und Schaubildern ausgeschmückt war und Inschriften zeigte, die das deutsche und das russische Zusammenarbeiten bei dieser Arktisfahrt hervorhoben. Das Festmahl verlief in harmonischer Stimmung und war so reich und üppig, daß es etwas an die berühmten »Potemkinschen Dörfer« erinnerte. Denn die Knappheit an Lebensmitteln war damals in Rußland noch im allgemeinen recht fühlbar. Stärker konnte der Wille des sowjetischen Rußlands, sich trotzdem an wissenschaftlichen Forschungen zu beteiligen, kaum betont werden.

Die russische Regierung hatte es nicht allein übernommen, unsere Betriebsmittel aufzufüllen, sondern trug auch noch aus freiem Entgegenkommen zur Ergänzung unserer Proviantvorräte bei. In der Frühe des nächsten Morgens wurden nicht nur eine Anzahl Schinken an das Schiff gebracht, sondern auch reichliche Mengen von *Preßkaviar*, als spezifisch russische Zugabe zur Schiffsküche. Für manche Mitglieder der Besatzung war das allerdings »Kaviar für das Volk« und wurde bereitwilligst den Liebhabern überlassen.

Gegen 9 Uhr am Morgen des 26. Juli, etwas spät infolge der ausgedehnten Feier am Abend vorher, stieg das vollbepackte Schiff unter begeistertem Rufen und Winken einer großen Volksmenge zu seiner Reise auf. Es hatte Betriebsmaterial für etwa 105 Stunden für alle fünf Motoren an Bord, darunter für 21 Stunden Benzin. Daraus konnte man bequem 130 Stunden machen, wenn man im allgemeinen mit vier Motoren lief. Als wir nach einer 105stündigen Fahrt in Berlin landeten, hatten wir in der Tat noch Betriebsmittel für reichlich 20 Stunden an Bord.

Die Fahrt über das nordwestliche Rußland ging über den Ladogasee, dann über den Onegasee in gerader Richtung auf die Mündung des Onegaflusses zu und war insofern interessant, als sie uns in steigendem Maße den Holzreichtum und -export anschaulich vor Augen führte. Der untere Onegalauf war von treibenden Hölzern geradezu verstopft und die Onegabucht damit weithin überdeckt. Daß es in Archangelsk, wo die breite Dwina einmündet, nicht anders war, brauchen wir kaum hinzuzufügen. Interessant war aber auch das Wetter: Das ganze Nordwestrußland, fast bis zu dem nahe am Polarkreis gelegenen Archangelsk, hatte eine Temperatur von 20 bis 25 Grad in einer Flughöhe von etwa 300 Metern, so daß von einer Annäherung an die »Kalte Zone« vorerst nichts zu merken war. Mancher der Passagiere, der bei der Abfahrt aus Leningrad den dicken Polarsweater vorsorglich angezogen hatte, zog ihn wieder aus, als es selbst in einer Breite von 65 Grad noch immer hochsommerlich warm blieb. Aber die eingehenden Wettermeldungen ließen erkennen, daß es bald anders kommen würde. Von

Franz-Joseph-Land erhielten wir vom Eisbrecher »Malygin« die Mitteilung, daß dort ein übler Schneesturm in den letzten beiden Tagen geherrscht habe, und die aus dem nördlichsten Rußland und den wenigen Stationen im und am Eismeer kommenden Berichte ließen erkennen, daß ein arktisches Tiefdruckgebiet mit stürmischen nördlichen Winden sich südlich von Spitzbergen und Franz-Joseph-Land über Nowaja Semlja in die Karische See hinein erstreckte und anscheinend nach Osten ins Arktische Meer weiterwanderte. Wir mußten uns also auf schlechtes Wetter gefaßt machen und mußten vor allen Dingen die Entscheidung treffen, welche Route wir einschlagen wollten. Wir hatten uns die Entscheidung hierüber vorbehalten, um sie von der Wetterlage abhängig zu machen.

Jetzt war ziemlich klar zu erkennen, daß wir voraussichtlich in ganz unsichtiges Wetter hineingeraten und darin vielleicht ein bis zwei Tage gefangen bleiben würden, wenn wir von Archangelsk aus nordostwärts in Richtung auf das noch ziemlich unbekannte »Nordland« steuern wollten, das uns, ebenso wie die Nordspitze von Nowaja Semlja, ein Hauptforschungsziel sein sollte, von dem wir dann von Osten her nach Franz-Joseph-Land kommen könnten. Diese Route »links herum«, die die *eine* Möglichkeit unserer Forschungsreise im Sibirischen Eismeer darstellte, war nicht vielversprechend. Es blieb die andere, nämlich »rechts herum«, zuerst nach Franz-Joseph-Land und von dort ostwärts nach dem Nordland zu fahren und von hier aus westwärts nach der Nordspitze von Nowaja Semlja. Wir konnten hoffen, daß das Wetter ostwärts von Nowaja Semlja sich gebessert haben würde, wenn wir anderthalb bis zwei Tage später dahin kommen würden. Natürlich würden wir dann aber zunächst nördlich von Archangelsk, in der Barents-See, das schlechte Wetter zu durchrennen haben.

So gingen wir von Archangelsk aus auf rein nördlichen Kurs. Wir brauchten nicht lange auf Schlechtwetter zu warten. Noch im Weißen Meer, als wir gerade den Polarkreis überschritten, sahen wir über der Halbinsel Kola zu unserer Linken dunkle Böenwolken liegen, und in der Richtung auf das Kap Kanin und den Eingang in die arktische Barentssee, breitete sich quer vor uns eine schwarzblaue Wand, die nicht sehr erfreulich aussah. Es war, als ob das Eismeer den Zugang zu ihm durch einen atmosphärischen Festungsgürtel verbauen wollte: Lasciate ogni speranza voi ch'entrate!

Die Temperatur war schon im Weißen Meer allmählich von den 19 Grad, die wir noch über Archangelsk gemessen hatten, auf 10 Grad heruntergegangen. Als wir in die schwarze Wand hineinflogen, ging sie schnell auf 6 und dann auf 4 Grad hinunter. Kalter Regen peitschte gegen die Scheiben der Führergondel, und das Luftschiff begann recht lebhaft zu bocken und zu tanzen. Es war eine typische »Durchbruchsschlacht«, die wir zu schlagen hatten, nicht schlimmer als in den gemäßigten Zonen, vielleicht eher gemäßigter, wenn man den großen Temperatursturz erwägt, der hier an der Grenze der Zonen, wenn ich es so nennen darf, stattfand. In der Tat wurde es immer ruhiger, je weiter wir in das Schlechtwettergebiet über der Barents-See hinaufkamen, und bald hatten wir nur durch Wolkenmassen zu fahren, die uns einen richtigen, freilich sehr kalten Regen brachten, der aber über der Temperatur lag, wo eine Vereisungsgefahr eintreten konnte. So fuhren wir ruhig in unserer Höhe von etwa 150 bis 233 Metern weiter.

Es ging so zwei bis drei Stunden lang, gegen einen kräftigen Nordwestwind, der zwischen 12 und 16 Metern in der Sekunde wehte, allmählich auf reinen Nordwind drehte und auf acht bis zehn Meter abflaute, ein Beweis, daß wir das Tiefdruckgebiet allmählich rechts liegen ließen. Wir waren so in langsamer Fahrt bis auf etwa 73 Grad nördlicher Breite hinaufgekommen, langsam, weil wir nicht allein gegen starken Gegenwind zu kämpfen hatten, sondern auch unsere Eigengeschwindigkeit sehr herabgesetzt hatten, um die Beanspruchung der Schiffsverbände in den Böen zu verringern. Hier in dieser Breite begann es nun langsam aufzuklaren; aber wir mußten leider die Erfahrung machen, daß sich eine niedrige Wolkendecke über das Meer gelegt hatte, über der wir hinfuhren, ohne einen Blick auf den Meeresspiegel zu haben.

So fuhren wir mehrere Stunden dahin, ohne unsere Geschwindigkeit und damit auch unseren Standort genau feststellen zu können. Aber das war nicht irgendwie bedenklich, denn wir wußten, daß wir uns über dem offenen Meer befanden, daß wir Betriebsmittel im Überfluß hatten und daß es sehr bald anders werden würde. Denn ein gelegentlicher Blick durch die Nebeldecke unter uns hatte uns gezeigt, daß der Wind auf Nordost gegangen war, daß wir also das Schlechtwettergebiet hinter uns halten. Wir trudelten also gemächlich mit nur drei Motoren gegen den Nordost weiter, um das Aufklaren abzuwarten. Und das war nicht etwa langweilig oder Zeitvergeudung! Denn wir hatten Gelehrte an Bord, die jetzt in Ruhe arbeiten konnten: Meteorologen, Physiker und Elektriker. Vor allen Dingen wurde der Moltschanoffsche Registrierballon jetzt von seinem Erfinder unter Assistenz von Professor Karolus erprobt. Es wurden mehrere Messungen der Atmosphäre bis hoch hinauf in die Stratosphäre mit glücklichem Gelingen ausgeführt. Andere Gruppen führten magnetische und elektrostatische Untersuchungen durch, und die Meteorologen konnten sich einem Studium der atmosphärischen Erscheinungen und Vorgänge in diesem Gebiet hingeben, das meines Erachtens nicht allein äußerst genußreich, sondern auch sehr aufschlußreich war. Ich für meine Person muß bekennen, daß ich etwas Ähnliches an Licht- und Spiegelungs- und Farbenerscheinungen wie hier über dem Eismeerspiegel sonst nirgends gesehen habe. Die wunderbare Klarheit und Sichtigkeit der Luft und die Durchmischung verschiedener Temperaturschichten durch den Einbruch kalter (grönländischer?) Luftmassen erzeugten fortgesetzt Fata-Morgana-Erscheinungen, die man mit großem Entzücken betrachtete. Wie oft sahen wir die Eisgrenze oder blaue Meerstreifen oder bewegte See, um dann schließlich zu erkennen, daß es nur das seltsame Leuchten von Wolken oder Nebeln in größerer Ferne gewesen war! Ein seltsames Erlebnis, so in behaglicher Ruhe über einem Meer dahinzuschweben, das als unfreundlich und tückisch in der Vorstellung gelebt hatte und das sich jetzt in lauter Licht und Farbe und Schönheit auflöste!

Wir fuhren so bis nach Mittag dahin, da aber erschien etwas in der Horizontlinie, was keinen Zweifel aufkommen lassen konnte: die Eisgrenze! Sie lag etwa auf dem 78. Breitengrade, war also in diesem Jahre sehr weit nach Norden verschoben. Etwa um die gleiche Stunde wurde es völlig klar, und in der Ferne sah man die Gletscher und schneebedeckten Berge von Franz-Joseph-Land. Was jetzt vollends an Licht und Farben zu leuchten begann, war so überwältigend schön und großartig, so unwirklich im Vergleich mit dem, was ich je gesehen hatte, daß ich später noch in der Erinnerung glaubte sagen zu dürfen: »Wer nicht Polarland wie das Franz-Joseph-Land im Glanz und in der Transparenz seiner Gletscher, in der märchenhaften Zartheit der unendlich reichen Farbensymphonie seiner glitzernden Schollen, seiner bunten Küstenstreifen und seiner blauen Sunde zwischen den oft phantastisch geformten Inseln und Vorgebirgen gesehen hat, der weiß nichts vom Schönsten, was unsere Erde unseren Augen und unseren Seelen zu bieten hat.«

Vielleicht muß man 300 Meter über dieser Zauberwelt schweben, um sie so zu sehen; aber ich hatte das Gefühl, daß der Sieg von Licht und Sommer über eine Welt »von Nacht und Eis«, wie Nansen sie nennt, nicht überwältigender veranschaulicht werden konnte, als wir es hier erlebten, und es war mir klar, daß eine Sommerfahrt in die Polarwelt in einem Luftschiff das Großartigste sei, was man schönheitsdurstigen Reisenden bieten könne. Vielleicht kommt es einmal zu solchen Vergnügungsreisen in der Luft. Aber dann müssen es Luftschiffe sein, die weiten und freien Umblick gewähren.

Wir steuerten am Kap Flora vorbei, wo wir Spuren einer blühenden Vegetation sahen und wo Fridtjof Nansen bei seiner Rückkehr von den Eiswüsten des Polarmeeres und des oft nach ihm benannten Franz-Joseph-Landes sein berühmtes Zusammentreffen mit dem englischen Forscher F. G. Jackson hatte, und liefen dann in den sogenannten »Stillen Sund«, wo wir den Eisbrecher »Malygin« zu finden hofften. Richtig, da lag er, im innersten Winkel des Sundes, vor der hohen Felsenküste einer größeren Insel! Wir tauschten einige Funkgrüße mit ihm aus und verständigten ihn von unserer Absicht, in seiner Nähe auf dem Wasser zu landen. Wir gingen langsam nieder und setzten dann in etwa 500 Meter Entfernung vom »Malygin« sanft auf das Wasser auf.

Es war etwa 17 Uhr Greenwichzeit. Ein Wasseranker, wie ein Fallschirm geschnitten, wurde ausgebracht und die vordere und achtere Gondel mit aufgeholtem

Wasser beschwert. So lag das Schiff ganz richtig mit der Nase im leichten Wind, und wir erwarteten die Ankunft des vom »Malygin« ausgesetzten Bootes, das uns den Besuch einiger Passagiere des Eisbrechers und die Postsäcke bringen sollte, die wir gegen die vom Luftschiff gebrachten austauschen wollten. Als das Boot näher kam, erkannten wir in ihm den General Nobile, den Führer des vor einigen Jahren verunglückten italienischen Luftschiffes »Italia«. Er wäre ohne Zweifel gern an Bord des Zeppelins gegangen, und ich hätte ihn auch gern an unserer weiteren Fahrt teilnehmen lassen; aber es kam ein Zwischenfall, der mich bestimmen mußte, alsbald wieder aufzusteigen: Der leichte Wind, welcher wehte und die Oberfläche des Wassers kaum kräuselte, war in der Höhe des Luftschiffrückens offenbar etwas stärker als unmittelbar über der kalten Wasserfläche und verursachte ein Treiben des Schiffes vor dem Wasseranker. Ich beobachtete das mit einigem Mißbehagen, während die Post ausgetauscht wurde, aber es war nicht von Belang, solange wir offenes Wasser und genügend Raum zum Treiben hatten.

Dann aber kamen wir in ein Gebiet hinein, auf dem viele Eisschollen trieben, und es bestand die Gefahr, daß die Gondeln, auf denen das Schiff trieb, an diesen Schollen leckgestoßen würden. Ein größeres Leck hätte aber gefährlich werden können. So gab ich Befehl, die Post schnellstens auszutauschen und alles zum Wiederaufstieg vorzubereiten. So geschah es, und es war nicht einmal ganz einfach, den Wasseranker, der sich an der Spitze einer Eisscholle verfangen hatte, herauszuziehen. Wir ließen die enttäuschten und etwas verwunderten »Malygin«-Leute unter uns und schwebten bald in 500 Meter Höhe über ihnen, um über die nächste Insel nach Norden zu entschwinden.

Der Berichterstatter einer großen deutschen Zeitung, der die Fahrt auf dem »Malygin« mitmachte und ein Büchlein darüber schrieb, klagte uns in diesem einer sehr unfreundlichen, rücksichtslosen Haltung gegenüber den »Malygin«-Leuten an. »Schnell fertig ist die Jugend mit dem Wort!« Er hatte nicht begriffen, weshalb wir so schnell aufstiegen, ehe wir die Besucher, wie wir es zugesagt hatten, zu einer Tasse Tee an Bord gebeten hatten. Zu dem oben angegebenen Grund der treibenden Eisschollen kam noch hinzu, daß der »Stille Sund«, in dem wir lagen, etwas eng und von höheren Bergen umgeben war. Wir waren auf ihm nur deswegen vor Anker gegangen, weil wir in der Nähe des »Malygin« landen mußten. Sonst hätten wir uns ein freieres, offenes Wasser ausgesucht, wo wir mehr Raum zum Treiben vor Anker gehabt hätten und wo wir auf unseren Gondeln wie ein Seeschiff hätten fahren können.

Solches haben wir oft auf dem Bodensee und vor der Elbmündung geübt, und es ist ohne Schwierigkeit und Gefahr durchführbar. Wir hätten uns vielleicht auch auf eine große Eisscholle hinaufschieben und dort an Eisankern festlegen können. Diese Möglichkeit macht ja eben das Luftschiff zu einem so gut brauchbaren Instrument der Polarforschung: Man kann bei ruhigem Wetter, das wohl fast immer irgendwo im Eismeer anzutreffen ist, auf offenem Wasser oder auf ebenen Eisflächen niedergehen und dort alle die Messungen der verschiedensten Art vornehmen, zu denen das Schiff als eine Art fliegendes Laboratorium die notwendigen Instrumente mitführt. Gedanken dieser Art waren es ja eben, die Fridtjof Nansen bewogen, die Gesellschaft zur Erforschung der Arktis vermittels des Luftschiffes, die »Aeroarktic«, zu gründen. Es gibt noch weite Gebiete im Polarmeer, die so gut wie unerforscht sind.

Wir waren nach der Begegnung mit dem »Malygin« um 18 Uhr Greenwichzeit wieder in die Luft gegangen, um ein Stück dieser Forschungsarbeit zu versuchen. Zunächst hatten wir uns die Aufgabe gestellt, die damals geltende Landkarte der Inselgruppe auf ihre Richtigkeit zu überprüfen und etwaige größere Fehler zu verbessern. Wir stiegen auf 600 und allmählich weiter auf 1000 Meter Höhe hinauf und konnten von hier aus weite Gebiete überschauen und mit unserer Serienkamera aufnehmen. Mit Bewunderung konnten wir feststellen, daß Peyer bereits vor einem halben Jahrhundert die Inselgruppe im wesentlichen richtig aufgenommen hatte, daß allerdings trotz der inzwischen erfolgten weiteren Forschungsarbeit doch noch beträchtliche Unrichtigkeiten und Fehler in der Kartographie dieses Gebietes zu verzeichnen waren. Halbinseln waren als selbständige Inseln eingetragen, und umgekehrt. Eine Anzahl von Inseln fehlte, und die Gestalt größerer Inseln war erheblich verzerrt usw. Alles dieses wurde in bequemster Weise von unserer Kamera registriert, um dann in der Heimat genau ausgewertet zu werden. Ich denke, daß Professor Samoilovich, der geographische Leiter unserer Reise, eine genauere Karte der Inselgruppe inzwischen entworfen hat.

Wir kamen auf unserer Fahrt über einen großen Teil der Gruppe hinweg, die sich in westöstlicher Richtung über etwa 400 Kilometer und in südlicher Richtung fast über 200 Kilometer erstreckt. Im äußersten Südwesten trafen wir mit einer kleinen norwegischen Expedition auf einem kleinen Dampfer zusammen und tauschten Grüße mit ihr aus, die beiderseits sowohl durch kurze Funksprüche als auch durch Böllerschüsse abgesandt wurden, die ein vielfaches Echo an den Eiswänden fanden. Wir kamen allmählich bis zum Kap Fligely hinauf, wo Nansen seinerzeit nach einer monatelangen Wanderung über das Meereis an Land stieg, um dann auf einer kleinen Insel zu überwintern. Vor wenigen Stunden erst hatten wir Kap Flora überflogen, wo Nansen ein halbes Jahr später auch den ersten Menschen traf: Eine ganze Welt von Mühen und Gefahren vieler Monate hatten wir in bequemem Fluge durchlaufen können und sagten uns, halb beschämt, halb stolzgeschwellt, wieviel leichter und besser wir es doch als jene Heroen der Polarforschung hätten, die sich jeden Schritt unter Anstrengungen und tückischen Gefahren erkämpfen mußten, wie ungeheuer viel mehr sich aber andererseits mit den Mitteln moderner Technik erreichen ließe. Selbst der eisengepanzerte, gut verproviantierte Eisbrecher drunten in der Stillen Bucht war doch ein kümmerliches Werkzeug im Vergleich mit dem Luftschiff!

Es war etwa Mitternacht geworden, als wir Kap Fligely erreichten. Die Sonne stand nur noch etwa 4-5 Grad über dem Horizont im Norden. Es war zwar Tag geblieben, aber doch eine Art Dämmerung eingetreten, die das Photographieren in den letzten zwei Stunden stark beeinträchtigte. Dafür war es aber, wie immer beim Sinken der Sonne, um so malerischer geworden. Das Bild, das sich uns in tausend Meter Höhe von diesen vereisten und überschneiten Inseln, Bergen und Sunden bot, übertraf an Großartigkeit und Farbigkeit noch das vom Mittag, als wir uns der im Sonnenglanz liegenden Inselgruppen näherten. Es war viel umfassender und trotz der Abnahme des Lichtes klar bis in die äußersten Fernen. Mit Bedauern gingen wir auf östlichen Kurs, der uns natürlich bald aus dem Inselgebiet hinausführen mußte.

Denn jetzt war eine andere Aufgabe zu lösen, nämlich die, ob zwischen Franz-Joseph-Land und dem Nordland in diesen hohen Breiten noch bisher unbekannte Inseln lägen. Mit Beginn des 28. Juli, kurz vor Mitternacht, nahmen wir Kurs auf die Nordspitze des Nordlands, die auf rund 81 Grad nördlicher Breite liegen sollte (genaue Messungen waren damals kaum vorhanden), und liefen nun ständig auf 81½ Grad nördlicher Breite etwa 600 Kilometer weit nach Osten, bis wir uns vor dem Nordkap des sehr wenig bekannten Nordlands befanden. Diese Fahrt war sehr angenehm und interessant, vor allen Dingen in meteorologischer Beziehung. Die Luft war ungemein ruhig und stabil. Das kam daher, daß die Temperatur in allen Schichten vollkommen gleich war. Von der Höhe von 100 Metern über dem Meer bis hinauf zu 1200 Metern zeigte das Thermometer mit ganz geringen Schwankungen 7 Grad Wärme an. Es war also eine Inversion vorhanden, die höchst bemerkenswert war.

Nach physikalischen Gesetzen hätte eine adiabatische Abkühlung in dieser trokkenen Atmosphäre von 10-15 Grad bis zur Höhe von 1200 Metern hinauf erwartet werden müssen; aber es zeigte sich, daß über dem Polarmeer ein warmer Luftkörper lag, den die Sommersonne, wie wir annehmen mußten, über dem ganzen offenen Eismeer geschaffen hatte. Ein Vergleich mit unseren Feststellungen in der Barents-See am vorhergehenden Tage lag nahe. Da waren wir nach Durchstoßen der Böenfront in eine Temperatur von nur 4 Grad hineingeraten, und diese Temperatur blieb ganz gleichmäßig bis an die Südküste des Franz-Joseph-Landes, ja bis zu der Stelle, wo wir auf der Meeresoberfläche landeten. Diese kalte Luftmasse kam also offenbar nicht aus dem freien Polarmeer, sondern von dem Hochplateau Grönlands herunter und hatte über Spitzbergen, Franz-Joseph-Land und Nowaja Semlja hinweg die Schlechtwetterzone geschaffen, die kurz vor unserer

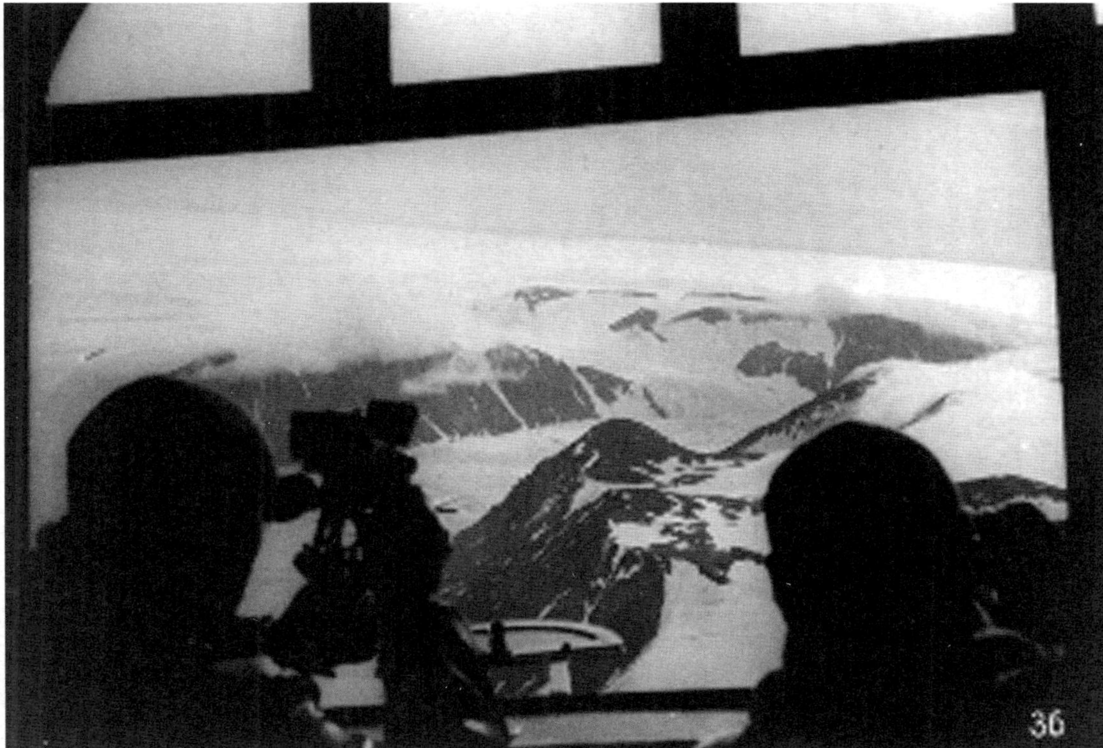

Blick aus dem Luftschiff LZ 127 »Graf Zeppelin« auf die arktische Gletscherlandschaft, 1931. Mit dem Rücken zur Kamera sind vor dem Fenster zwei Besatzungsmitglieder bei der Messung mit dem Sextanten zu erkennen.

Ankunft in Franz-Joseph-Land dort den uns gemeldeten Schneesturm verursacht hatte. Es ist sehr wahrscheinlich, daß über dem eigentlichen zentralen Polarmeer solche Störungen, die das relativ warme (Golfstrom!) Wasser suchen, sehr selten sind. Damit würde das Polargebiet zwischen Nordsibirien und Alaska ein sehr geeignetes Navigationsgebiet für Luftschiffe werden. Die kritischen Stellen, die mit Umsicht zu befahren sind, liegen wohl im Bereich von Spitzbergen und Franz-Joseph-Land und in den kanadischen Gebieten in der Gegend des Polarkreises, nicht weit nördlich davon. Hier haben sich ja auch die meisten Polartragödien abgespielt, soweit sie durch Schneestürme verursacht wurden.

Die, wie gesagt, sehr angenehme und ruhige Fahrt nach Osten führte uns stellenweise durch Nebelzonen, war aber im allgemeinen durch eine so große Sichtigkeit der Atmosphäre begünstigt, daß wir weit ringsum nach unbekannten Inseln Ausschau halten konnten. Nichts von solchen war zu sehen. Das Meer unter uns zeigte eine geschlossene Eisdecke während der ersten vier Stunden, bis etwa zum 92. Grad östlicher Länge. Von da ab bis zum Nordkap des Nordlandes löste sich die Decke vielfach in einzelne Schollen auf, und Wasserflächen von größerer Ausdehnung waren sichtbar. Das mag sich von Tag zu Tag ändern; aber offenbar ist während der Sommermonate ein gewisser Spielraum für treibende Schollenfelder vorhanden und offenes Wasser genug, um darauf zu landen und Messungen vorzunehmen. Das ist bedeutungsvoll für die aero-arktische Forschungsmöglichkeit. Wir hatten während der ganzen Fahrt bis zum Nordkap einen kräftigen Nordwestwind, der am Ostrande der geschlossenen Eisdecke Schollenfelder in Bewegung setzte und so die offenen Wasserarme und -flächen erzeugte, die wir zu einer Landung hätten benutzen können, wenn wir uns nicht eine andere Aufgabe gestellt hätten: die Erforschung des Nordlands.

Gegen 6 Uhr morgens kam Land, das Nordkap der Insel, in Sicht, als wir uns auf 81 Grad nördlicher Breite und 96 Grad östlicher Länge befanden. Wir fuhren zunächst um das Kap herum, um die Ostseite des Landes zu betrachten; aber wir fanden dann, daß diese Seite zumeist unter Wolken lag, und so gingen wir quer über den Gletscher der Nordspitze auf die offen daliegende Westseite hinüber. Eine gewaltige Polarlandschaft mit hohen Bergen, die wir auf wenigstens 1500 Meter Höhe schätzten, als wir auf 1200 Meter hinaufgingen, um den Gletscher zu überqueren! Interessant war es, zu beobachten, wie stark die Schmelzfähigkeit der Sommersonne selbst in diesen Breiten war: Ein starker Fluß kam aus den Bergen heraus und bildete auf der schneefreien Westküste ein wunderbares, vielarmiges Delta. Die Photographen hatten fleißig zu arbeiten.

Hier habe ich nun eine kleine hübsche Geschichte einzuschalten, die schon bei unserer Abfahrt in Leningrad zu spielen begann. Kurz vor dem Aufstieg kam eine nette, sympathische Dame an das Schiff und erzählte uns folgendes: Sie sei die Frau des Professors Urzanew, der vor anderthalb Jahren mit einer russischen Polarexpedition mit Eisbrecher in das Polarmeer gefahren sei, um das Gebiet zwischen Nowaja Semlja und Nordland zu erforschen. Ihr Mann habe auf der nördlichsten der entdeckten Inseln in der Nähe des Nordkap überwintert und werde noch einen weiteren Winter dort bleiben. Nun habe er, als er von der geplanten Fahrt des Zeppelins gehört habe, gebeten, ihm einige Bücher aus seiner Bibliothek zu senden. Ob wir diese Bücher mitnehmen wollten?

Wir taten es natürlich gern, und Frau Professor Urzanew tat noch einen Korb mit Blumen, Erdbeeren und anderen guten Dingen aus ihrem Garten und neue Zeitungen hinzu und war glücklich bei dem Gedanken, welche Freude sie damit ihrem Gatten machen würde. Zwei Tage später waren wir jetzt bei dieser Insel und suchten sie zu finden. Leider lag sie aber unter dem Meeresnebel, der sich eine Strecke weit westlich von dem Nordkap breitete. Wir versuchten, funkentelegraphische Verbindung mit dem Professor zu bekommen, aber er antwortete nicht. Unsere Absicht war, ihm diese Pakete mittels Fallschirm hinabzusenden, wenn er nur irgendwie, durch Rauch oder Schüsse, den Ort der Insel anzeigte. Es wäre meines Erachtens ein interessanter Versuch zur Aufnahme einer Verbindung mit einer in Nebel verborgenen Station im Eismeer gewesen. So mußten wir zu unserem Bedauern unverrichteter Dinge abziehen und hörten später, daß Professor Urzanew sich mit seinen Begleitern auf einer Schlittenfahrt in das Nordland befunden habe.

Auch das Nordland war teilweise durch Nebel oder Wolken bedeckt. Es waren offenbar die Reste der Schlechtwetterzone, die sich inzwischen hierher verzogen hatte. Aber wir konnten doch viele gute Aufnahmen von der ganzen Westseite der Insel machen und vor allen Dingen eines feststellen: Das sogenannte Nordland ist nicht eine Insel, sondern es sind zwei ziemlich gleich große Inseln, die durch einen Sund voneinander getrennt sind.

Die Russen haben dann diesem Sund einen Datumsnamen aus ihrer Revolutionsgeschichte gegeben. Ich hätte es für nicht ungeschickt gehalten, wenn man ihn vielleicht den »Zeppelin-Sund« genannt hätte. Denn der Zeppelin hat viel Neues zur Erkenntnis dieses Landes beigebracht.

Unsere Fahrt über dem Polarmeer war damit im wesentlichen beendet; aber es folgte jetzt eine Fortsetzung, die meines Erachtens ebenso wertvolle Ergebnisse in geographischer Beziehung brachte: der Flug über den nördlichen Teil der Taimyr-Halbinsel.

Ein seltsames Land! Und seltsam der Gedanke, über dieses furchtbare, unwirtliche Gebiet im höchsten Norden Sibiriens, das angeblich nur ein einziger Forscher jemals vor 50 Jahren durchquert hat, so behaglich hinwegzufliegen! Es lohnte sich. Schon als wir über Kap Tscheljuskin in die Halbinsel einflogen, konnten wir feststellen, daß die geographische Aufnahme des Landes eine sehr dürftige ist. Ein recht bedeutendes Gebirge, das auf der vorhandenen Karte nur als unbedeutender Höhenzug von geringer Ausdehnung eingezeichnet war, erstreckte sich vom Taimyrsee weithin nach Osten. Und der Taimyrsee, der auf der Karte als ein Wasser von vielleicht 50-60 Kilometern Länge erschien, erwies sich als so lang, daß wir volle drei Stunden an seinem Ufer entlangflogen. Nun aber erst der Boden! Er war trotz der nördlichen Lage zwischen 74 und 76 Grad nördlicher Breite nur stellenweise von Schnee- und Eisstreifen bedeckt, und im übrigen war er schneefrei und sehr interessant.

Er war von ganz seltsamen Gebilden durchzogen, die von den Geographen als »Strukturboden« bezeichnet wurden und die der großen Winterkälte und dem im Sommer einsetzenden Auftauungsprozeß der Oberfläche ihre sonderbare geometrische Formung verdanken. Das ganze weite Gebiet war eben und von Renntiermoos reich bestanden. Und so sahen wir dann auch zahlreiche Herden dieser Tiere, aber einer ganz hellen, fast weißen Art. Von Menschen zeigte sich keine Spur. Ich bezweifle auch, daß im Winter hier auf diesen sturmgepeitschten Ebenen am Eismeer menschliches Leben erträglich gestaltet werden kann.

Nach einer fast 500 Kilometer langen Fahrt über diese Öden kamen wir kurz vor der Mündung des Jenissei wieder an die Meeresküste. Wir wollten der Wetterstation Dicksonhafen, der nördlichsten auf dem Kontinent, einen Besuch abstatten. Es war zufällig auch gerade der russische Regierungsdampfer da, der Ende Juli jeden Jahres, wenn der Jenissei aufgetaut ist, die Ablösung der Beamten sowie den Proviant und sonstigen Bedarf für das nächste Jahr von Jenisseisk den Fluß herunterbringt, wenn es geht. Es ist ein Freudentag für die Station. Wir erhöhten diese Feiertagsstimmung noch, indem wir die dem Professor Urzanew zugedachten Erdbeeren und Blumen mit Fallschirm abwarfen und ein paar frische Brote und eine große Schinkenwurst aus unserem Bestand hinzufügten. Auch einen Packen neuer Zeitungen, die noch nicht drei Tage alt waren, warfen wir ab und machten damit wohl diesen von der Welt abgeschnittenen Leuten das größte Vergnügen. Denn die Menschen lesen gern, was frisch aus der Presse kommt, auch wenn es sich kaum lohnt. Jedenfalls erhielten wir bald darauf einen Funkspruch, der Wurst und Zeitungen begeistert lobte.

Wir gingen jetzt wieder auf das Meer hinaus mit dem Kurs auf die Nordspitze von Nowaja Semlja. Denn Professor Samoilovich hatte ein ganz besonders lebhaftes Interesse an dem schwer zugänglichen und kaum bekannten Nordteil der Insel. Gegen 2 Uhr morgens am 29. Juli kamen wir bei schon recht hochstehender Sonne am Kap an, das auf etwa 77 Grad nördlicher Breite liegt. Wir gingen auf eine Höhe von 1300 Metern hinauf und konnten so den Nordteil der Insel überfliegen und überschauen. Professor Samoilovich machte fleißig Notizen, und die Photographen machten Aufnahmen mit ihrer Zauberkamera. Alles ist so völlig übergletschert, und die Abstürze zum Meer hinunter sind so steil, daß man sofort begreift, wie seinerzeit der holländische Seefahrer Barents hier jahrelang gefangengehalten wurde, ohne einen Ausweg zu finden. Die Nordinsel von Nowaja Semlja ist in der Tat eine Eisfestung. Wir gingen nach Überfliegen der Nordspitze wieder auf das Meer hinab und fuhren in etwa 1000 Meter Höhe die Ostseite der Insel hinunter. So hatten wir einen vollkommenen Einblick sowohl in das Gletschergebiet im Innern der Insel als auch in das Spaltengewirr der steilen Eiswand, mit der die Insel auf langen Strecken zum Meer abfällt. Wir hatten dabei das Glück, zu sehen, wie ein Gletscher kalbte«, d. h. ein großes Randstück desselben abbrach und in die aufschäumende See hinunterstürzte.

Wir kamen nach etwa fünfstündiger Fahrt so allmählich bis zur Matotschkin-Scharr, zu der großen Straße, die die Südinsel Nowaja Semljas von der Nordinsel trennt. Am Eingang derselben ist eine russische Wetter- und Forschungsstation, deren Beamte wir begrüßten und durch Abwurf einiger Zeitungen erfreuten. Unser Bordgenosse, der Russe Allberg, der ein Jahr lang als Funker dort unten gewirkt hatte, erzählte uns von den furchtbaren seelischen Leiden und gelegentlichen nervösen Zusammenbrüchen, die das einsame Leben dort mit sich bringt. Er blickte jetzt aus der behaglichen Gondel des Luftschiffes wie auf einen bösen Traum auf den Schauplatz seines damaligen Lebens hinunter. Wir zogen weiter in die Straße hinein, mit wundervollen Einblicken in eine großartige hochalpine Landschaft, die in ihrer verwickelten Struktur sich uns mühelos und klar offenbarte. Dann bogen wir am westlichen Ausgang der Straße nach Süden auf die Südinsel ab, wo Professor Samoilovich noch eine ganz besondere Feststellung betreffs einer Vergletscherung zu machen beabsichtigte. In 1200 Meter Höhe überquerten wir zu diesem Zweck die Mitte der Südinsel von Westen nach Osten.

Damit war unsere wissenschaftlich-geographische Aufgabe erfüllt, und wir waren uns bewußt, daß wir eine reiche Ausbeute für eine genauere Kartographierung des von uns befahrenen großen Gebietes mit nach Hause brachten. Wir gingen jetzt auf Südwestkurs, überflogen das flache Land der Südspitze von Nowaja Semlja in so geringer Höhe, daß die dort befindliche Samojeden-Siedlung in ihrer Anlage von uns genau beobachtet werden konnte, und fuhren um die Mittagsstunde in den Südrand der Barents-See ein, genau zweieinhalb Tage nach dem ersten Eindringen, damals von Archangelsk kommend, im Kampfe gegen eine Böenfront, die über ihm lag.

Das Wetter war jetzt schön, und ein mäßiger Nordwind schob uns, so daß wir mit nur vier Motoren liefen, wie übrigens während des größten Teils unserer Fahrt. Um 7 Uhr überflogen wir Archangelsk, um Mitternacht erreichten wir den Ladogasee, und um drei Uhr in der Frühe des 30. Juli waren wir über dem Flugplatz von Leningrad, genau neunzig Stunden später, als wir dort aufgestiegen waren. So lang war also die Dauer der Arktisfahrt von Leningrad bis Leningrad gewesen. Wir hatten Betriebsmittel für 105 Stunden für alle 5 Motoren an Bord gehabt, hatten aber sparsam gewirtschaftet und jetzt, nach neunzigstündiger Fahrt, noch genug Betriebsmittel, um die etwa 30stündige Fahrt bis zu unserem Heimathafen, Friedrichshafen, mit Sicherheit durchzuführen. So entschloß ich mich, nicht in Leningrad zu landen, um dem großen Trubel, der unvermeidlich mit unserer Landung verbunden gewesen wäre (und ich hörte später, daß in der Tat allerlei Festliches geplant war), zu entgehen. Denn wir alle an Bord waren durch die überwältigende Fülle der Eindrücke und Erlebnisse recht abgespannt und sehnten uns nach Ruhe, nicht aber nach Bewillkommnungsfeiern, die ja zumeist nur eine Freude für die Bewillkommnenden, nicht für die Bewillkommneten sind. Wir hatten etwas Erfahrung darin.

Es kam hinzu, daß offenbar schlechtes Wetter im Aufziehen war und daß es nicht ratsam erschien, das Schiff in solchem Wetter am kurzen Ankermast verankert zu halten. Ich warf deshalb eine Depesche hinunter, daß ich mit Rücksicht auf die unsichere Wetterlage nicht landen, sondern ohne Aufenthalt weiterfahren wolle, warf auch die Bücher, die die gute Frau Urzanew uns anvertraut hatte, mit einigen Worten des Bedauerns ab und zog weiter. Wir fuhren in der Tat schon bei Riga in Regenböen hinein, die uns bis an die deutsche Ostseeküste begleiteten. Um etwa 11 Uhr passierten wir Memel, um dreizehn Uhr Danzig in ruhiger Fahrt, und rechneten uns aus, daß wir bei den günstigen Windverhältnissen schon um Mitternacht in Friedrichshafen sein würden.

Aber es kam anders: Um die Mittagstunde gingen bei uns Funksprüche ein, worin die Direktion des Flugplatzes Berlin-Tempelhof um eine Landung daselbst bat. Ich antwortete ablehnend, weil wir noch gut am Abend nach Hause kommen konnten und es gern wollten. Weshalb da die umständliche Landung auf dem Tempelhofer Feld machen? Schon bei unserer Abfahrt vor viereinhalb Tagen hatte sich die Flugplatzleitung darum bemüht und eine nicht geringe Summe dafür geboten, die sie aus Eintrittsgeldern reichlich aufzubringen hoffte. Ich hatte ausweichend geantwortet, weil man bekanntlich das Fell des Bären nicht verteilt, bevor man ihn erlegt hat. Jetzt aber waren wir da, als Sieger, und nun mußte nach Meinung der Herren etwas geschehen!

Auf meinen ablehnenden Bescheid schaltete sich jetzt der Oberbürgermeister von Berlin ein und unterstützte die Bitte des Flugplatzes. Als der Funker mir diese oberbürgermeisterliche Depesche brachte, sagte ich halb ärgerlich: »Nun gut, antworten Sie, daß wir fünfzigtausend Mark für die Landung beanspruchen!« Ich glaubte, durch diese unverschämte Forderung, die ich nur im Scherz meinte, die Sache abgetan zu haben; aber dem war nicht so. Man bot mir etwa die Hälfte und stellte mir vor, daß Berlin uns sehnlichst erwarte und daß wir uns dem allgemeinen Wunsch nicht entziehen dürften. Also es war eine ähnliche Situation wie vor zwei Jahren in New York, wo wir uns bei der Rückkehr von der Weltfahrt zum zweiten Male auf dem Broadway sehen lassen mußten, eine Angelegenheit, über die Thomas Carlyle ja ein schönes Buch unter dem Titel »Helden und Heldenverehrung« geschrieben hat!

Nun ist es gewiß schön, ist es Pflicht und Freude, einen wirklich großen Mann, der ja leider so selten ist, zu verehren und ihm offen Verehrung zu erweisen. Die große Menge hat ja auch, wie Carlyle so beredt und schön ausführt, dieses Bedürfnis, und zwar in so starkem Maße, daß es sich andauernd große Männer und »Heroen« schafft, denen es zujubeln will. Aber was für Größen sind das oft, die dem Massengeschmack und -urteil als solche erscheinen? Es ist so leicht, mit den modernen Mitteln der Meinungsbildung künstliche Größen zu schaffen, und die Drahtzieher der öffentlichen Meinung wissen das und nutzen es für ihre Zwecke aus. Sie sagen zur Entschuldigung wohl, wenn sie Zyniker sind, daß das Volk ohne solche Helden nicht auskommen könne, ganz im Sinne Carlyles. Ich möchte darüber nicht streiten; aber ich habe es für meine Person immer als sehr unbehaglich empfunden, mich einem übersteigerten Begeisterungsrummel zur Verfügung zu stellen und nach der Vorstellung sozusagen vor dem Vorhang zu erscheinen und meine Verbeugung zu machen. Graf Zeppelin sagte einmal: Ich bin kein Zirkusreiter, der auf Applaus wartet.«

Solche Gedanken gingen mir durch den Kopf, als ich mit dem Oberbürgermeister über eine Landung in Tempelhof Funksprüche tauschte, und – gab nach. Aber ich verzichtete auf ein Entgelt, so gut wir auch ein paar Groschen in unserer immer leeren Kasse hätten brauchen können. Denn ich konnte nicht gut ein Entree dafür verlangen, daß unsere prominenten Passagiere, wie die Professoren Karolas, Weikmann und Kohl-Larsen, sich als Helden anstaunen ließen. Übrigens vernahm ich dann später, daß ein gewisser Grund für das angebliche Verlangen der Berliner nach einer festlichen Begrüßung des heimkehrenden Schiffes vorhanden war. Man war einen Tag lang in ernstlicher Sorge um den Zeppelin gewesen, da keine Nachrichten von ihm eingingen. Unsere Funksprüche waren nicht durchgekommen, als wir uns zwischen Franz-Joseph-Land und Nordland nördlich des achtzigsten Breitengrades befanden, und wir hatten schließlich erst durch Vermittlung eines Hapag-Dampfers, der auf dem Wege nach Spitzbergen war, die Verbindung mit deutschen Funkstationen wieder aufnehmen können.

So fand die Landung in Tempelhof am Nachmittag statt. Hunderttausende von begeisterten Menschen umsäumten das weite Feld und sahen uns – aus der Ferne. Aber man hatte Lautsprecher aufgestellt, und wir mußten zu der Menge sprechen. Es sprachen verschiedene Herren, voran Professor Samoilovich als »wissenschaftlicher Leiter« der Expedition. Schließlich mußte auch ich daran glauben und ging etwas widerstrebend an den Apparat. In meiner geschilderten inneren Opposition sprach ich in Worten, die die Menge wohl kaum zu hören wünschte. Sie hätte wohl sicherlich gern etwas von den Schrecken und Gefahren der Arktis gehört und von der – bescheiden ausgedrückt – Geschicklichkeit und dem Glückswunder, mit welcher wir guten Deutschen sie gemeistert hätten. Denn ein »thrill«, wie es die Amerikaner nennen, ein Schauer der Erregung, muß gern dabei sein, wenn man von einer solchen Fahrt berichten hört. Man kam nicht auf seine Rechnung, denn ich erzählte ihnen, daß es mit den Schrecken und haarsträubenden Gefahren der Arktis, denen noch vor kurzem die Nobile-Expedition zum Opfer gefallen wäre, nichts wäre, daß das alles Legenden seien, daß wir im schönsten Sonnenschein und bei gutem Essen und Trinken eine behagliche Spazierfahrt über die Eisfelder gemacht hätten und daß solche Spazierfahrten nach meiner Meinung sich bald großer Beliebtheit erfreuen würden.

Das war ohne Zweifel eine Überraschung und Enttäuschung für viele, wie ich von verschiedenen Seiten hörte. Wer konnte auch wissen, daß ich mich über die Sensations- und Heroenbetriebsamkeit ein wenig lustig machte! Ob ich ganz recht daran tat, weiß ich nicht. Die Beantwortung dieser Frage überlasse ich Politikern und Seelenforschern. Aber ich möchte jetzt in vollem Ernste über diese Arktisfahrt folgendes sagen: Es war sicherlich ein Kern von Wahrheit in dem, was ich den Berlinern damals auf dem Tempelhofer Flugplatze sagte. Wir hatten in der Tat, wenn ich von dem recht schlechten Wetter bei dem Eintritt in das Polarmeer absehe, sehr günstiges Wetter gehabt und infolgedessen auch recht viel sehen und als neue wissenschaftliche Erkenntnisse nach Hause bringen können. Aber wie wäre es gewesen, wenn wir einen Tag früher oder später die Fahrt gemacht oder von Archangelsk aus »links herum« anstatt, wie wir es taten, »rechts herum« gefahren wären? Es ist schwer zu sagen, aber ich vermute nicht ohne Grund, wenn ich mir den Zug der Luftmassen, die wir durchflogen, vergegenwärtige, daß wir gerade zu einem günstigen Zeitpunkt über Franz-Joseph-Land und über dem Nordland waren. Es wird also, wenn man »Glück« haben will, immer darauf ankommen, daß man richtig urteilt und disponiert, gerade in jenen Randgebieten des Eismeeres, die wir überfuhren. Das ändert aber nichts an meiner Überzeugung, die ich heimbrachte, daß in den Zentralgebieten des arktischen Meeres eine Luftschiffnavigation nicht schwieriger und gefährlicher ist als in den Breiten der gemäßigten Zonen, ja vielleicht weniger schwierig, als es unter Umständen hier sein kann.

Nach einem dreistündigen Aufenthalt stiegen wir wieder auf und flogen langsam durch eine schöne Nacht, meistens nur mit drei Motoren laufend, unserer heimischen Halle zu. Wir langten dort kurz nach vier Uhr in der Frühe an, genau eine Woche nach unserem Aufstieg zur Fahrt in die arktische Welt. Ein alter Traum des Grafen Zeppelin hatte seine Erfüllung gefunden. Wird er Folgerungen haben? Wird Nansens »Aeroarche« noch einmal eine Auferstehung feiern?

Der Zeppelingedanke siegt 1931-1937

Es wäre ein Irrtum, wenn der Leser annehmen wollte, daß die in den vorstehenden Kapiteln beschriebenen großen Fahrten zu einer allgemeinen Anerkennung des Zeppelinschiffes und seines Wertes als Verkehrsmittel über große Strecken geführt hätten. Weder die wiederholten Überquerungen des Atlantischen Ozeans noch die Weltfahrt noch die beiden Mittelmeerfahrten oder die Polarfahrt, ja selbst nicht die Südamerikafahrten, die sich eben zu regelmäßigen Reisen zu entwickeln begannen, hatten es vermocht, gewisse Kreise aus ihrer starken Zurückhaltung gegenüber dem Luftschiff herauszulocken. Das waren vor allem die Militärkreise und die mit dem Flugzeug und seiner Weiterentwicklung direkt betrauten Kreise und damit natürlich auch die Behörden, in deren Händen die deutsche Luftfahrt lag. Die Militärkreise konnten natürlich von dem Luftschiff, das im ersten Weltkrieg sich allmählich als nicht mehr kriegsverwendungsfähig erwiesen hatte, nicht viel mehr für ihre Zwecke erwarten.

Die Flugzeuginteressenten betrachteten den Luftverkehr als ihr Monopol, und in der Tat muß einem echten Flieger, dem die donnernden Motoren das stolze Gefühl der Kraft und der Beherrschung des Luftraumes geben, die langsame »Gasblase« in innerster Seele unsympathisch sein, auch wenn diese Gasblase allerlei leisten kann. Das Bessere ist der Feind des Guten, wie man sagt, und man erwartete, dieses Bessere sehr bald das Gute verdrängen zu sehen, und wollte für dieses letztere nicht viel tun, obgleich es schon da war und ausgenutzt werden konnte. Es war klar, daß noch weitere Propaganda- und Pionierarbeit nötig war, um eine energische Förderung von seiten der Reichsbehörden zu erhalten.

Das deutsche Volk aber glaubte an seinen Zeppelin und liebte ihn. Und es war eine ähnliche Situation, wie schon mehr als zwanzig Jahre früher, als das Volk dem Grafen Zeppelin die Echterdingen-Spende darbrachte, um ein neues Schiff zu bauen.

Wenn einmal die Allgemeinheit für eine Idee ein großes Opfer gebracht hat, so bleibt sie ihr gern treu, schon aus Eigenliebe und Rechthaberei, um freilich in um so heftigeren Verwünschungen und Zornausbrüchen sich zu entladen, wenn sie schließlich eingestehen muß, daß es ein »Schwindel« war. So wahrte das Volk dem »Zeppelingedanken« seine Treue trotz mancher Rückschläge, die sich in den nächsten Jahren ereigneten, und obgleich am Ende des ersten Weltkrieges der

Zeppelin seine Rolle wenigstens als Kriegsinstrument völlig ausgespielt zu haben schien und von den Militärs in die Rumpelkammer verwiesen wurde. Als deshalb der ZR III seine glückliche Überquerung des Ozeans im Jahre 1924 ausgeführt und einen bedeutsamen moralisch-politischen Erfolg errungen hatte, loderte das gedämpfte Feuer der Volksbegeisterung wieder zu hellen Flammen auf, wie wir schon in einem früheren Kapitel ausführten. Aber es kam jetzt ein anderes hinzu, um diese Begeisterung zu steigern. Die glücklichen großen Fahrten des »Graf Zeppelin« wurden mit um so größerer Freude und Genugtuung vermerkt, als Amerika, England und Frankreich, die nicht die deutsche Erfahrung im Bau und Betrieb von Zeppelinen hatten, mit ihren Schiffen vom Unglück verfolgt wurden und deshalb den Bau derselben aufgaben.

So wuchs ein nationaler Stolz auf die deutschen Zeppeline auf, den man öfters in etwas überheblichen Worten sich äußern hörte, wie z. B.: »Das können die anderen uns doch nicht nachmachen! Das ist deutsche Geschicklichkeit und Werkmannsarbeit!« Ich habe solche recht törichten und politisch wenig taktvollen Äußerungen immer bedauert, zumal wir in Amerika und auch in England immer eine warme und völlig neidlose Anerkennung der deutschen Leistung auf dem Gebiete der Luftschiffahrt gefunden hatten und zu befürchten war, daß dieses leider typisch deutsche Bramarbasieren unserer Sache schaden könne.

Diese Einstellung des deutschen Volkes zum Zeppelin führte nun aber dazu, daß man überall in deutschen Landen den allmählich weltberühmt gewordenen »Graf Zeppelin« zu haben oder wenigstens zu sehen wünschte. Hatte man doch zum Bau des Schiffes sein Scherflein beigetragen! Es regnete Einladungen von allen großen und selbst von kleinen Städten, dorthin zu kommen. Es war unmöglich, diesen allen zu entsprechen; aber wir taten doch, was wir irgend konnten. Denn wir brauchten Einnahmen, um unseren Betrieb aufrechtzuerhalten. Die Fahrpreise der Passagiere und die von den betreffenden Klubs oder sonstigen Unternehmern erhobenen Eintrittsgelder zum Landungsplatz ergaben ganz hübsche Einnahmen, die zwar die vollen Kosten eines Zeppelinbetriebes einschließlich der notwendigen Abschreibungen auf Schiff und Hallen nicht deckten, aber doch so groß waren, daß die laufenden Betriebsausgaben gedeckt wurden. So haben wir in den Jahren von 1929 bis 1936 mehr als fünfhundert Fahrten ausgeführt, die zusammen mit den großen Ozeanfahrten eine Gesamtzahl von fast zwei Millionen Kilometern ergaben. Da diese Fahrten zu einem großen Teil ins Ausland führten, war ihr Propagandawert natürlich ein sehr erheblicher und günstiger, sowohl für die Sache selbst als auch für deutsche Belange im allgemeinen.

Soweit diese Fahrten aber über deutschem Boden blieben und auf ihnen nur den Deutschen der Zeppelin vorgeführt wurde, hatten sie außerdem einen innenpolitischen Wert und Sinn. Die Jahre um 1930 herum waren sehr unerfreulich. Die

Lasten, die Deutschland durch den Youngplan auferlegt waren, konnten nicht getragen werden. Die ganze Wirtschaft, Ackerbau so gut wie Industrie, begann unter einer fortdauernden Blutabzapfung zu kranken. Die Zahl der Arbeitslosen wuchs allmählich bis auf zweiundeinhalb Millionen, und die Not und Verzweiflung führte zu Unruhen und zu einer bedrohlichen Unsicherheit im Lande. Die Parteien bekriegten sich mit Erbitterung, und die Regierung, die ewig wechselte, war am Ende ihres Lateins und verfiel auf die radikalsten Maßnahmen, ohne natürlich etwas damit zu bessern.

Die allgemeine Stimmung im Lande war so gedrückt und hoffnungsarm wie kaum vorher nach dem Ende des ersten Weltkrieges, und die geistige Verfassung war reif für die Aufnahme demagogischer Phrasen aller Art, kommunistischer, chauvinistischer und nationalsozialistischer. In diesen Tagen wurde der Zeppelin wieder etwas Ähnliches, wie er es zwanzig Jahre vorher gewesen war, als er das Volk zu einer Echterdingen-Spende einte. Ein Politiker und guter Beobachter sagte mir damals: »Das Volk meint, daß sonst nichts mehr gelänge als die Fahrten und Erfolge des Zeppelins in aller Welt, und sieht in ihm etwas wie ein verheißungsvolles Symbol für Wiederauferstehung!« In etwa dem gleichen Sinne konnte man Äußerungen von Deutschen auch im Auslande, in Amerika, in England, in Österreich und in Japan, fallen hören.

Ich habe immer das Gefühl gehabt, daß solche Wirkungen, die vom Zeppelinluftschiff ausgingen, zu einem großen Teil auf ästhetischen Empfindungen beruhten. Die Wucht des gewaltigen Luftschiffkörpers, die mit Leichtigkeit und Eleganz gepaart und von Schönheit der Form in zartfarbiger Tönung gebändigt erschien, verfehlte nie ihren starken Eindruck auf das Gemüt. Es war nicht, wie so gern gesagt wurde, ein »silberner Vogel«, der in majestätischem Flug heraufgezogen kam, sondern ein fabelhafter silberner Fisch, der da ruhig im Ozean der Luft schwamm und der das Auge in ähnlicher, nur ungeheuer viel mächtigerer Weise fesselte, wie etwa ein phantastischer exotischer Fisch, den man im Aquarium erblickt. Und diese Märchenerscheinung, die mit der silbrigen Himmelsbläue in eins zu verschmelzen schien, wenn sie in der Ferne, von Sonne bestrahlt, auftauchte, schien wie aus einer besseren Welt zu kommen und in eine solche wieder zu entschwinden wie ein Traum und eine Botschaft von den »Inseln der Seligen«, an die so viele Menschen im geheimsten Innern ihrer Seele ja doch glauben.

Solche unklaren Empfindungen mögen mehr oder weniger stark die Millionen Menschen bewegt haben, wenn der »Graf Zeppelin« über ihre Köpfe dahinzog und sie zu Ausbrüchen der Begeisterung hinriß. Zu dem Stolz und der Hoffnung, die das Schiff weckte, kam dann noch ein unmittelbarer Appell an Sinn und Phantasie, und dieser war vielleicht das Entscheidende. Wer mag leugnen, daß der Zeppelin in jener verworrenen Zeit eine Art innerer Mission erfüllte? Denn jede Freude, jeder

Hoffnungsstrahl, den man einer verzweifelnden Seele gibt, kann lebensrettend wirken. Ich habe deshalb immer mit Freude und einer Art stolzer Befriedigung den großen Eindruck beobachtet, den das Schiff auf unseren vielen Fahrten über deutsche Lande überall machte, und ich hielt es für nicht ganz angemessen, wenn die Schiffsbesatzung von diesen, zwischen die großen transatlantischen Reisen eingeschobenen Flügen gern als von »Zirkusfahrten« sprach, die eigentlich unter der Würde des Schiffes lägen. Nein, sie waren wertvoll und vielleicht sogar das Beste, was der »Graf Zeppelin« vollbrachte. Der Zeppelingedanke, der »Zeppelintraum« war eine sehr interessante Episode in der Geschichte des deutschen Geisteslebens, und wie oft muß ich heute noch hören: »Ach, wie schön war es doch damals, als der Zeppelin nach Amerika flog, begleitet von den Gedanken und Wünschen des ganzen Volkes!« Leider war dieser Traum ein kurzer, und er wurde jäh unterbrochen durch die Tollheiten eines verbrecherischen Narren.

Die größeren dieser Zwischenfahrten, die in das Ausland führten, waren oft mit interessanten Erlebnissen verknüpft, die mir heute, in der Erinnerung, doppelt bemerkenswert erscheinen. Gleich eine der ersten größeren Auslandsreisen, die wir im Sommer 1930 nach Moskau machten, war ein wirkliches Erlebnis.

Wir hatten im Jahre 1929 eine »Fahrt um die Welt« gemacht. Auf dieser flogen wir aus navigatorischen Gründen, wie in einem früheren Kapitel erzählt wurde, weit nördlich an Moskau vorbei und enttäuschten so peinlich die Bewohner der Stadt, die mit Spannung auf das Erscheinen des berühmten Luftschiffes gewartet hatten. Die russische Regierung beschwerte sich darüber, wie ich in einem früheren Kapitel schon kurz erzählte, beim Auswärtigen Amt, denn die Moskauer hätten »die ganze Nacht auf den Dächern gesessen und vergebens nach dem Schiff ausgeschaut«. So wurde ich gebeten, eine besondere Fahrt nach der russischen Hauptstadt zu machen, um den Moskauern eine Genugtuung zu geben.

Diese Fahrt wurde auf den 7. September 1930 angesetzt und sollte eine Landung auf dem großen Flugplatz bei Moskau einschließen. Wir waren an dem bestimmten Tage nun zwei bis drei Stunden vor der angesetzten Landungszeit über Moskau, weil günstige Winde die Fahrt beschleunigt hatten. Ein Funkspruch wurde zu uns hinaufgeschickt, wir möchten über der Stadt kreuzen, bis die Haltemannschaft auf dem Platz zur Stelle sein könnte. So konnten wir, während wir langsam unsere Kreise niedrig über der gewaltigen Stadt zogen, in Muße das Leben und Treiben unter uns betrachten.

Da fiel uns zunächst auf, daß offenbar noch große Knappheit und Not in der Stadt herrschen müsse. Vor Läden und Lagern standen die Menschen in Schlangen an, um ihren Lebensbedarf zu decken. Die Hungersnot, die das Land vor wenigen Jahren heimgesucht hatte und die zum Teil von den landwirtschaftlichen Kollektivierungsmaßnahmen verursacht worden war, wirkte sich offenbar noch

Bordkomfort für Passagiere im Luftschiff LZ 127 »Graf Zeppelin«, 1928.

weiterhin aus. Andererseits aber frappierte uns die gewaltige Bautätigkeit, die sich überall bemerkbar machte. Riesenhafte Komplexe von Fabrikanlagen waren neu entstanden oder im Entstehen begriffen; langgestreckte Gebäude, offenbar für Kasernierungs- oder Verwaltungszwecke, zogen sich an einigen breiten Straßen hin. Eine gigantische Planung, von der wir bisher nur aus Zeitungsberichten gehört hatten, trat hier sinnfällig vor unseren staunenden Augen in Erscheinung. Rußland arbeitete zielbewußt!

Wir landeten um acht Uhr, begrüßt von einigen Volkskommissaren, die Rußlands großes Interesse an den Leistungen moderner Technik stark betonten. Und dann kam nach wenigen Stunden das übliche »Potemkinsche Dorf« in Gestalt eines überreichen Frühstücks, das in einer großen Zelthalle für uns und hundert Vertreter der Regierung und der mit dem Empfang des »Graf Zeppelin« betrauten Militärabteilungen gegeben wurde. Es war ein sehr üppiges und reiches, echt russisches Frühstück, das uns zu Ehren aufgetischt wurde, und es stand in einem nicht zu übersehenden Gegensatz zu den Erscheinungen der Knappheit, die aus dem Anstehen der Menschenmengen vor den Läden sprach. Als das Mahl kaum zu Ende war, kamen Soldaten mit großen Körben heran und sammelten in diesen die Überreste. Mir kam in den Sinn die »Speisung der Fünftausend« mit zwei Fischen und fünf Broten, wie sie im Evangelium des Matthäus erzählt wird: »Und sie aßen alle und wurden satt und hoben auf, was übrigblieb von Brocken, zwölf Körbe voll.« Solche Wunder an Überschuß bei allgemeinem Mangel ereignen sich ja fortdauernd noch in heutiger Zeit.

Nach dem Frühstück wurde ich eingeladen, eine Fahrt durch Moskau zu machen. Ich fuhr zusammen mit zwei Volkskommissaren und einem russischen Dolmetscher, der ausgezeichnet deutsch sprach, in einer offenen Droschke, die in langsamem Tempo das, was ich sehen sollte, an mir vorübergleiten ließ. Der Kutscher war bemerkenswert in seiner fast amüsant wirkenden Schäbigkeit. Der spitze Ellbogen seines linken Arms stach lang aus einem Loch im Ärmel heraus, und sein struppiges Haupthaar quoll aus Löchern seines uralten Strohhutes hervor wie die Füllung aus einem löchrigen Strohsack. »Auch ein ›Potemkinsches Dorf‹, in umgekehrter Richtung?« fragte ich mich. Denn Volkskommissare werden doch einen Kutscher mit heilem Rock auftreiben können! Aber der Mann fuhr sicher und gut auf dem oft sehr löcherigen Pflaster. Man zeigte mir die Hauptstraße Moskaus, in der früher glänzende Geschäfte gewesen waren; aber es waren jetzt weder Juwelier- noch kostbare Pelzwaren zu sehen, und in einem eleganten Schaufenster, das offenbar früher der Ausstellung von Luxuswaren gedient hatte, lagen als Kostbarkeit hinter den großen Spiegelscheiben einige Weißkrautköpfe.

Ja, das Rußland, das wir heute so mächtig emporstreben sehen, war damals noch recht armselig. Wir fuhren an den langgestreckten Gebäuden vorüber, die ich am Morgen von oben gesehen hatte, und mit besonderem Stolz wurde mir gesagt, daß die imposantesten derselben technische Schulen und Laboratorien seien. Zum Schluß kamen wir zu dem Punkt, von dem aus angeblich Napoleon im Jahre 1812 dem Brande Moskaus zugeschaut hatte. Nun, heute würde Moskau nicht so vollständig niederbrennen können, aber an den unendlichen Weiten des Landes könnte ein neuer Eroberer auch heute noch zugrunde gehen! Aber ich glaube nicht, daß meine Führer die Absicht hatten, mir einen solchen Gedankengang warnend zu suggerieren, denn die Aufnahme in Moskau und die Haltung der mich begleitenden Herren war freundlich und fast deutschfreundlich zu nennen. Ich bin deshalb auch überzeugt, daß ein kleines Abenteuer, das wir auf der Rückfahrt erlebten, nicht auf eine Böswilligkeit oder Anstiftung von höherer Stelle zurückzuführen ist. Dieses Abenteuer war das folgende:

Als wir in der Frühe des nächsten Morgens uns der russisch-litauischen Grenze etwa bei Kowno in einer Höhe von 400-500 Metern näherten, wurde plötzlich auf das Luftschiff geschossen. Wir zählten etwa ein halbes Dutzend Schüsse. Mein Gedanke war, daß einem durch das Luftschiff erschreckten Grenzsoldaten fast reflexartig das Gewehr losgegangen sei, und wir nahmen den Vorfall mit Gleichmut hin, da anscheinend kein Schaden damit angerichtet war. Etwa drei Stunden später, als wir uns mitten über Ostpreußen befanden, meidete mir aber der Höhensteuerer, daß das Schiff »heckschwer« sei. Ich konnte das nicht verstehen, denn wir waren in gutem Trimm von Moskau abgekommen und die Nacht hindurch gefahren.

Aber es stimmte, und eine Untersuchung des Achterschiffes zeigte dann auch, daß eine Gaszelle merklich Gas verloren hatte. Eine genauere Nachforschung ergab, daß diese Gaszelle ein dreieckiges Loch von etwa dreißig Zentimeter Größe im Quadrat in ihrem oberen Teil aufwies. Offenbar hatte der wilde Schütze an der litauischen Grenze das Schiff getroffen. Nun machen einige Gewehrgeschoßlöcher von Bleistiftdurchmesser dem Schiff nichts aus. Aus mehr als einem Dutzend solcher Löcher entweicht nicht mehr Gas, als das Schiff durch seinen Benzinverbrauch kompensiert. Es war aber anscheinend ein Querschläger durchgeschlagen, der dieses recht erhebliche Loch gerissen hatte. Was tun? Es war schnell auszurechnen, daß uns die Zelle bis Friedrichshafen ganz leerlaufen würde und damit eine ernste Gefahr für das Schiff entstehen könnte, wenn wir böiges Wetter bekommen sollten, in dem seine Struktur stärker beansprucht werden würde.

So beschloß ich, Berlin-Staaken anzulaufen, um dort den Schaden zu reparieren. Ein entsprechendes Telegramm wurde nach Staaken abgesandt. Zum Glück aber ergab sich, daß unser gewandter Zellenpfleger von außen her an die schadhafte Stelle herankommen und diese während der Fahrt flicken konnte. So liefen wir bis zu unserem Heimathafen durch und landeten dort wohlbehalten am Nachmittage.

Natürlich reichten wir eine Beschwerde bei der russischen Botschaft in Berlin ein. Hier wurde uns erklärt, daß die von uns genau bezeichnete Stelle, wo die Schüsse gefallen waren, nicht mehr auf russischem, sondern schon auf litauischem Gebiet läge und somit litauische Grenzsoldaten die Täter sein mußten. Die Karte, nach der wir gefahren wären, sei »an dieser Stelle ungenau«. Nun, wir waren nicht ganz überzeugt; aber ich hielt den Zwischenfall damit in gutem Glauben für erledigt.

Eine andere größere Zwischenfahrt, die noch hell und zauberhaft schön in meiner Erinnerung leuchtet, hatten wir einige Wochen vor dieser russischen im Juni des gleichen Jahres gemacht, nämlich eine Fahrt in den hohen Norden. Diese Fahrt war nicht auf politische oder Propagandaabsichten zurückzuführen, sondern entsprang unserer sozusagen wikingerhaften Reise- und Abenteuerlust und sollte eine Vorstudie zu unserer Polarfahrt sein, die wir damals schon im Sinne hatten und die wir im vorigen Kapitel eingehender geschildert haben. Eine Gruppe von zwanzig Schweizer Herren, unter denen der bekannte Flieger Mittelholzer eine führende Rolle spielte, hatte das Schiff für diese Fahrt gechartert. Es sollte eine »Nordlandfahrt« werden, wie sie namentlich durch den Kaiser seit Beginn des Jahrhunderts mehr und mehr in Mode gekommen war, aber die erste solche Fahrt in einem Passagierluftschiff, und sie sollte bis nach Spitzbergen hinaufgehen, wenn die Wetterverhältnisse es gestatteten.

Bei wenig freundlichem, kühlem Wetter, das seit vielen Tagen schon Mitteleuropa bedeckte, fuhren wir um Mitternacht des 8. Juli ab und kamen um acht Uhr morgens am 9. Juli über Amsterdam auf die Nordsee. Um halb fünf Uhr nachmittags sichteten wir die norwegische Küste bei Stauanger, und um sieben Uhr waren wir über Bergen und zeigten den erstaunten Einwohnern dieser alten See- und Handelsstadt zum ersten Male ein Luftschiff, das Vergnügungsreisende an der pittoresken Hochgebirgslandschaft Südwestnorwegens entlangtragen wollte. Wir genossen die Schönheiten der Schärenküste und die Herrlichkeit der berühmten Fjorde, in die wir teilweise tief hineinliefen, von unserer hohen Aussichtswarte aus, wie sie wohl keiner vor uns in so wundervoller Weise hatte genießen können, in einer prachtvollen Beleuchtung der Sonne, die immer untergehen zu wollen schien und doch nicht unterging, denn wir näherten uns mit jeder Stunde mehr dem Polarkreis, wo der vierundzwanzigstündige Tag beginnt. Es war wie ein Wettrennen zwischen uns und der Sonne; aber die Sonne gewann um eine Nasenlänge, denn als wir um Mitternacht über Trondheim flogen, stand die Sonne etwa drei Grad unter dem Horizont im Norden, der in flammendes Rot getaucht war und das ganze Meer in einer unerhörten Farbenglut weithin vor uns aufglänzen ließ.

Als wir um vier Uhr in der Frühe an die malerischen Fjorde der Lofoten kamen, stand die Frühsonne schon längst wieder hoch am Himmel und zeigte uns wie in bengalischer Beleuchtung diese romantischen, gewundenen Straßen im Felsenlabyrinth, durch das der Schiffer seinen geschützten Weg findet, wenn draußen der Weststurm seine haushoher Wellen treibt. Um zehn Uhr waren wir über Hammerfest, Europas nördlichster Stadt, unter einundsiebzig Grad nördlicher Breite, so nördlich wie das Zentrum des eisüberdeckten Grönlands und nördlicher als die eisblockierte Nordküste von Alaska.

Der Golfstrom, der seine warmen Wassermassen um die Küste Nordnorwegens legt, schafft hier aber erträgliche klimatische Verhältnisse. Uns mußte Hammerfest an dem Tage, als wir über seinen malerischen, an die Felsen geschmiegten roten Holzhäusern einen weiten Bogen schlugen, geradezu als ein klimatisches Wunder erscheinen. Hier hatten wir Sommer! Hier fanden wir eine Lufttemperatur von mehr als zwanzig Grad, während wir auf unserer Reise bisher nur eine Wärme von zwölf bis fünfzehn Grad in unserer Flughöhe von dreihundert Metern gehabt hatten. Seltsamerweise kamen wir in diese sommerliche Wärme mit Eintritt in die »kalte Zone« bei den Lofoten. Und dieses schöne warme Wetter blieb uns treu bis zur Bäreninsel, halbwegs zwischen Hammerfest und Spitzbergen. Es wurde eine wundervolle Fahrt über ein fast stilles blaues Meer, als wir von Hammerfest aus den Kurs auf die genannte Insel absetzten. Eine ganz leichte östliche Brise, die warme Sommerluft aus Nordrußland brachte, war der Grund für diese Erscheinung. So konnten wir im klarsten Sonnenschein das interessante Eiland umfahren und die alten Förder- und Verschiffungsanlagen studieren, die der Insel früher zur Gewinnung von Kohle gedient hatten.

Eine gute Stunde später, um halb fünf Uhr am Nachmittage, tauchten dann in der Ferne über dem Horizont die Bergspitzen von Spitzbergen vor unseren entzückten Augen auf, märchenhaft klar und schön in ihren zackigen Formen. Eine begeisterte Stimmung und Erwartung begann sich der ganzen Schiffsgesellschaft zu bemächtigen. Es wirkte wie eine Fata Morgana, unwirklich und phantastisch. Nur im Polarmeer erlebt man solche wunderbar klaren und doch so farbigen Bilder in Silber, Blau und Hellgrün.

Aber eine herbe Enttäuschung stand uns bevor: Ich hatte schon eine Weile mit Mißbehagen beobachtet, wie sich, zuerst vereinzelt, dann immer stärker, weiße Nebelwölkchen auf der blauen Fläche der See zu bilden begannen. Jetzt deckte sich schnell die ganze Oberfläche mit einer geschlossenen Nebeldecke zu, und wir fuhren wie über einem weiten Schneefeld. Es war unerfreulich, aber noch nicht beängstigend. Dann aber sah man, wie der Nebel auch den Fuß der Berge zu umhüllen und langsam an denselben zu steigen begann. Ich beobachtete diese Vorgänge noch eine Weile, bis mir klar wurde, daß Spitzbergen völlig unter Nebel liegen würde, bis wir in etwa einer kleinen Stunde da sein würden. So beschloß ich, umzukehren.

Natürlich löste die Ankündigung dieses Beschlusses größte Enttäuschung, um nicht zu sagen Entrüstung unter den Passagieren aus, und ich wurde deswegen später von einem besonders mißvergnügten Herrn in einem schweizerischen Blatt heftig angegriffen. Aber ich hatte meine guten Gründe, die ich den Passagieren nicht sagen wollte, um keine Beunruhigung zu erregen. Es war ersichtlich, daß wir dickes Nebelwetter bekommen würden, welches die Navigation sehr erschweren würde. Nun aber waren wir hoch im Norden auf etwa siebenundsiebzig Grad nördlicher Breite und hatten einen Weg von etwa tausend Seemeilen zu durchlaufen, bis wir die Berge der Shetlands-Inseln vor uns sehen würden. Zu unserer Linken auf diesem Wege lag fortwährend das norwegische Gebirge mit etwa zweitausend Metern Höhe, zur Rechten, allerdings in weitem Abstand, die kaum minder hohen Berge Islands. Die Abtrift würden wir nicht feststellen können, wenn Nebel oder sehr tief hängende Wolken uns den Blick auf die See versperrten. Das hier in einem früheren Kapitel geschilderte Abenteuer bei Neufundland, zwei Jahre vorher, hatte uns gelehrt, welche Ausmaße unter Umständen eine Abtrift erreichen kann. Es sah aus, als ob westlicher Wind aufkommen würde, und somit würden wir gegen Norwegen zu triften, und zwar in einem nicht festzustellenden Maße. So mußte ich aus Vorsicht umkehren, solange das Schlechtwetter noch nicht da war.

Es zeigte sich bald, daß meine Entschließung richtig war. Als wir etwa zwei Stunden später die Gegend der Bäreninsel passierten, war von diesem Eiland nichts mehr zu sehen. Aber wir fuhren über einer geschlossenen Wolken- oder Nebeldecke und hatten klare Sicht voraus. Jedoch bildete sich eine Stunde später eine Wolkendecke auch über uns, und wir fuhren einige Zeit zwischen den beiden Decken, bis sie sich vereinigten und wir nun im Nebel weiterliefen. Das ist stets eine unbehagliche Situation, auch wenn man bestimmt glaubt, das freie Meer unter sich zu haben. Da aber die Wetteränderung, die wir in den letzten sechs Stunden erlebt hatten, es mir sehr wahrscheinlich machte, daß der Ostwind, den wir bei unserer Abfahrt aus Hammerfest gehabt hatten, einem Westwind Platz gemacht habe, so ließ ich einen Strich nach Westen vorhalten. Gegen Mitternacht, als wir uns bereits wieder in Höhe der Lofoten befanden, fingen wir denn auch glücklich eine Wettermeldung von der Insel Jan Mayen auf, daß dort ein schwacher Nordwestwind herrsche. Unser Vorhaltwinkel war richtig gewählt, und wir fuhren beruhigt auf dem angesetzten Steuerkurs weiter. Gegen drei Uhr nachts wurde der Nebel etwas leichter, und wir konnten hier und da einen Blick auf das Meer erhaschen und den Kurs etwas korrigieren.

Um acht Uhr tauchte vor uns die Nordspitze der Orkney-Inseln auf, die wir gesucht hatten. Damit war das Navigationsexempel, das heute freilich kein solches mehr sein würde, gelöst, und es ging jetzt in schneller Fahrt bei nördlichen und nordwestlichen Winden, die sich bis zu vierzehn Metersekunden steigerten, über Scapa Flow, Aberdeen und Edinburgh und weiter über die sehr unfreundliche Nordsee auf Amsterdam zu. Die Temperatur war wieder auf acht bis zehn Grad gesunken. Wir waren aus dem warmen Polarmeer in die kalte gemäßigte Zone gekommen. Um zehn Uhr am Abend waren wir in Friedrichshafen, nach einer Gesamtfahrzeit von siebzig Stunden. Achtundzwanzig Stunden waren vergangen, seit wir den Bergspitzen von Spitzbergen den Rücken gekehrt hatten.

Diese berückend schöne Nordlandfahrt fand dann eine teilweise Wiederholung etwa acht Tage später in einer Fahrt nach Island. Sie brachte uns Leuten an Bord des Schiffes ein vielleicht ebenso starkes Erlebnis wie den Bewohnern von Reikjavik, denen ihre nordische Sage von Wieland dem Schmied plötzlich eine Wirklichkeit geworden zu sein schien. Wir an Bord schwelgten im Anblick der landschaftlichen Wunder des alten, sagenumsponnenen, eisgepanzerten Thule, über die wir in niedrigem Fluge behaglich hinglitten. Die zahllosen Wracks, die vor der Südküste lagen, zeigten uns, wie ungemütlich es hier werden kann, wenn man im Südweststurm vor der Küste im Seeschiff zu kämpfen hat.

Solche und viele ähnliche Reisen schufen ein starkes Vertrauen in die Sicherheit des Zeppelinschiffes, und es wurde mehr und mehr bekannt, welche unvergleichlichen Reize mit einer Reise im Zeppelin verknüpft sind. So kamen dringende Einladungen aus aller Welt, uns mit unserem Schiff zu zeigen, und es wurden Fahrten nach London, nach Helsinki, Stockholm, Kopenhagen, Rom, Budapest und nach vielen anderen fremden Hauptstädten gemacht. Meistens wurde daselbst gelandet und eine Rundfahrt ausgeführt, an der die Spitzen der Behörden gern teilnahmen. So machten wir im Herbst 1932 von einem Londoner Platz aus eine Fahrt um England, auf der eine Anzahl von englischen Parlamentariern an Bord waren. Das englische Publikum bereitete dem Schiff bei Landung und Abfahrt sehr lebhafte Ovationen.

Somit schien der von Anfang an und noch bis zuletzt bekämpfte Zeppelingedanke eines Starrluftschiffes sich durchgesetzt zu haben. Und es kamen, abgesehen von den nordamerikanischen und den spanisch-südamerikanischen Interessenten, jetzt in der Tat solche aus anderen Ländern zu mir, die sich mit mir über eine Luftschiffverbindung über See zu unterhalten wünschten. Meistens waren es Leiter von großen Dampfschiffahrtslinien, die ihre Gesellschaft in den nach ihrer Meinung kommenden Luftschiffverkehr einzuschalten wünschten.

Der energischste und zielbewußteste von diesen Herren war wohl Herr Bronsing, der leitende Direktor der »Stoomvaart Maatschappij Nederland«, die einen Dienst von Rotterdam nach Niederländisch-Indien unterhielt, der mehr als drei Wochen dauerte. Herr Bronsing fragte mich, ob wir einen Zeppelinverkehr dahin durchführen könnten und wie lange wohl eine Fahrt mit dem Luftschiff dauern würde. Ich konnte nur erwidern, daß ich das nicht ohne eine genauere Untersuchung der auf der Strecke herrschenden Wind- und Wetterverhältnisse sagen könne und daß ich am liebsten die Strecke einmal auf einem Seeschiff durchfahren möchte, um mir aus eigener Anschauung ein Bild von dem Wetter im Kalmengebiet des Indischen Ozeans machen zu können. Denn die Kalmen im Atlantischen Ozean, die ich ja aus unserem Südamerika-Dienst kannte, waren gerade böen- und gewitterreich genug. Waren die im Indischer Ozean vielleicht noch unbequemer?

So lud mich Herr Bronsing ein, eine Reise an Bord eines seiner vortrefflichen Motorfrachtschiffe mitzumachen, die ein halbes Dutzend Kabinen für Passagiere hatten und von Port Said aus die mehr als fünftausend Seemeilen lange Strecke bis Batavia ohne Zwischenstation mit der relativ ganz hübschen Geschwindigkeit von fünfzehn Seemeilen durchliefen. Ich nahm das Anerbieten mit Dank an, denn das war gerade die Route, die für das Luftschiff in Betracht kommen mußte: durch das Rote Meer und dann durch das Monsungebiet und die Kalmen in den Grenzbereich des Südostpassats hinein. Die Abfahrt wurde auf Ende Dezember 1932 festgelegt, weil dann gerade ein solches Motorschiff nach der Südküste Javas fahren sollte.

Zu der Zeit unterhielt die sehr rührige K. L. M., die Königlich Holländische Luftfahrt-Gesellschaft, bereits einen Flugverkehr nach Niederländisch-Indien, der über Syrien, Karatschi und Ostindien ging; aber er dauerte, mit sieben bis acht Zwischenlandungen, damals noch neun bis zehn Tage und war nicht sehr beliebt, weil er recht anstrengend und der Komfort auf den zahlreichen Landeplätzen noch stark zu wünschen übrig ließ. Immerhin war dieser Flugbetrieb der Wettbewerb, mit dem wir eventuell zu rechnen hatten.

Zwischen Weihnachten und Neujahr fuhr ich, von meiner Tochter begleitet, die freundlicherweise mit eingeladen war, nach Marseille, wo wir einen Dampfer des Rotterdamschen Lloyd vorfanden, der uns zunächst bis Port Said bringen sollte. Hier hatten wir ein paar Tage zu warten, bis das Motorschiff eintreffen sollte. Ich fuhr nach Kairo, wo es natürlich interessanter war und wo ich vor allen Dingen einen Besuch bei dem englischen High Commissioner von Ägypten machen wollte. Denn ich hatte bei unserer vorjährigen Fahrt nach Ägypten gesehen und besonders schon ein Jahr vorher in London erfahren, welch hohes Interesse in England an einem eventuellen Zeppelinverkehr nach Ostindien vorhanden war. Der R 101 war ja im Jahre 1930 auf einer Fahrt nach Indien in Nordfrankreich verunglückt. So wollte ich nicht meine Studienreise nach Holländisch-Indien antreten, ohne den High Commissioner darüber zu informieren. Vielleicht würde ja auch Kairo als Zwischenlandeplatz für uns schon aus kommerziellen Gründen in Betracht kommen, und wir würden Landungen daselbst nur mit englischer Zustimmung machen können.

Meine Gedanken spielten aber noch weiter. Die großen Erfolge und die wachsende Anerkennung und Beliebtheit, die unser Luftschiff sich durch seine rührige Tätigkeit überall erwerben konnte, die freundlichere Haltung, die selbst die für die Entwicklung der deutschen Luftfahrt maßgebenden Behörden allmählich gegenüber dem Zeppelinschiff einzunehmen begannen, und vor allem das immer größer und zuversichtlicher werdende Vertrauen, das wir selbst auf Grund unserer Erfahrungen und steigenden Fahrpraxis in das Luftschiff setzten, alles dies erzeugte in mir einen starken Optimismus hinsichtlich der Zukunft des Luftschiffes als eines transatlantischen Verkehrsmittels und ließ mich weitgespannte Pläne fassen. Ich dachte u. a. an eine Luftschiff-Verkehrslinie New York-Ägypten mit eventueller Zwischenlandung in Sevilla. In dieser Stadt würde sich diese Linie mit unserer Südamerikalinie kreuzen, und in Kairo würde sie an unsere etwaige Route nach Niederländisch-Indien Anschluß gewinnen. Das ergab die Möglichkeit eines weitverzweigten Luftschiffverkehrsnetzes.

Der High Commissioner zeigte sich sehr interessiert für meine Darlegungen und versicherte mich, daß ich gegebenenfalls auf eine sehr wohlwollende Einstellung der britisch-ägyptischen Behörde zu den geplanten Unternehmungen zählen dürfe. Und die Bevölkerung der Stadt Kairo, die mich von meiner vorjährigen Landung vor Hunderttausenden kannte und die aus den allwissenden Zeitungen von meiner Anwesenheit und dem Zweck meiner Reise wußte, war natürlich auch stark interessiert und begeistert von dem Gedanken, daß ihre Stadt eventuell Zwischenlandeplatz einer Luftschiffroute nach Java werden sollte. Als ich eines Abends nach einer Theatervorstellung, die ich in Begleitung unseres Gesandten besucht hatte, von dem Rang die Treppe in das Vestibül des Theaters herunterkam, fand ich dieses gedrängt voll von Menschen, die mich mit lebhaften Rufen begrüßten. ja, der Zeppelin und seine Fahrten waren in der Tat in aller Munde, und wir Deutsche durften uns darüber freuen.

So wünschte denn auch der König Fuad mich in Audienz zu empfangen. Er war äußerst liebenswürdig und zeigte großes Interesse an der Angelegenheit, so daß ich respektvoll die Ehre, die er mir erwies, zu schätzen wußte. Dennoch muß ich mich der Audienz immer mit einem amüsierten Lächeln erinnern. Denn er bellte wiederholt in die ruhige Unterhaltung mit einem schrillen Räuspern hinein, das fast wie ein Pistolenschuß knallte. Ich war vorher auf diese Eigentümlichkeit vorbereitet worden, um keinen Schreck zu bekommen; aber der erste Ausbruch überraschte mich doch recht erheblich. Ich hörte dann hinterher, daß der sonderbare Ton seine Ursache in einer Narbe im Kehlkopf habe, die von einem Dolchstich in den Hals herrührte, der dem König Fuad in jungen Jahren einmal beigebracht worden sei.

Kairo und das untere Ägypten setzten mich in lebhafte Verwunderung. Ich war mit meiner Frau im Winter 1898/99 einige Monate in Ägypten gewesen und hatte mit Ehrfurcht und beklommenem Staunen gesehen, wie die Pyramiden und die Sphinx in ihrer majestätischen Ruhe zeitlos und unverändert dauern, wie der Fellache in gleicher Weise und in der gleichen Tracht, die wir aus fünf Jahrtausende alten Inschriften und Bildern kennen, den Boden bebaut, wie die Nilfeluken in ihrer durch die Jahrtausende geheiligten Form der Besegelung den mächtigen Strom in der Nordbrise hinauffahren, die seit Menschengedenken ebenfalls unveränderlich um die Mittagsstunde die Segel zu schwellen beginnt. Die Zeit schien hier stillzustehen. Und jetzt, nach dreißig Jahren, welche Veränderung! Überall neues Leben in neuen Formen! Das Maschinenzeitalter, das neben so vielem anderen den Menschen endlich auch die seit Jahrtausenden erträumte Herrschaft über die Luft gebracht hatte, war auch an diesem Lande der starren Ruhe nicht vorübergegangen, hatte es bezwungen. Sollen wir uns wundern, daß überall in der Welt Unrast und Unruhe und Verwirrung herrschen, wenn sogar ein in so starren Formen und altersgrauen Gewohnheiten seit Cheops und Ramses und noch viel, viel älteren Zeiten dahinvegetierendes Land von den modernen Gewalten wie von einer Naturkatastrophe erfaßt werden kann? Quo vadis, altes Ägypten? Quo vadis, moderne Welt?

Nachdem wir acht Tage in Kairo geweilt hatten, erhielten wir die Nachricht, daß unser Motorboot in Port Said eingelaufen sei und am nächsten Mittag Suez passieren würde, um uns dort beim Durchfahren an Bord zu nehmen. Wir fuhren am nächsten Morgen mit einem Auto über die recht passable, breite Wüstenstraße dorthin und waren kurz nach Mittag in unserer hübschen, einfachen Schiffskabine, in der wir zwölf Tage zu verbringen hatten, bis wir in Batavia wieder an Land gingen. Ich hatte also Zeit genug, mir in Ruhe, zunächst einmal sozusagen theoretisch, aus wissenschaftlich-meteorologischen Abhandlungen und aus den vortrefflich geführten Schiffsjournalen der holländischen Gesellschaft ein genaues Bild zu machen von den Wind- und Wetterverhältnissen in jenem interessanten Meeresgebiet, wo der Wechsel der Monsune so radikale Verschiedenheiten zwischen dem Winter- und dem Sommerwetter mit sich bringt.

Im Sommer der Südwest-Monsun. Auf ihn warten seit alters die arabischen und indischen Händler, um die Frachten in schneller Reise von Ostafrika nach Indien zu bringen. Aber er würde wohl nichts für eine direkte Reise von Aden nach Batavia sein, denn er weht oft mit Sturmesgewalt entlang der Somaliküste. Im Winter der Nordost-Monsun, wenn das äquatoriale Afrika die Meeresluft aus dem Indischen Ozean ansaugt. Er bringt die ostafrikanischen Segler schnell nach Hause zurück; aber ist er etwas für das Luftschiff? Er dringt in die Kalmenzone zwischen Somaliland und der Sundastraße mit heftigen Böen und Gewitterfronten ein. Und es war nun eben der Hauptzweck meiner Reise, dieses Gewittergebiet aus eigener Anschauung kennenzulernen, es jetzt, um Mitte Januar, gerade zur richtigen Zeit, zu durchfahren.

Das Ergebnis meiner Studienfahrt hin und zurück legte ich in einer kurzen Denkschrift nieder, aus der hier das Wesentliche gegeben sei: Ein Zeppelinverkehr zwischen Holland und Batavia ist gut und sicher durchführbar. Er wird in jeder Richtung rund vier Tage beanspruchen. Im Winter wird man zweckmäßigerweise vom Golf von Aden direkt nach Batavia fahren und dann auf einer nördlichen Route zurückfliegen, um so den Nordost-Monsun auszunutzen. Im Sommer wird man auf der nördlicheren Route hinfahren und auf einer südlicheren, entlang dem Äquator, zurückfliegen, bis man an der afrikanischen Küste den Südwest-Monsun erwischt, der das Schiff schnell in den Golf von Aden bringt.

Auf Java hatte ich dann vor allen Dingen die Landemöglichkeiten zu untersuchen und die dortigen holländischen Kreise für die Idee einer Zeppelinverbindung mit dem Mutterland zu interessieren. Es ist fast überflüssig, zu sagen, daß letzteres kaum nötig war. Überall herrschte für die Idee eine große Begeisterung, die lauten Ausdruck fand gelegentlich eines Vortrages, den ich vor der holländischen Kolonie zu halten hatte. Auch der Generalgouverneur, der mir eine Audienz gewährte, war auf das höchste interessiert. So durfte ich mit großer Genugtuung auf diesen neuen Erfolg der von mir vertretenen Sache blicken.

Ich war reichlich vierzehn Tage auf Java und machte auf der Insel verschiedene größere Ausflüge, die mich bis nach Bali führten. Es ist mir eine der befriedigendsten Lebenserinnerungen, die sich mit diesem Besuch verknüpft. Hier lernte ich eine Kolonie kennen, wo eine fürsorgliche und musterhafte Verwaltung im Interesse auch der einheimischen Bevölkerung überall in die Augen fiel. Ich war eigentlich etwas überrascht davon, da ich die holländische Anklageschrift von »Multatuli« kannte. Es ist wohl sicher, daß man nicht im Handumdrehen ideale soziale Zustände herbeiführen kann, wenn man in ein Land mit alter Kultur kommt, wo seit Jahrhunderten ein mitleidloses Regiment asiatischer Despoten geherrscht hat. Aber die Straßenanlagen, die Reis-, Gummi- und Teeplantagen waren in vorzüglicher Verfassung, und in den freundlichen Dörfern rings um Batavia sah ich eine dichte Bevölkerung tätig, die ganz offensichtlich Lebensfreude und Fröhlichkeit zur Schau trug. Dabei herrschte zu jener Zeit, nach einer märchenhaften Prosperität während der Kriegsjahre, eine Art Handelskrise, unter der die holländische Kolonie stark zu leiden hatte.

Aber es ist wohl ein unlösbares Problem für den »homo sapiens«, den weisen Menschen, irdische Glückseligkeit und Zufriedenheit zu schaffen. Einen interessanten Beleg hierfür lernte ich auf meiner Rückreise auf Sumatra kennen. Da wurde mir in der Nähe vom »Osthafen«, den wir zur Ergänzung unserer Fracht anliefen, eine große Kolonie gezeigt, die die Regierung dort in einer fruchtbaren Ebene angelegt hatte. Ein umfangreiches Stück Land war in, ich meine, dreihundert gleich große Lose geteilt, um einige hundert Kleinbauern aus dem übervölkerten

Java auf das viel weniger stark besiedelte Sumatra zu übersiedeln. Die gleich großen Lose waren so bemessen, daß jedes eine kleine fleißige Bauernfamilie gut ernähren konnte, und die Regierung hatte jedem Siedler ein kleines Haus und das notwendige Gerät und lebende Inventar zur Verfügung gestellt. Jetzt, nach etwa zwanzig Jahren, sah diese Siedlung so aus: Eine erhebliche Anzahl von Siedlern hatte ihren Besitz nicht halten können und an andere Siedler verkaufen müssen. Eine Anzahl anderer Siedler dagegen hatte ihren Besitz vermehrt und war im Besitz von zwei oder drei Losen. Bettler neben relativ wohlhabenden Bauern! Die Ungleichheit mit all ihren sozialen Problemen und Anklagen war wieder in schönster Entwicklung. Fleiß und Trägheit, Tüchtigkeit und Dummheit, Sparsamkeit und Leichtsinn hatten sich schnell als die sozial wesentlich bestimmenden Kräfte betätigt. Nur terroristische Maßnahmen können das verhindern; aber es ist eben Terror mit seiner den Lebensmut, die Freude und den wirtschaftlichen Ertrag niederhaltenden Wirkung.

Unser braves Motorschiff hatte uns, nachdem es an der Südküste von Java seine Fracht eingenommen hatte, in der ersten Februarwoche wieder in Batavia abgeholt und lief auf der Rückfahrt außer dem Osthafen auch die Stadt Padang in der Mitte der Westküste von Sumatra an, wo es für weitere Frachteinnahme zwei Tage zu liegen hatte. Wir machten indessen eine Autofahrt durch die prachtvolle tropische Gebirgslandschaft in das Innere der Insel. Die Bevölkerung von Ost-Sumatra ist kräftiger und unbändiger als die viel zahmere und ruhigere von Java; das gibt sich schon zu erkennen in der Bauweise der Häuser, die selbst in kleinen Gebirgsorten oft eine originelle Kraft und Kühnheit der Architektur zeigen. Wir sahen wunderbare Wohnhäuser in einem reichen ornamentalen Stil, der sicherlich eine alte Tradition eines künstlerisch begabten Volkes verkündigte. Ohne Temperament gibt es ja keine höhere Kunst. Wir beendeten unsere Rundfahrt in dem als Sommerfrische beliebten Fort de Kock, das zwischen dreitausend Meter hohen Bergen mehr als tausend Meter hoch gelegen ist, und fanden hier in einem guten Hotel eine kühle Unterkunft, gerade auf dem Äquator unter senkrechter Sonne.

Am nächsten Tage trat unser Schiff seine Heimreise an. Sie führte an der Südspitze von Ceylon vorbei durch den sogenannten Acht-Grad-Kanal, auf einer viel nördlicheren Route als die Hinfahrt, auf der Route, die ich mir als die Winter-Rückfahrt-Route auch für das Luftschiff gedacht hatte. Sie erwies sich in der Tat mit ihren leichten nordöstlichen förderlichen Winden als glänzend. Unterwegs hatten wir ein amüsantes Erlebnis: Eines Tages fiel uns der matte Schein der Sonne auf, und wir waren darüber betroffen, daß wir alle ein gespenstisch bleiches Aussehen hatten. Wir beruhigten uns erst, als wir feststellten, daß wir in das Gebiet einer totalen Sonnenfinsternis hineinkamen, was keiner gewußt hatte.

In Aden setzte uns das Motorschiff eines Morgens von Bord. Ich wünschte festzustellen, ob dort eine Landungsmöglichkeit und ein Platz gegeben sei, den man zu einer Zwischen- oder Notlandung für alle Fälle benutzen könnte. Dieser weltberühmte englische Flottenstützpunkt, der gegebenenfalls den Eingang zum Roten Meer und zum Suezkanal verteidigen sollte und der als Kohlenstation eine Bedeutung hatte, war mir bisher ein leerer Begriff gewesen, und ich trug Verlangen, mit ihm ein anschauliches Bild zu verknüpfen. Da erst in drei Tagen ein Passagierdampfer der holländischen Dampfschiffahrt-Gesellschaft uns von dort im Vorbeifahren abholen sollte, hatte ich Zeit genug, mich umzusehen.

Das Wesentliche für mich war, daß zwischen dem hohen Küstengebirge und dem Meer eine weite, flache Ebene sich dehnte, die sich wundervoll für den gedachten Zweck einer Zwischenlandung brauchen ließe, und daß auch genügend Menschenkräfte in der Nähe verfügbar waren, um als Landemannschaft herangeholt werden zu können. Die Felsenstadt und -insel selbst, nur durch einen schmalen Damm mit dem Festland verbunden, bot als stark befestigter Platz für mich als Laien nicht viel des Besonderen und erinnerte etwas an den Felsen von Gibraltar, der ja am Eingang zum Mittelmeer eine ähnliche Rolle zu spielen hat. Der Hafen ist sehr geschützt, aber nicht sehr groß. Von Interesse war mir aber ein großes Wasserreservoir, ein Staubecken, das in einer zwischen den hohen Felsen sich herabziehenden tiefen Schlucht angelegt war. Es war nicht sehr groß, aber geschickt angelegt und konnte wohl einige Zehntausend Kubikmeter Regenwasser aufnehmen, wenn in dieser regenarmen Gegend der Himmel einmal gelegentlich sein für die Gärten geschätztes Naß in Form eines Gewitterregens zu spenden die Laune hatte.

Für den Abend waren wir von einem französischen Kaufmann zum Essen eingeladen. Er hatte ein schönes Haus oben auf dem Felsen, und von dem Dachgarten desselben genoß man einen schönen Blick über Stadt und Meer und hatte hier auch frische Luft. Denn es war tagsüber schon recht warm unten in der Stadt, obgleich wir noch in den letzten Tagen des Februar waren. Nach dem Essen kamen ein paar englische Offiziere herauf. Sie sprachen von einer Expedition in das halb sagenhafte Hadramaut, ein bisher so gut wie verbotenes Gebiet an der Südostküste Arabiens, das von dem »König« in Makalla beherrscht wurde. Ich erinnerte mich, in einer Berliner Zeitung unter der Überschrift »Wolkenkratzer in Arabien« eine Aufsehen erregende Schilderung von einer Reise in dieses Gebiet gelesen zu haben. Der Verfasser, ein Herr Hellfritz, behauptete, der erste zu sein, der von dem Scheich in Makalla die Genehmigung zu einem Besuch der bebauten Fluren des Hadramaut erhalten habe, und sagte, daß er diese Genehmigung nur erhalten habe, weil er den Herrscher, der jahrelang unter einer erschöpfenden Amöbenruhr gelitten hatte, durch das eben entdeckte spezifische Heilmittel, das er für eigenen Gebrauch bei sich führte, von dieser Krankheit befreit habe. So viel erinnerte ich und sprach darüber mit den englischen Herren, die die Reise des Herrn Hellfritz kannten und seine Erfolge voll anerkannten.

Wer beschreibt mein Erstaunen, als am nächsten Morgen beim Frühstück Herr Hellfritz sich mir vorstellte! Er war auf einer neuen Reise in das Hadramaut begriffen und war sicher, wieder die Genehmigung dazu vom Scheich von Makalla zu erhalten. Denn dieser habe durch vieles und gutes Essen sehr bald einen Rückfall erlitten. Ich sagte Herrn Hellfritz, es sei gut, wenn er sich beeile, denn er habe englische Wettbewerber, die wohl auch jetzt über das spezifische Heilmittel verfügten. – Ich nehme an, daß die englischen Herren von der Anwesenheit und den Plänen des Herrn Hellfritz gewußt haben werden. Für mich war die Begegnung nach dem Gespräch am Abend vorher wieder einmal einer jener erstaunlichen Zufälle, die wir dann und wann erleben. Ob Herr Hellfritz in das verbotene Gebiet, wo laufend über den Golf von Aden hinübergeschmuggelte Negersklaven aus dem Somalilande die Bewässerungsräder drehen müssen, wirklich wieder hineingekommen ist, weiß ich nicht, denn ich fuhr am nächsten Tage mit dem Passagierdampfer nach Genua und von dort nach Friedrichshafen, wo größere Fragen mir entgegentraten.

Inzwischen hatte sich nämlich jenes folgenschwere politische Erdbeben ereignet, das wir als die »Machtübernahme« zu bezeichnen gewohnt sind. Wie würde sich die neue Regierung zur Zeppelinsache stellen? Das war die Frage, die mich in erster Linie interessierte und ein wenig beunruhigte, denn daß ich bei den neuen Machthabern keineswegs sonderlich beliebt war, das wußte ich schon damals zur Genüge.

Ich werde in einem besonderen Kapitel darüber zu berichten haben.

Die alte Regierung, die am 30. Januar, als ich mich in Batavia befand, abgedankt hatte, war allmählich zu einer freundlicheren Einstellung zum Luftschiff gelangt. Zwar war das mit einigem Widerstreben erfolgt, und nicht nur die »Konkurrenz«, die direkt mit dem Flugzeug und seiner praktischen Verwendung zu tun hatte, sondern vor allem auch die Militaristen und die Kreise der Wehrmacht verharrten immer noch in einer fühlbaren Zurückhaltung gegenüber dem Zeppelin. Denn was konnte dieser in einem etwaigen Kriegsfall noch bedeuten? Aber man mußte jetzt doch zugeben, daß die Auffassung, das Luftschiff sei ein »Schönwetterschiff« und ein allzu empfindliches Luftfahrzeug, eine irrige gewesen sei. Die unzähligen Flüge über Deutschland und viele andere Länder redeten eine überzeugende Sprache zugunsten des Zeppelins. Und man mußte auch der deutschen öffentlichen Meinung Rechnung tragen, die sich mit so großer Wärme überall, wo wir landeten, für den Zeppelin kundgab. In der Tat konnte auch der verbohrteste Flugzeugfanatiker nicht an der Tatsache vorbei, daß das Luftschiff Verkehrsleistungen vollführte, zu denen das Flugzeug damals noch nicht fähig war, und daß es dabei eine Propaganda und einen Prestigegewinn für Deutschland buchen konnte, deren Wert unschätzbar war.

So war schon die alte Regierung, wie gesagt, allmählich zu einer tatkräftigen Förderung der Zeppelinsache übergegangen, und ich mußte eigentlich erwarten, daß die nationalsozialistischen neuen Machthaber, die gerade für Propaganda und für die öffentliche Meinung ein gutes Verständnis hatten, diese Förderung noch zielbewußter betreiben und mir Mittel zur Verfügung stellen würden, meine Pläne durchzuführen.

Und das kam dann auch wirklich. Aber ich war doch sehr erstaunt, als der Propagandaminister selbst, der mit allen Wassern gewaschene Herr Dr. Joseph Goebbels, die Angelegenheit in die Hand nehmen zu wollen schien. Als ich im Sommer 1934 einmal einen Besuch im Propagandaministerium zu machen hatte, fragte er mich so nebenbei, wie weit ich denn mit meinem Neubau sei und ob ich die nötigen Mittel dafür bereits zusammen habe. Als ich ihm erwiderte, daß mir noch etwa zwei Millionen Mark fehlten, meinte er mit großer Gelassenheit: »Mehr nicht? Das ist ja eine Bagatelle! Da will ich einmal an einige große Industrielle herantreten, daß sie den Betrag spenden.«

Ich erzählte das nachher einem Ministerialdirektor des Luftfahrtministeriums, mit dem ich über die Finanzierung eines Bauplanes zu sprechen hatte. Dieser sagte mit Recht, aber sehr ärgerlich: »Was geht das Herrn Dr. Goebbels an! Das ist Angelegenheit unseres Ministeriums.« Es kam in dem Ton der Bemerkung deutlich nicht allein die normale Ressorteifersucht, sondern auch die Spannung zum Ausdruck, die notorisch persönlich zwischen dem Herrn Luftfahrtminister, Hermann Göring, und Herrn Joseph Goebbels herrschte. Dieser letztere hielt es offenbar angesichts der großen Volksgunst, dessen sich der Zeppelin erfreute, für politisch klug, sich als Gönner und Förderer desselben zu bestätigen. Das hielt ihn allerdings nicht ab, zwei Jahre später als erklärter Feind gegen mich aufzutreten und mich sozusagen aus der Liste der lebenden Deutschen zu streichen. Ich werde darüber in einem folgenden Kapitel zu berichten haben.

Vielleicht hatte der »unlautere Wettbewerbsversuch« des Propagandaministers das Gute, den Luftfahrtminister zu einer schnellen und wirksamen Unterstützung des Zeppelinverkehrs anzureizen. Wenigstens trat Herr Göring dann bei einer entscheidenden Aktion in diesem Sinne persönlich in Erscheinung. Wir hatten, wie gesagt, erhebliche Mittel nötig, um unseren Betrieb zu erweitern und leistungsfähiger zu machen. Wir mußten einen größeren und schnelleren Zeppelin bauen, und wir mußten zu diesem Zweck eine größere Bauhalle und später eine Verkehrshalle errichten, aus der die Fahrten erfolgten. Das nötige Geld, das sich zunächst auf etwa acht Millionen Mark belief, bekamen wir schrittweise in diesen

Jahren vom württembergischen Staat, der 2,2 Millionen hergab, und vom Reich in Gestalt von Darlehen, die das Reich für seinen Teil später in nicht rückzahlbare »Beihilfen« verwandelte. Aber es langte noch nicht ganz zur Fertigstellung des neuen Luftschiffes.

Da entschloß sich das Luftfahrtministerium zu einem Schritt, der die weitere Entwicklung des Zeppelinverkehrs finanziell entscheidend sicherzustellen schien. Es wurde vom Ministerium die Gründung einer »Deutschen Zeppelin-Reederei« ins Auge gefaßt, an der die »Deutsche Lufthansa« mit etwa der Hälfte des Kapitals beteiligt sei. Da das Reich finanziell der Träger der Lufthansa war, bedeutete dieses natürlich, daß das Reich nun auch den Zeppelinverkehr mit Reichsmitteln weitgehend unterstützen würde. Die Gründung, in die der »Luftschiffbau Zeppelin« seinen »Graf Zeppelin« als seinen Hauptbeitrag einbrachte, wurde mit einem Kapital von neun Millionen Mark im März 1935 vollzogen.

Der Minister für die deutsche Luftfahrt, Herr Göring, nahm persönlich an der Gründungssitzung teil, und er hielt dabei eine merkwürdige Rede: Er erklärte, daß im Luftverkehr »das Luftschiff dem Flugzeug völlig gleichberechtigt« sei und daß er »beiden Arten von Luftfahrzeugen gleiches Interesse und gleiche Förderung angedeihen lassen« würde. Ich glaube, daß es Herrn Göring eine große Überwindung kostete, dieses auszusprechen, und ich setzte innerlich auch einen leisen Zweifel in die Durchführung der gemachten Zusicherungen. Herr Göring konnte als Flieger und als Militarist nur mit einer starken Geringschätzung, wenn nicht Abneigung vom Luftschiff denken. Und das kam auch schnell zum Ausdruck: Als ich ihn nämlich fragte, ob er nicht einmal eine Fahrt im Zeppelin mitmachen wolle, winkte er sehr energisch ab und meinte, daß er zu den »Gasblasen« kein rechtes Vertrauen habe. Ich glaube denn auch, daß es weniger Herr Göring selber als vielmehr sein Staatssekretär, der spätere Generalfeldmarschall Milch, war, der hinter der Gründung stand. Herr Milch hat immer eine sehr objektive Haltung gegenüber dem Zeppelin an den Tag gelegt, obgleich er Direktor der »Deutschen Lufthansa« war.

In der Abneigung gegen das Luftschiff traf sich Herr Göring übrigens mit seinem Herrn und Meister Adolf Hitler. Wenigstens erzählte der Vertraute Hitlers, der Straßenbaumeister Dr. Todt, es mir so. Dieser machte einmal eine Zeppelinfahrt mit, die von Salzburg über München und Stuttgart in das Rheinland führte, um von Bord des Schiffes aus den Verlauf der Reichsautobahn zu betrachten, über der wir uns auf seine Bitte so nahe wie möglich hielten. In der Tat eine wundervolle Art, ein Gelände für Weg- oder Bahnbauten erst einmal im großen zu erforschen! So kam zufällig die Rede darauf, ob Hitler nicht einmal Lust verspürt habe, »seine« Autobahnen aus dem Luftschiff sich anzusehen. Herr Dr. Todt sagte aber, daß er dem Führer das schon geraten habe, daß dieser aber mit dem Luftschiff »nichts zu tun haben« wolle.

Mag das nun sein, wie es will, jedenfalls hatte erst einmal der Zeppelingedanke und damit nach meiner Auffassung die öffentliche Meinung gesiegt, und zwar durch die gleiche Regierung, die beides nicht viel später zu Grabe tragen sollte.

Der Zeppelinbetrieb war nun allerdings gesichert, aber er war es um den Preis seiner Unabhängigkeit, denn Hitler tat nichts, wofür er sich nicht vorher oder nachher bezahlen ließ. Ich mußte nun aber als Leiter des Betriebes ausscheiden. Ich war vorher verantwortlicher Geschäftsführer der »Verkehrsabteilung« des »Luftschiffbau Zeppelin« gewesen. Jetzt wurden zu Geschäftsführern der an ihre Stelle tretenden »Deutschen Zeppelin-Reederei« die Herren Kapitän Lehmann, der mehr genehm als ich erschien, und ein eifriger Parteigenosse, der Seekapitän Christiansen, bis dahin Polizeipräsident von Magdeburg, gemacht. Ich selbst mußte mich (übrigens nicht ungern) auf den Posten des Aufsichtsratvorsitzers der Reederei zurückziehen.

Was mir aber sehr unangenehm sein mußte, war das Treiben einer sozusagen »Fünften Kolonne«, die eine emsige Tätigkeit in der Besatzung des Luftschiffes zu entfalten begann, sobald sie jetzt Morgenluft witterte. Bis jetzt hatten wir etwa fünfzig Mann des Fahrbetriebes, die wir zusammen die Ozeane und Kontinente durchmessen hatten, in Harmonie und Kameradschaft zusammen gearbeitet. Wir wußten zwar, daß einige Herrn Hitler bewunderten und daß andere ihn ablehnten; aber wir ließen den Herrgott einen guten Mann sein und jedem in Ruhe seinen Glauben. Jetzt konnte der vorgeschriebene Fanatismus der Anhänger des Propheten ans Tageslicht kommen. Jetzt spaltete sich oder drohte sich zu spalten die Besatzung in weiße und schwarze Schafe. Es waren besonders die neuen Kameraden, die ich zum Teil als sehr unbequem empfand. Wir hatten für die Indienststellung des neuen Luftschiffes weiteres Navigationspersonal auszubilden und suchten dieses vorzugsweise unter den Schiffsoffizieren unserer großen Dampfschiffahrtslinien, da ich immer die Ansicht vertreten hatte, daß ein Seeoffizier mehr brauchbare Vorbildung und Gefühl für einen Zeppelinbetrieb mitbringt als etwa ein Flieger oder ein Techniker.

Es waren in der Tat treffliche junge Menschen, die wir so fanden; aber sie waren fast durch die Bank zu begeisterten Nazis erzogen worden. Solange ich noch selbst zur Besatzung gehörte und solange noch Männer wie z. B. mein standfester Freund Kapitän Flemming zur Duldsamkeit mahnten, ging es noch ganz gut; aber Flemming starb, und ich fing an, mich etwas auf verlorenem Posten zu fühlen. Ich mußte erkennen, daß unser Luftschiff bald nicht mehr in erster Linie für den Zeppelinverkehr und für deutsches Ansehen in der Welt da sei, sondern für die Parteiideen würde Propaganda zu treiben haben. Das riesige Hakenkreuz auf den Stabilisierungsflächen hatten wir ja schon vom Jahre 1934 ab in aller Welt spazierenfahren müssen: »Aber nicht etwa wie eine aufgepappte Briefmarke, sondern groß und hübsch sichtbar!« wie uns befohlen war.

Ich sah nichts Gutes voraus und zog mich nach der Gründung der Zeppelinreederei fast völlig aus dem Fahrdienst zurück und führte selbst nur noch auf besonders bedeutungsvollen Reisen. Meine Befürchtungen gingen leider bald in Erfüllung.

Begegnung mit Hitler und der NSDAP 1929-1939

Im Jahre 1932 veranstaltete die bekannte große Mailänder Zeitung »Corriere della Sera« in ihrem Leserkreise eine Abstimmung über die Frage: »Wer ist zur Zeit die populärste Persönlichkeit auf Erden?« Ich weiß nicht, ob die Zeitung eine Antwort auf diese Rundfrage in dem Sinne erwartete oder erhoffte, daß der »Duce Mussolini«, von dem damals alle Welt redete, als diese Persönlichkeit bezeichnet werden würde. Die Entscheidung der Leser des »Corriere della Sera« lautete mit überwältigender Mehrheit, daß der Name Dr. Eckener der populärste auf Erden sei. Und ich glaube wohl, daß die Antwort damals die richtige war. Denn überall, wohin wir auf den in den vorstehenden Kapiteln erzählten Fahrten gekommen waren, in Nordamerika und in Südamerika, in Japan und in Ägypten, in fast sämtlichen Ländern Europas und vielen des Kontinents »Eurasien«, waren der »Graf Zeppelin« und ich als sein Führer bei den großen Volksmassen populär geworden.

Ein mir bekannter Hamburger Kaufmann, der in jenen Jahren viel in der Welt herumgekommen war, hatte mir ein paar Tage vorher auch kühl und gelassen ins Gesicht gesagt: »Sie sind der berühmteste Mann auf der Welt. Jeder Eskimo, Jeder Buschmann kennt Sie!« Ich hätte also, wenn ich Veranlagung dazu gehabt hätte, stolz und eitel auf meinen Ruhm sein können und den Rekord, den der »Corriere della Sera« für mich brachte, mit großer Genugtuung und mit Glücksgefühl meinem Selbstbewußtsein einverleiben können. Aber ich war dazu verdorben. Die boshaften Betrachtungen, die seit alters so viele Philosophen und Betrachter des Menschentreibens über Ruhm und Volksgunst angestellt haben, hatten mein einst gläubiges, naives Gemüt schon seit Jahren recht skeptisch gemacht, und was ich in den letzten Jahren bis 1932 so um mich herum in der Welt hatte vor sich gehen sehen, diente auch nicht gerade dazu, meinen Respekt vor Popularität zu erhöhen. So ließ mich mein »Ruhm« völlig kalt.

Aber ich leugne nicht, daß ich mir mit Vergnügen mancherlei Annehmlichkeiten gefallen ließ, die mit einem solchen Ruhm verknüpft sind. Überall stehen einem die Türen offen, man erfährt bei Veranstaltungen aller Art eine bevorzugte Behandlung, selbst in »ausverkauften« Häusern bekommt man noch einen guten Sitzplatz, man wird in Geschäften und Hotels gut bedient, wird bei Verhandlungen mit Respekt angehört und kann fast alles durchsetzen, was man will, vorausgesetzt, daß es nicht gerade allzu töricht ist, was man verlangt. So ist der berühmte Mann in der Tat in mancher Beziehung beneidenswert, und man begreift sehr wohl, wenn z. B. jeder Amerikaner so viel auf »publicity« gibt. Da mein Gesicht dank der emsigen Tätigkeit der Pressephotographen sehr bekannt war, wurde ich fast überall gleich erkannt und konnte der Segen der obengenannten Freundlichkeiten sich über mich ergießen.

Aber die Medaille hat auch ihre Kehrseite: Nicht allein kleine Vorteile und Annehmlichkeiten, sondern auch Unbequemlichkeiten und ernstere Belästigungen sind mit der Popularität untrennbar verknüpft. Es ist schon wenig angenehm, wenn man überall erkannt und dann öfters laufen zudringlichen Begrüßungen ausgesetzt wird, wo man unbelästigt seinen Weg gehen möchte, wenn die vom Herrgott in seinem Zorn erschaffene Gemeinde der Autographenjäger einem überall ihren Bleistift und ein Blatt Papier unter die Nase hält. Viel beschwerlicher ist es noch, wenn irgendwelche Gruppen oder Vereine, die mehr oder weniger gemeinnützige oder unklare Ziele und Bestrebungen verfechten, oder wenn Interessentenverbände einen belagern und berennen, um Zustimmungs- oder Sympathieerklärungen zu erlangen. Dazu gehören auch oft politische Parteien, und ich sollte bald erfahren, daß in erster Linie die nationalsozialistische Bewegung zu solchen zustimmungsbedürftigen Parteien zählte.

Die nationalsozialistische Arbeiterpartei stützte sich im Anfang, abgesehen von gewissen unklaren Schwärmern und Idealisten, die durch billige Phrasen eingefangen wurden, auf die Masse der vermeintlich Geknechteten und Zukurzgekommenen. Sie brauchte dringend die Förderung und Empfehlung durch bekannte Persönlichkeiten. So konnte es nicht fehlen, daß man sich auch um mich bemühte. Aber ich versagte mich. Werbenden Parteiangehörigen, die mit oder ohne höheren Auftrag an mich herantraten, erklärte ich, daß ich wohl Wünsche und Beschwerden sähe, wie es angesichts der unerfreulichen Lage des deutschen Volkes nicht schwer sei, solche zu finden, aber kein klares Programm, wie man die Lage zu bessern gedenke.

Ich verfolgte dann aber etwas aufmerksamer die Methoden und Fortschritte der Propaganda und kam bald dazu, offen auszusprechen, daß ich in dem ganzen verwirrenden Komplex der zahllosen Wünsche und Versprechungen sozusagen als Generalnenner der ganzen propagandistischen Beschwörungen nur den einen Gedanken sähe: »Wie komme ich zu Macht?« Das Geheimnis des Erfolges der Partei bei den leichtgläubigen Massen läge darin, daß Hitler, wie es ein amerikanischer Journalist ausgesprochen habe, »allen alles verspräche«. Es sei Demagogie in reinster Ausbildung, und ich stünde deswegen Hitler mit größtem Mißtrauen gegenüber. Es war im ganzen Bereich des Zeppelinkonzerns und bei allen meinen Freunden und Bekannten kein Geheimnis, daß ich der nationalsozialistischen

Bau des Luftschiffes LZ 129 »Hindenburg« in Friedrichshafen. Blick von oben auf das Gerippe. Auf einem Längsträger sitzt ein Arbeiter. Aufnahme 1935.

Bewegung durchaus ablehnend gegenüberstand, und man versuchte bald auch nicht mehr, mich für die Partei einzufangen. Man ließ mich in Ruhe. Und da ich vollauf mit meinen eigenen Aufgaben und Plänen beschäftigt war (Weltfahrt, Polarfahrt, Südamerikafahrten und anderes mehr), bekümmerte ich mich auch wenig um das, was Hitler und seine Leute trieben. So bestand eine Art Waffenstillstand zwischen uns; aber er war von kurzer Dauer.

Im Sommer 1932 trat ein nationalsozialistischer Parteigänger, der spätere Kreisleiter des Bezirks Friedrichshafen, mit der Bitte an mich heran, ich möge die große Luftschiffbauhalle, die etwa 15 000 qm Bodenfläche hatte, für eine Massenversammlung zur Verfügung stellen. Es hieß, Hitler selbst werde kommen, um zu der Bevölkerung Oberschwabens zu sprechen. Ich lehnte dieses Ansuchen ab. Hitler kam in der Tat und mußte anderswo sprechen, in Radolfzell, wo er nicht soviel Platz fand. Damit war ich natürlich als Gegner der Bewegung gebrandmarkt.

Und schnell kam noch ein Weiteres hinzu: Der Reichskanzler Brüning war Gegenstand heftiger Angriffe von seiten der Nationalsozialisten und radikal rechtsgerichteter Kreise, namentlich des »Stahlhelms«, geworden. Man warf Brüning vor, daß er eine schwächliche Auslandspolitik treibe und durch einen stärkeren Mann ersetzt werden müsse. Das wirkliche Ziel aber war, wenigstens bei den Nationalsozialisten, für Hitler den Weg zur Reichspräsidentenwürde freizumachen. So brachte man zunächst Brünings Vorschlag, die Amtszeit Hindenburgs, die im Frühjahr 1932 ablief, durch einen qualifizierten Reichstagsbeschluß zu verlängern, zu Fall. Dann bemängelte und verspottete man des Kanzlers schwächliche Verhandlungsmethoden zwecks Herabsetzung der aus dem Young-Plan sich ergebenden Reparationsleistungen. Brüning habe nicht zu sagen, wie er es täte, wir könnten die Leistungen nicht aufbringen, sondern wir wollten es nicht.

Die Ablehnung des Brüningschen Vorschlages für die Präsidentenwahl ermöglichte im Frühjahr die Aufstellung Hitlers als Kandidaten. Der zweite Programmpunkt war reine Demagogie, die aber auf große Teile des Volkes verführerisch wirkte. Die Gemüter erhitzten sich, und die Wellen der politischen Erregung gingen hoch.

In dieser Situation wurde ich vom Reichskanzleramt gebeten, über alle Sender eine Ansprache an das deutsche Volk zugunsten der Politik des Kanzlers zu halten. Ich tat es ohne Zaudern; denn es war klar, daß die von den Nationalsozialisten und den nationalsozialistischen Kreisen betriebene Verhetzungspolitik uns innen- und außenpolitisch nur in eine ganz gefährliche Lage bringen mußte. Denn von einer brüsken Erklärung eines Nicht*wollens* konnte man sich angesichts unserer militärischen Schwäche nichts Gutes versprechen; und die Aussicht, Hitler als vielleicht erfolgreichen Präsidentschaftskandidaten auftreten zu sehen, mußte angesichts der offenbar gewordenen Demagogennatur desselben jeden besonnenen Staatsbürger erschrecken. So sprach ich über alle Sender zum deutschen Volk wider die Nationalsozialisten und ihre politischen Freunde. Ich gebe ein paar Sätze aus meiner längeren Ansprache, die heute noch (oder wieder) aktuell sind, um meine grundsätzliche Gegnerschaft nicht allein zur nationalsozialistischen, sondern zu jeder Gewaltpolitik in einer Welt wie der heutigen zu begründen:

»Wir alle wissen und fühlen es täglich, welche Not auf unserem Volke lastet; wir wissen, daß unsere Wirtschaft mehr und mehr dahinsiecht und fast gänzlich am Erliegen ist; wir sehen mit Besorgnis, wie Not und Hoffnungslosigkeit die Massen zur Verzweiflung treiben, wie für jede Art von Demagogie und Verhetzung der fruchtbarste Boden geschaffen ist und die Gefahr schwerster innerer Unruhen heraufkommt. Mit einem Rest von heroisch aufrechterhaltener Hoffnung blicken wir den kommenden Reparationsverhandlungen entgegen, in denen vielleicht die Würfel über unser Schicksal fallen werden. Man sollte meinen, daß es in einem solchen Augenblick allerseits als einfache gebieterische Pflicht empfunden würde, sich dem Gebot der Stunde zu beugen, d. h.: Alle, die ihr Vaterland lieben, haben sich unter Hintansetzung alles dessen, was sie sonst etwa politisch trennen mag, geschlossen hinter die Regierung zu stellen, um ihr zu ermöglichen, mit dem ganzen Gewicht und der vollen Autorität, die der Wille eines einigen Volkes ihr zu geben vermag, vor ihre Gegenspieler auf der Reparationskonferenz zu treten. Denn nie würde sie Glauben für die unbeirrbare Festigkeit ihrer Erklärungen finden können, wenn große Teile ihres Volkes ihr das Mandat verweigern. Wohl in jedem anderen Lande, das sich in gleicher Lage befände, würde man das fühlen und dementsprechend handeln. Wir Deutsche glauben, es anders machen zu wollen.

Wir halten eine solche Zeit und Gelegenheit für günstig, dem Kanzler aus offensichtlich parteipolitischen Gründen ein Bein zu stellen, und bereiten ihm eine formelle Niederlage, und zwar in einer Aktion, deren Erfolg er als sehr wesentlich für seine Stellung auf der Konferenz ansehen mußte. Wir schlagen ihm die Wiederwahl unseres Reichspräsidenten durch eine qualifizierte Parlamentsmehrheit ab ... Es ist schwer verständlich, daß man nicht fühlt, wie klar der Blick Brünings gerade in dieser Frage sich zeigte. Hindenburg wirkt auf dem ganzen Erdenrund für uns als stärkster moralischer Faktor und erwirbt uns Vertrauen. Seine ehrwürdige, überall mit größtem Respekt angesehene Gestalt gilt als Bürgschaft für eine stetige Politik unserer Regierung und für eine besonnene Haltung des deutschen Volkes.«

Nach längeren Ausführungen über die Kurzsichtigkeit einer Revanche- und Haßpolitik sagte ich dann im weiteren Verlauf einige Worte, die auch heute noch oder gerade heute wieder eine unbestrittene Geltung beanspruchen können: »Heute müssen sich alle Nationen darüber klar sein, daß ihr Leben hineinverwoben ist in das große zusammenhängende Gewebe, welches alle Völker miteinander verknüpft. Sie müssen sich vergegenwärtigen, daß wir heute eine *Welt*wirtschaft haben, deren Blühen und Gedeihen nicht möglich ist, wenn belangreiche Teile derselben verkümmern, und sie müssen mit Recht fürchten, daß geistige, moralische und soziale Verheerungen, von denen ein bedeutungsvoller Teil der Menschheit ergriffen wird, wie eine ansteckende Krankheit über die Grenzen der Nachbarländer hinüberspringen. Vielleicht war der Weltkrieg der letzte Versuch einer Politik nach veralteten Gesichtspunkten. Die Zerstörungen, die er angerichtet hat, sind eine furchtbare Mahnung. Seine Wiederholung würde bei den heutigen Kampfmitteln vielleicht das Ende Europas bedeuten. Wo ist der Mann, der die widerstrebenden Interessen der Völker zu einigen verstünde? *Es* fehlt gegenwärtig anscheinend an einem weltpolitischen Führer? Die Staatsmänner scheinen heute mehr auf ihre Wiederwahl als auf große, fruchtbare Politik bedacht zu sein, die der Welt Frieden bringen könnte ... Wir müssen es als eine Mission des deutschen Volkes ansehen, für die Wiederkehr von Gerechtigkeit und Vernunft in der Politik uns mit ganzer Kraft einzusetzen. Das würde uns besser liegen, als durch chauvinistisches Getue den unfreundlichen Geist, der an der Herrschaft ist, zu stärken ...«

Diese Rundfunkansprache fand Beifall in Kreisen, die den demokratischen, den sozialdemokratischen und den Zentrumsparteien nahestanden, und wurde in den Blättern dieser Parteien mehr oder weniger ausführlich wiedergegeben. Man sagte mir mehrfach, daß man sie als eine bedeutsame »Tat« betrachte, und der Kriegsminister Gröner, dem ich zufällig kurz nach der Verlesung der Rede auf der Treppe meines Hotels begegnete, meinte etwas besorgt: »Sie haben Mut, Herr Dr. Eckener!« Die Nationalsozialisten waren erbost, und ihr »Witzblatt«, die »Brennessel«, brachte in nächster Nummer auf der Titelseite eine infame Karikatur, wie ich, vor dein Mikrophon stehend, die rechte Hand hinter dem Rücken halte, in die Brüning zur Belohnung ein Fünfmarkstück steckt. Ich verklagte das Blatt wegen öffentlicher Beleidigung, und es war bezeichnend für die damals schon herrschende Einstellung in gewissen richterlichen Kreisen, daß die Zeitung zu 50 Mark Geldstrafe, der niedrigst möglichen Strafe, und auch das nur mit offenbarem Widerstreben des fungierenden Amtsrichters, verurteilt wurde.

Aber die Nationalsozialisten hatten auch eine andere Ursache zu einer Verstimmung gegen mich. Es war damals noch nicht sicher, ob Hindenburg, nachdem seine Wiederbestätigung als Reichspräsident durch eine qualifizierte Reichstagsmehrheit an dem Widerspruch der Rechtsparteien gescheitert war, sich als Kandidat zur Wahl stellen würde, und man wußte in den linksgerichteten Parteien und den besonneneren Kreisen des Volkes nicht, wen man für den Fall eines Hindenburgschen Verzichtes als Gegenkandidaten gegen die offenbar sehr aussichtsvoll erscheinende Kandidatur Hitlers aufstellen sollte. Und es gab auch einflußreiche Politiker, namentlich im Zentrum und auf der Rechten, die einer Wiederwahl Hindenburgs widerstrebten, weil sie ihn für zu schwach hielten gegenüber der Demagogie Hitlers.

In dieser Situation trat zu Anfang 1932 ein Ministerialdirektor des Preußischen Innenministeriums, der dem Minister Severing sehr nahestand, an mich heran, um mich im Auftrage einflußreicher sozialdemokratischer Parteipolitiker zu sondieren, ob ich bereit sei, mich als Gegenkandidaten gegen Hitler aufstellen zu lassen. Und von Zentrumsseite kam der Staatspräsident Bolz mit der gleichen Frage zu mir. Nun war es wohl sicher, daß ich mit diesen beiden starken Parteien hinter mir gegen jeden anderen Kandidaten gegebenenfalls gewählt werden würde, da ich mich allgemein im Volke großer Beliebtheit erfreute. Ich galt schlechthin als »guter Deutscher« ohne eine besondere parteiliche Abstempelung.

Ich weiß nicht, ob es meine Rundfunkrede in erster Linie war, welche die Augen der Politiker plötzlich auf mich gerichtet hatte, oder ob meine moralisch-politischen Erfolge im Auslande mich als den geeigneten Reichspräsidenten und Gegenkandidaten Hitlers erscheinen ließen, genug, ich war überrascht und keineswegs sehr erfreut über die Zumutung. Der Gedanke an ein aktives Eintreten in die Politik war mir bei allem Interesse für politische Fragen sehr unsympathisch, einesteils weil dieser Hexenkessel auf mich abschreckend wirkte, andernteils weil ich eine Lebensaufgabe zu erfüllen hatte, die mir bedeutsam und anziehend genug erschien.

Denn abgesehen von dem rein technischen Problem eines transatlantischen Luftschiffverkehrs, hatte das Luftschiff damals eine moralisch-politische Mission zu erfüllen, in der es sich bisher glücklich und erfolgreich hatte betätigen können. So sagte ich nur bedingt zu, nämlich unter der Voraussetzung, daß Hindenburg an seinem Beschluß festhielte, nicht wieder zu kandidieren. Es kam noch hinzu, daß der Kanzler Brüning, wie mir von unterrichteter Seite gesagt wurde, Einwendungen gegen meine »unpolitische« Person erhob und einen Zentrumsmann aufzustellen wünschte, falls Hindenburg wirklich nicht wieder kandidieren wollte.

Kurz nach der in einer Stichwahl erfolgten Wiederwahl Hindenburgs, der seinen Widerstand, wie man weiß, schließlich aufgegeben hatte, traf ich zufällig im Zuge Berlin-Stuttgart mit dem Präsidenten Bolz zusammen, der schwere Sorgen über die Wahl Hindenburgs äußerte und mich fragte, ob ich wirklich nicht auch gegen Hindenburg kandidiert haben würde. Ich antwortete jetzt: »Ja!« Ich hatte es mir inzwischen anders überlegt, als ich die große Nachgiebigkeit Hindenburgs gegen die Hitlerpartei erkennen mußte. Aber Vorbedingung für mich wäre gewesen, daß man auch von Zentrumsseite für mich eingetreten wäre.

»Schade!« meinte Bolz, »wenn ich das gewußt hätte! Nun ist es zu spät!« Vielleicht wäre manches anders gekommen.

Die Nationalsozialisten wußten um diese Vorgänge, und Herr Göring hat es mir einige Jahre später noch einmal vorgehalten, als ich aus Anlaß des durch Goebbels über mich verhängten Bannfluches im Jahre 1936 eine Unterredung mit ihm hatte. Daß dieses Vorkommnis in Verbindung mit meiner Rundfunkansprache zu einer sehr gefährlichen Situation für mich führen könnte, wenn Hitler einmal zur Macht kommen sollte, darüber war ich mir klar.

Nach kaum Jahresfrist war es so weit. Hindenburg war im April 1932 mit rund 19,4 Millionen Stimmen gegen Hitler, der rund 13,4 Millionen Stimmen erreichte, als Reichspräsident wiedergewählt worden, und nach neun Monaten betraute er Hitler am 30. Januar 1933 mit dem Kanzleramt, nachdem er den Kanzler Brüning am 30. Mai 1932 entlassen und zwei kurzlebige Versuche mit von Papen und General von Schleicher als Kanzlern gemacht hatte. Hitler ging nun ebenso zielbewußt wie brutal vor, um sich eine souveräne Regierungsgewalt zu verschaffen. Er löste den alten Reichstag auf und ordnete Neuwahlen an, die ihm am 5. März 44% aller abgegebenen Stimmen verschafften. Am 24. März legte er dann dem Reichstag das sogenannte »Ermächtigungsgesetz« vor, das ihm das Recht verschaffen sollte, von sich aus Gesetze zu erlassen, die sonst verfassungsmäßig der Zustimmung des Reichstages bedurften. In einer unerhört leidenschaftlichen Rede, in der er ebenso wenig mit demagogischen Übertreibungen, Schreckgespensten und Drohungen wie mit beruhigenden Versicherungen und Versprechungen hinsichtlich seiner Absichten sparte, vermochte er es, die erforderliche Zweidrittelmehrheit für sein verfassungänderndes Gesetz zu gewinnen.

Seine Versprechungen erwiesen sich schnell als Lügen, aber das Unheil war geschehen: Hitler war unumschränkter Beherrscher des deutschen Volkes geworden! Nur ein Mittel gab es noch, das Unheil abzuwenden: die Abberufung Hitlers durch den Reichspräsidenten Hindenburg, der ihn berufen hatte. Aber der war nicht mehr energisch und klar genug, einen solchen Schritt zu tun. Schnell kam darauf im April die Schaffung der Geheimen Staatspolizei, der Gestapo, deren Aufgabe es war, alle »gefährlich« erscheinenden Widersacher und selbst Skeptiker unschädlich zu machen, indem man sie in Konzentrationslager verbrachte.

Ich sah diese Entwicklung der Dinge mit Schrecken und auch mit einiger Beunruhigung bezüglich meiner eigenen Person und Pläne. Als man fortlaufend von der Verhaftung und Festsetzung mißliebiger und gefährlicher Personen hörte, fragte ich mich: »Wann kommst du dran?« Denn ich hatte die Partei durch meine Rundfunkansprache schwer gereizt und galt in ernsthaften politischen Kreisen als eine Person, die eventuell als Präsidentschaftskandidat gefährlich werden könnte. Ich wußte, daß der Kreis um Hitler selbst so dachte und man nur an meinem Willen, mich politisch zu beteiligen, zweifelte, und dieses mit gewissem Recht.

Aber es geschah mir nichts. Ich hörte nur, daß Hitler mit der Absicht umgegangen sei, mich festzunehmen, aber von dieser Absicht wieder abgekommen sei. Weshalb? Ich riet herum. Erst viele Jahre später erfuhr ich des Rätsels Lösung: Prof. Sauerbruch, der bekanntlich den kranken Präsidenten in seinen letzten Tagen, im Juli 1934, behandelte, erzählte mir gelegentlich wörtlich folgendes: »Hindenburg sprach mit mir in den Tagen kurz vor seinem Tode über alles mögliche, das ihn beschäftigte und beunruhigte. So sagte er eines Tages u. a.: ›Der Hitler hatte die Absicht, den alten Eckener kurz nach dem Januar 1933 in ein Lager zu stecken. Da habe ich aber doch Einspruch erhoben und den Hitler verpflichtet, die Hände von dem Mann zu lassen!‹«

Also Hindenburg hatte ich meine Schonung zu danken, demselben Mann, mit dem ich zuletzt unzufrieden und gegen den ich vielleicht zu kandidieren geneigt gewesen war! Ob Hindenburg davon wußte? Aber Hitler hielt jedenfalls sein dem Präsidenten gegebenes Versprechen, wie er ja ein eigentümliches Gemisch aus Lüge und Treue war. Doch ließ man mich nicht völlig in Ruhe. Im Juni 1933 berichtete mir ein befreundeter Seeoffizier, der im ersten Weltkrieg mein Schüler in der Marine-Luftschiffabteilung gewesen war und mit dem ich gute Beziehungen aufrechterhalten hatte: »Der Herr Dr. Diels, der Leiter der Gestapo, den ich seit langem gut kenne und der um unser freundschaftliches Verhältnis weiß, hat neulich mit mir über Sie gesprochen. Er sagte, daß er ein dickes Aktenbündel über Sie habe, alles wider Sie eingelaufene Denunziationen. Er wisse nicht recht, was er damit machen solle. Er würde am liebsten einmal persönlich mit Ihnen reden.« Ich sagte, das könne er leicht haben. Wenn er mit mir in meinem Hotel zu Abend essen wolle, so würde ich ihn gern einladen. Nach einigen Stunden rief mein Freund mich an, um zu melden, daß er selbst und Herr Dr. Diels am nächsten Abend zu mir zum Essen in das Hotel »Esplanade« kommen würden. Ich war gespannt, und ich war dann sehr überrascht, als der gefürchtete (obgleich er noch kein Himmler war) Chef der Gestapo sich mir als ein freundlicher und sympathischer Mann mit glatten, angenehmen Gesichtszügen präsentierte.

Ich hätte ihn eher auf einen Literaturlehrer in einem Mädchenpensionat als auf den rücksichtslosen und brutalen Polizeischergen taxiert, als der er galt. Vielleicht hatte er selbst sogar etwas von einem jungen Mädchen in seinen Zügen. Sonderbar! dachte ich. Aber es kommt ja vor, daß hinter einem leeren, ausdruckslosen Gesicht sich eine Kälte und eine Grausamkeit verbirgt, die zu allem fähig ist. Das Beisammensein zu dritt verlief denn auch zunächst unter zwanglosen leichten Gesprächen in angenehmer Weise, und von einer Gewitterwolke, die eigentlich über dem Tische hätte sichtbar hängen müssen, war nichts zu spüren. Ich dachte bei mir: »Wann und wie wird er endlich losschießen?« und hatte mir eine Begründung für meine ablehnende Haltung gegenüber Hitler zurechtgelegt, die, ohne direkt eine schroffe Absage und eine Herausforderung zu sein, meine skeptische Meinung zu der Bewegung in einer nach meiner Meinung überzeugenden Weise darlegte. Ich war mir klar darüber, daß dieser kaltschnauzige Mann mit dem glatten Mädchengesicht schwer zu befriedigen sein würde, denn seine Maxime war sicherlich: »Wer nicht unser Freund ist, ist unser Feind!«

Aber meine innere Vorbereitung auf einen Kampf war überflüssig. Ich sollte auf eine sozusagen viel elegantere Weise wenigstens für den Augenblick aus drohenden Verwicklungen herauskommen. Es war schon gegen 10 Uhr, als Herr Dr. Diels auf den Zweck des Beisammenseins kam. Er sagte etwa: »Es ist mir sehr peinlich, Herr Dr. Eckener, Sie davon in Kenntnis setzen zu müssen, daß ich fortgesetzt Zuschriften bekomme, die mich vor Ihnen warnen und Sie absprechender und feindseliger Äußerungen über den Nationalsozialismus bezichtigen. Die Akte betreffend Ihre Person ist so hoch (er machte eine bezeichnende Geste mit seiner Rechten). Nun ist uns ja längst bekannt, daß Sie kein Nationalsozialist sind, aber die Angelegenheit ist doch recht unbequem für mich und wird immer schwieriger. Ich habe nun keineswegs die Absicht, Sie zum Beitritt zur Partei zu überreden; aber es wäre doch in Ihrem eigenen Interesse, wenn Sie eine öffentliche Erklärung abgeben würden, die die Angriffe auf Ihre Person zum Aufhören bringt.«

Herr Dr. Diels blickte mich dabei nicht unfreundlich, aber doch in einer so festen Weise an, daß ich über den vollen Ernst seines Vorschlages nicht im Zweifel sein konnte. Aber er erhielt eine Antwort, auf die er nicht vorbereitet war. Ich erwiderte: »Das ist eine sehr schwierige Frage für mich, auf die ich nicht so schnell Antwort geben kann. Ich habe eine Schlafwagenkarte für den Zug nach Friedrichshafen in der Tasche, der um 10:20 Uhr abgeht. Ich muß unbedingt morgen in Friedrichshafen sein, da wir übermorgen eine Fahrt nach Brasilien antreten.« Ich zog dabei meine Uhr aus der Tasche, die etwa auf 10 Uhr zeigte, und verabschiedete mich, um zum Bahnhof zu fahren.

Herr Dr. Diels machte ein etwas verblüfftes Gesicht und mußte sich darein finden. Um die Angelegenheit noch amüsanter zu machen, traf ich im Vestibül des Hotels auf Herrn »Putzi« Hanfstängl, der von Dr. Diels auf 10 Uhr herbeordert war, wohl um seine Überredungskünste mit denen von Dr. Diels zu vereinen. Hanfstängl stand damals noch unter Hitlers Bann, wurde dann aber bekanntlich bald sehend. Ich konnte ihm auf seine erstaunte Frage nur kurz erklären, daß ich abreisen müsse, und sprang in mein Auto, das vor dem Hotel wartete.

So kam ich um eine peinliche Befragung herum, die sicherlich recht ernst und gefährlich geworden wäre. Ich erwartete natürlich eine Fortsetzung derselben nach meiner Rückkehr aus Brasilien. Aber die kam nicht. Der Grund dafür war das Einschreiten Hindenburgs gewesen, über das ich oben berichtet habe. Jedoch war die ganze folgende Zeit eine recht ungemütliche und gespannte, denn ich wußte nichts Bestimmtes über Hindenburgs Eintreten für mich und hörte nur von fortdauernden Festnahmen mißliebiger Personen. Ich selbst hatte gerade in den letzten Monaten, als die Tätigkeit der Gestapo sichtbar wurde, gegenüber niemandem, mit dem ich über politische Fragen ins Gespräch gekommen war, ein Hehl aus meiner Ablehnung der nationalsozialistischen Partei gemacht, weder in Deutschland noch im Auslande und hier besonders in den Vereinigten Staaten und in Brasilien. Und ich traf überall mit vielen Leuten zusammen, die mit großem Interesse die politischen Vorgänge in Deutschland verfolgten und mich darüber ausfragten. So war ich eigentlich beständig darauf gefaßt, daß man auch mich einmal holen würde, und ich dachte, daß es so weit sei, als ich eines Tages Ende August 1933 vor Hitler zitiert wurde. Das war in der Nähe von Berchtesgaden, wo Hitler auf dem nahen Obersalzberg seine Sommerresidenz bezogen hatte.

Ich war mit meiner Frau auf Ferienurlaub in einem kleinen Gasthaus in Hintersee abgestiegen, etwa 15 km von Berchtesgaden entfernt. Ich hatte den Platz als junger Student kennengelernt und von ihm aus meine erste größere Bergbesteigung auf den nahen Hochkalter unternommen. Mich hatte ein Verlangen gefaßt, wieder einmal im vorgerückten Alter von 65 Jahren mich an dieser Tour zu versuchen. Nach einer mehrstündigen Wanderung, die ich am Vormittag unternommen hatte, lag ich eines Tages nach dem Mittagessen bequem im Halbschlaf in einem Sessel, als plötzlich heftig an meine Tür geklopft wurde. Der Wirt, den ich in Gesprächen als einen begeisterten Verehrer Hitlers kennengelernt hatte, sprang auf mein »Herein!« in großer Aufregung herein und rief: »Der Führer ist mit einigen Herren unten im Garten, um Kaffee zu trinken, und wünscht Sie zu sprechen.«

Ich hatte Hitler bis dahin persönlich noch nicht kennengelernt und war recht neugierig, ihn jetzt von Angesicht zu Angesicht zu sehen. Andererseits war es mir wahrscheinlich, daß auch Hitler diesen Wunsch hatte, denn wie sollte er sonst vom Obersalzberg gerade nach Hintersee zum Nachtischkaffee fahren, wo er angesichts der sehr guten Informierung durch die Sicherheitspolizei ohne Zweifel mich wußte. »Was will er von dir?«

Ich zog die Jacke an und ging in den Garten hinunter, wo ich Hitler mit sieben bis acht Herren am Kaffeetisch sitzen sah. Außer seinem Adjutanten bemerkte ich unter ihnen den bayerischen Gauleiter, Minister Wagner, und den Hitlersehen Straßenbaudirektor Dr. Todt. Ich trat an den Tisch heran, verbeugte mich, ohne die übliche nationalsozialistische Grußgeste mit vorgestrecktem Arm, und sagte: »Der Herr Reichskanzler wünscht mich zu sprechen?« Hitler hatte sich bei meiner Annäherung erhoben, blieb stehen und betrachtete mich aufmerksam. Ich tat das gleiche von meiner Seite und bemerkte dabei die mangelnde Festigkeit des verschleierten Blickes seiner etwas vorstehenden Augen sowie die mich überraschende Unbedeutendheit des Gesichts und des Kopfes. Es wurde eine etwas komische Situation, denn wir blieben während des ganzen, etwa 10-12 Minuten dauernden Gesprächs einander gegenüber stehen. Die mit Hitler sich erhebenden Herren setzten sich allmählich zaghaft, einer nach dem anderen, wieder hin; aber Hitler fand nicht den eigentlich selbstverständlichen Entschluß, mich zu bitten, Platz zu nehmen, sondern blieb trotz seiner hohen Würde vor mir stehen. Ich empfand sofort und mußte es mir nachher beim Überdenken der Situation mit größter Bestimmtheit sagen, daß Hitler noch nicht voll in die Würde seiner Stellung hineingewachsen war, daß er aber auch von Inferioritätskomplexen heimgesucht wurde, die ihn ungeschickt machten.

Hitler begann unser Gespräch mit einem für mich äußerst schmeichelhaften Lobgesang auf die Fahrten und Leistungen des Luftschiffes »Graf Zeppelin« und fragte allerlei über meine Pläne und Absichten für die nächste Zeit. Ich beantwortete diese Fragen, so gut ich konnte, dachte aber dabei, ob Hitler mich wirklich zu dem Zwecke herbestellt habe, um mir Schmeicheleien über meine Fahrten zu sagen. Kaum anzunehmen! Da aber kam plötzlich nach einer kleinen Pause eine Frage, die mir aufschlußreich zu sein schien. Er fragte: »Wie sind Sie dazu gekommen, hier in Hintersee in Sommerfrische zu gehen?« Wie ein Blitz durchzuckte mich der Gedanke, daß er von mir hören möchte, ich habe Hintersee wegen der Nähe von Obersalzberg, d. h. Hitlers, oder wenigstens deshalb gewählt, weil die Gegend sozusagen von Hitler »geweiht« sei.

Und ich antwortete, daß ich bei einem Studentenausflug, der mich vor mehr als 40 Jahren hierhergebracht hatte, die Schönheit der Gegend kennengelernt habe. Hitler stutzte einen Augenblick und brach dann, als wenn er ein Stichwort erhalten hätte, in einen langen, begeisterten Hymnus auf die Schönheiten des Berchtesgadener Landes aus: »Ich kenne nichts Herrlicheres!« Dann stockte das Gespräch, und ich sagte, daß ich den Herrn Reichskanzler nicht länger stören möchte und bäte, mich verabschieden zu dürfen. Hitler entließ mich etwas erstaunt mit einem Händedruck, und ich wandte mich zum Gehen, mit einer Verbeugung gegen die Herren seiner Begleitung. Ich nahm das Gefühl mit mir, daß die Begegnung nichts weniger als eine Annäherung gebracht habe, auf keiner Seite. Denn Hitler hatte von mir nicht gehört, daß ich seinetwegen in die Ramsau und in die Gegend des Obersalzberges gekommen sei, und auf mich hatte Hitlers Persönlichkeit einen enttäuschenden Eindruck gemacht.

Aber man ließ mich fortan wenigstens in Ruhe, und ich konnte weiterhin meine Fahrten ausführen, die in der Hauptsache die Anbahnung eines regelmäßigen Verkehrs nach Südamerika bezweckten. An Politik und an das Treiben Hitlers, das ja durch Hindenburg in gewissen Schranken gehalten wurde, dachte ich in der starken Beschäftigung mit meinen eigenen Plänen und Aufgaben kaum, zumal ich damals immer nur zwischen den Fahrten zwei bis drei Tage in Deutschland war. Jedoch kam ich gegen Ende des Jahres unvermutet wieder in unbequeme Fühlung mit der nationalsozialistischen Bewegung, und zwar war das in Chicago.

Wir hatten von der Leitung der Weltausstellung, die in jenem Jahr in Chicago veranstaltet wurde, eine Einladung erhalten, Chicago während der Dauer der Ausstellung mit unserem »Graf Zeppelin« zu besuchen. Das Luftschiff war weltbekannt geworden und repräsentierte eine besondere Gipfelleistung moderner Technik, die gern auf jener Ausstellung vorgeführt werden sollte. Ich hatte zugesagt, und zwar hatte ich in Aussicht gestellt, kurz vor Schluß der Ausstellung auf dem Flugplatz Chicagos zu landen, auf einer Rückfahrt von Südamerika. Die Fahrt sollte von Rio de Janeiro über Miami in Florida, wo wir kurz landen wollten, nach Akron gehen, wo uns die Halle der »Good Year-Zeppelin-Corporation« zur Verfügung stand. Von Akron aus wollten wir dann eine Landungsfahrt nach Chicago und zurück nach Akron ausführen. Die Fahrt war politisch und auch fahrtechnisch interessant genug in ihrem Verlauf, um hier eine ausführlichere Schilderung zu finden.

Am 21. Oktober fuhren wir kurz nach Mitternacht von Pernambuco ab. Wir hatten 15 Passagiere an Bord, darunter ein amerikanisches Ehepaar, das einen Säugling von drei Monaten in einer Wiege und eine große Anzahl von Milchflaschen mitbrachte. Sie wollten nach Chicago und hatten das Vertrauen, daß wir sie und ihren kostbaren Schatz sicher und bequem ans Ziel bringen würden. In der Tat schlief das Baby ruhig die ganze Fahrt hindurch. Die Fahrt entlang der brasilianischen Küste mit der großartigen Brandung über dem breiten, weißen Strand, mit ihren Kokoswäldchen und malerischen Tälern und Buchten ist schön und abwechslungsreich; aber sie wird gewaltig eindrucksvoll, wenn man an die Mündung des Amazonenstromes kommt. Man erhält einen sinnfälligen, überwältigenden Begriff von den ungeheuren Wassermassen, die ununterbrochen von den Schneefeldern der Cordilleren und aus Brasiliens tropischen Urwäldern sich in diesem gewaltigsten Strom der Erde ins Meer ergießen.

Auf hundert Meilen hinaus sieht man die gelben Fluten des Stromes das klare Meerwasser trüben, und der Flug über die verschiedenen Mündungsarme des Deltas dauerte von den Gärten der Gummistadt Para (Belem) bis zur Nordmündung zwei volle Stunden. Auf den Inseln im Delta regt sich allerlei Getier, Alligatoren und große Wasservögel sehen wir in Mengen, und als wir über das weite Schilf- und Sumpfgebiet nördlich des letzten Mündungsarmes kommen, erheben sich vor uns aufgescheuchte riesige Wolken von Hunderttausenden von rosenroten Flamingos, die hier wohl ihr Brutgebiet haben. Welch eine märchenhafte wimmelnde Welt in diesem feuchten Treibhaus unter der Sonne des Äquators! Aber kaum ein bekömmliches Klima für weiße Menschen.

Am späten Abend, schon bei völliger Dunkelheit, fliegen wir über die Teufelsinsel, den gefürchteten französischen Verbannungsplatz für politische und Schwerverbrecher. Wir spähen hinunter, ohne mehr als ein paar vereinzelte Lichter ausmachen zu können; aber wir sagen uns, daß sehnsüchtige Augen dort unten uns besser sehen können und daß mancher wohl seufzen mag: »Ach, wärst du dort oben und könntest mit in die Freiheit fliegen!« Vergebliches Sehnen! Denn wie wollen sie an Bord und wie von der Insel wegkommen, bewacht von gefräßigen Haifischen, die Polizeidienste tun und ein Hinüberschwimmen zu vorüberkommenden Fahrzeugen verbieten? Für gewisse unbequeme politische Personen und Schwerverbrecher hatte Frankreich seinen tropischen Glutofen, Rußland seinen sibirischen Eiskeller und Hitler seine Hungerkäfige in den Konzentrationslagern. Und überall heißt es: »Sie harren vergebens, im Finstern gebunden, gerechten Gerichts«, wie in Goethes furchtbar-schönem Parzenlied. Denn selten ersteht einem, der »gerechtes Gericht« erharrt, ein Verteidiger wie Zola, der seinerzeit für den Hauptmann Dreyfus das Gerechtigkeitsgefühl des französischen Volkes durch mutige und zündende Worte aufpeitschen konnte, aufzupeitschen wagen durfte.

Vorüber an dieser Stätte unerfreulicher Betrachtungen, die um so unerfreulicher nach dem Zauber wirkte, in den uns eben noch die rosenroten Flamingowolken an der Amazonasmündung versetzt hatten! Wir kommen im Morgengrauen über die reiche, schöne Insel Trinidad und setzen dann unseren Kurs auf Haiti ab. Es geht jetzt etwa zehn Stunden lang über die wunderbar dunkelblaue Karibische See, noch vor wenigen Tagen der Schauplatz eines furchtbaren Hurricans, aber heute von einer sanften südöstlichen Brise leicht gekräuselt, die ein wenig mitschieben hilft und schnelle Fahrt zeitigt. Wie schön ist doch die Welt, denken wir, besonders auch über dem weiten, freien Meer, wo, wie Schiller es so treffend sagt, »der Mensch nicht hinkommt mit seiner Qual!«. Aber es gibt heute Funkgerät, und man ist nirgends mehr sicher vor Störungen seines Friedens ...

Halbwegs zwischen Trinidad und Haiti erreicht mich der Funkspruch unseres tüchtigen Generalkonsuls in Santo Domingo, der Hauptstadt der Dominikanischen Republik. Der Herr Generalkonsul beschwört mich dringend, ich möge über Santo Domingo fliegen und für den Herrn Staatspräsidenten eine Flasche Wein abwerfen. Ich mußte lachen. Also hatte unser amüsanter Grußaustausch mit dem Präsidenten Getulio Vargas, über den ich früher berichtete, Eindruck gemacht, und jeder Staatspräsident in diesen tropischen Gewässern wollte jetzt eine Flasche Wein vom »Graf Zeppelin« haben! Denn offenbar hatte der Präsident, nach dem Wortlaut des Telegramms zu schließen, den Wunsch geäußert, durch diese eindrucksvolle Art der Überreichung einer Flasche feinen Rheinweins eine besondere Ehrung zu erfahren – wenigstens bei seinem Mulattenvolk.

Ich entschied mich, dem Wunsche nicht stattzugeben, aus zwei Gründen: Erstens wollte ich die eigenartige, in aller Welt bekannt gewordene Art der Weinübermittlung an den brasilianischen Präsidenten vom Bord eines Luftschiffes herab nicht dadurch entwerten, daß nun auch sein viel unbedeutenderer Bruder und Kollege der Dominikanischen Republik auf die gleiche Weise eine Flasche Wein aus der Luft erhielte, und zweitens hatte ich das Gefühl, als ob die Erfüllung des Wunsches einen gewissen komischen Beigeschmack für mein stolzes Luftschiff haben würde. Es könnte, wenn ich den Spaß fortsetzte, in den Ruf einer Art Weinreisenden für deutsche Rheinweinmarken kommen – und ich wußte, wie abträglich ein solcher Ruf selbst einem so erhabenen Mann wie dem Herrn von Ribbentrop war, der sich gerade auf dem Wege zum Gipfel seiner Karriere befand. Also beschloß ich, zwar Santo Domingo anzulaufen, aber die Flasche Wein für mich zu behalten, und ich sagte zu Flemming: »Unser Schiff ist nicht auf den Namen Ribbentrop getauft.«

In Santo Domingo, das wir gegen Abend erreichten, fanden wir den ganzen »Hofstaat« des Landes auf einer großen grünen Wiese hinter dem Präsidentenpalais versammelt. Der Präsident saß, umgeben von seinen Würdenträgern, auf einem schönen Sessel unter einer Art Thronhimmel und verfolgte mit lebhaften Gesten die Bewegung des Schiffes, das einen großen Kreis um die weite Rasenfläche machte. Wenn er dabei gespannt auf das Herablassen der berühmten Flasche an langer Schnur gewartet hatte, mußte er enttäuscht sein, denn keine Flasche kam, und wir drehten nach Westen ab, um auch der anderen Hauptstadt der Insel, Port-au-Prince, einen Besuch zu machen.

Wir wollten auf kürzestem Wege dorthin, ein weites Tal zwischen zwei Gebirgszügen durchfahrend und so die langgestreckten südwestlichen Ausläufer der Insel abschneidend. Aber wir kamen dabei fast in eine gefährliche Lage: Wir hatten schon länger ein Gewitter an dem hohen Gebirgsstock im Innern sich entwickeln sehen, aber gehofft, noch vor Ausbruch desselben den kurzen Weg nach Port-au-Prince hinüber durchlaufen zu können. Doch mit einem Schlage, als wir halbwegs hindurch waren, wurden wir von schweren Wolkenmassen vollständig eingehüllt und konnten weder zur Rechten noch zur Linken die bis zu 2000 Meter Höhe ansteigenden Berge sehen. Es blieb uns nichts anderes übrig, als schleunigst kehrtzumachen, zum Meere zurückzulaufen und die lange gebirgige Halbinsel zu umfahren. Es wurde jetzt im weiteren Verlauf eine geradezu dramatische Fahrt.

Als wir kurz vor Mitternacht die sogenannte Windward-Passage zwischen Haiti und Kuba passierten, sahen wir, daß ringsum auf den beiden Inseln Gewitter standen und daß auch weiter voraus über der langgestreckten Gruppe der Bahamainseln überall starkes Wetterleuchten herrschte. Kein Zweifel, ein erster Einbruch kalter Luft aus dem Norden zeigte das Nahen des Winters an! Wir schrieben den 23. Oktober. So konnte die Fortsetzung der Reise recht interessant und lehrreich für uns werden.

In Miami landeten wir bei leidlichem Wetter gegen 8 Uhr morgens mit zwei bis drei Stunden Verspätung über die von uns angesagte Zeit hinaus, weil wir in Haiti zum Ausweichen gezwungen wurden. Wir machten am Ankermast fest, den die amerikanische Navy daselbst errichtet hatte, und gedachten bis etwa Mitternacht dort zu liegen. Aber wir lagen etwas unruhig und unbehaglich, denn der Wind wechselte beständig, und die Wettermeldungen besagten, daß eine starke Böenfront die atlantische Küste herunterlaufe. Gegen Abend erreichte sie uns, warf das Luftschiff in einer heftigen Bö um 180 Grad am Ankermast herum und brachte zugleich so heftigen Regen, daß wir große Mengen Wasserballast abwerfen mußten, um zu vermeiden, daß das Heck des Schiffes auf den Boden gedrückt würde. Wir mußten uns »in die Luft retten«. Um 9 Uhr warfen wir vom Mast los und gingen mit den in Eile wieder zusammengetrommelten Passagieren weiter gen Norden auf Akron zu. Nachdem wir die Gewitterfront, die uns vom Mast verjagt hatte, hinter uns gebracht hatten, wurde das Wetter wieder besser und zunehmend kühler.

Aber am nächsten Nachmittag, als wir uns etwa über der Südgrenze von Ohio befanden, kam es wieder mit blauschwarzen Böenfronten heran, drei Böenwellen kurz hintereinander. Das Schiff tanzte und gierte recht heftig beim Passieren dieser Wellen, aber hielt wunderbar stand, eine überzeugende Probe auf die Lufttüchtigkeit der Konstruktion. In jeder Welle wurde die Luft kälter, und als wir in der dritten waren, befanden wir uns bei einer Temperatur von null Grad Celsius in einem dichten Schneegestöber. Wir waren in einen regelrechten Winter hineingefahren. Die Temperatur war von 23 Grad, die wir in Miami bei unserer Ankunft daselbst noch gemessen hatten, auf den Gefrierpunkt gesunken. Jeder an Bord hatte Winterbekleidung angezogen, soweit er sie mit sich hatte. Aber das Baby!

Es lag zwar noch ruhig schlafend in seinem Korb, aber es mußte allmählich doch unter der Kälte zu leiden beginnen. Wie würde es dem jähen Temperatur- und Klimawechsel zwischen dem tropischen Pernambuco und dem winterlichen Nord-Ohio standhalten? Alles nahm Anteil und suchte der besorgten Mutter zu helfen, insbesondere mit guten Ratschlägen. Zum Glück hatten wir ja eine Wärmequelle an Bord, die Motoren. Durch sie konnten nicht allein die Milchflaschen, sondern auch Bettflaschen gewärmt werden, die man in die Wiege packte. Es war rührend und amüsant, zu sehen, wie in den Schneeböen, die das Schiff schüttelten, bald der eine, bald der andere Passagier einen Blick in den Korb warf, um zu sehen, wie das Baby sich mit dem schlechten Wetter abfand. Vielleicht kam uns damals der Gedanke, eine Beheizung der Passagiergondel vermittels der Motorenkühler so bald wie möglich in die Wege zu leiten.

Wir hatten die ganze Nacht hindurch in Schneeböen über Akron zu kreuzen, weil der heftige, quer zur Halle stehende Wind ein Einhallen des Luftschiffes unmöglich machte. Erst am frühen Morgen gegen 7 Uhr landeten wir und bargen das Schiff in der Halle der Good Year-Gesellschaft. Es war eine wunderbare Fahrt gewesen, die wie ein Märchentraum hinter uns lag. Wir hatten das Landschaftsbild der verschiedenartigsten Länder und die elementaren Gewalten fast aller Zonen kennengelernt.

Wir hatten von Rio de Janeiro an die fruchtbaren Küstenstriche des mittleren Brasilien überflogen, wo eben der südliche Frühling die Blütenpracht zu entwickeln begann, wir hatten das Dschungel-Treibhausgebiet des äquatorialen Amazonen-Deltas angestaunt, wir hatten in die Inselparadiese des Karibischen Meeres mit Entzücken hineinsehen und schließlich die kultivierten Fluren der Vereinigten Staaten von oben betrachten können, und wir waren dabei durch die gleichmäßig sanft bewegten Passatzonen, durch den gewitterdurchtobten Gürtel des herbstlichen Antillenmeeres und durch die Böen und Schneestürme eines frühzeitigen nördlichen Winteranfangs gekommen. Alles gütige und großartige Natura. Aber nun kamen wir wieder in Berührung mit aufgeregtem Menschentreiben und mit Politik.

Wir ergänzten in Akron unsere Gasfüllung und unsere Betriebsmittel und fuhren in den ersten Morgenstunden des nächsten Tages zum Besuch der Weltausstellung nach Chicago. Dort trafen wir gegen 8 Uhr morgens ein und machten ein paar Schleifen über der Stadt und dem Ausstellungsgelände. Wir wollten dann in der Nähe des Eingangs und der Tribünen des weiten Landungsfeldes landen, um einige Passagiere abzusetzen, erfuhren aber, daß uns weit draußen auf dem Feld eine Landungsstelle zugewiesen und mit Haltemannschaft besetzt war. Weshalb? Zu unserem Erstaunen vernahmen wir, daß, wie der schöne Ausdruck lautet, »dicke Luft« für uns in Chicago sei. Der Sheriff hatte allerlei Drohbriefe erhalten, daß man dem »Nazischiff« einen üblen Empfang bereiten werde: Die Politik, die Hitler insbesondere gegen die Juden zu treiben begonnen hatte, sei vielen Leuten in Amerika auf die Nerven gegangen, und überdies hatte in Chicago eine Ortsgruppe von »Nazisten«, eine sogenannte »Fünfte Kolonne«, sich sehr auffallend und mißliebig bemerkbar gemacht. – Daß letzteres stimmte, sollte ich im Laufe des Tages noch selbst erfahren.

Nun nahm der Sheriff wohl die Sache nicht so tragisch, und er sagte mir, daß kein Vernünftiger das beliebte Luftschiff anzutasten wagenwürde; aber: »Wer weiß, wozu ein Verrückter fähig ist!« So ließ er den vorgesehenen Landungsplatz von seinen Polizeimannschaften absperren, und das Luftschiff stieg nach einem Aufenthalt von nur einigen Minuten sicherheitshalber sofort wieder zur Rückfahrt nach Akron auf.

Ich blieb in Chicago, wo ich einer Einladung der Stadt zu einem Festessen nachzukommen gedachte, mit meinen Gedanken zurück, und die waren nicht gerade angenehmer Art. Ich hatte ja schon in Brasilien, und zwar sowohl in Pernambuco als auch besonders in Rio de Janeiro, gesehen, daß daselbst eine sehr tätige und zielbewußte Gruppe von Nationalsozialisten arbeitete und den Frieden und die Harmonie, die bisher in der deutschen Kolonie herrschte, empfindlich gestört hatte. Der schöne deutsche Club »Germania« in Rio, der bisher ein Treffpunkt gewesen war, wo sich namentlich zum Mittagessen fast alle angesehenen deutschen Kaufleute zusammengefunden hatten, war ja schon bei unseren letzten Besuchen im September und Oktober fast verödet. Man scheute die unerquicklichen politischen Debatten. Ebenso und fast noch schlimmer war es in Pernambuco. Hier in Chicago war es also auch nicht anders! Und die Mißstimmung war auch in der amerikanischen Bevölkerung.

Wie weit diese Mißstimmung schon verbreitet war, sollte ich aus einem mich recht seltsam berührenden Begebnis erfahren. Unser deutscher Botschafter in den USA, Herr Luther, hatte als einziger von allen in Washington beglaubigten ausländischen Diplomaten die Weltausstellung bisher noch nicht offiziell besucht. Er hatte sich, wie mir von ihm nahestehender Seite verbürgt wurde, bisher gescheut, nach Chicago zu kommen, weil er einen unfreundlichen Empfang von seiten des Publikums befürchtete. Nun benutzte er die Fahrt des Zeppelins zur Weltausstellung, um gleichzeitig mitzukommen. So sagte man mir. Und daß es sich so verhielt, sollte ich zu meinem schmerzlichen Bedauern selbst erleben. Es war ein Presseempfang im bekannten »Hotel Bismarck« vorgesehen. Ich ging hin und traf daselbst auch den Botschafter Luther, der bereit war, sich zugleich mit mir interviewen zu lassen.

Aber es kümmerte sich kaum ein Zeitungsmann um ihn, und eine Zeitung schrieb von diesem Interview recht boshaft: »Inzwischen stand der kahlköpfige, bebrillte deutsche Botschafter überflüssigerweise dabei.« Fürwahr, unsere Beliebtheit und unser Ansehen waren offenbar nicht sehr groß! Aber ich sollte das noch deutlicher sehen: Der deutsche Botschafter war zu einem offiziellen Empfang durch den Präsidenten der Ausstellung mit anschließendem Rundgang durch dieselbe geladen. Ich war eingeladen, an diesem Empfang teilzunehmen. Uni 12 Uhr fanden sich der Botschafter Luther und ich am Eingang zur Ausstellung ein, und wir wurden hier vom Präsidenten Rufus Dawes, dem Bruder des bekannten ehemaligen Vizepräsidenten der USA, General Charles Dawes, und einem anderen Herrn der Ausstellungsleitung empfangen.

Wir gingen dann in einer Reihe vom Eingang zum Portal des Verwaltungsgebäudes hinauf durch ein Spalier von Ausstellungsbesuchern. Das Publikum begrüßte uns sehr freundlich und lebhaft durch Zurufe und Winken, und Botschafter Luther erwiderte diese Begrüßungen, offenbar sehr angenehm berührt, durch lebhafte Gesten seinerseits. Ich fühlte mich ein wenig verlegen als Teilnehmer an diesem Empfang, der meines Erachtens eine Ehrung des Botschafters Deutschlands sein sollte, und blieb allmählich zwei bis drei Schritte hinter ihm und dem Präsidenten zurück, um Herrn Luther die ihm gebührende Ehre allein zu lassen. Da aber zeigte es sich, daß die Leute nun den Botschafter fast ohne Beachtung vorübergehen ließen und erst lebhaft winkten, wenn ich kam. Dies wurde so peinlich, daß der andere Herr von der Ausstellungsleitung mir bestürzt zuflüsterte: »Bitte, Herr Dr. Eckener, kommen Sie wieder nach vorn!« (»Please Doctor come up in live again!«)

Ich war sehr traurig, denn ich mußte erkennen, daß die Sympathien für Deutschland hier im »deutschen« Chicago nicht gerade gewachsen waren, seit ich im Jahre 1924 hier einen so betont freundlichen Empfang in der Börsenversammlung gefunden hatte. Zum Unglück mußte nun Luther persönlich dazu beitragen, die große Reserviertheit der öffentlichen Stimmung ihm gegenüber zu verstärken. Die Stadt gab am Abend ein größeres Bankett zu Ehren des Botschafters, auch zugleich mir zu Ehren. Und hier hielt Luther eine Rede, in der er der tausendköpfigen Festversammlung in einer etwas lehrhaft schulmeisterlich klingenden Weise auseinandersetzen zu müssen glaubte, daß man von Deutschland kaufen müsse, wenn man an Deutschland verkaufen wolle.

Diese Binsenwahrheit, mit sichtlichem Selbstbewußtsein wie etwas Neues vorgetragen, verschnupfte offenbar die recht geschäftskundigen Chicagoer erheblich. Ein eisiges Schweigen antwortete dem Redner, als er zu Ende war, und Rufus Dawes, zu dessen Linken (Luther saß, als der Ehrengast, zu seiner Rechten) ich saß, flüsterte mir zu: »Wenn Sie nicht hier wären, würde man den Redner offen auspfeifen.« Luther war nicht der richtige Mann für uns in den Vereinigten Staaten, wo man das Steiflehrhafte nicht liebt. Ich wußte das längst aus Washington.

Ich hatte nun noch mit Luther am späten Abend zu einer Veranstaltung zu gehen, zu der die Vereinigten Deutschen Clubs und Vereine Chicagos eingeladen hatten. Wir kamen in einen großen Saal, wo an die 2000 Menschen unser harrten, um eine Art Kundgebung für Deutschland aus diesem Empfang des Botschafters zu machen. Eine festlich erregte Stimmung lag offenbar über der Versammlung; aber war die Harmonie eine vollkommene? Ich dachte an meine jüngsten Erfahrungen in Brasilien und fragte mich, ob auch hier wohl eine ähnliche Spannung in der deutschen Kolonie herrschen würde. Gleich beim Eintritt in den Saal hatte ich bemerkt, daß auf der einen Seite auf der Galerie eine größere Gruppe von vielleicht 150 bis 200 jungen Leuten sich sehr auffallend durch betont stramme Ausführung des Hitlergrußes betätigte, und ich sah, daß man im allgemeinen nur sehr zögernd oder gar nicht diesen Gruß mitmachte.

Luther hatte beim Durchschreiten des Saales zu seinem Platze hin pflichtmäßig als Beamter mit dem gleichen Gruß erwidert; ich tat es nicht, sondern begnügte mich damit, ein möglichst freundliches Gesicht zu machen. Die verschiedenen Begrüßungsansprachen zeigten dann sehr verschiedene Grade der Loyalität gegenüber dem neuen Regime. Und nachdem ich ein paar kurze Worte gesprochen hatte, in denen ich nur meiner Freude über das »hoffentlich dauernde gute Einvernehmen« unter den deutschen Vereinen Ausdruck verlieh, empfahl ich mich, mißgestimmt, sehr bald mit der Entschuldigung, daß ich mit dem Zuge nach Akron zurückfahren müsse. Mißgestimmt, denn es war mir offensichtlich geworden, daß in Chicago eine fanatisch nationalsozialistische Gruppe am Werke sei, die erstens den Zusammenhalt unter den Deutschen und zweitens das gute Einvernehmen mit den Amerikanern gefährde. Eine unkluge Politik, wie Fanatismus sie immer macht! Ich persönlich aber hatte keine Gnade bei diesen Fanatikern gefunden, und es gingen, wie ich bald erfuhr, denunzierende Meldungen über mein Auftreten an die Gestapo nach Deutschland.

Damit konnte der »Gottesfriede«, den Hindenburg mir erwirkt hatte, unter Umständen gefährdet werden. Denn die Art und auch die Ziele meines Auftretens im Auslande, aber auch, glaube ich, sein Erfolg, waren diametral dem entgegengesetzt, was die sogenannten »Fünften Kolonnen« machten. Ich sollte es erfahren:

Etwa ein halbes Jahr später, am Abend des 30. Juni 1934, waren wir mit dem Luftschiff »Graf Zeppelin« unterwegs auf einer Rückfahrt von Buenos Aires, wohin wir, wie ich schon erzählte, von Rio aus eine Propagandafahrt gemacht hatten. Es war etwa in der Nähe von Santos, und wir fuhren bei schönstem Wetter in sehr behaglicher und gehobener Stimmung dahin nach dem enthusiastischen Empfang, den Buenos Aires dem Schiff bereitet hatte, und nach einem glücklich bestandenen Kampf, den wir auf der Hinfahrt mit dem Pampero auszufechten gehabt hatten. Da kam unser erster Funker, ein sehr tüchtiger Mann in seinem Fach und ein kluger Mensch dazu, mit geheimnisvoller Miene zu mir auf die Brücke und flüsterte mir zu, daß in Deutschland »alles drunter und drüber zu gehen« scheine.

Röhm sei verhaftet worden, General von Schleicher und viele andere seien erschossen, und dergleichen mehr. Er habe englischen Rundfunk aufgefangen. Der Funker war selbst ein gläubiger und aktiver Hitleranhänger und recht gut unterrichtet; aber er war mir trotzdem, mit einigem Bedauern, ehrlich zugetan, und so fügte er mit offenbarer Ehrlichkeit hinzu: »Ich glaube, es ist gut, Herr Doktor, daß Sie zur Zeit nicht in Deutschland sind.«

Ich wollte seine Besorgnis nicht teilen und hatte eben auch nicht Zeit, politischen Gedanken nachzuhängen, weil wir uns einer drohenden Wetterbildung näherten, dem abziehenden Pampero, der inzwischen der Küste entlang so weit nach Norden gekommen war. Aber weitere Nachrichten, die in den nächsten

Stunden und Tagen bei uns eingingen, zeigten, daß in der Tat in Deutschland eine radikale und brutale »Säuberung« vor sich ging. Als wir sechs Tage später, am 6. Juli, in Friedrichshafen anlangten, mußte ich hören, daß mein Funker mit seiner Besorgnis wahrscheinlich recht gehabt hatte. Denn ich erfuhr zu Hause, daß am Morgen des 30. Juni zwei Männer, »die wie Polizeibeamte aussahen«, vor meinem Hause lange auf und ab gegangen seien und schließlich angeläutet und nach mir gefragt hätten.

Und im Luftschiffbau berichtete mir der Außenpförtner, daß »zwei Polizisten« ihn befragt hätten, ob ich wirklich mit dem Luftschiff unterwegs sei. Sie hätten aber nicht gesagt, was sie von mir wollten. Mag sein, daß man in der allgemeinen Erregung Gespenster sah; aber in Friedrichshafen »wußte« man, daß ich hätte verhaftet werden sollen. Und das war angesichts der ganzen Lage und der Rücksichtslosigkeit, mit der man vorging, nicht gerade unwahrscheinlich. Inzwischen war nun am Tage vor meiner Rückkehr der Befehl zur Einstellung der Verhaftungen ausgegeben worden, und so entging ich wahrscheinlich einem vielleicht bösen Geschick. Ich war nun nicht gerade sehr besorgt; aber ich fühlte, daß ich angesichts der immer brutaler werdenden Zugriffe der Gestapo sehr vorsichtig werden müsse. Und die Gelegenheit dazu kam sehr bald:

Etwa vier Wochen später starb der alte Hindenburg, und Hitler kam nun mit dem Begehren heraus, Nachfolger Hindenburgs werden zu wollen und darüber eine Volksabstimmung zu veranstalten. Ich muß gestehen, daß ich zunächst über diesen Gedanken Hitlers lachte. Denn das bedeutete eigentlich eine Art Degradierung oder Desavouierung seiner selbst. Hitler war seit dem »Ermächtigungsgesetz« ein souverän herrschender »Führer und Kanzler«. Wollte er jetzt wirklich sozusagen »konstitutionell« werden und nur die immerhin verfassungsmäßig beschränkten Rechte (und Pflichten) eines Reichspräsidenten haben? Sonderbar? Wie man weiß, hat er dann ja auch, als er gewählt worden war, verboten, ihn als Reichspräsidenten anzureden und sich nur »Führer und Kanzler« nennen lassen.

Diese Geste der Präsidentschaftskandidatur war also offenbar eine für die, welche nicht alle werden. Weiter aber war mir bekannt, daß Hitler schon am 1. August, *vor* dem Tode Hindenburgs, auf Grund eben des Ermächtigungsgesetzes, das Präsidentenamt mit dem des Kanzlers hatte verbinden und sogar schon am 2. August das Heer auf seine Person hatte vereidigen lassen. Das ganze Wahlmanöver war also eine reine Komödie, vielleicht die frechste, die von Hitler je gespielt wurde, ganz abgesehen davon, daß »Wahlen« überhaupt in dem stark durch die Gestapo terrorisierten Lande zur Farce geworden waren.

Aber das Lachen verging mir dann doch, als ich am 10. August (es war gerade mein Geburtstag) als Geburtstagsgeschenk eine Aufforderung (»Bitte« nannte man es) vom Propagandaministerium erhielt, auf eine Schallplatte eine Rede zugunsten der Wahl Hitlers zu sprechen. Diese Rede sollte dann vom Rundfunk über alle Sender verbreitet werden. Rein sachlich war zwar, wie ich oben ausführte, eine solche Rede ohne Belang. Sie änderte nicht das geringste an der vorhandenen Situation. Aber ich mochte nicht als Anhänger und Befürworter Hitlers und seiner Politik erscheinen und konnte sicher sein, daß das sehr raffinierte Propagandaministerium meine Rede so auslegen würde.

Andererseits aber war mir klar, daß die Gestapo, die soeben in der »Röhm-Revolte« eine schreckliche Probe ihres rücksichtslosen Vorgehens gegeben hatte, eine Ablehnung der Aufforderung mich bitter büßen lassen würde. So geschah es in der Tat anderthalb Jahre später, als ich eine ähnliche Aufforderung ablehnte. Ich befand mich deshalb in einer sehr peinlichen Verlegenheit, was ich tun sollte. Aber ich glaube, es als meine ehrliche Überzeugung aussprechen zu dürfen, daß ich trotz des terroristischen Zwanges, unter dem ich mich befand, zu einer entschlossenen Ablehnung gekommen wäre, wenn eine nähere Überlegung mir nicht die Frage von einer neuen Seite gezeigt hätte.

Es war klar, daß Hitler zum Reichspräsidenten, der er durch Ermächtigungsgesetz vom 1. August schon war, auch »gewählt« werden würde. Aber gesetzt den Fall, man könnte durch Ablehnung einer Befürwortung seiner Wahl durch mich und andere Persönlichkeiten diese ganz unwahrscheinlicherweise wirklich verhindern und einen anderen Reichspräsidenten bekommen, wie wäre die Situation dann? Dann würden wir einen Reichspräsidenten haben, der entweder Hitlers Plänen willfährig zustimmte, wie Hindenburg es schon getan hatte, oder der Opposition zu leisten wagte. Im ersteren Fall würde Hitler sagen, daß er mit Reichstag und Reichspräsident ganz »konstitutionell« regiere, und im zweiten Fall hätten wir ganz einfach den Bürgerkrieg, der bei der Macht, die Hitler damals schon besaß, bestimmt zu seinen Gunsten ausgehen und ein Schreckensregiment herbeiführen würde. Nur Hitler dürfte jetzt das ja ganz bedeutungslose Amt eines Reichspräsidenten übernehmen, um für seine Politik auch formell die alleinige Verantwortung zu übernehmen, die er praktisch bereits hatte!

So entschloß ich mich, die Platte in der gewünschten Weise zu besprechen; aber ich wollte dieses in einer Form tun, die als ein Appell an Hitlers Vernunft erscheinen müßte, soweit die Zensur des Propagandaministeriums dieses möglich machen und zulassen würde.

Denn wer war Hitler, und wohin steuerte er wirklich? Heute ist es keine Kunst, zu sagen, daß er ein vollendeter Verbrecher war und daß man es schon 1934 klar hätte sehen können; aber damals zerbrach man sich noch wirklich den Kopf darüber, wes Geistes Kind er eigentlich sei. Die Menge hatte er in der überwältigenden Mehrzahl hinter sich, und es war ihm gelungen, selbst kluge und vorsichtige

Männer, wie u. a. einige unserer höchsten katholischen Würdenträger, für sich zu gewinnen. Selbst prominente ausländische Politiker rieten und deutelten an seiner Person und seinen Zielen zweifelnd herum. Ich selbst fragte mich damals öfters: »Bist du wirklich mit deiner schroffen Ablehnung Hitlers auf dem richtigen Wege, angesichts der begeisterten Zustimmung, die er in den weitesten Kreisen findet?« Gewiß, vor wenig mehr als einem Monat waren die entsetzlichen Schandtaten der »Röhm-Revolte« von Hitler begangen worden; aber kein Mensch wußte damals etwas Bestimmtes und Genaueres über diese Vorgänge, und Hindenburg hatte an Hitler telegrafiert: »Aus den mir erstatteten Berichten ersehe ich, daß Sie durch Ihr entschlossenes Zugreifen und die tapfere Einsetzung Ihrer eigenen Person alle hochverräterischen Umtriebe im Keim erstickt haben. Sie haben das deutsche Volk aus einer schweren Gefahr gerettet. Hierfür spreche ich Ihnen meine aufrichtige Anerkennung aus.«

Wie sollte da ein einfacher Staatsbürger etwas wissen?! Ich entschloß mich also, die Platte in der angegebenen Weise zu besprechen, doch so, daß die Zensur sie zuließ. Denn sonst war meine Absicht nicht erreicht. Ich führte nun aus, daß nach der Erwählung Hitlers zum »Führer« seine Betreuung mit dem Amte des Reichspräsidenten eine einfache Konsequenz des Führergedankens und das Amt eigentlich überflüssig geworden sei. Es handele sich jetzt in Wirklichkeit um die Frage, ob man Hitler weiterhin Vertrauen schenken wolle. Wir könnten uns dafür nur an seine Versprechungen, d. h. an sein Programm halten. Was sage dieses? Der entscheidende Schlußteil der Rede lautete dann folgendermaßen: »Es (das Programm) heißt:

1. Wiederherstellung der Ehre und Wehrhaftigkeit des bisher als Paria behandelten deutschen Volkes und *Friede mit der Welt*.

2. Erzwingung unbedingter Sauberkeit im öffentlichen und wirtschaftlichen Leben.

3. Erziehung aller Volksgenossen zu harmonischem Zusammenarbeiten im Geiste der Volksverbundenheit und auf der Grundlage gerechter Anerkennung der geleisteten Dienste und Versuche zur Austilgung des zerstörenden Rassenhasses.

Die Ziele sind hoch und weit gesteckt und können nur einem hohen Sinn und großen Herzen entspringen. Wer möchte nicht die Hand dazu bieten, sie verwirklichen zu helfen? Kann und will Hitler sie verwirklichen? Hindenburg, dessen Lauterkeit, Pflichtbewußtsein und Vaterlandsliebe uns ein ewiges Vorbild sein sollte, hat uns Hitler als Kanzler gegeben und damit sein Vertrauen bewiesen. Ehren wir sein Andenken und folgen wir in diesen schicksalsschweren Tagen seinem Beispiel, indem wir am Wahltage mit einem klaren ›Ja‹ antworten!«

Diese Rundfunkansprache fand aber nicht den Beifall des Propagandaministeriums und es verbreitete sie nicht. Wenigstens haben weder ich noch einer meiner

Freunde sie gehört, obgleich wir dauernd am Radio darauf warteten. Ein Herr vom Stuttgarter Rundfunk, den ich schließlich darüber befragte, meinte, daß man die Rede nicht benötigt habe, da der Sohn Hindenburgs eine so wirkungsvolle Ansprache gehalten habe. In der Tat hätte gegenüber dieser Ansprache alles andere verblassen müssen, denn sie wurde bekanntlich als eine direkte Empfehlung Hindenburgs aufgefaßt, Hitler zu seinem Nachfolger zu machen.

Diese ganze Angelegenheit erscheint mir auch heute noch interessant genug und erzählenswert als ein Beitrag zur Kennzeichnung der Hitlerscheu Praktiken und Methoden, aber ich habe einen ganz besonderen Anlaß, sie hier zu erzählen: Man hat im Jahre 1946 das Manuskript meiner geplanten Rundfunkrede irgendwo gefunden und mich daraufhin als einen »Förderer und Anhänger Hitlers« zu brandmarken versucht. Es wäre nun vielleicht am einfachsten, diese Anklage damit zu entkräften, daß man geltend machte, die Platte sei ja nie vom Rundfunk gebracht worden und sie könne deshalb auch nicht Hitlers Politik gefördert haben. Aber die Ankläger sagten demgegenüber: »Ganz gleich! Die Platte ist besprochen und zeigt die Gesinnung Dr. Eckeners.«

Es waren natürlich jene sattsam bekannten Elemente, die man wegen ihrer Unbedeutsamkeit in der Hitlerzeit in Ruhe gelassen hatte, die nun mit großem Stolz Gesinnungsschnüffelei betrieben. Man ging nun, um meine Brandmarkung als Hitleranhänger zu erreichen, so vor, daß man nur die letzten Sätze aus dem oben mitgeteilten Schluß meiner Rede der Belegschaft durch Anschlag zur Kenntnis gab und daran die Bemerkung knüpfte: »So sprach einstmals Dr. Eckener an das deutsche Volk. Heute will derselbe Dr. Eckener der Gegner Adolf Hitlers gewesen sein!« Bei der kritiklosen Urteilslosigkeit der Menge und bei ihrer selbstverständlichen Unkenntnis der politischen Lage und Probleme im Jahre 1934 mußte ein solcher Anschlag oder eine solche Mitteilung natürlich diffamierend wirken oder wenigstens Verwirrung und Erstaunen in den Köpfen meiner alten Freunde und Arbeitsgenossen hervorrufen.

Mit den beiden Vorgängen der Röhm-Revolte und der Präsidentenwahl im Jahre 1934 waren zunächst einmal die größeren Aktionen Hitlers ausgeführt, und ich wurde auch für meine Person vorerst nicht weiter behelligt. Aber der Versuch, bekanntere Persönlichkeiten durch Reden im Rundfunk oder durch Erklärungen und Meinungsäußerungen in der Tagespresse und dergleichen für die nationalsozialistischen Interessen und Ziele einzuspannen, konnte jederzeit wiederholt werden und hing wie ein Damoklesschwert beständig über dem Kopfe solcher Persönlichkeiten, und das war immerhin ein unbehagliches Gefühl. Ich hatte mich sonst durchaus nicht zu beklagen, daß man mir etwa bei meinen Bestrebungen und Fahrten Schwierigkeiten in den Weg legte. Im Gegenteil förderte die Regierung das Zeppelinunternehmen seit Gründung der »Deutschen Zeppelin-Reederei« recht tatkräftig. Das Propagandaministerium war viel zu klug, um nicht den Prestigegewinn zu sehen, den die Zeppelinfahrten für uns in aller Welt eingebracht hatten. Aber ich persönlich war bei den nationalsozialistischen Machthabern wenig beliebt und konnte jederzeit damit rechnen, daß ich in neue Ungelegenheiten kam. Und das kam dann auch sehr bald, und zwar gerade wegen des Interesses und des Einflusses, den die Regierung über die Zeppelin-Reederei auf die Fahrten nahm. Im Frühjahr 1936 nämlich kam es zu folgenden Ereignissen:

Im März 1936 vollzog Hitler den Einmarsch in die entmilitarisierte Zone des linken Rheinufers. Die Welt hielt den Atem an und erwartete, daß Frankreich Widerstand leisten würde. Aber vorerst wenigstens geschah nichts. Das Propagandaministerium nahm diese Aktion zum Anlaß, von einer Anzahl bekannter Deutscher eine Zustimmungserklärung zu »erbitten«, worin die Wiederbesetzung des linken Rheinufers als eine geniale Tat Hitlers gefeiert werden sollte. Auch ich erhielt eine solche Aufforderung, und ich lehnte mit der Begründung ab, daß ich die Tragweite der Aktion nicht zu übersehen vermöchte. Ich erwartete eine sofortige Bestrafung für diese unzweifelhaft schwer respektwidrige Antwort, aber die kam erst einige Wochen später.

Da kam nämlich eine Aufforderung des Propagandaministeriums an die Geschäftsführung der Reederei, ihre beiden Luftschiffe, den alten »Graf Zeppelin« und den soeben fertiggestellten »Hindenburg«, auf eine zweitägige Wahlpropagandafahrt über Deutschland zu senden und auf dieser Fahrt über allen größeren Orten Propagandaschriften des Ministeriums abzuwerfen. Ich hielt das, abgesehen von meiner politischen Einstellung, für einen geschmacklosen Mißbrauch, für eine Art Entweihung der Luftschiffe und verzichtete darauf, selbst mitzufahren, obgleich die »Hindenburg« noch Probefahrten zu machen hatte, die mich interessierten. Aber ich konnte auch nicht befehlen, die Schiffe für den gedachten Zweck nicht herzugeben, denn das wäre als eine freche Verhöhnung der Regierung ausgelegt worden, zumal ja das Reich Mitbesitzer der Schiffe war. Und nun geschah folgendes:

Der »Hindenburg« wurde beim Ausbringen aus der Halle, das bei sehr böigem Wind vor sich ging, nicht unbeträchtlich an der Heckflosse beschädigt und mußte zur Vornahme einer etwa zehnstündigen provisorischen Reparatur sofort in die Halle zurückgebracht werden. Ich war natürlich sehr ärgerlich über diesen Vorfall, der leicht viel schlimmer hätte ausfallen können und das neue Schiff fast aufs Spiel gesetzt hatte. Ich ging deshalb in hellem Zorn zu dem Kapitän Lehmann, der die Ausfahrt verantwortlich geleitet hatte, und sagte ihm etwa folgendes: »Wie konnten Sie, Herr Lehmann, das Ausbringen des Schiffes bei solchen Windverhältnissen anordnen? Sie hatten die beste Entschuldigung der Welt, diese blödsinnige Fahrt abzusetzen; statt dessen setzen Sie unser neues Schiff direkt aufs Spiel, nur um ja

Herrn Goebbels nicht zu verschnupfen. Nennen Sie das Verantwortlichkeitsgefühl gegenüber unserer Sache? Was wollen Sie jetzt machen?« Herr Lehmann antwortete mir, daß er den Schaden in zwei bis drei Stunden notdürftig reparieren könne und dann dem »Graf Zeppelin« nachfahren werde. Auf diese Ankündigung hin wurde ich vollends erbittert und entgegnete heftig: »So, das ist Ihre einzige Sorge, schnell wieder auf diese unsinnige Fahrt zu kommen und für Herrn Goebbels Stimmzettel abzuwerfen! Daß wir aber in vier Tagen nach Rio fahren sollen und noch keine Fahrt zur Ausprobung der Motoren gemacht haben, das ist Ihnen anscheinend gleichgültig!« Man sieht, wie stark der Druck war, unter dem selbst sonst kluge Menschen sich fühlten.

Es war in der Tat so, daß wir auf den 31. März eine erste Abfahrt nach Brasilien angesetzt und etwa 40 Passagiere und sechs Zeitungsberichterstatter dafür gebucht hatten, und ebenso, daß die übliche zwölfstündige Probefahrt mit äußerster Maschinenkraft noch nicht ausgeführt war und infolge der befohlenen Propagandafahrt, die bis zum 29. März dauern sollte, kaum angesetzt werden konnte. So wird man meinen Zorn begreifen und verstehen, daß ich in dieser Stimmung allerlei heraussprudelte, was nicht für die Ohren des Herrn Goebbels bestimmt war. Aber leider erfuhr er es indirekt von einem seiner Herren, der mitfuhr, um die Propaganda zu leiten und der meine Worte mit angehört hatte. Und Goebbels geriet nun seinerseits in einen gewaltigen Zorn. So ließ er auf der nächsten Pressekonferenz den anwesenden Berichterstattern feierlich verkünden: »Dr. Eckener hat sich außerhalb der Volksgemeinschaft gestellt. Sein Name darf künftig in der Presse nicht mehr genannt und sein Bild nicht mehr gebracht werden.«

Von diesem Vorgang erfuhr ich erst sozusagen »auf hoher See«. Wir waren planmäßig und pünktlich, aber mit nicht entscheidend ausgeprobten Motoren, am 31. März nach Rio aufgestiegen. Wir hatten schönes Wetter und freuten uns der guten Leistungen und der schönen und bequemen Ausstattung des neuen Schiffes. Es war das erste mit Geschick und Fleiß für die Bequemlichkeit und Behaglichkeit der Fahrgäste durchgebaute Überseeschiff, und wir sahen zu unserer Genugtuung, daß es diesen gefiel. So herrschte schönste Stimmung an Bord. Aber dahinein platzte plötzlich eine Bombe.

Der Berichterstatter einer großen englischen Zeitung kam zu mir und sagte: »Ich habe soeben von meiner Zeitung einen Funkspruch erhalten, daß ich Sie über den Grund der ›Achterklärung‹ befragen möge, die Dr. Goebbels über sie verhängt hat. Ich darf bis zu 500 Worte darüber funken.« Ich hätte dem Berichterstatter gern diese offenbar sensationelle Story gegönnt; aber ich mußte ihm zu seinem Leidwesen sagen, daß ich davon nichts wisse. Und die anderen deutschen Berichterstatter an Bord wußten erst recht nichts, denn sie erhielten ja eben infolge der Achterklärung über mich nichts von ihren Redaktionen. Nach einigen Stunden erst gelang es dem Vertreter des »Berliner Lokalanzeigers«, eine Nachricht von seinem Blatt zu erhalten, daß »Lottes Vater schwer krank« sei (Lotte war meine als Photographin nicht unbekannte Tochter).

Das klang sehr mystisch und gab uns keine Aufklärung, und ich wäre moralisch sozusagen lebendig begraben worden, ohne als Hauptbeteiligter davon zu wissen, wenn nicht eine kleine Indiskretion vorgekommen wäre: Den Teilnehmern an der erwähnten deutschen Pressekonferenz war befohlen worden, über meine Diffamierung nichts verlauten zu lassen. Es sollte eben einfach in der deutschen Presse und damit überhaupt in der Presse mein Name verschwinden. Leider aber sprach ein Journalist mit einem englischen Freund darüber, und dieser brachte die Sache in seine Zeitung, die mich dann während der Fahrt interviewen ließ. Die klugen Leute des Herrn Goebbels hatten bei ihrer vermeintlich fein angelegten Aktion den schwer begreiflichen Fehler gemacht, nicht mit dem Interesse des Auslandes und seiner Presse an meinen Fahrten und an meiner Person zu rechnen.

Ich mußte nun zunächst als »Schwerkranker« die Reise nach Rio vollenden, ohne über die Art meiner Krankheit etwas zu erfahren. Ich hoffte, in Rio aufgeklärt zu werden. Aber da wußte man auch nichts, und das führte ein ergötzliches kleines Intermezzo herbei. Ich nahm am Abend unserer Ankunft mit meinen Schiffsoffizieren an einem Essen teil, das der Deutsche Klub in seinen Räumen zur Feier der ersten Fahrt des »Hindenburg« veranstaltete. Während dieses Essens erhob sich ein Herr, der als ein eifriger Parteigenosse oder als Leiter der nationalsozialistischen Ortsgruppe eine den meisten Deutschen wenig erfreuliche Rolle spielte, und erging sich in einer längeren Rede in entrüsteten Ausführungen über die »Gemeinheit der ausländischen Presse«, die die Beliebtheit und die Verehrung, deren ich mich bei allen Auslandsdeutschen und besonders in Brasilien erfreue, dadurch zu zerstören versuche, daß sie Lügen über eine angebliche Ungnade, in die ich bei der Naziregierung gefallen sei, verbreite. Ich mußte dem verdutzten und sehr verlegen werdenden Herrn erklären, daß die Auslandspresse »ausnahmsweise« einmal im Recht sei und daß die deutschen Presseagenturen eben auf Befehl von Dr. Goebbels über mich zu schweigen hätten.

Ich konnte mich nicht enthalten, dabei unmißverständlich zum Ausdruck zu bringen, daß ich keineswegs ein Nationalsozialist sei und daß ich die Spannung und Spaltung, die von der Ortsgruppe in die deutsche Kolonie Rios gebracht sei, lebhaft bedauere. Der pflichtschuldige Bericht über diese meine Ausführung wird nicht dazu beigetragen haben, meine Einschätzung bei den heimischen Behörden zu verbessern; aber das konnte jetzt belanglos sein. In Rio dankte es mir eine Anzahl von angesehenen Deutschen, die unter dem Terror der Ortsgruppe zu leiden hatten und selbst in ihrer wirtschaftlichen Leistung gefährdet wurden, daß ich offen meine Meinung ausgesprochen hatte.

Als ich etwa acht Tage später wieder in Deutschland war, mußte ich natürlich festzustellen versuchen, was geschehen sei und was man vielleicht weiter gegen mich vorhabe. Ich wandte mich an das Reichsluftfahrtministerium als an die Behörde, mit der ich laufend geschäftlich zu tun hatte. Der Staatssekretär Milch, der mir immer freundlich gewogen war, obgleich er meine ablehnende Haltung gegenüber der Partei genau kannte, sagte mir, daß der Minister, Generalfeldmarschall Göring, mich in meiner Angelegenheit zu sprechen wünsche.

Göring erwähnte nun nichts von meinen respektlosen Äußerungen über die von Goebbels angeordnete Wahlpropagandafahrt, die doch den unmittelbaren Anlaß zu meiner Ächtung gegeben hatte. Das beruhte wohl zum Teil auf seiner Abneigung gegen Goebbels, zum Teil aber auch darauf, daß ich sachlich mit meiner Ablehnung dieser Fahrt recht gehabt hatte, wie ich später zeigen werde. Vielmehr warf Göring mir in erster Linie vor, daß ich anfangs März mich geweigert hätte, einen Hymnus auf die Wiederbesetzung des Rheinlandes zu singen. Er brachte dann noch ein paar Kleinigkeiten vor, wie z. B., daß ich mich laut Zeitungsmeldungen spöttisch über den Hitlergruß geäußert haben sollte. In der Tat hatte ich einem ausländischen Journalisten, der mir sagte, daß mir die Verweigerung des Grußes »Heil Hitler!« zum Vorwurf gemacht werde, geantwortet: »Das stimmt! Wenn ich morgens aufwache, sage ich zu meiner Frau nicht ›Heil Hitler!‹, sondern ›Guten Morgen!‹.« Der betreffende Journalist hatte das zu Görings Mißvergnügen in seine Zeitung gebracht.

Dann aber kam Göring etwas lauernd mit einer Äußerung heraus, die wie eine Frage klang: »Man sagt, daß Sie seinerzeit als Nachfolger Hindenburgs Reichspräsident hätten werden wollen!« Hierauf konnte ich nun mit gutem Gewissen sagen, daß nicht ich, sondern andere diesen Gedanken gehabt hätten; aber ich sah doch aus Görings wenig befriedigter Miene, daß dieser Punkt in hohen Nazikreisen noch immer eine gewisse Rolle spielte. Fürchtete man, fürchtete Göring oder vielleicht gar der sehr vorsichtige Hitler selbst, daß ich meine Popularität einmal zu politischen Zwecken ausnutzen könnte und wollte, und war die beabsichtigte völlige Totschweigung meines Namens und meiner Person auch mit solchen Erwägungen zu erklären? Ich wußte es nicht. Göring forderte mich nun auf, ich möge einen Brief an Goebbels schreiben, worin ich ihm erklären solle, daß ich in begreiflicher Erregung über die Gefährdung des Luftschiffes zu meinen Äußerungen über die Propagandafahrt gekommen sei und um Aufhebung des an die Presse ergangenen Verbotes bitte. Er selbst wolle dann mit Hitler persönlich über meine Person und die wider mich ausgesprochene Diffamierung Rücksprache nehmen. »Eben habe ich so einen Fall betr. Furtwängler in Ordnung bringen müssen, und nun kommen Sie!« meinte er nicht ungnädig beim Abschied.

Landung von LZ 129 »Hindenburg« in Friedrichshafen; in der Luft LZ 127 »Graf Zeppelin«, Aufnahme 1936.

Im Ministerium sprach ich dann aber auch noch mit einem General, der alle Motorenfragen als oberste Instanz zu bearbeiten hatte. Er war der Meinung, daß ich mit Rücksicht auf die noch nicht erfolgte Motorenerprobung den »Hindenburg« an der fraglichen Fahrt nicht hätte teilnehmen lassen können, und sagte mir offen: »Sie hatten recht! Ich selbst hätte auch so gehandelt.« Und in der Tat konnte und mußte er jetzt so sprechen. Denn wir hatten unterwegs auf Hin- und Rückfahrt so schwere Motorpannen gehabt, daß wir es nur einem glücklichen Zufall zu verdanken gehabt hatten, nach Hause zu kommen. Ich werde darüber später ausführlicher in einem anderen Zusammenhang zu berichten haben.

Vielleicht war dieser etwas peinliche Umstand mit die Ursache, daß Herr Goebbels auf Görings Betreiben sich bestimmen ließ, seinen Ächtungserlaß zurückzuziehen. Es wurde auf der Pressekonferenz, und zwar nunmehr in Anwesenheit der ausländischen Presse, auf die es gemünzt war, mitgeteilt: »Dr. Eckeners Name darf künftig wieder genannt werden, aber nur in der Form und bei den Anlässen, wie und wo das offizielle Deutsche Nachrichtenbüro es tut.« Das war natürlich nur eine scheinbare Zurücknahme der Ächtung, denn das DNB brachte nie eine Notiz über mich. Als ich kurz nach dieser famosen Aufhebung des Bannes mit dem »Hindenburg« in Lakehurst landete, wurde ich dort von der Presse nach meinem Verhältnis zu Dr. Goebbels befragt. Ich antwortete lächelnd: »Sie wissen ja, daß alles jetzt wieder in bester Ordnung ist.«

Aber die amerikanischen Pressemänner brachen in lautes Hohngelächter aus, und einer rief zornig: »Ja, wir wissen es! Glaubt Herr Dr. Goebbels, dieser hinkende Teufel, daß er Narren vor sich hat?« Das war deutlich genug. Aber Herr Lehmann, der das Schiff als Kapitän verantwortlich geführt hatte, während ich ja nur mehr als »Beobachter« mitfahren konnte, bekam auch seinen Teil ab, als er diese Tatsache etwas zu selbstbewußt betonte. Damit sollte ohne Zweifel eine Kritik geübt werden an meiner Absetzung als Geschäftsführer des Zeppelinfahrbetriebes. Wenn das sozusagen eine amerikanische Ehrenerklärung gegenüber der Ächtung durch Herrn Goebbels war, so wurde diese unterstrichen auf dem großen Bankett, das am Abend zur Feier der ersten Fahrt des neuen Schiffes veranstaltet wurde und wo man mir eine herzliche Ovation bereitete.

Ich wußte nun also, daß ich bei etwaigen weiteren Mißhelligkeiten mit der nationalsozialistischen Partei auf starken Rückhalt in der öffentlichen Meinung Amerikas rechnen konnte. Aber es kam erstmal nicht dazu und konnte es auch nicht. Denn das Reich war, seitdem es sich an der Gründung der »Deutschen Zeppelin-Reederei« beteiligt hatte, selbst stark mit seinem Prestige an einer erfolgreichen Durchführung der transatlantischen Fahrten interessiert und konnte mich nicht gut in einem Augenblick hinaussetzen, wo der Präsident Roosevelt mir seine Beihilfe zur probeweisen Durchführung von zehn fahrplanmäßigen Fahrten nach den Vereinigten Staaten zugesagt hatte (hierüber später Näheres). Zwar hatten sich selbstverständlich in der Partei Stimmen erhoben, welche meinten, man sollte nicht soviel Federlesens mit mir machen, denn andere könnten ebenso gut und besser einen Zeppelin führen als der »über Gebühr geschätzte Eckener«. Aber Goebbels hielt es doch für wichtiger, mich weiter im Fahrbetriebe zu lassen und mir nur durch Totschweigung meines Namens den »Ruhm« zu nehmen.

Der Tor wußte nicht, wie wenig mir an diesem Ruhm lag, der mir unter anderen Belästigungen z. B. die Scherereien mit den Nazis gebracht hatte. Und ich bin auch selbstbewußt genug, ruhig auszusprechen, daß meine Ausmerzung nicht nur politisch, sondern auch sachlich ein Mißgriff gewesen wäre. Denn ich hatte nun einmal die größten Erfahrungen in der Führung von Luftschiffen und war bei allem Wagemut und aller Lust selbst an etwas abenteuerlichen Unternehmungen doch immer sehr besonnen und überlegt in der Durchführung der Fahrten vorgegangen. Luftschiffahren ist nicht nur Geschicklichkeits-, sondern auch Charaktersache.

So konnte ich unbehelligt die Reihe der Fahrten entweder selbst durchführen oder kontrollieren, und diese Fahrten waren ein großer Erfolg für Deutschland in der Durchführung eines regelmäßigen und programmäßigen Luftverkehrs über den sturm- und wetterdurchtobten Nordatlantik. Der Präsident Roosevelt empfing mich nach der letzten Fahrt und gab seiner Freude und Genugtuung über die von ihm geförderten Reisen mit den Worten Ausdruck: »Ich gratuliere Ihnen, Herr Dr. Eckener, herzlich zu diesem Erfolg. Ich hätte es nicht für möglich gehalten.« Man hätte es deshalb für angebracht gehalten, daß Hitler mich und meine Hauptmitarbeiter, wie z. B. den Chefkonstrukteur der Zeppelin-Werft, Herrn Dr. Dürr, zu einem Empfang befohlen hätte, um seine Freude und Anerkennung auszusprechen, gerade so, wie Hindenburg es nach bemerkenswerten Fahrten immer getan hatte, wie auch die Präsidenten der USA, Coolidge, Hoover, Roosevelt, es gemacht hatten. Aber Hitler konnte sich nicht dazu entschließen, offenbar aus Abneigung gegen mich persönlich. Alles, was ohne ihn oder sogar in gewisser Weise gegen ihn geschah, existierte für ihn nicht, auch wenn es für Deutschlands Ruhm und Ehre noch so förderlich und wertvoll sein mochte.

So schien er auch kein Interesse daran zu nehmen, als im Frühjahr 1937 dann der »Hindenburg« aus unbekannter Ursache verbrannte, und auch daran nicht, daß der Präsident Roosevelt mir Helium als Füllgas zur Verfügung stellte und damit die Fortsetzung des Zeppelinverkehrs wieder möglich machte. Wenigstens hat er in dieser ganzen Angelegenheit, an der die ganze Welt sich so stark interessierte, mich persönlich nie befragt, er, der doch sonst »seine Nase in jedem Quark begrub«, um seinen Mephistopheles-Goebbels zu zitieren. Vielleicht folgte er bei diesem Verhalten ja auch den Ratschlägen dieses Mephistopheles', der mich im

Jahre 1936 mit seinem Bannfluch belegt und diesen noch nicht von mir genommen hatte. Denn es hätte sicherlich einen etwas merkwürdigen Eindruck gemacht, wenn ein Mann, der »sich außerhalb der Volksgemeinschaft gestellt« hatte, vom Führer selbst empfangen worden wäre. Um so erstaunlicher war es deshalb, als ich gegen Ende des Jahres 1938 vom Führerkabinett eine Einladung erhielt, an einer Veranstaltung teilzunehmen, die mich mit dem Führer in unmittelbare Berührung bringen mußte.

Im Dezember sollte in Kiel der Stapellauf des Flugzeugträgers »Graf Zeppelin« stattfinden, und ich erhielt eine Einladung, an diesem feierlichen Akt, zu dem Hitler sein Erscheinen in Aussicht gestellt hatte, teilzunehmen. Die Benennung des Schiffes und die groß aufgezogene Veranstaltung sollte eine Ehrung des populären alten Grafen bedeuten. Die Tochter des Grafen, Gräfin von Brandenstein-Zeppelin, sollte die Schiffstaufe vollziehen, und ich war eingeladen, von der Taufkanzel aus dem Taufakt und Stapellauf zuzuschauen. Ich mußte diese Einladung als eine besondere Auszeichnung und fast als eine Geste ansehen, die mir die Gunst und Gnade des »Führers« bewies.

Aber ich war mir bewußt, daß ich dabei leicht in unbequeme und zweideutige Situationen geraten könnte. Neben dem »Führer« vor allem Volk auf der Taufkanzel zu stehen, das zu Tausenden das Schiff umstand, wie leicht und beflissen würde das als ein Zeichen dafür gedeutet werden, daß ich, der ich offiziell noch »außerhalb der Volksgemeinschaft« stand, mich innerlich mit dem Regime ausgesöhnt hätte! Mir wurde bei diesem Gedanken unbehaglich; aber ich fühlte andererseits, daß ich der Veranstaltung nicht gut fernbleiben konnte. Ich mußte mich stellen und abwarten, wie sich die Dinge gestalteten.

Ich nahm vor dem feierlichen Taufakt allein meinen Platz ein auf dem Plankensteg, der zum Bug des Schiffes hinaufführte, in der Nähe der oben errichteten Taufkanzel, und erwartete dort die Ankunft des Führers. Hitler kam bald mit größerem Gefolge herauf, und als er mich dort stehen sah, schritt er auf mich zu und streckte mir die Hand zur Begrüßung entgegen. Er sagte dabei kein Wort, nur ich konnte wieder, wie z. B. bei Berchtesgaden, mit einiger Verwunderung ein gewisses unsicheres Auftreten und den unruhigen Blick seiner verschleierten Augen bemerken. Er ging dann mit Göring, Großadmiral Raeder und der Gräfin Brandenstein-Zeppelin zur Taufkanzel hinauf. Ich schwankte, ob ich folgen solle, drei, vier Sekunden lang, und entschloß mich dann, nicht mit hinaufzugehen. Die Menge jubelte und winkte Hitler zu, als er oben sichtbar wurde, und sein Adjutant kam zu mir und bedeutete mir, daß ich auch hinaufgehen müsse. Ich erwiderte kurz: »Ich sehe hier alles sehr gut« und blieb unten. Sicherlich hatte ich mir damit die Gunst des »Führers«, *wenn* eine solche überhaupt je in Frage kommen konnte, wieder verscherzt, und ich konnte das alsbald bei einem kleinen nachfolgenden Frühstück an Bord eines Aviso erfahren.

Ich hatte da meinen Tischplatz neben dem General von Brauchitsch in unmittelbarer Nähe Hitlers, aber er richtete kein Wort an mich und streifte mich nur hin und wieder mit einem flüchtigen Blick. So war ich also hoffnungslos in Ungnade, aber ich fühlte mich nicht unglücklich darüber und habe mich nur darüber gewundert, daß man mich weiterhin ungeschoren ließ, denn der Grund dafür wurde mir erst später durch den Professor Sauerbruch bekannt. Aber wenn ich auch nicht, wie so viele Tausende anderer Mißliebiger, in einem Konzentrationslager verschwand, so war und blieb ich doch in der Öffentlichkeit verschwunden, denn die Presse des Herrn Goebbels schwieg mich weiterhin konsequent tot. Das zeigte sich z. B. darin, daß die Presse keine Notiz davon nehmen durfte, als mir zu meinem siebzigsten Geburtstag im August 1938 von Hitler überraschenderweise der Titel »Professor« und als mir im gleichen Jahre von der britischen Royal Aeranautical Society die Goldmedaille als erstem Ausländer verliehen wurde.

So ging das Jahr 1939 für mich ohne weitere Belästigungen von seiten der Partei hin. Wir konnten einige Probefahrten mit dem neuen, im Frühjahr 1939 fertiggestellten »Graf Zeppelin« ausführen, aber eine Wiederaufnahme des transatlantischen Verkehrs war unmöglich, weil uns Helium ferner vorenthalten wurde.

Am 1. September brach dann der Krieg aus. Drei Tage später erinnerte sich da plötzlich das Propagandaministerium wieder meines Vorhandenseins und stellte mir, wie nebenbei auch dem aus öffentlichem Dienst schon seit Beginn des Jahres entfernten Hjalmar Schacht, die Aufforderung zu, ich möge über Kurzwellen zum amerikanischen Volk sprechen und eine Erklärung abgeben, daß es sich bei dem Einmarsch in Polen nur um eine Züchtigung Polens für Gewalttaten gegen Deutsche, nicht aber um den Beginn eines weitergehenden Krieges handle.

Eine groteske Zumutung! Ich sprach mit Dr. Schacht darüber, und wir lehnten beide ab. Wie mir das bekommen wäre, angesichts der zu jener Zeit auf den Gipfel gestiegenen Rücksichtslosigkeit und Nervosität der Machthaber, ist schwer zu sagen; aber unser amerikanischer Botschafter, Herr Dickhoff, der sich schon länger in Berlin befand, wußte das Propagandaministerium davon zu überzeugen, daß es unklug sei, mich jetzt durch notgedrungene erlogene Erklärungen beim amerikanischen Volk zu diskreditieren, da man mich später einmal vielleicht für bessere Dienste brauchen könne. So ließ man von mir ab.

Während des Krieges wurden Zumutungen irgendwelcher Art an mich nicht gestellt. Militärs und Politiker hatten allein das Wort. Natürlich wurde unser Betrieb, der »Luftschiffbau Zeppelin«, allmählich mehr und mehr unter dem Kriegsgesetz in die Rüstungsproduktion einbezogen. Dagegen gab es keinen Einspruch, und schon mit Rücksicht auf die Belegschaft war auch eine Weigerung unmöglich.

Wer etwas anderes behauptet, ist ein Heuchler oder verkennt die Zwangslage, in der sich ein Leiter großer Werke befindet. Aber ich möchte überdies offen aussprechen, daß von dem Augenblick an, wo der unselige Krieg einmal erklärt war, jeder deutschgesinnte Leiter irgendeines Betriebes helfen mußte, diesen Krieg zu gewinnen, um die Katastrophe zu vermeiden, in die wir jetzt hineingeraten sind. Eine andere Handlungsweise wäre einfach Landesverrat gewesen.

Ich möchte dieses Kapitel nicht schließen, ohne den Worten der Erinnerung an eine vergangene Zeit noch einige hinzuzufügen, die meine Erlebnisse in der Gegenwart betreffen. Ich wurde, wie man vielleicht gelesen hat, im Januar des Jahres 1948 in der Weise »denazifiziert«, daß man mich zu 100 000 RM Geldstrafe und Verlust der bürgerlichen Ehrenrechte für die Dauer von fünf Jahren verurteilte. Die Begründung dieses Urteils, das ich nur im Regierungsblatt veröffentlicht las, ist mir nie mitgeteilt worden; nur las ich in amerikanischen Zeitungen, daß ich als »Parteimitglied und Nutznießer« verurteilt sei. Beides ist unwahr.

Ich war weder je Parteimitglied noch Nutznießer und verdiente als Angestellter während der ganzen Zeit der Hitlerherrschaft nicht mehr als vorher. Kluge und kundige Leute wollten wissen, daß ich als sogenannter »Wehrwirtschaftsführer« oder einfach als Direktor eines Werkes, das Kriegsbedarf herstellte, bestraft sei. Nun ist es aber so, daß die, wie ich selbst, von einer Rüstungsinspektion zu Wehrwirtschaftsführern ernannten Männer der Industrie diesen Titel nicht für Verdienste um die Aufrüstung erhielten, vielmehr als sachverständige, besonnene Berater der Rüstungsinspektionen gegenüber den vielfach phantastischen und demagogischen Vorstellungen und Treibereien gewissenloser Kriegshetzer gedacht waren, also als eine Art Bremse für die leichtfertige Kriegspolitik. So hat es der Generalfeldzeugmeister, General Thomas, der Schöpfer der Institution der »Wehrwirtschaftsführer«, selbst öffentlich bekundet. Übrigens aber sind diese WWF so gut wie nie gehört worden, weil die Gewaltherrscher über sie hinwegsahen. Und was den Vorwurf der Leitung eines für den Kriegsbedarf produzierenden Werkes angeht, so könnte man mit dieser Begründung jeden Handwerker oder Kartoffelbauern bestrafen.

Wer meine Ausführungen in diesem Kapitel gelesen hat, wird es verstehen, daß ich über meine Bestrafung lachte, und so lachten darüber alle, die mich kannten, soweit sie nicht überflüssigerweise sich darüber entrüsteten. Überflüssigerweise! Denn wer nimmt die Säuberungsurteile noch ernst? Es erübrigt sich, über diesen heute hoffentlich völlig abgetanen Spuk, der auch von seiten der Alliierten mehr belacht und verurteilt als ernst genommen wird, noch viel zu sagen. Aber eine Kleinigkeit möchte ich doch aus meinen persönlichen Erfahrungen zu diesem Thema beibringen: Die Träger dieses Spuks zerfallen im wesentlichen in zwei Klassen: Die eine wird gebildet von den Denunzianten, die irgendeinen persönlichen Vorteil, etwa eine durch eine Verurteilung frei werdende Stelle, eine Belohnung durch einen interessierten Dritten oder eine Befriedigung persönlichen, oft politischen Hasses anstreben. Sie wirken wie s. Z. die gewerbsmäßigen Denunzianten im alten Athen, die das Gemeinwesen völlig demoralisierten und zum Untergang reif machten. Die zweite, zahlreichere Klasse wird gebildet von Fanatikern, die eine Art geistiger Krankheit repräsentieren, wie etwa die Flagellanten im Mittelalter. Sie wittern überall Schuld und Sünde und Verderbnis und geißeln in heiligem Zorn, nicht etwa, wie die Flagellanten, sich selbst, sondern das Volk, um es seine Schuld sühnen zu lassen. Ihrem pharisäischen Eifer genügt es zur Verurteilung schon fast, wenn einer nicht im Konzentrationslager gesessen hat und daß er ein nationalgesinnter Deutscher ist. Die Fanatiker unter unseren Feinden schauen natürlich mit Entzücken auf diese Selbstzerfleischer. Aber Fanatismus hat nie etwas Gutes gebracht und wird es auch letzten Endes diesen feindlichen Fanatikern nicht bringen.

Der »Hindenburg«

Die Gründung der »Deutschen Zeppelin-Reederei«, die am 25. März 1935 durch Luftfahrtminister Göring, wie ich schon sagte, vollzogen wurde, faßte ich innerlich fast als den Abschluß meiner Tätigkeit im Zeppelinverkehrsdienst auf, und ich dachte ernsthaft daran, mich vollständig aus dem Fahrtenbetrieb zurückzuziehen. Denn in einem Pionier- und Versuchsunternehmen, wie unser Betrieb es war, müssen Planung und Durchführung in einer Hand liegen, die die Verantwortung für das aufgestellte Programm und für alle Expeditionen frei auf sich nimmt. Der technische Geschäftsführer und Fahrtenleiter der Zeppelin-Reederei mußte freie Hand in der Ausarbeitung und Ausführung seines Programms haben, und das war ich nicht mehr, sondern Kapitän Lehmann. Ich war zum Aufsichtsratvorsitzenden »degradiert«, und ein solcher kann nur dann vielleicht bestimmenden Einfluß auf einen Luftfahrbetrieb nehmen, wenn es sich um Durchführung eines Verkehrsplanes handelt, der durch eine längere Praxis sich als durchaus gesichert, sozusagen als problemlos erwiesen hat. Waren wir aber schon so weit?

Bezüglich der Südamerikafahrten konnte man das vielleicht sagen, da zu dem gegebenen Zeitpunkt bereits fünfunddreißig solcher Fahrten ausgeführt waren; aber es stand jetzt ein ähnlicher regelmäßiger Verkehrsdienst nach Nordamerika auf unserem Programm, und die Wetterverhältnisse auf dem sturm- und böenreichen Nordatlantik mußten von uns noch erst näher erprobt werden. Sollte, durfte ich diese Erprobung einem andern überlassen? Gewiß waren sowohl Kapitän Lehmann selbst, der neubestellte Fahrtenleiter der Zeppelin-Reederei, als auch seine vornehmsten Mitarbeiter außerordentlich tüchtige und erfahrene Luftschiffer; aber Luftschiffführen ist, wie ich schon einmal bemerkte, in starkem Maße Charaktersache. Man muß oft auch »Nein« sagen können, und das ist oft schwerer als ein »Ja«. Es ist wohl besonders schwer, wenn eine fortgesetzte Reihe glänzender Erfolge vorliegt und ein Nein vielleicht als ein Mangel an Selbstvertrauen und Mut gedeutet werden könnte.

So war ich in einer recht unentschlossenen und unbehaglichen Stimmung und schwankte, was ich tun sollte. Schließlich aber rang ich mich zu dem Entschluß durch, nicht – etwa mit Rücksicht auf mein Alter von siebenundsechzig Jahren oder unter Hinweis auf die angestrengte Tätigkeit während der letzten zehn Jahre – »aus Gesundheitsrücksichten« mich von der aktiven Betätigung im Fahrdienst zurückzuziehen, sondern im Interesse der von mir bisher verantwortlich geführten Sache weiterhin im Verkehrsdienst zu bleiben, selbst als ein »fünftes Rad am Wagen«, und persönlich in den Betrieb als verantwortlicher Führer einzugreifen, wo und wann es mir wünschenswert erschien, selbst auf die Gefahr von Kompetenzkonflikten hin, die sich dann auch wirklich sehr bald einstellten.

Was hatten wir bisher erweisen und erreichen können, und was war weiterhin zu erweisen und zu tun? Der »Graf Zeppelin« hatte, wenn man das Jahr 1935, in dem die Gründung der Zeppelin-Reederei erfolgte, voll einrechnet, im ganzen 500 größere und kürzere Fahrten ausgeführt und damit die Legende von der Zerbrechlichkeit und schweren Landefähigkeit des Starrluftschiffes gründlich widerlegt. Er hatte mehr als 100 Ozeanüberquerungen gemacht, darunter 48 Fahrten nach Südamerika und zurück in der Form eines regelmäßigen Fahrplandienstes, und hatte im ganzen rund 1,3 Millionen Kilometer zurückgelegt, hatte 16 200 Passagiere und 200 000 Kilogramm Post und Fracht befördert. Er hatte einen transozeanischen Luftverkehr aufgebaut, zu einer Zeit, wo Flugzeuge noch nicht in der Lage waren, einen solchen auszuführen, und damit das Luftschiff zum ersten Erfüllen eines uralten Wunschtraumes der Menschheit gemacht. Er hatte es schließlich erreicht, daß der Staat sich der Luftschiffsache tatkräftig annahm, zu einem Zeitpunkt, wo gerade auch das Flugzeug für einen Langstrecken- und Ozeanverkehr reif zu werden begann.

Darin lag eine gewisse Ironie, denn wenn das Luftschiff bereits zwölf Jahre früher diese staatliche Förderung erhalten hätte, so hätte Deutschland während dieser zwölf Jahre das Monopol eines transatlantischen Luftverkehrs vermittels seiner Zeppeline ausüben können. Jetzt aber konnte man sich denken und dachte ich selbst in der Tat, daß die Geschichtsschreibung der Luftfahrt einmal zu folgendem Urteil kommen würde: »Die Zeppelinepoche konnte in der Entwicklung der menschlichen Luftfahrt nur eine verhältnismäßig sehr kurze Episode sein, aber die maßgeblichen Kreise der deutschen Luftfahrt haben es versäumt, diese Episode rechtzeitig zum Leben zu bringen und auszunutzen.«

Dieses war in erster Linie das, was wir bisher erreicht und geleistet hatten. Aber wir hatten noch etwas anderes erreicht. Es war uns ergangen wie dem biblischen König Saul, dem Sohne des Kis, von dem es in der Heiligen Schrift heißt: »Er zog aus, um die Eselinnen seines Vaters zu suchen, und fand ein Königreich.« Wir hatten unsere Amerikareisen unternommen, um die Tüchtigkeit und Verwendbarkeit des Zeppelins zu beweisen, und wir hatten dabei zugleich moralisch-politische Erfolge für das noch halbgeächtete deutsche Volk erzielen können, die in ihrer Tragweite und ihrem Wert vielleicht höher einzuschätzen waren als die luftfahrttechnischen Ergebnisse.

In welchem Sinne sollten wir jetzt weiterarbeiten? Es war klar, daß wir weitere moralisch-politische Erfolge im Ausland nicht würden erzielen können. »Das Eis war gebrochen« in dieser Beziehung, wie es einmal der Bürgermeister von Detroit bei einem Empfange im Jahre 1924 ausgedrückt hatte. Jetzt hatte es nur die deutsche Regierung in der Hand, die Haltung des Auslandes gegenüber Deutschland weiter zu verbessern. Und leider sah es im Jahre 1935 nicht so aus, als ob dieses geschehen würde. Aber wir mußten und konnten unsere *fahrtechnischen* Erfolge vergrößern. Wir mußten die Leistung und die Anziehungskraft des Luftschiffes steigern. Hierfür gab es nur einen Weg: wir mußten die Geschwindigkeit, die Bequemlichkeit und die Sicherheit des Reisens mit dem Luftschiff erhöhen.

Das ließ sich aber in der Hauptsache nur durch den Bau eines größeren Schiffes erreichen. Die Maße des »Graf Zeppelin« waren durch die Größe unserer Bauhalle und die Höhe der uns zur Verfügung stehenden Geldmittel bestimmt worden. Jetzt hatten wir eine größere Bauhalle und durften auf weitgehende finanzielle Unterstützung durch das Reich rechnen. So hatten wir denn schon im Jahre 1934 den Bau eines Schiffes begonnen, das unseren Vorstellungen und Wünschen in bezug auf Geschwindigkeit und Größe und damit auch auf Wirtschaftlichkeit besser entsprach als der unzulängliche »Graf Zeppelin«.

Der »Graf Zeppelin« hatte bei sehr starker Schonung der Maschinen, die wir zu üben pflegten, eine Marschgeschwindigkeit von 115 bis 120 Kilometern in der Stunde. Die Reisegeschwindigkeit über dem Boden oder dem Meeresspiegel betrug dabei im Durchschnitt, bei bald fördernden, bald hemmenden Winden, rund 100 Kilometer in der Stunde. Wir wünschten, die Marschgeschwindigkeit auf etwa 135 Kilometer und damit die durchschnittliche Reisegeschwindigkeit auf etwa 115 bis 120 Kilometer zu steigern, denn das bedeutete eine Verkürzung der Fahrzeit nach Nordamerika oder Rio de Janeiro um rund einen halben Tag, nämlich bei normaler Wetterlage von 2½ auf 2 oder von 4 auf 3½ Tage. Die ersten überschläglichen Berechnungen schon ergaben, daß das neue, größere Schiff fast eine doppelt so große Maschinenstärke und für die gegebenen Strecken einen reichlich um die Hälfte größeren Betriebsmittelverbrauch als der »Graf Zeppelin« haben würde.

Wir wollten aber auch eine größere Sicherheit erreichen, und zwar dadurch, daß wir an Stelle der Benzinmotoren künftig Rohölmotoren verwendeten und daß wir ferner als Traggas Helium an Stelle des sehr feuergefährlichen Wasserstoffs benutzten, *wenn* wir Helium von den Vereinigten Staaten erhalten könnten, was aber leider noch nicht der Fall war. Schließlich noch wollten wir die Zahl der Betten von den zwanzig, die der »Graf Zeppelin« hatte, auf fünfzig erhöhen und die ganze Anlage der Passagierabteilung erheblich geräumiger und bequemer machen, mit weiten Räumen für den Tagesaufenthalt und für Bewegung an Bord.

Die genaueren Durchrechnungen zeigten, daß zur Erfüllung aller dieser Anforderungen das neue Schiff das doppelte Volumen des »Graf Zeppelin«, rund 200 000 cbm statt 100 000 cbm Inhalt, erhalten müßte, wenn wir mit Helium als Traggas anstatt mit dem viel. leichteren Wasserstoff rechneten. Und unter dieser Voraussetzung wurde das Schiff in der Tat in Bau genommen. Es wurde für dasselbe von vornherein der Name »Hindenburg« gewählt, und es ist ein Irrtum, wenn später geschrieben wurde, ich sei in Ungnade gefallen, weil ich mich geweigert habe, das Schiff »Hitler« zu taufen. Ich weiß, daß liebedienerische Leute in der Umgebung Hitlers diesen zu bestimmen suchten, das Schiff auf seinen Namen taufen zu lassen, daß aber Hitler selbst aus gewissen abergläubischen Vorstellungen heraus es ablehnte: der eventuelle Verlust eines Luftschiffes »Hitler« sollte nicht als ein böses Omen gedeutet werden können. Vorsicht ist, wie man so schön witzelt, die »Mutter der Porzellanmanufaktur«.

Der »Hindenburg« sollte neben einer Betätigung im Südamerika-Dienst in der Hauptsache die Aufgabe haben, einen regelmäßigen Verkehr nach Nordamerika durchzuführen, und wir setzten deshalb zunächst einmal zehn Fahrten dorthin auf das Programm für das Jahr 1936. Dafür brauchten wir die Erlaubnis der Regierung der USA, die Marinehalle in Lakehurst für diese Fahrten benutzen zu dürfen. Dem stand aber eine gesetzliche Bestimmung im Wege, nach der fiskalische Docks und dergleichen Einrichtungen von kommerziellen Unternehmungen nicht regelmäßig benutzt werden durften. Demgemäß erhielten wir auf unsere erste Anfrage beim Navy Department, dem die Halle in Lakehurst gehörte, die Antwort, daß »man uns zwar bei früheren Fahrten bisher die Erlaubnis zu Landungen auf dem Marineplatz Lakehurst gegeben habe, aber nur, weil es sich um ausgesprochene Versuchs- und Pionierfahrten gehandelt habe, an denen die Navy starkes Interesse gehabt habe, daß man die Halle aber nicht für einen Betrieb ausgesprochen kommerziellen Charakters zur Verfügung stellen könne. Nur der Präsident der USA könne eine Ausnahme zulassen, wenn er einen Versuchscharakter der Fahrten anerkennen wolle«.

Ich war sehr enttäuscht. Sollte ich in diesem Bescheid das Zeichen einer reservierten Haltung gegenüber dem inzwischen entstandenen Nazi-Deutschland sehen? Ich beschloß, nach Washington zu fahren, um eine Audienz beim Präsidenten Roosevelt zu erbitten und ihn von dem Versuchscharakter der geplanten zehn Fahrten zu überzeugen.

Ende Februar 1936 kam ich in Washington an und bat hier unseren Botschafter, Herrn Hans Luther, mir in der üblichen Weise eine Audienz beim Präsidenten zu erwirken. Die von dem Privatsekretär Roosevelts, Mr. McIntyre, gegebene Antwort besagte, daß der Herr Präsident mir zu seinem Bedauern »vorerst« eine Audienz in der angegebenen Angelegenheit nicht gewähren könne angesichts der klaren gesetzlichen Bestimmungen. Ich wartete ein paar Tage vergeblich auf einen günstigeren Bescheid und fing schon an, die Hoffnung sinken zu lassen. Da suchte mich in meinem Hotel ein reicher Amerikaner auf, mit dem ich mich angefreundet hatte.

Er hatte die sogenannte »Weltfahrt« mitgemacht und später eine Südamerikafahrt und war ein begeisterter Zeppelin-Freund geworden. Sein Vater war als Angler ein alter Sportsfreund des Präsidenten gewesen, und er selbst kannte diesen persönlich recht gut. So wollte er versuchen, den Präsidenten zu überreden, mich anzuhören. Am nächsten Mittag kam er aus dem Weißen Hause zu mir und meldete mir: »Der Präsident will Sie morgen um fünf Uhr sehen, aber ohne den ›old gentleman‹.« Mit diesem »old gentleman« war unser Botschafter gemeint, der nach der üblichen Etikette mich als einen Ausländer bei Präsidentenaudienzen zu begleiten hatte. Die Audienz sollte in der Form einer »Einladung zum Tee« vor sich gehen. Kurz nachdem ich diese Mitteilung von meinem Freund erhalten hatte, rief mich unser Botschafter an und sagte: »Der Präsident will Sie morgen um fünf Uhr sehen. Aber ohne mich!« Dieses »aber ohne mich« klang etwas entrüstet oder betroffen. Mit Recht! Ich mußte mich aber wieder fragen, ob das offizielle Deutschland schon so unbeliebt geworden sei.

Ich war schon mehrfach im Weißen Haus empfangen worden, zweimal vom Präsidenten Coolidge, im Jahre 1924 und 1928, und einmal vom Präsidenten Hoover, im Jahre 1929 nach der Weltfahrt. Den Präsidenten Roosevelt kannte ich noch nicht, und ich war sehr gespannt, aus eigener Anschauung ein Bild von dieser zweifellos sehr starken Persönlichkeit zu empfangen, über die die Meinungen natürlich schon damals sehr verschieden lauteten. Er empfing mich sitzend, infolge seiner Gelähmtheit fest hinter seinen großen Schreibtisch gebannt, mit den hergebrachten Redewendungen: »Hallo, Dr. Eckener! Wie geht es Ihnen? Ich freue mich, Sie persönlich kennenzulernen« und ähnlichen Worten mehr. Das waren die konventionellen Phrasen, aber sie wurden mit solcher Wärme und mit einer so sympathischen sonoren Stimme vorgebracht, daß sie ganz den Charakter des Phrasenhaften verloren und echt aus dem Herzen zu kommen schienen. Man mußte sich des oft gerühmten Zaubers seiner Person, der ihm zu Gebote stand, sofort bewußt werden.

Nach einigen weiteren Fragen und Bemerkungen, die sich anerkennend über die Fahrten des »Graf Zeppelin« ausließen, kam er dann plötzlich auf den Zweck meiner Audienz mit den Worten: »So, und jetzt wollen Sie fahrplanmäßige Fahrten über den Nordatlantik machen?«

»Jawohl, Herr Präsident, das möchte ich.«

»Ich muß Ihnen offen sagen: Ich glaube nicht, daß Sie das können.«

»Ich glaube, daß wir das wohl können; ich bin sicher, daß wir es können.«

»Ich bin sehr zweifelhaft. Ich bin ein alter Seemann (I am an old sailor) und ich weiß, was der Nordatlantik bei schlechtem Wetter bedeutet.«

Nach einigen weiteren Versicherungen meinerseits, daß ich die Tücken des Nordatlantik schon zu kennen glaube, sagte Roosevelt dann: »Nun, und was kann ich tun, Ihnen zu helfen?«

»Ich möchte bitten, uns die Halle in Lakehurst wieder für die zehn Fahrten zur Verfügung zu stellen.«

Nach kurzem Besinnen sagte Roosevelt dann: »Gut, die sollen Sie haben! Die Frage interessiert mich. Gehen Sie morgen zum Staatssekretär der Navy und besprechen Sie mit ihm das Weitere!«

Er entließ mich dann mit der Versicherung, daß er mir gern helfen wolle, wo er könne, und daß er mir guten Erfolg wünsche. In der Tat darf ich sagen, daß er sein Wort hielt und mir geholfen hat, solange die politische Lage es irgend gestattete. Ich wurde in den nächsten zwei Jahren noch dreimal von ihm empfangen und empfing von ihm bis zuletzt nur Beweise seiner freundlichen Gesinnung für mich und meine Bestrebungen. Darüber später mehr.

Im Navy Department empfing mich am nächsten Morgen in Vertretung des krankheitshalber beurlaubten Staatssekretärs Edison, eines Sohnes des berühmten Erfinders Thomas Edison, der Admiral Lahy, der später im Kriege als der Vertreter der USA in Vichy bekannt wurde. Er war ausnehmend freundlich und sagte gleich: »Guten Morgen, Dr. Eckener! Ich bin schon orientiert, weswegen Sie kommen. Hier auf meinem Tisch liegt eine Mitteilung des Präsidenten, daß Sie in Lakehurst landen dürfen und daß wir Ihnen die notwendige Landemannschaft stellen sollen. Wieviel Leute brauchen Sie denn?«

Ich sagte, daß wir gern 100 bis 120 Mann haben müßten für den Fall ungünstigen Wetters beim Ein- und Ausbringen des Schiffes.

»Gut!« meinte der Admiral, »ich werde 250 Mann nach Lakehurst legen. Augenblicklich ist es nur von wenigen Leuten belegt.«

Ich war ebenso überrascht wie erfreut über dieses großartige Entgegenkommen, das ich wohl ebenso sehr dem Wohlwollen des Präsidenten wie dem Interesse der Navy an dem Experiment transatlantischer Luftschiffahrten zu verdanken hatte.

Anfang März war ich wieder in Friedrichshafen, wo inzwischen der »Hindenburg« fertiggestellt war und eben die erste Probefahrt machen sollte. Das Schiff sollte nach befriedigender Durchführung der Probefahrten, wozu eine mindestens zehnstündige Fahrt mit äußerster Maschinenkraft zur Erprobung der neuen Rohölmotoren gehören sollte, dann schon am 31. März eine Reise nach Rio de Janeiro antreten, für die etwa vierzig Passagiere gebucht waren. Mitten in diese Probefahrten platzte da, wie ich schon erzählte, ein Befehl des Reichsluftfahrtministeriums hinein, beide Schiffe, den alten »Graf Zeppelin« und den eben fertiggestellten »Hindenburg«, am 26. März auf eine dreitägige Wahlpropagandafahrt durch Deutschland zu schicken. Der Herr Reichspropagandaminister Dr. Goebbels hatte dieses gewünscht. Ich habe über diesen Befehl und über den heftigen Konflikt, in den er mich mit dem Herrn Joseph Goebbels brachte, im vorigen Kapitel eingehend berichtet.

Wir traten dann die Reise nach Südamerika planmäßig an, ohne die Motorenerprobung in einer so gründlichen Weise durchgeführt zu haben, wie wir es ohne die befohlene Wahlpropagandafahrt hätten tun können und wollen, da nach Rückkehr von dieser Fahrt zuerst die beim unsinnigen Herausbringen des Schiffes eingetretene Beschädigung am Heck gründlich repariert werden mußte. Fast hätte dieses, wie ich jetzt erzähle, den Verlust des Schiffes auf seiner ersten transatlantischen Reise herbeigeführt. Ich bin nicht abergläubisch, aber ich konnte mir nicht helfen: Der Wunsch der innerpolitischen Verwendung des Schiffes in nationalsozialistischem Parteiinteresse, den Herr Goebbels dem Schiff wie eine böse Fee sozusagen als Geschenk in die Wiege gelegt hatte und der gleich zu der noch glimpflich abgegangenen Havarie führte, erschien mir wie ein böses Omen für das Geschick des Hindenburg«. Und es sollte so werden, schon auf der ersten Reise.'

Die Fahrt nach Rio verlief zunächst in außerordentlich befriedigender Weise. Das Wetter war schön und das Schiff entsprach vollauf den Erwartungen, die wir in dieses erste genügend leistungsfähige transatlantische Passagierluftfahrzeug gesetzt hatten. Es zeigte die erhoffte Fahrtgeschwindigkeit, lag wundervoll ruhig in der Luft und entzückte die Fahrgäste durch den Komfort, den es in den geräumigen Speise- und Aufenthaltsräumen bot. Die langen Gänge an den hohen Fensterreihen rechts und links gewährten Bewegungsmöglichkeit und einen unbehinderten Ausblick auf Meer und Himmel. Besonders geschätzt war aber die gemütliche Rauchkabine mit Bar, in der sich namentlich vor dem Mittag- und Abendessen ein reges und vergnügtes Treiben entfaltete. Ich persönlich war in recht guter Laune und Stimmung, die ich mir auch kaum durch die mysteriösen Meldungen über die »Krankheit« stören ließ, die mich befallen haben sollte und über die ich schon im vorigen Kapitel berichtete.

Aber eine kleine Trübung meiner guten Stimmung trat doch ein, als mitten über dem Ozean, kurz hinter den Kapverdischen Inseln, der eine unserer vier 1000pferdigen Dieselmotoren aussetzte. Er war plötzlich mit einem harten Schlag stehengeblieben. Nun war das ja nichts Beunruhigendes, denn so etwas war immer einmal vorgekommen, und wir hatten noch drei Motoren, die einwandfrei liefen. Nicht gerade erfreulich war es aber, als mir nach etwa zwei Stunden gemeldet wurde, daß der Schaden recht erheblich und die Maschine während der Fahrt

Reisekomfort an Bord von LZ 129 »Hindenburg« Passagiere vor den Panoramafenstern an der Steuerbord-Promenade.

nicht wieder in Gang zu bringen sei. Es war an einer angelenkten Pleuelstange der Verbindungsbolzen gebrochen, und ein neuer Bolzen konnte erst in Rio gedreht werden. Wir hatten also unsere Reise mit drei Motoren zu vollenden, die uns immerhin eine Geschwindigkeit von fast siebzig Seemeilen gaben, so daß wir in vier Tagen die Reise bis Rio durchführen konnten.

In Rio wurde der Motorschaden, so gut es ging, behoben, während wir die sonderbaren Erlebnisse hatten, über die ich im vorigen Kapitel in anderem Zusammenhang berichtete. Nach zwei Tagen traten wir die Rückfahrt an, wieder mit etwa vierzig Passagieren. Der reparierte Motor schien befriedigend zu laufen, aber wir wagten doch nicht, ihn mit mehr als halber Kraft zu gebrauchen. So liefen wir sozusagen auf dreiundeinhalb Beinen statt auf vieren los. Es ging gut, bis wir zu den Kapverdischen Inseln gelangten, gerade bis zu der Gegend, wo der Nordostpassat einsetzte, gegen den wir etwa bis Gibraltar anzurennen hatten. Er war an dem Tage besonders kräftig und stand uns mit vierzehn Metersekunden entgegen. Gerade als wir dieses mit einigem Bedauern festgestellt hatten, setzte wieder ein Motor aus, ein anderer. Sehr schnell wurde nun gefunden, daß er die gleiche Panne erlitten hatte wie der erste, der auf der Hinfahrt aussetzte: Bruch des Verbindungsbolzens.

Jetzt war die Situation sehr kritisch! Offenbar steckte, an der Bruchstelle ein schwacher Punkt im Motor, und man mußte befürchten, daß weitere Maschinen ausfallen könnten. Es gab zunächst nur ein Mittel dagegen, nämlich die Motoren etwas abzudrosseln. Damit kamen wir aber, da schon der eine Motor nur mit halber Kraft lief, auf eine Eigengeschwindigkeit von knapp sechzig Seemeilen herunter, und wir hatten gegen einen Passat von vierzehn Metersekunden, also von fast dreißig Seemeilen, eine Strecke von tausend bis zwölfhundert Seemeilen zu durchkämpfen, wobei wir nur mehr mit etwa achtundzwanzig Seemeilen über dem Meeresspiegel vorwärtskamen. Wir würden also, wenn keine weiteren Schäden eintraten, vierzig bis fünfundvierzig Stunden bis zur Erreichung der Passatgrenze zu laufen haben, und wir würden fast auf eine Vorwärtsbewegung von Null herunterkommen, wenn noch ein weiterer Motor ausfallen sollte.

Unter uns die offene See, zur Rechten die öde der Wüste Sahara und – fünfundsiebzig Menschen im Schiff! Eine sehr, sehr ernste Situation! Und die Passagiere ahnten nichts davon und durften es nicht. Ich rechnete mit Bestimmtheit mit weiterem Motorenausfall, wenn wir die Maschinen volle Kraft laufen ließen, mußte also halbe Kraft fahren, um wenigstens ein manövrierfähiges Schiff zu behalten. Was tun? Ich erwog schon den Gedanken, zu versuchen, mit dem Passat bis Recife zurückzulaufen, wo wir in Ruhe reparieren konnten. Aber selbst wenn wir hinkamen, konnten wir den schwachen Punkt im Motor dort gründlich beseitigen? Das war bei der Art des schwachen Motorteiles so gut wie ausgeschlossen.

Ich erwog den Gedanken, ganz nahe an die afrikanische Küste hinüberzufahren, um im Notfall, d. h. beim Ausfall eines weiteren Motors, das Schiff kurzerhand in der Wüste auf das Land zu setzen, ehe wir von dem Passat in das Meer hinausgetragen würden. Das würde zwar die Rettung der fünfundsiebzig Passagiere, aber den Verlust des Schiffes bedeutet haben. Ich gestehe, daß ich kaum je mich in einer so tiefen seelischen Not fühlte wie in diesen Stunden des Schwankens und der Ratlosigkeit. Das Bild, das ich im Geiste als ein sehr wahrscheinliches vor Augen sah, war eine Schar von fünfundsiebzig Menschen, die durch den glühenden Sand der Sahara einer Eingeborenensiedlung zustrebten, zum Glück mit Proviant und Wasser, das wir aus dem Schiffswrack hätten herausbringen können.

Und hier kam uns etwas zu Hilfe, was man als »Wunder« zu bezeichnen einiges Recht hat: Wir wollten versuchen, ob wir über den Passat oben hinaus kommen könnten. Über dem Nordostpassat weht fast immer der sogenannte Gegenpassat aus westlicher Richtung. Er liegt fast immer in einer Höhe von fünfzehn- bis achtzehnhundert Metern, und wir hatten ihn nie in geringerer Höhe angetroffen. Wir waren aber noch so schwer mit Betriebsmitteln beladen, daß wir kaum höher als tausend bis zwölfhundert Meter hoch steigen konnten, ohne allzu schwer zu werden. Sollten wir das fast unwahrscheinliche Glück haben, schon in dieser Höhe in den Gegenpassat zu kommen? Wir stiegen auf achthundert, neunhundert, tausend Meter. Immer noch der gleiche Nordostpassat! Wir kamen auf elfhundert Meter, und wer beschreibt unsere Freude, als wir hier Nordwestwind antreffen! Es war zwar kein eigentlicher Gegenpassat, aber immerhin an Stelle des direkten Gegenwindes ein Seitenwind von nur acht bis zehn Metersekunden, der uns mit einer Geschwindigkeit von etwa siebzig bis fünfundsiebzig Seemeilen in der Richtung auf Gibraltar vorankommen ließ, also mit etwa der doppelten Geschwindigkeit, wie der Nordostpassat in den tieferen Lagen der Atmosphäre.

Die Ursache dieser anormalen Wetterlage lag darin, daß, wie wir später aus einem Wetterbericht entnahmen, ein (ganz seltenes!) Tiefdruckgebiet über die Kanarischen Inseln hinweg auf die afrikanische Küste zu vordrang. Wir durften also sogar damit rechnen, daß wir bei weiterem Vorrücken nach Norden ein günstiges Drehen des Windes in westliche Richtung erleben würden.

So kam es in der Tat, und wir liefen nun in zwanzig Stunden von den Kapverden bis an die Straße von Gibraltar. Die sehr geschonten Motoren hatten ausgehalten, und als wir so gut wie gesichert im Mittelmeer waren, wo Land ringsum sich breitete, da hatten wir noch die Genugtuung, einen dritten Motor wieder voll zum Laufen zu bringen, nach dreißigstündiger aufopfernder Arbeit der braven Maschinisten, so daß wir auf drei Beinen nach Hause kamen.

Wir hatten Glück gehabt, aber auch Dr. Goebbels, der die gründliche Maschinenerprobung verhindert hatte. Die kritische Stelle im Motor wurde jetzt gründlich geprüft und von den Daimler-Werken abgeändert, und als wir etwa vier Wochen später die Reihe der fahrplanmäßigen Fahrten über den viel tückischeren Nordatlantik in Angriff nahmen, da wußten wir, daß wir uns jetzt wenigstens auf die vortrefflichen Rohölmotoren verlassen konnten. Und damit wurden diese Fahrten ein voller Erfolg, technisch und auch wirtschaftlich.

Was diese letzte Seite angeht, so ist aufschlußreich die bloße Zahlenangabe, daß der »Hindenburg« auf den vorgesehenen zehn Fahrten hinüber und herüber 1006 Passagiere beförderte, also reichlich fünfzig im Durchschnitt auf jeder Fahrt. Da das Schiff fünfzig Betten hatte, so ergibt sich daraus, daß es jedesmal reichlich ausverkauft war. »Reichlich« ausverkauft konnte es nur sein, weil wir ein paar Notkabinen eingebaut hatten, um der Platznachfrage zu genügen, die in der Tat auf mehreren Fahrten auf mehr als hundert stieg. So mußten wir uns dazu entschließen, im Winter 1936/37 noch zwanzig Kabinen neu einzubauen. Wir konnten es, weil das Schiff mit nur fünfzig Betten für eine Heliumtraggasfüllung berechnet war, auf die wir aber leider damals noch verzichten mußten. Mit Wasserstofffüllung trug das Schiff wenigstens fünfzehn Tonnen mehr, und das hätte für weitere fünfzig Passagiere gereicht, denn das Gewicht eines Passagiers wurde von uns alles in allem, einschließlich Verpflegung, Waschwasser und Bett, mit kaum dreihundert Kilogramm angesetzt.

Das wirtschaftliche Ergebnis der zehn Rundfahrten war für alle, die die beträchtlichen staatlichen Zuschüsse für jeden Luftverkehr kannten, eine erfreuliche Überraschung, denn wir konnten achtzig Prozent der Kosten durch die Einnahmen decken, wobei wir die Abschreibungen aller Art sehr reichlich ansetzten. Es war das ein um so erfreulicheres Ergebnis, als das eine Schiff mit nur fünfzig Betten alle Generalunkosten, besonders auch die Verwaltungs- und Betriebsunkosten auf den Landungsplätzen hüben und drüben zu tragen hatte, und es ließ sich unschwer erweisen, daß bei einem ein wöchigen Betrieb mit zwei Schiffen schon ein Gewinn herauskommen würde.

So kam es denn auch jetzt zur Gründung einer »Deutsch-Amerikanischen Zeppelinverkehrsgesellschaft« (»German-American Zeppelin-Transport-Corporation«), die allmählich vier Luftschiffe, je zwei deutsche und zwei amerikanische, in Dienst stellen und damit einen fünftäglichen Betrieb von jeder Ozeanseite ausführen wollte. Ich hielt auf Einladung vor dem »Verein amerikanischer (Verkehrs-) Ingenieure« in Detroit im Winter 1936/37 einen Vortrag und hatte die Genugtuung, eine außerordentlich freundliche und beifällige Zustimmung zu meinen Plänen zu finden, und kein Geringerer als der sehr angesehene und einflußreiche Leiter der »Bethlehem Steelworks«, Mr. Charly Schwab, erklärte mir persönlich, daß er von meinen Darlegungen überzeugt und geneigt sei, sich an der Durchführung des Planes zu beteiligen. Aber der »Hindenburg« stand unter einem schlechten Stern, und es kam anders!

Im Jahre 1936 freilich wurden alle Fahrten auch nach der fahrtechnischen Seite hin fahrplanmäßig und mit gutem Nutzen durchgeführt. Wir lernten den nördlichen Atlantik besser und besser kennen und erkannten die Möglichkeiten, seinen Tücken auszuweichen oder sie gar auszunutzen. Die durchschnittliche Fahrzeit von der Straße von Calais bis Sandy Hook betrug 59 Stunden, in umgekehrter Richtung 47 Stunden. Es mußte möglich erscheinen, die Fahrt in jeder Richtung in zwei Tagen zu machen, wenn man den Zeitgewinn von fünf Stunden bei der Fahrt nach Westen in Rechnung stellte. Und ebenso hofften wir, die Fahrten nach Rio, deren der »Hindenburg« sieben neben seinen Nordamerikafahrten ausführte, hin in drei bis dreieinhalb Tagen, zurück in vier Tagen, ohne jede Schwierigkeit ausführen zu können.

In dieser Erwartung traten wir in die Fahrtperiode des Jahres 1937 ein mit einer um Mitte März startenden Fahrt des »Hindenburg« nach Rio, die in der Tat nur wenig mehr als drei Tage dauerte. Dann vollendete man am Schiff den Einbau der zusätzlichen zwanzig Kabinen, um am 4. Mai die erste Fahrt nach Nordamerika anzutreten.

Ich hatte mich Ende April auf eine Reise nach Österreich begeben, wo ich mich in Wien und in Graz zu einem Vortrag verpflichtet hatte. In Wien wurde ich von unserem Botschafter, Herrn von Papen, zu einem Abendessen eingeladen, zu dem u. a. auch einige österreichische Politiker, wie der Fürst Kinsky, kamen. Es wurde aber kaum etwas gesprochen, was die politische Situation beleuchtet hätte. Dagegen wurde mir bei meinem Vortrag sehr deutlich, daß eine sehr ausgesprochene deutsch-nationalistische und anschlußfreudige Einstellung im Publikum vorherrschte. Nun, das war mir nichts Neues, denn ich hatte das seit mehr als zehn Jahren bei Vorträgen, von Innsbruck und Salzburg an bis hinunter nach Graz und Klagenfurt, erkennen müssen.

Aber ich war doch etwas überrascht, als ich am nächsten Morgen auf meinem vor dem Hotel wartenden Auto vorne einen Hakenkreuzwimpel angebracht fand. Man hatte gemeint, wie ich später hörte, daß »Dr. Eckener unbedingt die Hakenkreuzflagge zeigen müsse, wenn er durch Österreich führe«. Ich hielt es nun nicht für opportun, diesen Wimpel vor den Augen der in Menge den Wagen umstehenden Zuschauer demonstrativ zu entfernen, und tat, als ob ich ihn nicht sähe, um ihn dann nachher auf der Fahrt wieder abzunehmen. Denn ich wollte auf der lediglich der Zeppelinsache dienenden Reise alles Politische vermeiden; aber ich spürte doch aus diesem kleinen Scherz sehr deutlich, aus welcher Richtung der Wind, der ein Jahr später zur Annexion führen sollte, hier in Wien wehte.

Ich kam um die Mittagstunde in Graz an, dessen schönes Stadtbild mir schon vertraut und lieb war, wo ich bereits im Jahre 1925 einen herzlichen Empfang und eine begeisterte Freude über die Aufnahme des ZR III in Amerika gefunden hatte. Im Laufe des Nachmittags ging ich dann zu dem bekannten Bildhauer Ambrosi, der mich zu einem Besuch seines Ateliers eingeladen hatte. Ich schätzte Ambrosi als einen wahrhaft genialen Künstler von großartiger Gestaltungskraft und unerhörter Phantasie. In ihm fand ich einen bis zur Hilflosigkeit stocktauben Menschen, in dessen ausdrucksvollem Gesicht aber ein Paar dämonisch glühender Augen in einem fast mystischen Feuer brannten. Und was war es, das er mir zeigen wollte? Eine Vision vom Sturze des Ikarus in das Meer! Sollte das eine Warnung, eine Vorahnung sein? Sicherlich nicht! Aber unwillkürlich empfand ich es als eine solche, und ich mußte dann sehr bald an diese Begegnung mit dem visionären Dämon Ambrosi betroffen zurückdenken.

Am Abend war ich zusammen mit jungen Leuten eines flugtechnischen akademischen Vereins, dessen Ehrenmitglied ich im Jahre 1925 geworden war, und suchte dann mein Hotel auf. Ich war recht müde von der langen Autofahrt und auch von dem etwas reichlichen Alkoholgenuß, dem man im Kreise junger Studenten schwer entgehen kann, und gedachte, mich bis zum nächsten Morgen tüchtig auszuschlafen. In der Nacht zwischen zwei und drei Uhr wurde ich aber schwer und langsam aus dem Schlaf geweckt durch ein störendes Geräusch. Ich kam allmählich zu mir und erkannte, daß das Telefon andauernd rasselte. Schlaftrunken griff ich zum Hörer und wurde nun schnell hellwach durch das, was ich hörte. Es war ein Anruf aus Berlin von dem mir bekannten Berliner Vertreter der New York Times«. Er lautete: »Herr Dr. Eckener, ich habe es für gut gehalten, Sie schnell davon zu verständigen, daß ich soeben eine Mitteilung von meiner Redaktion in New York erhalten habe, wonach das Luftschiff »Hindenburg« gestern abend um sieben Uhr über dem Landungsplatz von Lakehurst explodiert ist. Sie werden wohl dazu kaum etwas sagen können, denn weiter weiß ich noch nichts.«

Natürlich konnte ich dazu nichts sagen. Ich war wie betäubt. Ikarus des Ambrosi! Ich hatte Zeit, während der stillen Nachtstunden die Sache zu überdenken. An der Richtigkeit der Meldung zweifelte ich keinen Augenblick, denn ich kannte die unbedingte Zuverlässigkeit des Nachrichtenteils amerikanischer Zeitungen vom Range der »New York Times«. Stutzig machte mich nur die Frage, wie ihr Berliner Vertreter mich so schnell hatte finden können, um mir die Hiobsbotschaft zu übermitteln. Ich dachte an boshafte oder nervöse Falschmeldungen, die häufiger schon in die Welt gesetzt worden waren, wenn der Zeppelin auf Reisen war, so als wir einmal von Buenos Aires nach Rio fuhren und einen Pampero zu passieren hatten, so noch im vorigen Jahr, als der »Hindenburg« bei Neuschottland in einem Sturm vorübergehend nicht recht vorankam. Das Unglück sollte um sieben Uhr abends amerikanischer Zeit passiert sein, das war ein Uhr nachts mitteleuropäischer Zeit. Jetzt war es halb drei Uhr, also nur anderthalb Stunden später! Dabei konnte der Berliner Zeitungsmann eigentlich gar nicht wissen, daß ich in Graz und in welchem Hotel ich dort sei! Jedenfalls, wenn es stimmte, ein sehr bemerkenswertes Stück journalistischer Tüchtigkeit, aber immerhin möglich und nicht so unwahrscheinlich, daß ich über die Meldung hätte lachen und sie für eine Mystifikation halten können.

Die Stunden der Nacht wurden lang und schwer für mich, und ich kam bei meinem Grübeln schließlich zu dem Ergebnis, daß wohl nur eine Sabotage vorliegen könne, wenn das Luftschiff »über dem Landungsplatz explodiert« sei. Ich erinnerte mich der angeblichen Drohungen gegen das »Nazischiff«, als wir im Jahre 1933 bei Chicago landeten. Endlich wurde es Morgen, und um sieben Uhr lief eine Bestätigung der Unglücksmeldung vom Reichsluftministerium ein, zugleich mit einer Aufforderung, sofort vermittels eines bereitgestellten Flugzeuges von Wien nach Berlin zu fliegen. Ich weckte meinen Freund und Reisegefährten, den Obersten Breithaupt, den mir das besorgte Luftfahrtministerium angesichts meiner schwachen politischen Gesundheit (siehe voriges Kapitel!) als eine Art Garanten für politisches Wohlverhalten als Begleiter auf die Reise mitgegeben hatte. Bei unserer Abfahrt waren schon ein paar Zeitungsreporter mit neugierigen Fragen zur Stelle, denen ich kurz sagte, daß ich mir vorerst nur einen Sabotageakt als wahrscheinliche Ursache der Katastrophe denken könne. Ich müßte weitere Meldungen abwarten.

Wir fanden in Wien das Sonderflugzeug des RLM und waren nachmittags um vier Uhr in Berlin. Hier waren inzwischen weitere Meldungen eingegangen, aus denen hervorging, daß kurz vor der Landung des »Hindenburg« ein heftiges Gewitter über dem Platz von Lakehurst niedergegangen sei, und man machte mir Vorwürfe über meine Andeutungen einer möglichen Sabotage und forderte mich auf, »aus politischen Gründen« dem ausgesprochenen und auch sonst laut gewordenen Verdacht einer Sabotage in einer Rundfunkansprache nach Amerika entgegenzutreten. Nun, das war Geschmackssache angesichts der Stimmung in Amerika, die ich wohl besser kannte als die Herren im RLM; aber ich tat es nicht ungern, denn mir persönlich war der Gedanke einer Sabotage gerade in Amerika sehr unsympathisch, und es war mir lieb, die Katastrophe mit dem Gewitter in eine mögliche Verbindung bringen zu können. Innerlich war ich freilich nicht ganz überzeugt. Denn wie oft waren wir in gewittriger Atmosphäre gelandet, hatten wir sogar direkte Blitzeinschläge in das Schiff erlebt! Es mußte hier eine besondere Bewandtnis haben, die mir noch unbekannt war.

In Amerika war von der Regierung sofort eine Kommission bestellt worden, die die Ursache der Katastrophe untersuchen sollte. Denn die öffentliche Meinung war sehr erregt. Nicht allein, daß 30 Personen bei dem Unglück ums Leben gekommen waren: die ganze Welt war sehr interessiert daran, zu erfahren, wie so etwas hatte passieren können, nachdem mehr als sechshundert Fahrten ohne jeden Unfall ausgeführt waren und nachdem gerade eine deutsch-amerikanische Gesellschaft für einen transatlantischen Zeppelinverkehr gegründet worden war. Das Reichsluftfahrtministerium ernannte nun auch seinerseits eine Kommission von sechs Männern, die an der Untersuchung der amerikanischen teilnehmen sollte. Es gehörten dazu außer mir selbst u. a. der alte Mitarbeiter des Grafen Zeppelin, der Chefkonstrukteur der Zeppelin-Werft Dr. Dürr, und der Professor Dieckmann, eine Autorität auf dem Gebiete der luftelektrischen Erscheinungen. Wir flogen schon am nächsten Morgen nach Cherbourg ab, wo wir am Nachmittage den Schnelldampfer »Europa« bestiegen, der uns in vier Tagen nach Amerika hinüberbrachte.

In Cherbourg erhielt ich noch kurz vor der Abreise von dem Kommandanten des »Graf Zeppelin«, Herrn von Schiller, die Meldung, daß er soeben mit seinem Schiff von Rio de Janeiro zurückgekommen sei und die Absicht habe, nach drei Tagen, am 11. Mai, fahrplanmäßig eine neue Fahrt nach Brasilien anzutreten, für die das Schiff, wie üblich, ausverkauft sei. Ich hatte nun schon von Berlin aus diese Fahrt abgesetzt und bestätigte dieses dem Herrn von Schiller: »Alle weiteren Fahrten müßten unterbleiben, bis die Ursache der Hindenburg-Katastrophe aufgeklärt sei.« Anders zu entscheiden war natürlich nicht gut möglich, und damit war eine Entscheidung gefallen, der zufolge diese letzte Fahrt von Rio nach Friedrichshafen überhaupt die letzte Passagierfahrt eines Zeppelins gewesen sein sollte. Denn die politischen Ereignisse, die schon im nächsten Jahr ihren unheilvollen Lauf nahmen, schnitten der Zeppelinsache den Lebensfaden ab.

Und ich sollte jetzt das letztemal nach Lakehurst gekommen sein, wenigstens für eine lange Reihe von Jahren, bis ich nach genau zehn Jahren, im Frühjahr 1947, unter total umgewandelten Verhältnissen es wiedersah. Welche Erinnerungen wurden in mir wach, als ich jetzt, wie schon so oft, im gastlichen Haus meines Freundes, des Commander Rosendahl, saß und mit ihm über die letzten Ereignisse und unsere oft gemeinsamen Erfahrungen und Bestrebungen sprach! Wieviel Großes und Erhebendes, wieviel wahrhaft historisch Bedeutsames hatte ich auf diesem weiten Landungsplatz, hatte ich in diesem hübschen Häuschen der Marine-Luftschiffstation erlebt! Wir sprachen über die Ankunft des ZR III im Oktober 1924, die die erste freundliche Verbindung, die Brücke zu einer neuen Verständigung zwischen dem deutschen und dem amerikanischen Volke so wirksam geschlagen hatte. Wir erinnerten uns des geradezu tollen Massenansturms von einer Viertel Million Menschen, die im Oktober 1928 die Landung des havarierten und fast schon aufgegebenen »Graf Zeppelin« erwarteten und einen vollen Tag brauchten,

LZ 129 »Hindenburg«. Das Wrack nach dem Absturz in Lakehurst, New Jersey, am 6. Mai 1937.

um aus dem Knäuel der zusammengepferchten Autos und aus den verstopften Straßen nach Hause zu kommen, und des triumphalen Einzugs in New York.

Wir dachten an unsere »Fahrt um die Welt« und den nachfolgenden Empfang im Weißen Haus durch den Präsidenten Hoover, der dabei von den großen Abenteurern, wie Vasco da Gama und Magellan, sprach, denen wir uns an die Seite gestellt hätten. Wir freuten uns in der Erinnerung über so manches ergötzliche Ereignis und über das Leben und Treiben, das Lakehurst gesehen hatte, jedesmal, wenn ein Zeppelin landete, noch im letzten Jahr, als wir die zehn fahrplanmäßigen Fahrten machten und deren letzte durch eine Rundfahrt abschlossen, auf der wir 101 Passagiere, darunter viele Kongreßmänner, in einer zwölfstündigen Fahrt über das in Herbstfarben prangende Neuengland getragen hatten.

Jetzt lag dieses Lakehurst tot. Das Matrosenkommando war abgezogen, die wenigen Zurückgebliebenen hockten untätig und betrübt in ihren Baracken, ringsum in Krankenhäusern lagen Passagiere und Besatzung des Schiffes, Kapitän Lehmann war an seinen Brandwunden gestorben und die Kapitäne Sammt und Pruß schwebten noch in Lebensgefahr. Mitten auf dem großen Platz aber lag ausgestreckt das geschwärzte Gerippe des »Hindenburg«, ein wüstes Durcheinander von Spanten, Drähten und zerknülltem Blech. Es schien mir wie das hoffnungslose Ende eines schönen Traumes, eine Art Weltuntergang, ein düsteres Symbol für das, was ich, selbst geächtet, aus der Entwicklung der Dinge für Deutschland erwartete. Denn was mir im Hause Rosendahls durch den Kopf ging, war mehr als nur die Ausgeburt einer elegischen Stimmung, die angesichts des Trümmerhaufens über mich kam.

Die Untersuchung wurde durch die amerikanische Kommission in einer sehr gründlichen, fast allzu bedächtigen Weise vorgenommen. Sie zog sich durch eine ganze Reihe von Tagen hin, so daß die anfangs sehr große Schar von Zeitungsreportern sich allmählich stark lichtete. Nur drei oder vier Unentwegte blieben schließlich zurück, um dem Gang der Zeugenaussagen zu folgen, die nichts Sensationelles oder Entscheidendes brachten. Die Untersuchung ging auf zwei Punkte: Ist ein Sabotageakt nachweisbar oder wahrscheinlich, oder ist eine elektrostatische Entzündung nachweisbar oder wahrscheinlich? Es wurden Dutzende von Zeugen aus der Besatzung und aus der Menge der untenstehenden Beobachter des Landungsvorgangs dazu befragt.

Was die erstere Möglichkeit, die eines Sabotageaktes von außen her oder aus dem Schiffsinnern, anging, so kam es sehr bald zu der Feststellung, daß ein solcher sehr unwahrscheinlich sei. Denn nicht das geringste Anzeichen eines solchen war von irgend jemandem beobachtet worden. Weiter aber mußte man zugeben, daß die Art und Weise, wie die Katastrophe sich abspielte, gegen jede vorstellbare Sabotageeinwirkung sprach. Es blieb also nur die Frage einer elektrostatischen

Entzündung. Und da waren es drei Feststellungen, die für eine Urteilsbildung wesentlich erscheinen mußten: Erstens landete das Luftschiff zweifellos in einer gewitterhaften Atmosphäre, d. h. in einer Atmosphäre, in der ein starkes elektrisches Potentialgefälle herrschte. Zweitens wurde von drei Beobachtern, unabhängig voneinander, gesehen, daß am Heck des Schiffes oben auf dem First zuerst Feuererscheinungen, wie von brennendem Wasserstoff, sich gezeigt hatten, die zuerst langsam wanderten, um dann plötzlich in eine gewaltige Explosion überzugehen. Drittens ergab sich aus Bekundungen der Steuerleute, daß das Schiff sehr heckschwer war und bei der Landung trotz starker Ballastabgabe und Trimmung so blieb.

Die erste Feststellung ergab sich zweifelsfrei aus folgendem: Gerade als das Luftschiff nach Abzug eines starken Gewitters zur Landung anfuhr, zeigte das Barometer wieder eine Tendenz zum Fallen, die Temperatur eine solche zum Steigen und der Wind eine solche zum Zurückdrehen von Nordwest auf Südwest, so daß das auf Nordwest anfahrende Schiff genötigt war, mit Hartruder in scharfer Kurve auf Südwesten einzuschwenken. Es war also ohne Zweifel ein Nachgewitter im Anmarsch gewesen, das Blitzentladungen mit sich bringen konnte, jedenfalls aber ein starkes Potentialgefälle bringen mußte. Ich habe dann später von einem Passagier in der Tat auf das Bestimmteste gehört, daß er während der Landung Flächenblitze über dem Schiff gesehen habe.

Die zweite Feststellung zeigte, daß sich freies reines Wasserstoffgas oben am Heck, und zwar an der Ansatzstelle der Stabilisierungsfläche, befunden haben mußte. Das ist normalerweise natürlich nicht der Fall, und deswegen haben wir auch öfters Blitzeinschläge in den Zeppelin erlebt, ohne daß sie zündeten. Sie werden vom Metallgerippe aufgenommen. Dieses freie Gas mußte entzündet sein, entweder durch sogenannte Büschelentladungen, als das Ankertau fiel und eine Verbindung mit der Erde hergestellt war, oder vielleicht auch durch einen Blitzeinschlag in den First des Schiffes. Über die Möglichkeit der Entzündung von Wasserstoff durch Sprüh- oder Büschelentladungen waren die Autoritäten verschiedener Ansicht; aber ich kann mich nicht zu der Meinung entschließen, die von einer solchen Autorität geäußert wurde: daß ein Ausgleichsfunke aus einer »Wasserpfütze« auf dem First die Entzündung herbeigeführt haben sollte. Solche Wasserpfützen gibt es dort nicht.

Die dritte Feststellung ist von größter Bedeutung: Das Schiff war und blieb während der Landung trotz fortgesetzter Ballastabgabe im Achterteil so heckschwer, wie man es nie und nimmer geflogen oder zur Landung angefahren haben würde. Daraus folgt, daß es während der Landung ein Leck in einer Gaszelle bekommen haben muß, aus der Gas nach oben stieg, wo es dann als »freies« Gas entzündet wurde. Der leitende Ingenieur des Schiffes, der sich während der Landung achtern im Schiff befand, sagte dann auf das bestimmteste aus, daß er unmittelbar vor der Katastrophe bemerkt habe, daß eine der achterlichen Zellen sehr hoch lag und offenbar viel Gas verloren hatte.

Dieses waren die wesentlichen Tatsachen und Überlegungen, aus denen man zu einer Urteilsbildung kommen mußte. Der Vorsitzende der Untersuchungskommission forderte mich dann auf, meine Meinung abzugeben. Ich tat es mit folgenden hier kurz zusammengefaßten Ausführungen, die ich auch heute noch für durchaus zutreffend halte, um so mehr, als einige später mir bekannt gewordenen Details ihre Richtigkeit bestätigten: »Von drei voneinander unabhängigen und weit getrennt voneinander stehenden Beobachtern, die den Eindruck größter Zuverlässigkeit machten, ist bekundet worden, daß eine Licht- oder Feuererscheinung sich am Ansatzpunkt der Stabilisierungsfläche etwa eine halbe Minute vor der Explosion zeigte. Diese Feuererscheinung zeigte nach Aussage des einen Zeugen, der als sachverständig angesehen werden muß, das Bild langsam abbrennenden Wasserstoffs, also reinen Wasserstoffs. Nach Lage der Dinge *kann* es auch gar nichts anderes gewesen sein. Es war also freies Wasserstoffgas im obersten Teil des Schiffes, nahe dem Heck. Dieses Gas muß irgendwie durch einen Ausgleichsfunken zur Entzündung gebracht sein, als das Schiff in einer Atmosphäre mit starkem Potentialgefälle aus neunzig Metern Höhe sein Landeseil warf. Denn daß ein solches starkes Potentialgefälle vorhanden war, ergibt sich ohne weiteres aus den Aufzeichnungen der meteorologischen Instrumente und aus der Tatsache, daß der Wind während der Anfahrt zur Landung plötzlich auf Südwest zurückdrehte.

Wie und wo der Ausgleichsfunke entstand, ist wohl kaum festzustellen. Bei einem so komplizierten Gebilde, wie das Zeppelinschiff es ist, mögen an vielen Stellen Funken entstanden sein und so u. a. auch am Heck, wo sich das freie Gas unter der Außenhülle befand. Die in erster Linie interessierende Frage ist deshalb: Wie konnte sich freies Gas unter der Außenhülle am Heck befinden? Es ist einwandfrei festgestellt, daß das Schiff während des Landungsaktes heckschwer war und heckschwer blieb, obgleich es laufend am Heck entlastet wurde durch Trimmungen mit einem Trimmungsmoment von etwa 150 000 Meterkilogramm. Daraus muß der Schluß gezogen werden, daß während des Landungsaktes eine Zelle im Heck ein Leck erhielt, aus dem in starkem Maße Gas entwich. Der Fahringenieur hat in der Tat gesehen, daß die drittletzte Zelle kurz vor der Explosion stark entleert zu sein schien. Nun hatte das Schiff während des Ansteuerns zur Landung eine sehr harte Schwankung nach Backbord ausgeführt, um in den plötzlich nach Südwest drehenden Wind hineinzusteuern. Es ist möglich, daß bei so starken Schwenkungen, die man gern vermeidet, ein Spanndraht reißt. Dieses ist sehr wahrscheinlicherweise in der Tat hier eingetreten, und das zurückschnellende Ende des Drahts hat dann einen Riß in eine Zelle geschlagen.

Unter dieser Annahme ist alles weitere leicht verständlich: Das ausströmende Gas stieg nach oben und füllte den Raum in der Stabilisierungsfläche und unter der Außenhülle an. Es wurde durch einen Ausgleichsfunken entzündet und brannte zunächst langsam ab, bis das Feuer die Stelle erreichte, wo das Gas mit Luft gemischt als ›Knallgas‹ emporströmte. Hier erfolgte dann eine Knallgasexplosion, die im Nu das Gas der angeschlagenen Zelle in Brand setzte.«

Diese Darstellung fand die Zustimmung der Untersuchungskommission und wurde im wesentlichen später auch von einer deutschen Stelle akzeptiert. Die Sabotagelegende, für die sich in der Tat nicht der geringste Anhaltspunkt ergeben hatte, war damit erledigt, und nur verbohrte Nationalisten, die immer und überall Haß und Anschläge gegen deutsche Belange sozusagen berufsmäßig wittern, hielten noch an ihr fest. Dazu gehörte u. a. in diesem Falle der Reichsluftminister Hermann Göring, der ja, wie wir sahen, schließlich ein gewisses Wohlwollen für den Zeppelin bekundet hatte, lauwarm zwar, aber doch stark genug, um ein Attentat gegen ihn für wahrscheinlich, ja für ausgemacht zu halten.

Heliumsorgen und düsterer Ausklang

Als im Jahre 1922 das französische Zeppelinschiff »Dixmuide«, das Frankreich nach dem ersten Weltkrieg als Kriegsbeute zugeteilt worden war, unter seinem tüchtigen, zeppelinbegeisterten Kommandanten Du Plessis de Grenadan in einem Gewittersturm an der sizilianischen Westküste brennend abgestürzt war, da schrieb ein französischer Journalist in seiner Zeitung: »Wann wird man es endlich aufgeben, Menschen mit diesen verbrecherischen Schiffen fahren zu lassen?« Und als ich im Jahre 1908 einem Schulfreund, einem Chemiker, mitgeteilt hatte, daß ich den Entschluß gefaßt habe, mich für die Zeppelinsache einzusetzen, da schaute der mich entsetzt an und rief: »Das ist ja furchtbar! Wasserstoff und Benzin als Betriebsmittel, die beiden heimtückischsten Stoffe, die es gibt! Damit würde ich nie zu tun haben wollen! Wie kannst du dich nur mit diesen Explosionskisten einlassen?«

Wir Leute vom »Luftschiffbau Zeppelin« waren uns natürlich von jeher bewußt gewesen, daß Wasserstoff sowohl als auch Benzin eine sehr vorsichtige Handhabung erforderten; aber wir waren eigentlich überzeugt, daß die größere Gefahr bei dem Benzin liege, mit dem im täglichen Betrieb gar zu leicht etwas sorglos umgegangen, »gepantscht« werde, daß dagegen der Wasserstoff, bei dem üblichen vorsichtigen Umgehen mit ihm und bei der außerordentlich sorgsamen Kontrolle der Gaszellen, längst nicht so gefährlich sei, wie vielfach angenommen wurde. In der Tat hatten wir auch erfahren, daß mindestens in der Hälfte der Fälle, wo Zeppelinschiffe in Brand geraten waren, die Entzündung vom Benzin ausgegangen war, und es war und ist ja bekannt genug, daß bei Flugzeugunglücken die Gefährdung und Vernichtung von Menschenleben hauptsächlich von dem brennenden Benzin herrührt.

Demgegenüber wußten wir, daß in den beiden einzigen bekannten Fällen, wo ein Luftschiff in der Luft durch Entzündung des Wasserstoffgases in Brand geraten war, nämlich im Falle der »Dixmuide« und im Falle eines Kriegs-Marineluftschiffes, die Katastrophe dadurch verursacht worden war, daß das Schiff im Gewitter über die Prallhöhe hinaufgestiegen war und dabei Gas abgeblasen hatte, in das der Blitz dann einschlug. Deshalb lautete eine einfache Führungsregel: »Im Gewitter nicht Gas abblasen!«

Wir waren deshalb sehr erfreut, als wir in den »Hindenburg« statt der Benzinmotoren Dieselmaschinen einbauen konnten, deren Gewicht so weit herabgesetzt war, daß sie nicht zu schwer waren, zumal ihr Betriebsmittelverbrauch geringer als der der Benzinmotoren war. Das Benzin waren wir damit glücklich los und hatten dafür das relativ ungefährliche Rohöl in unseren Betriebsmittelbehältern. Es galt nun, auch den Wasserstoff als Auftriebsgas loszuwerden und dafür das unbrennbare Helium zu bekommen, obgleich dieses weniger Tragkraft hatte als das halb so schwere Wasserstoffgas. Helium gab es in ausreichenden Mengen aber nur in Amerika, und von dort versuchten wir es zu erhalten.

Als das englische Luftschiff R 101 im November 1930 in Frankreich verbrannte, machte ich den Versuch, von Amerika Helium zu bekommen. Ich wurde abschlägig beschieden, weil ein im Jahre 1927 erlassenes Gesetz dem im Wege stand: Helium durfte für Zwecke der Füllung von großen Luftschiffen nur an die amerikanische Marine abgegeben und für diesen Zweck nicht ins Ausland geliefert werden. So mußte der für Helium konstruierte »Hindenburg« mit Wasserstoff gefüllt werden.

Als sich im Mai 1937 die Katastrophe des »Hindenburg« ereignete, war die Situation inzwischen eine ganz andere geworden. Vor allen Dingen war die Überzeugung von dem Wert und der Leistungsfähigkeit der Zeppeline als Verkehrsmittel inzwischen ganz außerordentlich gewachsen, und besonders in den Vereinigten Staaten von Amerika hatte der Zeppelin die Gunst und die Wertschätzung der Bevölkerung in einem fast noch höheren Maße sich zu erwerben vermocht als selbst in seinem Heimatlande Deutschland. Es war eine »Deutsch-Amerikanische Zeppelinverkehrsgesellschaft« gegründet worden, um einen regelmäßigen transatlantischen Zeppelinverkehr mit vier Schiffen durchzuführen. So erhob sich bei der Katastrophe des »Hindenburg« keine Stimme in der Öffentlichkeit, um in der Weise, wie es fünfzehn Jahre früher durch den französischen Journalisten geschehen war, vor der weiteren Verwendung von Zeppelinen zu warnen, vielmehr setzte sich die Presse für die Freigabe von Helium an die Zeppelin-Gesellschaft ein.

Ferner aber hatten geologische Nachforschungen inzwischen ergeben, daß die Heliumfundstellen in einigen Staaten am Westhange der Rocky Mountains ungeheure Lager von Helium enthielten, die mehr als genügend des wertvollen Gases für den amerikanischen Bedarf für Jahrzehnte hinaus liefern könnten. Dieser Reichtum wurde im Laufe der folgenden Jahre, wie hier bemerkt sei, schließlich auf einige hundert Millionen Kubikmeter geschätzt. Dabei war der prozentuale Gehalt des Helium enthaltenden Erdgases an diesem Gas so groß, daß bei genügend großer Entnahme der Preis für den Kubikmeter kaum höher wurde, als wir ihn für Wasserstoffgas in unseren Zwischenlandeplätzen zu zahlen hatten.

So schien mir die Lage jetzt recht hoffnungsvoll für einen Versuch zu sein, mich erneut um die Genehmigung eines Heliumexportes nach Deutschland zu bemühen, und ich fuhr gleich nach Abschluß der Untersuchung von Lakehurst nach Washington. Ich hatte schon von gutunterrichteter Seite gehört, daß der Präsident Roosevelt persönlich einer solchen Genehmigung wohlwollend gegenüberstände, und ich zweifelte daran nicht angesichts des großen Wohlwollens, das der Präsident, wie ich es erzählte, bisher sehr freundlich unseren Bestrebungen gegenüber gezeigt hatte. In der Tat zeigte sich Roosevelt sehr geneigt, ein Gesuch von mir zu unterstützen, ließ mir aber durch seinen Sekretär McIntyre sagen, daß es der Genehmigung des Kongresses bedürfe, das bestehende Gesetz außer Kraft zu setzen.

Ich suchte deshalb mit einigen einflußreichen Politikern Fühlung zu gewinnen und wandte mich zu diesem Zweck an den mir bekannten Senator Joseph Robinson von Arkansas, der ein sehr angesehener demokratischer Parteimann war und den ich früher einmal persönlich kennengelernt hatte. Senator Robinson zeigte sich sehr herzlich und hilfsbereit und schlug mir vor, am nächsten Tage mit ihm im Senatsrestaurant ein Frühstück einzunehmen, zu dem er mehrere Senatoren von Gewicht und Bedeutung in dieser Angelegenheit einladen wollte. So kam ich dann zusammen mit dem Vizepräsidenten der USA und Senatspräsidenten, Mr. John Garnen, mit dem bekannten Senator Borah, dem Vorsitzenden der Kommission für Auswärtige Angelegenheiten, mit den Senatoren La Follett, Mc Adoo, Sheppard, Pittmann, Mc Nary und Thomas, alles im Senat sehr einflußreichen Männern.

Als ich in üblicher Weise nach dem Essen mein Anliegen in einer längeren Darlegung begründet hatte, wurde von Mr. Garnen der Vorschlag gemacht, ich möge an einem der nächsten Tage vor der Militärkommission des Senats erscheinen und dort die Fragen, die man mir stellen würde, beantworten. Ich sagte natürlich mit Freuden zu, und so geschah es in der Tat. Es war das eine ganz besondere Auszeichnung, und die »Washington Post« bemerkte dazu, daß es das erstemal in der Kongreßgeschichte sei, daß ein Ausländer von einer Militärkommission des Senats gehört worden sei. Der Vorgang hatte nun zur Folge, daß der Vorsitzende der Militärkommission des Repräsentantenhauses sich mit der Bitte an mich wandte, ich möge auch vor dieser Kommission erscheinen, was ich natürlich tat.

Die Fragen, die man mir vorlegte, drehten sich alle um den kritischen Punkt, ob der Zeppelin, wenn er mit Helium gefüllt würde, noch einen militärischen Wert habe. Ich konnte mit gutem Gewissen und in überzeugender Weise diese Frage verneinen, und es wurde dann auch schon in der überraschend kurzen Zeit von ein paar Wochen vom Kongreß beschlossen und vom Präsidenten genehmigt, daß das Heliumgesetz vom Jahre 1927 zugunsten der Zeppelin-Gesellschaft abgeändert wurde. Die betreffende Abänderung bestimmte, daß die Zeppelin-Reederei eine beschränkte Menge Helium, wie sie zur Füllung und zum Betrieb ihrer Luftschiffe benötigt würde, jährlich erhalten solle, und zwar wurde zunächst eine Menge von 10 Millionen Kubikfuß (etwa 300 000 Kubikmeter) zur Verfügung gestellt, womit

Hugo Eckener in der Gondel von LZ 126 »Los Angeles« ZR III, fotografiert 1924.

das in Bau befindliche Ersatzschiff für den »Hindenburg«, der »Graf Zeppelin 2«, gefüllt und in Betrieb gehalten werden könne. Eine Heliumkommission, bestehend aus den Staatssekretären des Innern, des Äußern, der Armee, der Marine und des Schatzamtes, sollte darüber wachen, daß das Helium zweckentsprechend verwendet und nicht etwa für Kriegszwecke aufgespeichert würde.

Der Zeppelinbetrieb schien damit wieder gerettet zu sein. Glücklich über den Erfolg, fuhr ich nach Hause zurück, um hier nun die Beschaffung von Heliumtransportbehältern und die Anlage von Speicherungsmöglichkeiten und dergleichen mehr in die Wege zu leiten. Damit kamen wir dank der bereitwilligen Förderung von seiten der einschlägigen deutschen Firmen so schnell voran, daß bereits Ende des Jahres 1937 die ersten Transporte von Galvestone aus zu laufen begannen und daß wir die berechtigte Hoffnung hegen durften, Ende 1938 den Ersatz-Hindenburg mit Helium füllen zu können.

Da plötzlich verbot im März 1938 der amerikanische Innenminister Ickes, der Vorsitzende der Heliumkommission, den weiteren Versand von Helium nach Deutschland. Was war geschehen? Freunde in Washington teilten mir mit, daß die politische Lage durch den Einmarsch Hitlers nach Österreich sich nach Auffassung amerikanischer Regierungskreise so gespannt gestaltet habe, daß man mit dem baldigen Ausbruch eines Krieges rechnen müsse. Die amerikanischen Zeitungen verzeichneten in der Tat das Verbot weiterer Heliumlieferung an uns als ein bemerkenswertes Symptom der politischen Hochspannung.

Ich war sehr bestürzt über diese Maßnahme Ickes' und war sehr pessimistisch bezüglich der ganzen weiteren Entwicklung, nicht allein der Zeppelinsache. Aber ich war doch gleichzeitig auch etwas überrascht. Denn es war doch die Genehmigung zum Verkauf von Helium an die Zeppelinreederei unter der Annahme erteilt worden, daß die Zeppeline keinen militärischen Wert mehr hätten. Weshalb also jetzt den Heliumversand einstellen auf eine angeblich drohende Kriegsgefahr hin? Ich beschloß also, mich nicht einfach geschlagen zu geben, sondern nach Washington zu fahren, um dem mir bisher so wohlwollend gegenüberstehenden Präsidenten die Angelegenheit vorzutragen, weil ich bezüglich des Weiterbauens am neuen Luftschiff klar sehen mußte.

Ehe ich aber noch die notwendigen Schritte für die Gewährung einer Audienz bei Roosevelt durch den amerikanischen Botschafter in Berlin einleiten konnte, traf mich ein neuer Schlag: Herr Joseph Goebbels, der mephistophelische Propagandaminister, ließ mir die Aufforderung zugehen, ich möge die Besetzung Österreichs als eine »geniale Leistung« Hitlers preisen. Eine gleiche Aufforderung war auch an eine Anzahl anderer Deutscher ergangen.

Ich befand mich in einer höchst peinlichen Lage. Denn einerseits mußte ich auf Grund meiner Erfahrung im März 1936 befürchten, daß Herr Dr. Goebbels mich für eine Ablehnung seines Ansuchens brutal bestrafen würde, zumal in den vergangenen zwei Jahren das Naziregime immer terroristischer geworden war und keinen Spaß mehr verstand. Der Umstand, daß ich noch immer sozusagen in der Acht lebte, die streng aufrechterhalten wurde, und dennoch jetzt als Lobpreiser Hitlers gewünscht wurde, zeigte, daß man großen Wert auf die Verherrlichung Hitlers legte. Andererseits aber mußte ich befürchten, daß eine solche Verherrlichung mir und meinen Bestrebungen schaden würde.

Ich entschied mich schließlich, dem Terror nachzugeben, weil an der vollzogenen Tatsache ja doch nichts mehr zu ändern war und weil ich aus meiner Lebensaufgabe nicht gerade in diesem kritischen Augenblick herausgerissen werden durfte und wollte. Ich verfaßte also die gewünschte Erklärung, in der ich »die Wiedereinverleibung der alten Ostmark, des Bollwerkes gegen die ewige asiatische Drohung«, als eine geniale Tat Hitlers pries. Es wurde mir unendlich schwer, mich zu beugen, aber ich durfte vor meinem Gewissen doch zweierlei zu meiner Rechtfertigung anführen: Erstens war die Einverleibung des deutschen Restbestandes der verstümmelten habsburgischen Monarchie in der Tat eine höchst bedeutsame Machterweiterung des Deutschen Reiches, die von der Mehrzahl des deutschen Volkes mit Genugtuung begrüßt wurde, und zweitens wußte ich, daß die große Mehrzahl der Bevölkerung dieses schwächlichen Rumpfstückes der alten Monarchie eine Aufnahme in das Reich wünschte und ersehnte.

Das hatte ich bei Reisen und Vorträgen in Österreich mit voller Bestimmtheit erkennen können. Zwar mögen manche, die früher Feuer und Flamme für eine Einverleibung in das Reich waren, nicht gerade noch begeistert für eine Einbeziehung in das Hitler-Deutschland gewesen sein, aber von den 99,75 %, die die vollzogene Einverleibung guthießen, sind sicherlich die meisten ehrlich damit einverstanden gewesen. Daß die Parteibosse und die hohen österreichischen Regierungsbeamten sie ablehnten, ist selbstverständlich. Denn wer dankt zugunsten einer neuen Regierungsgewalt ab! Aber trotzdem empfand ich meine Beugung vor dem Terror als eine Demütigung, über die ich innerlich schwer hinwegkam. Es war die erste und einzige, die ich je dem Naziregime machte.

Mit einigem Zögern entschloß ich mich nun, durch den amerikanischen Botschafter in Berlin, Mr. Wilson, mit dem ich mich vorher besprach, in Washington anzufragen, ob Präsident Roosevelt bereit sei, mir eine Audienz über die Heliumfrage zu gewähren. Nach einem Tage schon hatte ich die Antwort, daß »der Präsident sich freuen würde, mich zu empfangen«. So reiste ich Mitte April ab, in Begleitung des Geschäftsführers der Deutschen Zeppelin-Reederei, die von dem Heliumausfuhrverbot unmittelbar betroffen wurde.

Die Reise sollte in mancher Beziehung sehr interessant werden und mir zeigen, welche ungeheure Spannung sich inzwischen über das Problem Adolf Hitler entwickelt hatte, seitdem ich vor knapp Jahresfrist unter allgemeiner Zustimmung der Presse die Genehmigung zum Bezuge von Helium erhalten hatte. Eine erste Überraschung wurde mir zuteil, als unser Hapag-Dampfer sich der Küste Amerikas näherte: Drei kleine Luftschiffe, sogenannte »Blimps«, kamen etwa 150 Meilen vor Sandy Hook uns entgegen, umfuhren den Dampfer, setzten sich dann vor ihn und zur Steuer- und Backbordseite desselben, um uns zur Einfahrt New Yorks zu geleiten – eine ebenso freundliche wie ehrenvolle und ostentative Begrüßung seitens meiner Freunde im Marine-Luftschiffhafen Lakehurst, die damit ihr lebhaftes Interesse und ihre Unterstützung der Mission bekundeten, die mich über den Ozean führte. In der Tat eine ungewöhnliche Aktion von seiten der Marine. Beim Feuerschiff verabschiedeten sie sich unter lebhaftem Winken von der Führergondel aus. Vor Coney Island kam dann mit der Sanitätspolizei die übliche Schar der Berichterstatter an Bord, um interessante Passagiere zu interviewen. Es waren diesmal außergewöhnlich viele Reporter, und ich mußte bald sehen, daß sie es in erster Linie auf mich abgesehen hatten. Sie drängten sich in meine geräumige Kabine und begannen das Ausfragen:

»Weshalb kommen Sie nach Amerika?«

»Ich habe verschiedene Geschäfte hier.«

»Sie kommen wegen der Heliumangelegenheit!«

»Nun ja, auch deswegen.«

»Glauben Sie, daß Ickes Ihnen Helium freigeben wird?«

»Das kann ich nicht sagen. Ich hoffe es.«

»Gehen Sie nach Washington? Werden Sie den Präsidenten sehen?«

‚Ich weiß es nicht, vielleicht.«

»Wie denken Sie über Hitler? Wird er Krieg machen?«

»Ich glaube, darüber haben Sie eine bestimmtere Meinung als ich. Ich hoffe und glaube, daß es nicht zu einem Kriege kommen wird.«

Und so ging es eine ganze Weile weiter, bei sehr vorsichtigem Zurückhalten von meiner Seite, aber mit um so entschiedeneren und drastischeren Bemerkungen, die zwischendurch von der anderen Seite fielen. Es wurde mir klar, daß ich in eine elektrisch geladene Atmosphäre hineinkam und daß die Heliumfrage die Presse und damit auch die öffentliche Meinung stark beschäftigte, ob aus Interesse an der Luftschiffahrt oder ob im Zusammenhang mit der Politik Hitlers, das war mir noch nicht klar. Aber mein etwas verwundertes Sinnen sollte alsbald einer ausgesprochenen Verblüfftheit Platz machen: Kaum war ich in meinem Hotelzimmer angelangt, da klingelte das Telefon.

»Ist dort Herr Dr. Eckener? Hier Soundso.« Ich verstand den deutschen Namen des deutschen Anrufers nicht genau.

»Ja, womit kann ich Ihnen dienen?«

»Sie sind hier, um Helium zu bekommen?«

»Woher wissen Sie das? Wer sind Sie?«

»Ich weiß es. Sie werden kein Helium bekommen.«

»Wissen Sie das so genau? Wer sind Sie?«

»Das ist gleichgültig; aber ich möchte Ihnen sagen, daß Sie vielleicht Helium bekommen werden, wenn Sie sich an den Oberrabbiner von New York wenden.«

Ich war, wie man sich denken kann, einigermaßen verblüfft über diesen Ratschlag und sagte: »Nanu, was soll denn der Oberrabbiner dazu tun können?«

»Das werden Sie erfahren, wenn Sie mit ihm sprechen.«

»Hören Sie mal! Ihre Geschichte kommt mir höchst sonderbar und ungereimt vor; aber ich bin bereit, mit dem Oberrabbiner zu sprechen, wenn er zu mir ins Hotel kommen will.«

»Nein, das geht nicht! Sie müssen den Oberrabbiner aufsuchen!«

Ich wurde nun etwas ärgerlich und entgegnete: »Wie denken Sie sich das? Sie wissen doch, wie die Einstellung der NSDAP zu den Juden ist! Man würde mich bei meiner Rückkehr nach Deutschland ja totschlagen, wenn ich durch Vermittlung des Oberrabbiners von New York versuchen wollte, hier Helium zu bekommen.«

»Ja, wie Sie wollen, aber anders wird es für Sie nicht gehen!«

Damit brach das merkwürdige Gespräch ab. Ich wußte nicht, was ich daraus machen sollte, und kam auf den Gedanken, ob vielleicht irgendwelche dunklen Ehrenmänner mir eine Falle stellen und so den Berliner Parteistellen weitere Waffen gegen mich geben wollten. Oder, so dachte ich weiter, ist vielleicht dieser mysteriöse Ratgeber ein gutmeinender, aber närrischer Kauz, der den kuriosen Gedanken hat, daß ich bei dem Hitler und seiner Politik entgegengebrachten Haß und Mißtrauen mir Freunde und Sympathien in Amerika erwerben würde, wenn ich den von ihm empfohlenen Schritt – eine offene Herausforderung Hitlers, und zwar gerade in bezug auf seine krankhafte antisemitische Einstellung – täte?

Nun, das merkwürdige Ferngespräch kam mir schnell gänzlich aus dem Sinn, aber es wurde mir einige Wochen später wieder in einer verblüffenden Weise in Erinnerung gebracht. Ich war in Washington und wurde dort eines Tages telefonisch durch einen Freund davon unterrichtet, »daß soeben die Heliumkommission entschieden habe, daß ich fernerhin kein Helium bekommen könne«. Etwa zehn Minuten später rief mich die mir bekannte Stimme aus New York an und sagte: »Sehen Sie wohl, daß Sie kein Helium erhalten!«

»Woher wissen Sie das?«

»Sie sehen ja, daß ich gut unterrichtet war. Weshalb sind Sie meinem Vorschlag nicht gefolgt? Dann würden Sie Helium erhalten haben.«

Wer war dieser Mann? Die Schnelligkeit, mit der er über die Entscheidung der Kommission unterrichtet war, zeigte, daß er gute Beziehungen zu dieser haben mußte. Zu dem Staatssekretär Ickes selber?

Ich fuhr nach zweitägigem Aufenthalt in New York nach Washington weiter, wo mir unser Botschafter, Herr Dickhoff, gastliches Quartier in seinem Hause gewährte, trotz, darf ich sagen, der geringen Gnade, deren ich mich bei der obersten Parteileitung erfreute. Von dem Botschafter mußte ich nun hören, daß der Sekretär des Präsidenten, Mr. McIntyre, mitgeteilt habe, der Präsident könne mich zu seinem Bedauern vorerst nicht empfangen. Die Heliumfrage sei inzwischen zu einer eminent politischen Angelegenheit geworden und werde von der ganzen Presse ernsthaft erörtert. Unter diesen Umständen dürfe der Präsident keinen Ausländer dazu hören, bevor die Angelegenheit von den in Betracht kommenden behördlichen Stellen behandelt worden sei. Aber ich könne mich zunächst einmal an den Innenminister, Herrn Ickes, wenden, der über des Präsidenten persönliche Stellungnahme völlig orientiert und der Vorsitzende der Heliumkommission sei.

In der Tat erzählte mir dann ein amerikanischer Freund, daß die Presse lebhaft das Für und Wider einer Heliumlieferung an die »Deutsche Zeppelin-Reederei« erörtere und daß eine statistische Untersuchung ergeben habe, daß etwa 60 % der Zeitungen zur Zeit für und 40 % gegen die Fortsetzung der Lieferung sei. Es gab da sehr schroffe und scharfe Ablehnungen. Eine größere Zeitung aus dem Mittleren Westen, soviel ich mich erinnere, aus St. Louis, schrieb zum Beispiel: »Herr Dr. Eckener, wir lieben Sie und Ihren Zeppelin und würden Ihnen gern Helium geben; aber Sie werden verstehen, daß wir einem Lügner, Dieb und Mörder wie Hitler kein Helium geben können.«

Es war also offenbar sehr schlechtes politisches Wetter für meine Aktion, und mein Freund meinte, daß auch der Präsident abwarten müsse, wie sich die öffentliche Meinung weiterhin entwickeln werde. So ging ich am nächsten Tage in einiger Spannung zum Staatssekretär Ickes. Die Unterhaltung mit ihm, der als ein nicht übermäßig höflicher und bequemer Mensch bekannt war, verlief in einem Ton, der nicht gerade eine angenehme Musik machte. Herr Ickes empfing mich in einer Haltung, die schon Ablehnung ausdrückte, und sagte dann auf meine Frage, weshalb er die mir zugesagte Heliumlieferung plötzlich unterbunden habe, kurz und bestimmt: »Weil Ihr Hitler Krieg vorbereitet.« Es entwickelte sich jetzt folgendes Zwiegespräch, das mich teils amüsierte, teils mehr und mehr ärgerte:

»Da sind Sie besser unterrichtet als ich, Herr Staatssekretär; aber ich hoffe, es wird nicht dazu kommen.«

..Hitler wird Krieg machen!«

»Nun gut, wenn das wirklich so ist, was hätte das mit der Vorenthaltung von Helium für Zeppeline zu tun?«

»Sie könnten mit heliumgefüllten Luftschiffen über London fliegen und Bomben abwerfen.«

»Nein, das könnten wir nicht!«

»Weshalb nicht?«

»Nun, wir würden keine Viertelstunde in der Luft sein, dann hätten feindliche Flieger uns abgeschossen.”

»Aber Sie könnten über dem offenen Meere Bomben auf Schiffe werfen.«

»Nein, das könnten wir ebensowenig.«

»Weshalb nicht?«

»Nun, wir würden auch in der Nacht wohl nie bis an das Meer gelangen, ohne vorher abgeschossen zu werden.«

»Aber Sie könnten das Helium verwenden, um damit Beobachtungsfesselballone an der Front zu füllen.«

»Herr Staatssekretär, wenn man heute wirklich noch Fesselballone verwenden wollte, anstatt die Beobachtung durch Flugzeuge ausführen zu lassen, was sicherlich besser wäre, so würde man diese Fesselballone nicht mit Helium füllen, weil der Apparat dafür viel zu schwerfällig sein würde und weil Wasserstoff einen größeren und steileren Auftrieb verleiht.«

»Aber Sie könnten es tun!«

Ich wurde nun ärgerlich und sagte: »Ja, wenn wir Deutsche Narren wären, so könnten wir auch mit mittelalterlichen Schwertern anstatt mit Maschinengewehren zu kämpfen suchen; aber Sie werden nicht annehmen, daß wir solche Narren sind.«

Darauf sagte Herr Ickes nur wieder: »Sie könnten es tun.« (You could do so.)

Und ich erhob mich mit den Worten: »Ich glaube, Herr Staatssekretär, daß eine weitere Unterhaltung keinen Zweck hat«, und ging.[1]

In der Tat hätte sie keinen Zweck gehabt, denn es war klar, daß Herr Ickes fest entschlossen war, »Hitler kein Helium zu geben«. Drei Tage darauf fand eine Sitzung der Kommission der Staatssekretäre statt, und es wurde der Beschluß

1 Herr Ickes hat unlängst in der vielgelesenen »Saturday Evening Post« eine längere Geschichte von diesem Interview erzählt und darin gesagt, daß ich mit Tränen in den Augen ihn gebeten habe, mir Helium zu geben, was er aber mit Bedauern habe ablehnen müssen. Nun, so leicht kommen mir die Tränen nicht. Und im übrigen rühmt sich Ickes in dem Aufsatz, daß er allein gegen die Ansicht der Staatssekretäre des Äußern, der Armee und der Marine fest auf dem Verbot der Heliumlieferung bestanden habe. Wenn Herr Ickes dann hinzufügt, daß er soeben in den Zeitungen von meiner Verurteilung als »Mitglied der NSDAP« gelesen und daß er also mit seinem Ausfuhrverbot recht gehabt habe, so hätte er nur ein paar Tage warten müssen, um zu lesen, daß die Verurteilung in Amerika als »Irrtum« erkannt wurde.

gefaßt, die Heliumlieferung einzustellen. Ich rief nun den Sekretär des Präsidenten an und fragte, ob der Herr Präsident mich jetzt empfangen könne. Ich sah ihn am nächsten Mittag in Begleitung unseres Botschafters, Herrn Dickhoffs. Er war wie immer sehr liebenswürdig und sagte: »Ja, Herr Dr. Eckener, Sie wissen, daß die Heliumkommission entschieden hat, daß Sie vorerst kein Helium mehr von den Vereinigten Staaten bekommen können. Es tut mir sehr leid, aber ich kann da nichts machen. Ich bin nicht in der glücklichen Lage wie Ihr (er wandte sich dabei an Herrn Dickhoff) Führer, der machen kann, was er will. Ich habe ein Kabinett und einen Kongreß, die ich zu befragen habe.«

Das war eine etwas boshafte »Pflaume«, die er uns gab; aber er wurde dann sogleich wieder liebenswürdig und sagte: »Betrachten Sie diesen Bescheid nur als unter den gegenwärtigen Umständen gegeben. Später mag er geändert werden. Sie haben noch eine Chance und eine Hoffnung, Dr. Eckener.«

Damit war meine Mission gescheitert. Aber ich hatte einen klaren Eindruck davon gewonnen, wie ernst und besorgt man die Persönlichkeit Hitlers und seine Politik schon damals im Mai 1938 im ganzen Lande und besonders im Weißen Haus betrachtete und daß man bestimmt mit einem Krieg rechnete. Denn der Staatssekretär Ickes war der treue Interpret seines Präsidenten.

Ich war deshalb gar nicht sehr überrascht, als der Kapitän des Schnelldampfers »Europa«, mit dem ich einige Tage später zurückfuhr, mir bei der Abfahrt leise zuflüsterte: »Hoffentlich kommen wir gut nach Hause durch, ohne unterwegs von der tschechischen Flotte angegriffen zu werden!« Natürlich war das ein hohnvoller Scherz, aber der Kapitän kannte auch die Stimmung und die Besorgnisse in politischen Kreisen New Yorks und spielte auf die Gerüchte an, die von einem bevorstehenden Angriff Hitlers auf die Tschechoslowakei und von Englands Entschlossenheit, diesem Lande beizuspringen, wissen wollten. Alles an Bord war in nervöser Spannung und atmete erleichtert auf, als wir glücklich unbehelligt die Straße von Dover passiert hatten.

Ich aber fühlte mich keineswegs erleichtert, denn meine Mission war gescheitert. Der Kanal für Heliumbezug war uns zunächst erstmal gesperrt; aber ich mußte mich weiter fragen, ob nicht der Zeppelinverkehr überhaupt damit sein Ende gefunden habe. Ich mußte mich fragen, ob das, was wir in den letzten zehn oder zwölf Jahren angestrebt und mit unleugbarem Erfolg durchgeführt hatten, nicht alles umsonst gewesen sei. Denn ich mußte im Innern dem Staatssekretär Ickes recht geben, als er mir so geradezu erklärte: »Ihr Hitler wird Krieg machen!«

Die Geistesverfassung Hitlers lag damals doch schon klar zutage. Seine Inferioritätskomplexe, von denen er immer noch nicht frei war, mußten ihn zwingen, immer größere und verwegenere Aktionen zu unternehmen, um dem deutschen Volk den Beweis seiner Größe und Genialität zu liefern, und der Größenwahn, in den er allmählich durch die Lobhudeleien einer byzantinischen Clique von gewissenlosen Strebern und Parteihäuptlingen hineingetrieben wurde, mußte ihn dazu verführen, das Unsinnigste zu wagen. Es war aber klar, daß Hitler seine Ziele, die er klar genug in seinem Buch angegeben hatte, ohne Krieg nicht würde erreichen können, und mit einem solchen mußte man deshalb rechnen, wie Herr Ickes und das Weiße Haus es ja auch taten.

Was würde dabei für meine eigenen Bestrebungen herauskommen? Ich war mir darüber klar, daß Amerika in einen Krieg eintreten würde, wenigstens dann, wenn England und seine Verbündeten in Bedrängnis kämen und die Gefahr einer Niederlage zu erwarten sei. Das aber war für mich auf Grund meiner Kenntnis der ungeheuren Industriekapazität und der moralischen Kräfte, die entgegen gewissen überheblichen Urteilen maßgebender nationalsozialistischer Politiker im amerikanischen Volke steckten, gleichbedeutend mit unserer Niederlage und würde, wie schon nach dem ersten Weltkrieg, die völlige Ausschaltung Deutschlands aus der Luftfahrt nach sich ziehen. Sollte aber wirklich Amerika nicht in den Krieg eingreifen und sollte Deutschland siegen, so würde meines Erachtens Amerika nicht wieder geneigt sein, uns in seiner Heliumpolitik wieder eine so freundliche Ausnahmebehandlung zuteil werden zu lassen, wie das im Jahre 1937 geschehen war. Da wir aber ohne amerikanisches Helium nicht fahren konnten, so mußte ich zu dem Schluß kommen, daß der Zeppelinverkehr durch Hitler zu Grabe getragen worden sei.

So sah es meiner Meinung nach damals wenigstens für die deutsche Zeppelin-Reederei aus. Aber war das die Zukunftsaussicht für das Zeppelinschiff überhaupt? Könnte nicht Amerika, das ja über eine leistungsfähige Luftschiffwerft in Akron und über bereits recht große Erfahrungen in der Handhabung der Zeppeline verfügte, gegebenenfalls die Rolle Deutschlands übernehmen und den Luftschiffverkehr weiterführen? Damals war ich der Meinung, daß es so kommen würde, wobei dann die deutschen Erfahrungen und deutsches Personal verwendet werden würden; heute, nachdem der Krieg wirklich ausgefochten und mit der totalen Niederlage zum Abschluß gebracht worden ist, ist die Situation eine vollständig andere geworden. Es dürfte von Interesse sein, darüber einiges hier zu sagen, obgleich es eigentlich nicht zum Thema dieses Buches gehört.

Dieses Buch sollte erzählen und berichtete in der Tat von unserem Bemühen, das Zeppelinschiff als ein zuverlässiges Verkehrsinstrument für transozeanische oder sonstige weite Strecken zur Anerkennung zu bringen, zu einer Zeit, wo das Flugzeug zu solchen Leistungen noch nicht befähigt war. Der gewaltige Krieg, der ja, wie immer solche auf Leben und Tod geführten Völkerkämpfe, ohne Rücksicht auf Kosten und Arbeitsaufwand die technische Entwicklung siegversprechender Waffen in stürmischem Tempo vorantrieb, hat dann u. a. eine gewaltige Vervollkommnung und Steigerung der Leistungsfähigkeit des Flugzeugs erbracht, so daß auch dieses jetzt imstande ist, einen transozeanischen Verkehr durchzuführen. Das Monopol des Luftschiffes ist damit gebrochen.

Und da das Flugzeug erheblich schneller ist und eine gewisse Strecke in der halben oder in noch geringerer Zeit als das Luftschiff durchfliegt, so scheint die Rolle dieses Luftverkehrsmittels nach einer kurzen Zeit des Glanzes, kaum daß es zur Anerkennung gebracht war, ausgespielt zu sein. Denn Geschwindigkeit und Zeitersparnis sind Trumpf in der heutigen hastigen Zeit, die sozusagen daran ist, Raum und Entfernung als Faktoren in ihren Unternehmungen und Planungen als veraltete Begriffe fast völlig auszuschalten. Was hat das Luftschiff dem Geschäftsmann oder dem Staatsmann, der schnell über den Atlantischen Ozean will, noch viel zu bieten?

Und dazu kommt die andere, schon berührte Frage: Was kann das Luftschiff dem heutigen Politiker oder den heutigen Staaten bedeuten, die eine Politik rücksichtsloser Machtentwicklung und nationaler Sicherheit betreiben, das Luftschiff, das, vorn militärischen Gesichtspunkt aus betrachtet, wertlos geworden ist? Jeden Pfennig, den ein Staat heute auf die Förderung der Luftfahrt verwendet, wird er den Flugzeugen, die Kriegswaffen von höchster Bedeutung sind, zukommen lassen.

Der Zeppelin war von Anfang an von seinem Schöpfer als ein Instrument des Friedens und friedlichen Verkehrs gedacht; er gewann dann einen gewissen militärischen Wert, solange die Flugzeuge noch in ihren Kinderschuhen steckten, um schon vor Ablauf des ersten Weltkrieges zu seiner ursprünglichen Bestimmung zurückzukehren, sobald das Phosphorbrandgeschoß gegen ihn erfunden war. Wegen seiner leichten Bauart und Verletzbarkeit bei seiner großen Angriffsfläche gedeiht und lebt er nur in einer Atmosphäre eines unbewölkten Friedens und wird, wenn er außer Landes geht, eine politische Belastung und ein Gegenstand der Sorge, wie etwa auch unsere kostbaren Schnelldampfer, die in fremden Docks liegen, sobald die Atmosphäre sich trübt.

Er ist wie einer jener buntschillernden Schmetterlinge, die sinnbezaubernd im Sommerlicht gaukeln, aber schnell ein schützendes Versteck aufsuchen, wenn ein Unwetter aufzieht. Ich habe deshalb auch öfters, wenn es bei seinem Erscheinen am Himmel von der Menschenmenge so begeistert begrüßt wurde, die Empfindung gehabt, als ob man in ihm ein Zeichen und Symbol eines gesicherten Friedens zu sehen glaubte oder wenigstens das Symbol des Wunschtraumes eines ewigen Friedens unter den Völkern.

Wenn Hitler, wie ich früher erwähnte, dem Zeppelin und seinen Fahrten so wenig Beachtung schenkte, so hat das vielleicht zum Teil seinen Grund darin gehabt, daß ich persönlich ihm recht unsympathisch war, zum größeren Teil aber darin, daß ein Mann, der zielbewußt auf Machterweiterung und Krieg ausging, nur recht geringschätzig von einem Friedensinstrument denken konnte, das unter der Devise einer Förderung freundlich-friedlicher Beziehungen der Völker untereinander und der Gerechtigkeit in internationaler Politik in der Welt herumsegelte. Er wird über den Beifall und die oft etwas verstiegenen Freundschaftsreden, mit denen es begrüßt wurde, gelacht haben als über kindliche Torheiten unklarer, schwächlicher Utopisten, wenn er sie nicht gar als eine Störung seiner »realpolitischen männlichen Politik« empfand, die »starke Geister« brauchte.

Und so werden auch manche der heute entscheidenden Staatsmänner denken, die in der jetzigen harten Welt eine neue Grundlegung der Machtverteilung mit soviel nationalem Egoismus und soviel Rücksichtslosigkeit anstreben. Die Forderungen einer christlichen Ethik und einer Politik der Humanität werden anscheinend nur deshalb so kräftig betont, um in den Taten um so stärker und zynischer mißachtet zu werden.

Was kann man alledem gegenüber zugunsten einer Fortführung oder besser einer Wiederaufnahme des Zeppelinverkehrs vorbringen? Man könnte zunächst darauf hinweisen, daß das Luftschiff noch immer gegenüber auch den modernsten Riesenflugzeugen eine erheblich größere Reichweite und auf den weiten Strecken eine viel größere Nutztragkraft hat. Diese Reichweite ließe sich zu Flügen ohne Zwischenlandung über gewisse Langstrecken von wichtiger verkehrspolitischer Bedeutung ausnutzen. Beispielsweise könnte man von New York nach Kapstadt oder nach Ägypten ohne Aufenthalt durchfliegen, könnte man von Los Angeles oder San Francisco nach Tokio oder Sydney hundert Passagiere in ununterbrochener Fahrt bringen. Man könnte eine großartige Navigation neuen Stiles, unter Ausnutzung der regelmäßigen Winde, der Passate, Monsune und stetigen Westwinde, planen und den Globus in einem Zuge halb umfahren.

Zwar würde das Großflugzeug trotz der drei oder vier Zwischenlandungen, die es jetzt noch dazu benötigt, immer um die Hälfte schneller sein, aber, wie ich einmal im Scherz einem amerikanischen Interviewer sagte: »Besser zwei Tage im Himmel als einen Tag in der Hölle!« Natürlich war das ein launiger und auch nicht als verletzend aufgenommener, grotesk übertriebener Witz, und sicherlich werden die Flugzeuge noch große Fortschritte in bezug auf Bequemlichkeit und Komfort machen; aber das Luftschiff werden sie in dieser Beziehung nie erreichen können.

Eine lange Reise im Flugzeug wird immer eine Anstrengung und Ermüdung bedeuten, und ich glaube kaum, daß je ein Flugzeugpassagier beim Aussteigen nach einer ein- bis zweitägigen Fahrt sagen wird: »Schade, daß es zu Ende ist! Ich würde gern noch einige Tage so weitergeflogen sein.« Das sagte uns aber einmal bei der Landung in Friedrichshafen ein Luftschiffpassagier, der mit großem Widerstreben, nur weil er unbedingt mußte, in Pernambuco, nach einem Flug von Rio dorthin, in das Luftschiff gestiegen war.

Das Reisen *selbst* ist im Luftschiff ein Vergnügen; das Flugzeug ist ein Mittel, schnell zu reisen. Das Luftschiff ist das ideale Verkehrsmittel vom Gesichtspunkt des ästhetischen Genießens aus gesehen und in dieser Beziehung etwa dem Auto vergleichbar, wenn man in ihm durch eine schöne Hochgebirgslandschaft fährt. Auch der komfortabelste Passagierdampfer kann sich mit ihm nicht messen. Denn dieser setzt seinen Kurs beispielsweise von Marseille nach Gibraltar auf der Seekarte mit einem Bleistiftstrich ab und fährt dann genau an diesem Bleistiftstrich entlang, ohne mehr als gelegentlich einmal in der Ferne etwas Land zu sehen. Das Luftschiff geht an die spanische Küste heran und überfliegt diese auf weiten Strecken in so geringer Höhe, daß reizvolle Landschaftsbilder, malerische Städtchen, schöne Gebirge und solches mehr vor seinen weiten Aussichtsfenstern vorübergleiten.

Ich könnte mir denken, daß der Zeppelin als Touristenschiff für Vergnügungsreisen Verwendung finden würde, wie man sie durch die Passagierdampfer unserer großen Dampfschiffahrtsgesellschaften ausführen ließ, um den Fahrtteilnehmern in Stunden und Tagen ebenso viele Eindrücke zu vermitteln, wie sie auf den Dampfern in Tagen und Wochen empfingen, Eindrücke und Erlebnisse, wovon wir in unseren Kapiteln über die Mittelmeerfahrt und über die Polarfahrt eine schwache Vorstellung zu geben suchten. Aber das wird nicht geschehen, bevor nicht eine friedliche Atmosphäre geschaffen ist, in der dieses wesenhafte Friedensschiff allein leben und erfolgreich sein kann.

Erscheint es deshalb einmal wieder in silbernem Glanze vor dem blauen Himmelszelt, so wird es als ein Friedenssymbol gewertet werden müssen, gleich dem verheißungsvollen Regenbogen, von dem die biblische Legende sagt, daß der Herrgott ihn an den Himmel setzte als ein Zeichen dafür, daß eine Sintflut künftig nicht wieder das Leben auf Erden vernichten solle. Wird das je geschehen? Die tatsächliche Entwicklung seit dem Juni 1938, als ich ohne Helium und mit den trüben Betrachtungen, die ich oben wiedergab, von Amerika zurückkam, verlief aber zunächst folgendermaßen:

Das Ersatzschiff für den verbrannten »Hindenburg« wurde im Herbst 1938 fertiggestellt und wurde wieder auf den Namen »Graf Zeppelin« getauft. Es mußte mit Wasserstoff gefüllt werden, um im Jahre 1939 einige Probefahrten zu machen, an denen nur die Besatzung teilnahm. Einige Monate nach Ausbruch des Krieges wurde es in seiner Halle in Frankfurt abgewrackt, damit sein Aluminiumgerüst zum Bau von Flugzeugen Verwendung finde. Gleichzeitig wurde die große Halle kurzerhand gesprengt. Das alles geschah ohne zwingende Notwendigkeit mit solcher Hast und Zerstörungslust, ohne Rücksicht auf den Wert des dabei vernichteten Materials und Gutes, daß darin nicht allein eine völlige Gleichgültigkeit, sondern eine offenbare verächtliche Abneigung gegen den Zeppelin zutage trat, wie sie Göring auch offen bei der entscheidenden Beschlußfassung zum Ausdruck brachte.

Hier wurde eine klare Scheidung vollzogen, und ich war bei allem Bedauern über diese Unvernunft der Sprengung einer wertvollen Konstruktion, wie die Halle es war, nicht einmal unzufrieden damit, denn in der Tat: die Gedankenwelt um die Zeppelinidee des alten Grafen und jene um die Idee Hitlers waren in ihrem innersten Kern unverträglich miteinander. Es ist sehr bemerkenswert, wie verschieden sich die Völker zu dieser Idee stellten: Frankreich wollte nichts davon wissen und sprach vom »verbrecherischen Schiff«, England baute sachlich und nüchtern ein paar Starrluftschiffe und wollte damit seinen Vizekönig nach Ostindien bringen und auf die arabische Welt Eindruck machen, und die Vereinigten Staaten von Nordamerika sahen in dem Schiff einen »Boten des Friedens für bessere Verständigung unter den Nationen und für Fortschritt und Zivilisation«, wie es mein Freund Litchfield einmal ausdrückte, und waren begeisterter fast als das deutsche Volk.

Wie stellt sich dieses deutsche Volk heute zu dem Zeppelingedanken, und zwar nicht nur zu der technisch-konstruktiven, sondern besonders auch zu der moralisch-politischen Seite desselben? Glaubt es noch an ihn, oder hat es ihn in dem politischen Geschehen der letzten zehn bis zwölf Jahre verloren? Ich vermag mich nicht zu der letzteren Annahme zu entschließen, denn damit würde das menschliche Leben für ein Volk von der geistigen Artung des deutschen meines Erachtens seinen Wert verlieren. Es würde nun wohl bei der Meinung, die die Welt noch vielfach von uns hat, und angesichts dessen, was in den letzten zwanzig oder dreißig Jahren bei uns und durch uns geschehen ist, sicherlich ein Hohngelächter der Hölle erregen, wenn wir an das bekannte Wort des Philosophen Fichte anspielen wollten, nach welchem »die Welt einmal am deutschen Wesen genesen sollte«.

Aber es könnte heute in der Tat die Mission für ein Volk werden, aller Welt zu predigen und zu zeigen, daß man den Glauben an den Sieg des Guten und an eine edlere Menschlichkeit trotz allem, was sich ereignete und was sich noch abspielt, nicht verloren hat und nicht verlieren darf. Halten wir also Einkehr in uns selbst und finden wir dann den Entschluß und Mut, einen solchen idealen Glauben frei und offen zu bekennen und ihn durch Tat in der inneren und äußeren Politik auch praktisch zu beweisen und ihn beispielhaft vorzuleben in einer ideal- und glaubenslos gewordenen Welt, die nur machtpolitische Interessen zu kennen scheint!